高等院校
土木工程专业“十二五”
规划教材

TUZHIXUE YU TULIXUE

土质学与土力学

第二版

陈国兴 樊良本 陈 甦 等 编著
辛金琨 主审

中国水利水电出版社
www.waterpub.com.cn

江苏省高等学校精品教材

内容提要

本教材系根据全国土木工程专业教学指导委员会对土木工程专业培养规格的要求和目标所规定的《土质学与土力学》教学要求而编写的，充分体现了本学科的理论性、系统性、计算性、实验性及应用性的特点。内容包括：土的物质组成及土水相互作用、土的物理性质及工程分类、土的渗透性与土中渗流、地基中的应力计算、地基变形计算、土的抗剪强度、土压力理论、地基承载力理论、土坡稳定性分析和土的基本动力特性。

本书可作为高等院校土木工程专业的教材，也可作为勘查技术与工程、地质工程、工程管理、交通工程、水文与水资源工程、水利水电工程等专业的教材或教学参考书；同时，可作为土建类研究生的教学参考书，并可供土建类工程技术人员阅读参考。

＊本次重印书中部分内容按现行规范进行了调整。

图书在版编目（CIP）数据

土质学与土力学/陈国兴等编著．—2版．—北京：中国水利水电出版社，2006（2024.7重印）．
高等院校土木工程专业“十二五”规划教材
ISBN 978-7-5084-3738-5

Ⅰ．土…　Ⅱ．陈…　Ⅲ．①土质学-高等学校-教材②土力学-高等学校-教材　Ⅳ．P642.1　TU43

中国版本图书馆CIP数据核字（2006）第035789号

书　名	高等院校土木工程专业“十二五”规划教材 **土质学与土力学　第二版**
作　者	陈国兴　樊良本　陈甦　等　编著 辛金珉　主审
出版发行	中国水利水电出版社 （北京市海淀区玉渊潭南路1号D座　100038） 网址：www.waterpub.com.cn E-mail：sales@mwr.gov.cn 电话：（010）68545888（营销中心）
经　售	北京科水图书销售有限公司 电话：（010）68545874、63202643 全国各地新华书店和相关出版物销售网点
排　版	中国水利水电出版社微机排版中心
印　刷	清淞永业（天津）印刷有限公司
规　格	184mm×260mm　16开本　18印张　426千字
版　次	2002年1月第1版　2002年1月第1次印刷 2006年4月第2版　2024年7月第12次印刷
印　数	40701—42700册
定　价	**50.00**元

凡购买我社图书，如有缺页、倒页、脱页的，本社营销中心负责调换

版权所有·侵权必究

第二版前言

本书第一版出版于2002年1月，其编写的宗旨是适应国家教育部本科专业目录调整后的土木工程专业的培养目标和教学要求。为适应这一形势的发展，南京工业大学、浙江工业大学和苏州科技学院等院校从事《土力学》教学的教师编写了《土质学与土力学》教材。《土质学与土力学》第一版出版后，不少兄弟院校采用该书作为教材或教学参考书，建议本教材进行修订再版，并提出了许多宝贵的修改意见；同时，本教材于2005年被遴选为首批江苏省高等学校精品教材，给编者以很大的鼓舞。根据《关于启动江苏省高等学校精品教材建设工作的通知》的精神，本教材的编写人员为了推进高等学校精品教材建设工作，满足编写单位和兄弟院校的教学需要，决定对本教材进行修订，出版《土质学与土力学》第二版。

本教材第二版仍遵循第一版“内容充实、注重实用、兼顾不同行业、便于自学”的原则，既重视基本理论和概念的阐述，也注重工程应用和学科前沿知识的教学；努力深化教学改革，创新教育教学理念，充分反映国内外课程改革和学科建设的最新成果，注重素质教育、创新能力与实践能力的培养；瞄准国际水平，更新教学内容，确保教材的领先地位，力求使本教材能较好地满足各高等院校的教学要求。

本版教材是在继承第一版的编写原则和基本格局的基础上编写成的，原教材体系保持不变，所使用的标准、规范采用国家颁布的最新版。与第一版教材相比，本版对第3、4章、第9～11章进行了较大幅度的修改，对其他几章也进行了不同程度的修改。全书仍为11章，第1章为绪言；第2章为土的物质组成及土水相互作用；第3章为土的物理性质及工程分类；第4章为土的渗透性与土中渗流；第5章为地基中的应力计算；第6章为地基变形计算；第7章为土的抗剪强度；第8章为土压力理论；第9章为地基承载力理论；第10章为土坡稳定性分析；第11章为土的基本动力特性。

本书由南京工业大学陈国兴教授主编，南京工业大学宰金珉教授主审。全书由陈国兴教授制定编写大纲，并撰写第3、6、9、11章；浙江工业大学樊良本教授撰写第1、8章；苏州科技学院陈甦教授撰写第7章；南京工业大学韩爱民副教授撰写第2章，梅国雄教授撰写第4章；王旭东教授撰写第5章，南京工业大学蒋刚副教授、陈国兴教授共同撰写第10章。最后，由陈国兴教授负责全书的修改和定稿工作。

感谢董金梅博士为本书协助统稿与校对所付出的辛勤劳动。

鉴于不少兄弟院校采用本教材，今后在使用过程中，希望各位专家和同仁赐教，以便我们继续修改和提高。

陈国兴

2006 年 2 月于南京

第一版前言

国家教育部于1998年7月颁布了新的本科专业目录，1999年全国高等学校已按新的专业目录招生。调整后的土木工程专业的知识面大大拓宽，相应的专业培养目标和业务要求有了很大变化，涵盖了原来的建筑工程、岩土工程、地下结构工程、交通土建工程、矿井建设和城镇建设等相近的若干专业或专业方向，现有的《土力学》和《基础工程》教材已经不能适应新专业的培养目标和教学要求。因此，编写一本新土木工程专业的土力学和基础工程教材已成为当务之急。为适应这一形势的发展，南京工业大学、浙江工业大学和苏州城建环保学院等院校从事《土力学》和《基础工程》教学的教师，经过充分协商和研究，决定编写一套《土质学与土力学》和《基础工程》教材。本教材的编写是按照全国土木工程专业教学指导委员会对土木工程专业的培养规格要求和目标进行的，是该套姊妹篇教材中的第一册。

根据我们多年的教学经验编写中遵循“内容充实、注重实用、兼顾不同行业、便于自学”的原则，各编写人员积极收集资料，广泛征求意见，吸收国内外比较成熟的知识，既重视基本理论和概念的阐述，也注重工程应用和学科前沿知识的教学，力求使本教材能较好地满足各高等院校的教学要求。全书共分11章，第1章为绪言，第2章为土的物质组成及土水相互作用，第3章为土的物理性质及工程分类，第4章为土的渗透性与土中渗流，第5章为地基中的应力计算，第6章为地基变形计算，第7章为土的抗剪强度，第8章为土压力理论，第9章为地基承载力理论，第10章为土坡稳定性分析，第11章为土的基本动力特性。

本书由南京工业大学陈国兴教授主编，南京工业大学宰金珉教授主审。全书由陈国兴教授制定编写大纲，并撰写第3、6、11章，南京工业大学陈国兴教授、蒋刚博士共同撰写第10章；浙江工业大学樊良本教授（副主编）撰写第1、8章，陈禹副教授撰写第4章；苏州城建环保学院陈甦副教授撰写第7章；南京工业大学韩爱民副教授撰写第2章，王旭东副教授撰写第5章，朱定华博士撰写第9章。最后，由陈国兴教授负责全书的修改和定稿工作。

感谢蒋刚博士和硕士研究生王志华、刘雪珠、张菁莉同学为本书统稿、绘图与校对所付出的辛勤劳动。

本书的讲义稿已在南京工业大学（原南京建筑工程学院部分）试用两届，但由于业务水平所限，书中仍然难免会有错误和不足之处，敬请读者批评指正。

陈国兴

2001年8月于南京

目　　录

第1章 绪 言

1.1 土质学与土力学

土木工程中遇到的各种与土有关的问题，归纳起来可以分为三类，即作为建筑物（房屋、桥梁、道路和水工结构等）地基的土，作为建筑材料（路基材料和土坝材料）的土，以及作为建筑物周围介质或环境（隧道、挡土墙、地下建筑和滑坡问题等）的土。无论哪一类情况，工程技术人员最关心的都是土的力学性质，即在静、动荷载作用下土的强度和变形特性，以及这些特性随时间过程、应力历史和环境条件改变而变化的规律。土力学就是以力学为基础，研究土的渗流、变形和强度特性，并据此进行土体的变形和稳定计算的学科。在与生产实践的结合过程中，又产生了土力学的不同的分支，例如冻土力学、海洋土力学、环境土力学、土动力学和月球土力学等，对区域性土和特殊类土（例如湿陷性黄土、红黏土、胀缩土、软土、盐碱土、污染土和工业废料等）的研究也不断深入。由于土是一种很特殊的材料，在学习土力学时特别要注意区别土与其他材料的特性。

土质学是地质科学的一个分科，研究土的物质组成、物理-化学性质和物理-力学性质，以及它们之间的相互关系，并进一步探讨在自然或人为的因素下，土的成分与性质的变化趋势以及如何利用这种趋势。土质学在发展过程中形成了普通土质学、区域土质学和土质改良学三个分支，其中普通土质学研究广泛分布的各种典型土类的成因、成分、结构、构造及其工程性质的形成规律，是整个土质学的理论基础。本教材主要介绍普通土质学的内容。

土质学与土力学是关系密切的两门学科，都是学习基础工程、地基处理等专业课程的理论基础，是为地基基础工程的正确实践服务的。准确划分土类、评价与改善土的性状是两门学科的共同任务。土木工程的发展对两个学科不断提出新的要求，并促使理论的发展和完善，研究方法和手段更精确先进，而土木工程实践又是检验这些理论方法正确性的唯一标准。在发展过程中两个学科相互渗透、相互促进，土质学的研究成果为土力学研究土的物理力学性质提供了解释和指导，土力学研究中的现代测试技术和方法也推动了土质学的发展。

1.2 土及其特点

“土”一般是指岩石经风化、剥蚀、搬运和沉积过程形成的松散堆积物，在地质年代上形成于第四纪，故又称为“第四纪沉积物”。广义的土也包括岩石在内。与其他材料相比，土具有以下特点。

一、土是自然历史的产物

首先，土不是人工制造的，不像钢材、砖和混凝土等材料那样可以按需要制造和使用，只能适应它的特性并合理加以利用。例如，选择合适的地基持力层和基础形式，增加上部结构对土变形的适应性，以及设计合理的挡土结构等。在某些情况下可以对土进行改造（地基处理），目的是更好地加以利用。但地基处理方法必须适合土的特性，并符合土力学的基本原理，其应用也有一定的范围。

其次，土的性质与其自然历史（包括起源和形成后的变化过程）有很大关系。母岩及其风化过程，搬运碎屑的介质与途径，沉积的环境及其变化，以及沉积物受到的压力、温度、干燥、风化、淋滤、胶结和生物活动等作用，都会影响土的性质。不同的母岩风化后形成的土不同，静水中沉积的土与流水中沉积的土不同，干燥寒冷环境中形成的土与温暖潮湿环境中形成的土不同，沉积年代久远的和新近沉积的土不同，以及超固结土与正常固结土不同等。

为了更好地利用土，必须对土的自然历史以及它对土的特性的影响有更深入的了解和研究。

二、土的分散性

土不像钢材和混凝土那样是较为“标准”的连续介质，而是相系组合体。一般认为土由三相物质（土粒、水和气）组成，饱和土则是两相（土粒和水）。松散的土颗粒堆积成土骨架，水和气体充塞在骨架间的孔隙中。三相物质同时存在，其成分、相对含量和相互作用决定了土的物理力学性质。

土的分散性使土具有很高的压缩性、土粒间的相对移动性和很大的渗透性，直接影响土的强度和变形特征。例如，土的剪切破坏主要是土颗粒间联系的破坏，土的变形主要是土孔隙体积的变化，土中水是在土的孔隙中流动的，以及对土的强度和变形有极大影响等，这是与连续介质完全不同的。

在土力学中也常常利用连续体力学的规律，例如，土中应力的计算，渗流方程，以及本构关系等，但在具体应用中应结合土的分散特性，还要用专门的土工试验技术研究土的物理化学特性，以及强度、变形和渗透等特殊的力学性能。

1.3 土力学的发展和展望

土力学是一门古老而又年轻的科学。中外许多历史悠久的著名建筑、桥梁和水利工程都不自觉地应用土力学原理解决了地基承载力、变形和稳定等问题，使其千年不坏，流传至今。而18世纪欧洲工业革命开启了土力学的理论研究。太沙基（Terzaghi）认为，库仑（Coulomb，1776年）提出的挡土墙土压力理论是土力学的开始。19世纪，欧洲出现了不少著名的研究成果，例如朗肯（Rankine，1857年）借助土的极限平衡分析建立的朗肯土压力理论，达西（Darcy，1856年）根据对两种均匀砂土渗透试验结果提出的渗透定律，布辛奈斯克（Boussinesq，1885年）提出的表面竖向集中力在弹性半无限体内部应力和变形的理论解答，如今仍在土力学有关课题中广泛使用。20世纪初，出现了一些重大的工程事故，例如，德国的桩基码头大滑坡、瑞典的铁路坍方和美国的地基承载力问题等，对地基问题提出了新的要求，从而推动了土力学的发展。普朗德尔（Prandtl，1920年）发表了地基滑动面的数学公式，彼德森（Peterson，1915年）提出以后又由费伦纽斯（Fellenius，1936年）、泰勒（Taylor，1937年）等发展了的计算边坡稳定性的圆弧滑动法等，就是这一时期的重要成果。土力学作为一门独立的学科，一般认为从太沙基1925

年出版的第一本《土力学》著作开始。太沙基把当时零散的有关定律、原理和理论等按土的特性加以系统化，从而形成一门独立的学科。他指出，土具有黏性、弹性和渗透性，按物理性质把土分成黏土和砂土，并探讨了它们的强度机理，提出了一维固结理论，建立了有效应力原理。有效应力原理真实地反映了土的力学性质的本质，使土力学确立了自己的特色，成为土力学学科的一个重要指导原理，极大地推动了土力学的发展。

自土力学作为一门独立学科以来，大致可以分为两个发展阶段。第一阶段为20—60年代，称为古典土力学阶段。这一阶段的特点是在不同的课题中分别将土视为线弹性体或刚塑性体，又根据课题需要将土视为连续介质或分散体。这一阶段的土力学研究主要在太沙基理论基础上，形成以有效应力原理、渗透固结理论和极限平衡理论为基础的土力学理论体系，研究土的强度与变形特性，解决地基承载力和变形、挡土墙土压力和土坡稳定等与工程密切相关的土力学课题。这一阶段的重要成果有关于黏性土抗剪强度、饱和土性状、有效应力法和总应力法、软黏土性状及孔隙压力系数等方面的研究，以及钻探取不扰动土样、室内试验（尤其三轴试验）技术和一些原位测试技术的发展，对弹塑性力学的应用也有了一定认识。第二发展阶段自60年代开始，称为现代土力学阶段。其最重要的特点是把土的应力、应变、强度和稳定等受力变化过程统一用一个本构关系加以研究，改变了古典土力学中把各受力阶段人为割裂开来的情况，从而更符合土的真实性。这一阶段的出现依赖于数学、力学的发展和计算机技术的突飞猛进。较为著名的本构关系有邓肯的非线性弹性模型和剑桥大学的弹塑性模型。国内学者在这方面也做了不少工作，例如南京水利科学研究院所提出的弹塑性模型。由于本构关系对计算参数的种类和精度要求更高，因此也推动了测试和取样技术的发展。虽然这种方法目前尚未广泛应用于工程中，也无法替代简化的和经验的传统方法。但是它代表了土工研究的发展趋势，促使土力学发生重大变革，使土工设计和研究达到新的水平。

从土木工程的发展和相关学科的进步考虑，国内外学者认为21世纪的土力学的发展特点如下：

（1）进一步汲取现代数学、现代力学的成果和充分利用计算机技术，深入研究土的非线性、各向异性和流变等特性，建立新的更符合土的真实特性的本构模型，以及将该模型用于解决实际问题的计算方法。

（2）充分考虑土和土工问题的不确定性，进行风险分析和优化决策，岩土工程的定值设计方法逐步向可靠度设计转化。这需要大量的工程统计资料。概率论、模糊数学和灰色理论等也将在岩土工程中起更大的作用。

（3）对非饱和土的深入研究，充分揭示土粒、水、气三相界面的表面现象对非饱和土力学特性的影响，建立非饱和土强度变形的理论框架。

（4）土工测试设备和测试技术将得到新的发展。高应力、粗粒径、大应变、多因素和复杂应力组合的试验设备和方法得到发展，原位测试和土工离心试验等得到更大应用，计算机仿真成为特殊的土工试验手段，声波法、γ射线法和CT识别法等也将列入土工试验方法的行列。

（5）环境土力学得到极大的重视。炉渣、粉煤灰、尾矿石的利用和处理，污染土和污染水的性质和治理，固体废料深埋处置方法中废料、周围土介质和地下水的相互作用以及污染物的扩散规律等研究将大大加强。由开矿、抽水以及各种岩土工程活动造成的地面沉降和对周围环境的影响及防治继续受到重视。此外，沙漠化、盐碱化、区域性滑坡、洪水、潮汐、泥石流和地震等大环境问题也将进入土力学研究的范畴。

(6) 土质学的研究进一步深入，用微观和细观的手段，研究和揭示岩土力学特性的本质。

(7) 人工合成材料的应用。人工合成材料在排水、防渗、滤层和加筋等方面已得到很好的应用，但对其与土一起作为复合材料的相互作用机理的了解尚很初步，设计理论和方法还很不完善，对这种复合材料的深入研究将给土力学研究增加新的内容。

1.4 土力学的特点和研究方法

如前所述，土力学是为岩土工程服务的一门学科。而影响岩土工程的因素众多，工程地质、水文地质、环境、气象和施工，以及其他人为的和时间的因素都能影响岩土工程的成败，这就是岩土工程的不确定性。而作为岩土工程原始依据的勘测资料具有局限性，由于土层的复杂性和取样的不连续性、小土样和原位土层的差异、土样扰动的影响、试验条件与实际工程情况的区别等，即便最认真细致的勘测也可能存在偏差。此外，准确分析和利用勘测资料也不是容易的事。而设计参数的误差往往导致结论的大偏差，其影响甚至超过计算方法的选择。

太沙基（1959 年）在给法国人洛西埃（Lossier，1958 年）写的《土力学的信心危机》一文的答复中指出了土力学的特点：土力学具有“科学性”和“艺术性”的双重特性，即土力学不是一门“精确”的科学，与其说它接近桥梁工程或机械工程，不如说更接近医学。对于医学，“临床经验”是十分重要的。或者说土力学是工程实践中的一个工具，但不是像计算尺和计算机那样按指示书使用就行的工具，而是像地球物理勘探那样需要长时间实践才有把握掌握的工具。

派克（Peck，1969 年）总结了土力学中的“观察法”，可表述为：在有足够（但不一定很详细）勘测资料的基础上，根据地质知识对土层的最可能性状和最不利条件下的可能偏差作出评价，并据此作出简化假设和进行设计。在设计中应确定需要在施工过程中实施观察的量（如沉降、孔隙水压力等），并且按简化假设预估这些量的数值（包括在最不利情况下的相应数值）是多少，同时考虑最不利情况发生时如何选择补救措施或改变设计。最后在施工中观察那些量，并对观察结果作出评价，必要时修改设计，以适应现场的实际情况。派克指出，观察法的局限性在于只能用于在施工过程中有可能修改设计的场合，有时还可能会延长工期。但是观察法是有利于降低造价和避免灾害的。派克提倡的观察法，就是现在所说的“动态设计”概念。

雷生第斯（Resendiz，1979 年）又对过分依赖观察法，过分强调从理论上找到普遍性规律的困难及危险提出自己的看法。他认为同其他学科一样，要在土力学领域内作出理论上的概括，需要以下四个过程：

(1) 识别过程，即从原型观察的个别事例来识别哪些是有意义的（有效的）变量。

(2) 归纳过程，即把有关的变量归纳成最少数量的独立变量，这要求舍弃一些无关的、次要的变量，在许多情况下要用到量纲分析。

(3) 模拟过程，即探求从归纳过程得到的诸独立变量之间的关系式。

（4）验证过程，即把以上求得量之间的关系式同现场实例比较。其中，模拟过程可以有模型试验、数学分析两种经典方法和计算机数值分析方法。

从以上阐述中可以看出，土力学学者都非常重视理论和实践两个方面，他们在某一篇文章中强调其中一方面是因为当时工程界具有忽视另一方面的倾向。太沙基关于“科学性”和“艺术性”的论述精辟地反映了土力学的特点：一方面，土力学有严密的科学性，在工程实践中绝不能违反土力学的基本原理，否则会导致工程的失败和酿成重大事故；另一方面，土力学又非常强调实践经验，强调地区特点，这是保证工程完美的基础。一方面，需要先进的数学力学知识和计算机技术，以便更快捷、更精确地解决复杂岩土工程问题；另一方面，计算模型、计算参数的选择和计算结果的分析还是需要丰富的经验，也不能否定传统方法在工程中所起的作用。这些认识，无论是在土力学课题的研究中，岩土工程的设计或施工中，还是在土力学课程的学习中，都是非常重要的。

1.5　本课程的学习要求

本教材的内容以经典土力学为主，在学习本课程时，要求如下：

（1）了解土的基本物理力学性质和土的分类，以及这些性质与土的组成和结构的关系。

（2）必须牢固掌握土力学的基本原理和理论。强度理论、有效应力原理、渗透理论、固结理论和土压力理论等是其中主要的一些理论，需要理解它们的本质概念。

（3）掌握主要的计算方法，例如，三相指标的换算、强度计算、变形计算、土压力计算和边坡稳定计算等，了解它们在工程实践中的应用，这是学习后续的专业课程如基础工程和地基处理等的基础。

（4）掌握基本的土力学试验方法和成果分析，了解原位测试技术的应用。

（5）更重要的是如前所述，掌握土力学的学科特点和分析方法，能真正地把这门课的知识用于解决实际问题。相信在教师和学生的共同努力下，本教材会成为大家学习专业课程和解决岩土工程问题的有效工具。

第 2 章　土的物质组成及土水相互作用

2.1　概　　述

土是自然界中性质最为复杂多变的物质。土的物质成分起源于岩石的风化（物理风化和化学风化）。地壳表层的坚硬岩石，在长期的风化和剥蚀等外力作用下，破碎成大小不等的矿物颗粒，这些颗粒在各种形式的外力作用下，被搬运到适当环境里沉积下来，就形成了土。初期形成的土是松散的，颗粒之间没有任何联系。随着沉积物逐渐增厚，产生上覆土层压力，使得较早沉积的颗粒排列渐趋稳定，颗粒之间由于长期的接触产生了一些胶结，加之沉积区气候干湿循环、冷热交替的持续影响，最终形成了具有某种结构联结的地质体（土体），并通常以成层的形式（土层）广泛覆盖于前第四纪坚硬的岩层（岩体）之上。

天然形成的土通常由固体颗粒、液体水和气体三个部分（俗称为三相）组成。固体颗粒是土的最主要物质成分，由许多大小不等、形态各异的矿物颗粒按照各种不同的排列方式组合在一起，构成土的骨架，亦称为土粒。天然土体中土粒的粒径分布范围极广，不同土粒的矿物成分和化学成分也不一样，其差别主要由形成土的母岩成分及搬运过程中所遭受的地质营力所控制。

土是松散沉积物，土粒间存在孔隙，通常由液体的水溶液和气体充填。天然土体孔隙中的水并非纯水，其中溶解有多种类型和数量不等的离子或化合物（电解质）。若将土中水作为纯净的水看待，根据土粒对极性水分子吸引力的大小，则吸附在土粒表面的水有结合水和非结合水之分。对于非饱和土而言，孔隙中的气体通常为空气。

土的上述三个基本组成部分不是彼此孤立地、机械地混合在一起，而是相互联系、相互作用，共同形成土的基本特性。颗粒微细的土粒具有较大的表面能量，它们与土中水相互作用，产生一系列表面物理化学现象，直接影响着土性质的形成和变化。

土的结构这一术语主要用于从微观的尺度描述土粒的排列组合和粒间联结，而土的构造则从宏观上反映了不同土层（包括夹层）的空间组合特征。土的成分和结构共同决定了土的工程性质。

本章关于土的物质组成、土水相互作用和土的结构构造的阐述，构成了土质学的主要研究内容，这对于从本质上把握土在荷载作用下的工程性质是必不可少的。土的任何复杂的工程行为必然有其内在的控制因素，对此我们可以从关于土的本质的研究中找到解答。

2.2　土的粒度成分

一、粒组及其划分

天然形成的土，土粒的大小悬殊、性质各异。土粒的大小通常以其平均直径 d 表示，简称为粒径（又称为粒度），一般以毫米（mm）为单位。界于一定粒径范围内的土粒，其大小相近、性质相似，称为粒组。土中各粒组的相对百分含量，称为土的粒度成分。

自然界中土的粒径变化幅度很大。工程上所采用的粒组划分：首先，满足在一定的粒度范围内，土的工程性质相近这一原则，超过了这个粒径范围，土的性质就要发生质的变化；其次，粒组界限的确定，视起主导作用的特性而定，而且要考虑与目前粒度成分的测定技术相适应。我国目前广泛采用两种粒组划分方案，如表 2－1 所示。

表 2－1　　我国的粒组划分方案

<table>
<tr><th rowspan="2">粒组的粒径范围（mm）</th><th colspan="5">粒 组 的 名 称</th></tr>
<tr><th colspan="2">方案 1</th><th colspan="3">方案 2</th></tr>
<tr><td>$d>200$</td><td colspan="2">漂石粒（块石粒）</td><td rowspan="2">巨粒</td><td colspan="2">漂石粒（块石粒）</td></tr>
<tr><td>$200\geqslant d>60$</td><td colspan="2" rowspan="2">卵石粒（碎石粒）</td><td colspan="2">卵石粒（碎石粒）</td></tr>
<tr><td>$60\geqslant d>20$</td><td rowspan="5">粗粒</td><td rowspan="2">砾粒</td><td>粗砾粒</td></tr>
<tr><td>$20\geqslant d>2$</td><td colspan="2">圆砾粒（角砾粒）</td><td>细砾粒</td></tr>
<tr><td>$2\geqslant d>0.5$</td><td rowspan="3">砂粒</td><td>粗</td><td rowspan="3">砂粒</td><td>粗</td></tr>
<tr><td>$0.5\geqslant d>0.25$</td><td>中</td><td>中</td></tr>
<tr><td>$0.25\geqslant d>0.075$</td><td>细</td><td>细</td></tr>
<tr><td>$0.075\geqslant d>0.005$</td><td colspan="2">粉粒</td><td rowspan="2">细粒</td><td colspan="2">粉粒</td></tr>
<tr><td>$0.005>d$</td><td colspan="2">黏粒</td><td colspan="2">黏粒</td></tr>
</table>

注　漂石、卵石和圆砾粒呈一定的磨圆状（圆形或亚圆形），块石、碎石和角砾粒带有棱角。

方案 1 应用于现行国家标准《建筑地基基础设计规范》（GB 5007—2002）和《岩土工程勘察规范》（GB 500021—2001）。方案 2 见国家标准《土的分类标准》（GBJ 145—90）。可以看出，两种方案的划分基本一致，唯一不同的是方案 2 将方案 1 中卵石粒的粒径下限由 20mm 提高到 60mm，以便与世界上多数国家的一般规定相一致。

二、粒度成分的测定方法

土的粒度成分，通常以土中各粒组的质量百分率来表示，这就要求对土进行粒度分析，分离出土中各个粒组，分别称取质量，然后计算出各粒组的质量占该土总质量的百分数。不同类型的土，采用不同的分析方法。粗粒土采用筛析法，细粒土采用静水沉降分析法。

（1）筛析法。对于粒径大于 0.075mm 的粗粒土，可用筛析法测定粒度成分。试验时，将风干、分散的代表性土样通过一套孔径不等的标准筛（20mm、2mm、0.5mm、0.25mm、0.1mm 和 0.075mm），称出留在各个筛子上的土的质量，即可求出各个粒组在土样中的相对含量。

（2）静水沉降分析法。粒径小于 0.075mm 的粉粒或黏粒现有技术难以筛分，一般可根据土粒在水中匀速下沉时的速度与粒径的理论关系，用比重计法或移液管法测定。

三、粒度分析成果表示方法

实验得到的粒度分析资料，可以采用多种方法表示，借以找出粒度成分变化的规律性。最常用的表示方法是列表法和累计曲线法。

（1）列表法。将粒度分析的成果，用表格的形式表达。这种方法可以清楚地用数量说明土样各粒组的含量，但当土样数量较多时，不能获得直观的结果。

（2）累计曲线法。以粒径 d 为横坐标，以该粒径的累计百分含量为纵坐标，绘制颗粒级配的累计曲线。累计曲线的坐标系一般采用半对数坐标。因为土粒粒径大小相差常在百倍、千倍以上，为清楚地反映细粒组成，粒径 d 宜用对数坐标表示，如图 2-1 所示。

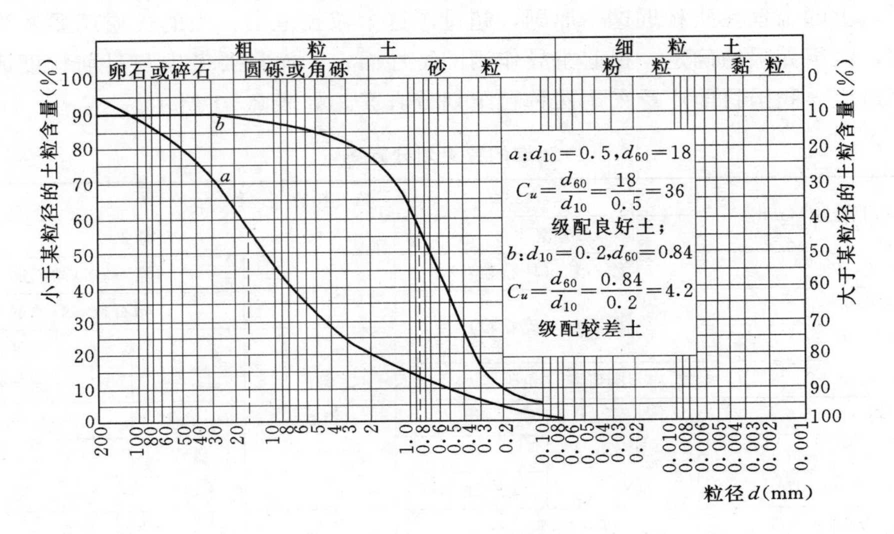

图 2-1 颗粒级配累计曲线

根据累计曲线，可以求出反映颗粒组成特征的级配指标不均匀系数 C_u 和曲率系数 C_c。

不均匀系数按下式计算：

$$C_u=\frac{d_{60}}{d_{10}} \tag{2-1}$$

式中 d_{60}——限定粒径，即土样中小于该粒径的土粒质量占土粒总质量的60%，mm；

d_{10}——有效粒径，即土样中小于该粒径的土粒质量占土粒总质量的10%，mm。

曲率系数按下式计算：

$$C_c=\frac{d_{30}^2}{d_{10}d_{60}} \tag{2-2}$$

式中 d_{30}——土样中小于该粒径的土粒质量占土粒总质量的30%的粒径值，mm。

工程中，当 $C_u \geqslant 5$、$C_c=1 \sim 3$ 时，称土的级配良好，为不均匀土，表明土中大小颗粒混杂，累计曲线显得平缓；若不能同时满足上述要求，则称土的级配不良，为均匀土，表明土中某一个或几个粒组含量较多，累积曲线中段显得陡直。

d_{10}之所以称为有效粒径，是因为它是土中最有代表性的粒径。其物理含义是：由一种粒径土组成的理想均匀土，如与另一个非均匀土具有相等的透水性，那么这个均匀土的粒径应与这个不均匀土的粒径 d_{10} 大致相等。d_{10} 常见于机械潜蚀，透水性、毛细性等经验公式中。

【例 2-1】 有 a、b 两个土样，根据粒度分析试验成果所作的颗粒级配累计曲线如图 2-1 所示。试分别判断两个土样的颗粒级配情况。

解： 对土样 a，$d_{10}=0.5$，$d_{30}=4.2$，$d_{60}=18$，按式（2-1）和式（2-2）求得不均匀系数 $C_u=36$，曲率系数 $C_c=1.96$；对土样 b，$d_{10}=0.2$，$d_{30}=0.4$，$d_{60}=0.84$，按同样公式可求得不均匀系数 $C_u=4.2$，曲率系数 $C_c=0.95$。所以，土样 a 为级配良好的不均匀

土，作为填方工程的土料时，比较容易获得较小的孔隙比（较大的密实度）；土样 b 为级配不良的均匀土，土的颗粒主要为粒径 0.25～2mm 的中、粗砂粒。表现在颗粒累计曲线上，土样 a 的累计曲线显得比较平缓，而土样 b 的累计曲线中段比较陡直。

2.3　土的矿物成分和化学成分

一、土的矿物成分

土中的固体颗粒是由矿物构成的。按其成因和成分可分为原生矿物、次生矿物和有机质等。

（一）*原生矿物*

土中的原生矿物是岩石风化过程中的产物，保持了母岩的矿物成分和晶体结构，常见的如石英、长石、角闪石和云母等。这些矿物是组成土中卵石（碎石）粒、圆砾（角砾）粒、砂粒和某些粉粒的主要成分。原生矿物的主要特点是：颗粒粗大，物理、化学性质比较稳定，抗水性和抗风化能力较强，亲水性弱或较弱。它们对土的工程性质的影响比其他几种矿物要小得多，主要差别表现在颗粒形状、坚硬程度和抗风化稳定性等几方面。例如，分别由石英和云母类矿物组成的土，尽管土的粒度成分和密实度相同。但由于石英的坚硬程度、抗风化能力远大于云母，故主要由石英颗粒组成的土，其强度将远大于由云母颗粒组成（或含云母较多）的土，其变形相应也小得多。

（二）*次生矿物*

母岩风化后及在风化搬运过程中，如果原来的矿物因氧化、水化及水解、溶解等化学风化作用而进一步分解，就会形成新的矿物，这就是次生矿物，其颗粒比原生矿物细小得多。自然界土体中常见次生矿物又分为两种类型，一种类型是原生矿物的一部分，可溶的物质被溶滤到别的地方沉淀下来，形成“可溶性次生矿物”；另一种类型是原生矿物中可溶的部分被溶滤走后，残存的部分性质已发生变化，形成新的“不可溶性次生矿物”。

1. 可溶性次生矿物

可溶性次生矿物又称为溶盐矿物，通常以离子状态存在于土的孔隙溶液中。阳离子有 K^+、Na^+、Ca^{2+}、Mg^{2+}、Fe^{2+} 等，阴离子有 $C1^-$、SO_4^{2-}、HCO_3^-、S^{2-} 等。当土中含水量降低（如蒸发作用影响）或介质溶液的 pH 值发生变化，这些矿物便会结晶析出在土颗粒表面，在土中起暂时性胶结作用。当外部条件发生变化，如土中含水量增加，结晶的盐类会重新溶解，先前的暂时性胶结将部分或全部丧失。

溶盐矿物按溶解度大小可分为易溶盐、中溶盐和难溶盐。例如，我国北方地区的黄土，粒间以微晶碳酸钙和硫酸钙（难溶盐类）胶结，浸水受压后容易发生突然沉陷。还有一种见于青海地区的盐土，颗粒成分和外观与黄土相似，不同的是粒间以微晶氯化钠和氯化镁（易溶盐类）胶结，遇水后湿陷特别快。

2. 不可溶性次生矿物

土中常见的不可溶次生矿物包括游离氧化物和黏土矿物。

（1）**游离氧化物。**这是由三价的 Fe^{3+}、Al^{3+}，二价的 Si^{2+} 和 O^{2-}，OH^-，H_2O 等组成的矿物，如针铁矿（$Fe_2O_3 \cdot H_2O$）、褐铁矿（$Fe_2O_3 \cdot 3H_2O$）、三水铝石（$Al_2O_3 \cdot 3H_2O$）、二氧化硅（$SiO_2 \cdot nH_2O$）等。大多数土中，游离氧化物仅仅是其中的次要成分，

但它起的作用却不容忽视。它们大多呈凝胶状，部分呈微结晶，颗粒极为细小，性质稳定，亲水性弱，胶结能力强。它们或是包裹在颗粒表面，或是沉淀在贯通的孔隙壁上，将土粒牢固地胶结在一起。我国南方的红土，其所含水分和孔隙数量与软土相当，但工程性质却比软土好得多，原因就在于红土中游离氧化物含量较高，且多在粒间起稳定的胶结作用，大大提高了红土的结构联结强度，使之具有较高的承载能力和较低的变形特性。

(2) **黏土矿物。**黏土矿物是原生矿物长石、云母等硅酸盐矿物经化学风化形成的，硅酸盐矿物由两部分构成，它们是硅氧四面体和铝氢氧八面体。

硅氧四面体：由一个硅原子和四个氧原子以相等距离堆成四面体形状，硅居其中央，氧占据四个顶点［见图 2-2 (*a*)］。四面体中的三个氧被共用，横向联结成六角形的网格［见图 2-2 (*b*)］。四面体的底在一个平面上，所有尖端指向同一方向。每个硅原子有四个正电荷，每个氧原子有两个负电荷，这样四面体排列成的六角网格片状结构中，每个硅氧四面体都具有一个负电荷。硅氧四面体晶片的符号如图 2-2 (*c*) 所示。

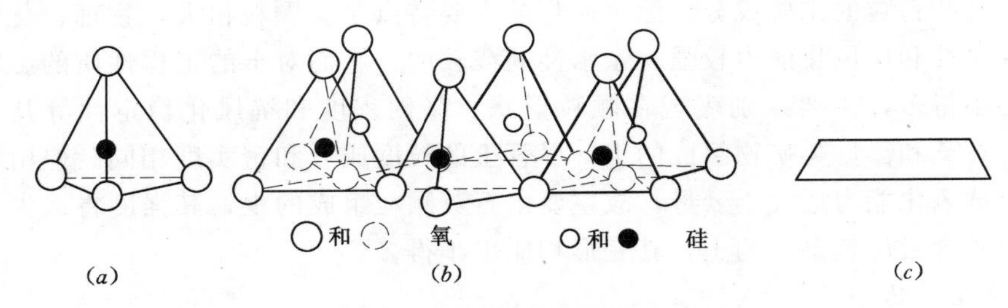

图 2-2　硅氧四面体示意图
(*a*) 单独的硅氧四面体；(*b*) 硅氧四面体排列成的六角网格片状结构；
(*c*) 硅氧四面体的晶片符号

铝氢氧八面体：由六个氢氧离子围绕一个铝离子构成的八面体晶片［见图 2-3 (*a*)］。八面体中每个氢氧离子均为三个八面体共有，许多八面体以这种方式联结在一起，形成八面体单位的片状结构［见图 2-3 (*b*)］。铝为正三价，氢氧为负一价，每个八面体只能以两个负电荷抵消铝离子的一个正电荷，还剩下一个正电荷，故每个八面体都是正一价的。铝氢氧八面体的晶片符号如图 2-3 (*c*) 所示。

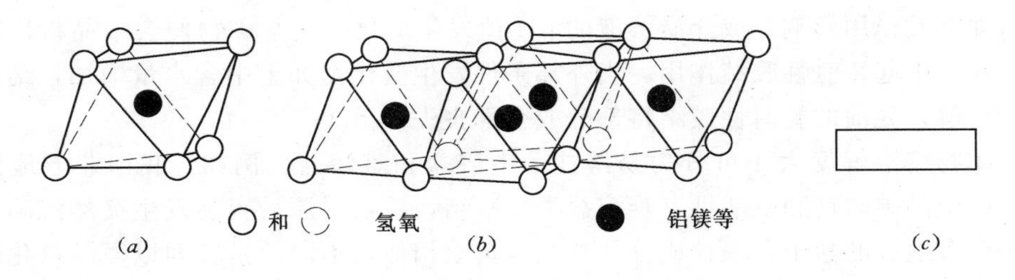

图 2-3　铝氢氧八面体结构示意图
(*a*) 单独的八面体；(*b*) 八面体单位的片状结构；(*c*) 八面体的晶片符号

硅氧四面体和铝氢氧八面体这两种基本单元以不同的比例组合，就形成了不同类型的黏土矿物。土中常见的黏土矿物有高岭石、伊利石和蒙脱石三大类。

高岭石：一层硅氧四面体晶片和一层铝氧八面体晶片结合，形成一个单位晶胞，如图

2-4（a）所示。由于每个硅氧四面体具有一个正电荷，每个铝氧八面体带有一个负电荷，使两者以离子键（氢键）形成牢固联结，形成一个厚约7Å的单位晶胞。高岭石的构造就是这种晶胞在水平面上无限延伸，沿垂直方向相互重叠而成。高岭石晶胞间具有较强的氢键联结，水较难渗入其间，其颗粒一般较粗，亲水性弱，因而主要由这类矿物组成的土，膨胀性和压缩性都较低。

蒙脱石：蒙脱石单位晶胞的上下面均为硅氧四面体晶片，中间夹一个铝氧八面体晶片，如图2-4（b）所示。蒙脱石的构造就是许多上述晶胞在水平面上延伸，并顺着垂直方向一层层叠置而成的。由于晶胞两边都为带负电荷的硅氧四面体，相邻晶胞间由相同的氧原子相接，这种联结既弱也不稳固，水分子很容易楔入其间，以致将其分散为极细小的鳞片状颗粒，并使晶格沿垂直方向膨胀。故含蒙脱石矿物较多的土对环境的干湿变化比较敏感：土体湿度增高时，体积膨胀并形成膨胀压力；土体失水时，体积收缩并产生收缩裂隙。而且这种胀缩变形可随环境变化往复发生，导致土的强度衰减。

伊利石：伊利石是含钾量高的原生矿物经化学风化的初期产物，其晶格构造与蒙脱石相似，也是两片硅氧四面体夹铝氧八面体构成，不同的是四面体中 Si^{4+} 被 Al^{3+} 所替代，由 K^+ 离子补偿晶层正电荷的不足，如图2-4（c）所示。伊利石相邻晶胞间由钾离子联结，这种联结较之高岭石层间的氢键联结为弱，但比蒙脱石层间的水分子联结要强，所以它形成的片状颗粒大小处于蒙脱石和高岭石之间，其工程性质也介于两者之间。

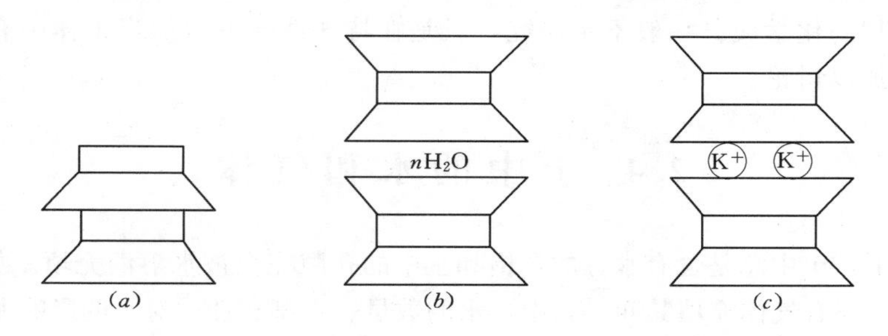

图2-4　基本晶层堆叠示意图

（a）高岭石；（b）蒙脱石；（c）伊利石

（三）有机质

工程上俗称的软土（包括淤泥和淤泥质土）及泥炭土中富含有机质。土中的有机质是动植物残骸和微生物以及它们的各种分解和合成产物。通常把分解不完全的植物残体称为泥炭，其主要成分是纤维素；把分解完全的动、植物残骸称为腐殖质。有机质对土的工程性质的影响主要取决于其龄期和分解程度，即取决于有机质的数量及性质。

扫描电镜下腐殖质呈多孔海绵状，颗粒细小，这决定了它极具活性和亲水性。通常腐殖质并不单独存在，而是紧紧地吸附在矿物颗粒表面，形成有机质-矿物复合体。

从工程观点看，有机质（特别是分解完全的腐殖质）会导致土的塑性增强，压缩性增高，渗透性减小，强度降低。一般地，土中有机质含量超过1%时，采用堆载预压和水泥土搅拌进行处理不会取得明显改良效果。

二、土的化学成分

土的化学成分是指组成土的固相、液相和气相中的化学元素、化合物的种类及其相对含量。土中含有大量的氧、硅、铝、铁、钙、镁、钾和钠等元素，此外，还有微量元素硫、磷、锰、铜和锌等，这些元素均以化合物的形式存在于土中。

对土的固体相化学成分，主要是研究不可溶性次生矿物的化学成分，目的是判断主要黏土矿物成分，或检验其他方法的鉴定结果。测定固体相化学成分的方法称为全量化学分析法（或称为黏土矿物全量分析法），即提取小于 $2\mu m$ 的黏粒，测定硅、铝、铁、钙、钾和钠等组成黏土矿物的主要元素，以各元素氧化物的百分含量来表示。研究化学成分有助于鉴别其矿物种类，并可进一步研究黏粒与溶液相互作用特征。例如，如果测定的 K_2O 含量较高，则土中必含有较多伊利石。MgO 含量较多，说明土中存在蒙脱石矿物。高岭石的特征化合物 Al_2O_3 含量可达 40%左右，故含高岭石的土，其 Al_2O_3 含量必然较高。我国区域性土的研究表明，黄河以北的黄土和次生黄土，其特征化学元素为钙；长江以南的红土，其特征元素为铁；而黄河、长江之间广泛分布的胀缩性土和非胀缩性的下蜀黏土，特征化学元素以钾为主。这些特征化学元素，反映了在规律变化的气候条件下，土中发生的有规律的风化、淋溶作用和区域性土的内在变化规律。

土的液相化学成分主要是易溶盐和中溶盐类。当土干燥时，易溶盐呈固态，起胶结土粒的作用。当土中含水分较多时，易溶盐则溶解成离子，使土体的性质发生变化。即使是难溶盐，仍会有一部分碳酸钙溶于水中，呈游离的 Ca^{2+} 和 HCO_3^- 离子，增加了土粒表面反离子的浓度，影响土体的工程性质。

土中气体相的化学成分一般不予研究，只是在特殊情况下，如当土体中有害气体影响坑道掘进时才加以讨论。

2.4 土中的水和气体

自然条件下，土中总是含有水分的，饱和土中的孔隙完全被水溶液充填。如果是非饱和土，除水之外，还有气体充填其间。其中，水的数量、类型和性质对土的影响尤为重要。

一、土中的水

土中的水可分为矿物中的结合水和土孔隙中的水。矿物中的结合水仅存在于土粒矿物结晶格架内部或参与矿物晶格构成，称为矿物内部结合水或结晶水。只在数百度高温下析出而与土粒分离，我们通常把它当作矿物颗粒的一部分。土孔隙中的水，按其所呈现的状态和性质及其对土的影响，分为结合水和非结合水两种类型，如下所示：

- 土孔隙中的水
  - 结合水（土粒表面结合水）
    - 强结合水（吸着水）
    - 弱结合水（薄膜水）
  - 非结合水
    - 液态水
      - 毛细水（过渡型水）
      - 重力水（自由水）
    - 气态水（水蒸气）
    - 固态水（冰）

（一）结合水

结合水是指受分子引力、静电引力等作用而吸附于土粒表面的水。土中的粗颗粒不会吸附孔隙中的水，只有细小的黏粒才会把孔隙中的水分子牢牢吸附在自己周围，形成一层水膜。研究表明，将水分子固定在黏粒表面的力来自水和黏粒的相互作用，主要包括以下几个方面。

1. 表面电荷对极性水分子的吸引作用

土粒是岩石经破碎、搬运和磨蚀等长期作用形成的，细小土粒的矿物成分不可能保持其完整的结晶格架，使土粒带有电荷，在颗粒周围形成静电引力场。水分子是由两个氢原子和一个氧原子结合成的极性分子，两个氢原子彼此间约成105°的夹角，联结在一个氧原子上，呈不对称排列［见图 2－5（*a*）］，这就使得氧端的负电荷过剩，氢端的正电荷过剩。当土水相互作用时，在土粒表面静电引力的作用下，靠近土粒表面的水分子失去了活动能力，整齐、紧密地排列起来；随着距土粒表面距离增加，静电引力的逐渐减弱，水分子也逐渐变成自由的液态水了。

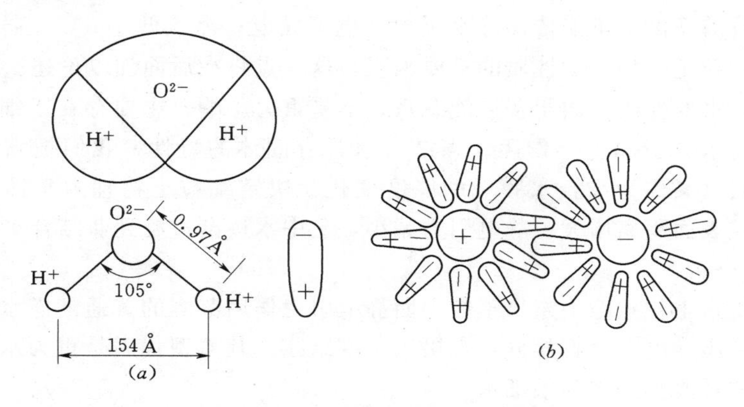

图 2－5　水分子和水化离子模型示意图

（*a*）水分子模型；（*b*）水化离子

2. 氢键联结

片状黏土矿物晶胞层面一般暴露的是硅氧四面体底部的氧或八面体底部的氢氧，它们分别和水分子的正端和负端相吸引，形成很强的氢键，致使水分子被吸引并固定到黏土颗粒的表面上来。

3. 水化阳离子吸附

土中水是水溶液，含有多种电解离子，这些离子由于静电引力作用吸引极性水分子，形成水化离子［见图 2－5（*b*）］。吸附在土粒表面的阳离子，因而把水分子带到土粒表面。

4. 渗透吸附

当水溶液中的阳离子不断被吸引到通常带负电的土粒表面，阳离子浓度增加，为了使水中离子达到平衡，一方面阳离子向外扩散，同时水分子向土粒表面渗透，也使得土粒表面发生水化。

土粒表面的结合水就是由上述各种作用形成的，结合水越靠近土粒表面，吸引越牢固，水分子排列越紧密、整齐，活动性越小。随着距离增大，吸引力减弱，活动性增加。因此，一般又将结合水分为强结合水和弱结合水。而水膜外没有受土粒表面吸引作用的水，相对地称为非结合水，如图 2－6 所示。

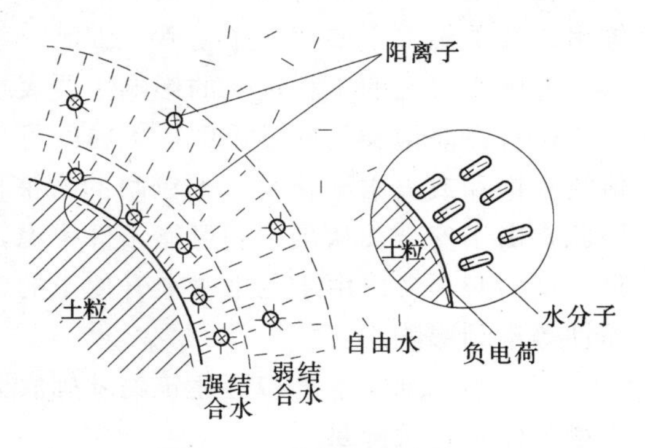

图 2－6　黏粒表面的水

（1）强结合水。强结合水又称为吸着水，是被土粒表面牢固吸附的极薄水层，其厚度大致相当几个水分子层。由于受土粒表面强大引力（可达10^6kPa）作用，吸着水完全不同于液态水：密度大，可达1.5～1.8g/cm^3；力学性质类似固体，具有极大的黏滞性、弹性、抗剪强度；不能传递静水压力、不能导电，也没有溶解能力；冰点为－78℃。黏性土只含强结合水时呈固态，碾碎后呈粉末状。

（2）弱结合水。弱结合水又称为薄膜水，距土粒稍远，位于强结合水层的外围，是结合水膜的主要部分。弱结合水层仍呈定向排列，但定向程度及与土粒表面联结的牢固程度均不及强结合水。其主要特点是：密度较强结合水小，但仍比普通液态水大；具较高的黏滞性、弹性、抗剪强度；不能传递静水压力，也不导电；冰点低于0℃。弱结合水层厚度的大小是决定细粒土物理力学性质的重要因素，这一点将在后面加以论述。

总之，结合水的性质不同于普通液态水，不受重力影响，主要存在于细粒土中，土粒表面静电引力对水分子起主导作用。强结合水具有固体的特性，我们把它归属于固相部分。弱结合水层（又称为结合水膜）的厚度变化是决定细粒土物理力学性质重要因素之一。随着距土粒表面距离增大，静电引力减小，土中水逐渐过渡到非结合水。

（二）非结合水

非结合水是指土粒孔隙中超出土粒表面静电引力作用范围的普通液态水。主要受重力作用控制，能传压导电，溶解盐分，在摄氏零度结冰，其典型代表是重力水。介于重力水和结合水之间的过渡类型水为毛细水。

1. 毛细水

毛细水是在土的细小孔隙中，由毛细力作用（土粒的分子引力和水与空气界面的表面张力共同作用引起）而与土粒结合，存在于地下水面以上的一种过渡类型水。其形成过程可用物理学中的毛细管现象来解释。水与土粒表面的浸湿力（分子引力）使接近土粒的水上升而使孔隙中的水面形成弯液面，水与空气界面的内聚力（表面张力）则总是企图将液体表面积缩至最小，使弯液面变为水平面。但当弯液面的中心部分有所升起时，水面与土粒间的浸湿力又立即将弯液面的边缘牵引上去。这样，浸湿力使毛细水上升，并保持弯液面，直到毛细水柱的重力与弯液面表面张力向上的分力平衡时，水才停止上升。这种由弯液面产生的向上拉力称为“毛细力”，由毛细水维持的水柱部分水称为毛细水。

毛细水主要存在于直径为0.002～0.5mm大小的毛细孔隙中。孔隙更小者，土粒周围的结合水膜有可能充满孔隙而使毛细水不复存在。粗大的孔隙，毛细力极弱，难以形成毛细水。故毛细水主要存在于粉砂、细砂、粉土和粉质黏土中。

毛细水对土的工程性质的影响主要表现在以下几个方面：

（1）在非饱和的砂类土中，土粒间可产生微弱的毛细水联结，增加土的强度。但当土体浸水饱和或失水干燥时，土粒间的弯液面消失，由毛细力产生的粒间联结也随之消失。因此，出于安全及从最不利可能条件考虑，工程设计中一般不计入由毛细水产生的强度增量，反而必须考虑由于毛细水上升使土的含水量增加，从而降低土的强度以及增大土的压缩性等不利影响。

（2）当毛细水上升接近建筑物基础底面时，毛细压力将作为基底附加压力的增值，从而增加建筑物沉降量。

（3）当毛细水上升至地表时，不仅能引起沼泽化、盐渍化，也会使地基、路基土浸湿，降低土的力学强度；在寒冷地区，还将加剧冻胀作用。

2. 重力水

重力水也称自由水，存在于较粗大孔隙（如中粗砂、碎石土中的孔隙）中，具有自由活动能力，在重力作用下能自由流动。重力水流动时，产生动水压力，能冲刷带走土中的细小颗粒，这种作用称为机械潜蚀。重力水还能溶滤土中的水溶盐，这种作用称为化学潜蚀。两种潜蚀作用将使土的孔隙增大，增大土的压缩性，降低土的强度。同时，地下水面以下饱水的土重及工程结构的重量，因受重力水的浮托作用，将相对减小。

3. 气态水和固态水

气态水以水气状态存在，从气压高的地方向气压低的地方移动。水气可在土粒表面凝聚并转化为其他各种类型的水。气态水的迁移和聚集使土中水和气体的分布状况发生变化，从而改变土的性质。

常压下，当温度低于 0℃时，孔隙中的自由水冻结呈固态，往往以冰夹层、冰透镜体、细小的冰晶体等形式存在于土中。冰在土中起暂时胶结作用，提高了土的强度，但解冻后，土体的强度反而会降低，因为从液态水转为固态水时，体积膨胀，使土中孔隙增大，解冻后土的结构变得松散。

二、土中的气体

土中的气体，主要为空气和水气，但有时也可能含有较多的二氧化碳（CO_2）、沼气和硫化氢（H_2S）等，这些气体大多因生物化学作用生成。

气体在土的孔隙中有两种不同存在形式。一种是封闭气体，另一种是游离气体。游离气体通常存在于近地表的包气带中，与大气连通，随外界条件改变与大气有交换作用，处于动平衡状态，其含量的多少取决于土孔隙的体积和水的充填程度。它一般对土的性质影响较小。封闭气体呈封闭状态存在于孔隙中，通常是由于地下水面上升，而土的孔隙大小不一，使部分气体没能逸出而被水包围，与大气隔绝，呈封闭状态存在于部分孔隙内。它对土性的影响较大，如降低土的透水性和使土不易压实等。饱水黏性土中的封闭气体在压力长期作用下被压缩后，具很大内压力，有时可能冲破土层个别地方逸出，造成意外沉陷。

在淤泥和泥炭质土等有机土中，由于微生物的分解作用，土中聚积有某种有毒气体和可燃气体，例如 CO_2、H_2S 和甲烷等。其中尤以 CO_2 的吸附作用最强，并埋藏于较深的土层中，含量随深度增大而增多。土中这些有害气体的存在不仅使土体长期得不到压密，增大土的压缩性，而且当开挖地下工程揭露这类土层时会严重危害人的生命安全。

2.5 土水相互作用

土水相互作用是研究土中的固体颗粒与孔隙中的水（通常为电解液）相互作用后产生的一系列特性。卵粒、砾粒和砂粒，由于颗粒粗大，比表面积小，表面能小，与水相互作用后对土的工程性质影响不大；而细小的黏粒，比表面积大，表面能大，活性强，与水相互作用后表现出一系列表面现象，直接影响细粒土工程性质的形成与变化，甚至土的性质改良也与之密切相关。因此，研究土粒与水的相互作用更具有理论和实践意义。

一、土粒的表面积和比表面积

土是分散体系，固体相的土粒构成分散体系中的分散相，液体相的孔隙水构成其分散介质。分散相由分散程度不同的颗粒组成，通常用比表面积来表示其分散程度。以单个土粒为例，假设土粒呈球形，直径为 d，则

$$S=\frac{\pi d^{2}}{\frac{1}{6}\pi d^{3}} \tag{2-3}$$

式中 S——比表面积，即每克或每立方厘米的分散相中所有颗粒的总表面积，m^2/g。

式（2-3）表明，土粒的比表面积 S 与粒径 d 成反比：土粒直径愈大，则比表面积愈小。表 2-2 列举了不同粒径的土粒及其总表面积。

表 2-2 土粒大小与表面积的关系

土粒直径	颗粒名称	每个土粒的体积 $\left(\frac{1}{6}\pi d^3\right)$ (cm^3)	在 $\frac{\pi}{6}$ (cm^3) 中的土粒数	总表面积（πd^2×土粒数）(cm^2)
2	卵粒	$\frac{1}{6}\pi(2)^3$	0.125	1.57
0.2	砾粒	$\frac{1}{6}\pi(2/10)^3$	1.25×10^2	15.71
0.05	粗砂粒	$\frac{1}{6}\pi(5/100)^3$	8×10^3	62.83
0.025	中砂粒	$\frac{1}{6}\pi(2.5/100)^3$	6.4×10^4	125.66
0.01	细砂粒	$\frac{1}{6}\pi(1/100)^3$	1×10^6	314.16
0.005	粉粒	$\frac{1}{6}\pi(5/1000)^3$	8×10^6	628.32
0.0005	黏粒	$\frac{1}{6}\pi(5/10000)^3$	8×10^9	6283.2
0.0002	胶粒	$\frac{1}{6}\pi(2/10000)^3$	125×10^9	15708.0

由表 2-2 可知，一定体积黏粒（$d=0.005$mm）的表面积是同体积粗粒（$d=0.5$mm）的 100 倍。土粒本身就是矿物颗粒，在其表面断键或晶面出露处带有电荷或氢键，在土粒周围形成静电引力场，这使得土粒具有了表面能。当土粒与孔隙水相互作用时，表面能有自发变小的倾向，于是在其周围形成了水化膜。显然，一定量的黏粒表面水化膜的总体积要大于同体积的粗砂或粉粒水化膜总体积的数十倍乃至数百倍。两者的工程性质亦有很大差别：黏粒具有可塑性、胀缩性和内聚力等特性，而砂粒和砾粒不具有这些性质。这就是粒度成分不同的土，其工程性质会表现出如此巨大差异的根本原因。

土粒的比表面积除受土粒大小控制外，土粒的形状也起着重要的作用：球形颗粒每单位体积的表面积最小，而板状、片状颗粒的表面积最大（见表 2-3）。组成黏粒的蒙脱石、伊利石、高岭石等黏土矿物都呈鳞片状，有的呈针状或杆状，特别是蒙脱石类矿物具有膨胀格架，比表面积最大，约为 $800m^2/g$；伊利石次之，约为 $80m^2/g$；高岭石较小，约为 $20m^2/g$。砂粒、粉粒主要由未风化的原生矿物组成，形状多呈立方体或球状，比表面积要小得多。因此，土粒比表面积的大小，不但取决于土粒径的大小，而且与土粒的形状有关。而土粒的形状又往往取决于矿物成分。在等效粒径相同的条件下，颗粒的形状是决定的因素。黏粒颗粒细小又多成片或杆状，故比表面积较大，具有较大的表面能，与水的作

用强烈。而粉粒、砂粒比表面积较小，表面能也小，与水的相互作用表现不明显。

表 2-3　　比表面积与颗粒形状关系

颗粒形状			半径（cm）	体积（cm^3）	表面积（cm^2）	表面积增加的百分比（%）
球形			1×10^{-4}	4.2×10^{-12}	1.26×10^{-7}	
圆板状	厚度（cm）	1×10^{-4}	1.15×10^{-4}	4.2×10^{-12}	1.56×10^{-7}	24
		5×10^{-5}	1.67×10^{-4}	4.2×10^{-12}	1.84×10^{-7}	46
		2×10^{-5}	2.58×10^{-4}	4.2×10^{-12}	4.51×10^{-7}	258
		1×10^{-5}	3.65×10^{-4}	4.2×10^{-12}	8.59×10^{-7}	539

二、黏粒表面的扩散双电层

由于黏粒具有较大的比表面积，可与孔隙溶液相互作用，在其表面形成双电层。外界条件的变化，往往首先影响孔隙溶液的成分、浓度和pH值的变化，从而改变双电层的性状，导致土的工程性质发生变化。

（一）黏粒表面电荷的形成

若在潮湿的黏土中插入两个电极，并通以直流电，可以发现黏粒向阳极移动，土中液体相部分向阴极移动。这种土粒在电场中移动的现象称电泳；而液相水的流动现象则称电渗。这两种现象是同时发生的，统称电动现象。潮湿黏土电动现象说明，黏粒在液体中是带电的。黏粒表面上电荷的产生，一般有以下三种情况。

1. 选择性吸附

黏粒吸附溶液中的离子具有规律性，它总是选择性地吸附与它自身结晶格架中相同或相似的离子。若将难溶盐碳酸钙组成的黏粒置于氯化钙（$CaCl_2$）溶液中，因溶液中的钙离子（Ca^{2+}）与方解石结晶格架中的钙离子一致，而氯离子（Cl^-）则不同，所以，溶液中Ca^{2+}离子被方解石表面吸附，使颗粒表面带正电；若将方解石置于碳酸钠（Na_2CO_3）溶液中，则溶液中的CO_3^{2-}离子为方解石吸附，使其表面带负电；若将方解石置于蒸馏水中时，因其具有一定的可溶性，遇水就会发生解离，生成Ca^{2+}离子及CO_3^{2-}离子，而CO_3^{2-}离子与水中的H^+离子作用形成重碳酸根离子（HCO_3^-），这样，使颗粒吸附Ca^{2+}离子表面带正电荷。

2. 表面分子解离

若黏粒由许多可解离的小分子缔合而成，则其与水作用后生成离子发生基，而后分解，再选择性地吸附与矿物格架上性质相同的离子于其表面而带电。以次生二氧化硅及游离氧化物组成的黏粒表面电荷的生成为例。

次生二氧化硅（SiO_2）与水作用后生成偏硅酸（H_2SiO_3）：

$$SiO_2+H_2O\longrightarrow H_2SiO_3$$

偏硅酸是一种弱电解质，又解离生成SiO_3^{2-}与H^+：

$$H_2SiO_3\longleftrightarrow SiO_3^{2-}+2H^+$$

硅酸根离子（SiO_3^{2-}）与颗粒结晶格架不能分离，因而使颗粒表面带负电，介质中由于含有H^+离子而带正电。水的pH值的改变，只能影响上述反应式中的解离程度，不能改变颗粒表面带电的性质。颗粒表面电荷数量，随水的pH值增大而递增。

游离氧化物与水作用后，其表面可带正电，也可带负电。以三氧化二铝（Al_2O_3）为例，其与水作用后生成氢氧化铝：

$$Al_2O_3+3H_2O \longrightarrow 2Al(OH)_3$$

但是，$Al(OH)_3$ 在水中解离的情况，随水的 pH 值而改变。当溶液的 pH<8.1 时，处于酸性环境中：

$$Al(OH)_3 \longleftrightarrow Al(OH)_2^+ + OH^-$$

当溶液 pH 值大于 8.1 时，处于碱性环境中：

$$Al(OH)_3 \longleftrightarrow Al(OH)_2^- + H^+$$

上述两反应式说明了三氧化二铝是两性化合物；当溶液的 pH<8.1 时，$Al(OH)_2^+$ 不能与颗粒表面分离，所以带正电，反离子为 OH^- 离子；当溶液 pH>8.1 时，$Al(OH)_2^-$ 与颗粒表面不能分离而带负电，反离子为 H^+ 离子；当溶液的 pH=8.1 时，颗粒表面呈电中性状态，称为等电状态，此时的 pH 值称为等电 pH 值，以 pHie 表示之，它与矿物的种类有关。Al_2O_3 的 pHie=8.1，Fe_2O_3 的 pHie=7.1。Fe_2O_3 与水作用后的情况与 Al_2O_3 类似。

3. 同晶替代

结晶学上，一个四面体或八面体中阳离子的位置不是由常见的阳离子所充填，而是由其他阳离子所占有，而晶体的结构并没有改变，这种情况称为“同晶替代”。

黏土矿物晶格中的同晶替代作用可以产生负电荷，例如，硅氧四面体片中四价的硅被三价的铝替代，或者八面体片中三价的铝被二价的镁、铁替代，均可产生了过剩的负电荷。这种负电荷的数量取决于晶格中同晶替代的多少，而不受介质 pH 值的影响。例如，蒙脱石可主要由于铝氧八面体中一部分 Al^{3+} 离子被 Fe^{2+} 离子等二价离子替代而产生负电荷，也可能由于 Al^{3+} 离子替代了硅氧四面体中的一部分 Si^{4+} 离子而产生负电荷；伊利石主要由于硅氧四面体片中的一部分 Si^{4+} 离子被 Al^{3+} 替代形成负电荷，但这些负电荷大部分被层间非交换性 K^+ 离子和部分 Ca^{2+}、Mg^{2+} 和 H^+ 等离子所平衡，因此只有少量负电荷表现出来；高岭石中存在着对 Al^{3+} 和 Si^{4+} 的替代，但数量很少。由于同晶替代产生的负电荷的数量不受介质 pH 值的影响，这种负电荷称为“永久负电荷”。它们大部分分布在黏土矿物晶层平面上，所吸附的阳离子都是可以交换的。同晶替代是由黏土矿物构成的黏粒通常带负电荷的原因之一。

（二）黏粒表面双电层的结构

上述三种情况使黏粒表面吸附离子而带电。这部分紧密地吸附在固相表面的离子称为决定电位离子。因它牢固地被吸附在颗粒表面上，可看作属于固相的组成部分。带电黏粒在水中吸附极性水分子于颗粒的周围形成水化膜；若与溶液作用时，由于静电引力的作用，吸附溶液中与其电荷符号相反的离子聚集在其周围（这种离子称为反离子），形成反离子层。在反离子层中的离子实质上是水化离子。自然界中不存在纯水，其中包含着各种离子成分。因此，黏粒周围的水化膜包含起主导作用的离子和作为主体的水分子。从起主导作用的离子着眼，称这层为反离子层；从作为主体的水分子着眼，则称为结合水层。

黏粒与溶液相互作用后，溶液中的反离子同时受着两种力的作用：一种是黏粒表面的吸着力，使它紧靠土粒表面；另一种是离子本身热运动引起的扩散作用力，使离子有离开颗粒表面，扩散到溶液中去的趋势。这两种力作用的结果，使黏粒周围的反离子浓度随着与黏粒表面距离的增加而减小，在表面以外的溶液中则呈平衡分布。其中，只有一部分紧靠黏粒的反离子被牢固地吸附着，排列在黏粒的表面上，电泳时和它一起移动，这部分反离子与黏粒表面上的离子形成的带电层称固定层（或称为吸附层），如图2-7中箭头所示。另一部分距颗粒表面较远的反离子分布在颗粒的周围，具有扩散到溶液中去的趋势，形成与固定层电荷符号相反的另一个带电层。它的厚度决定于反离子向介质中扩散伸入的程度，所以把它称为扩散层。从固定层的边缘到扩散层末端的距离作为扩散层的厚度。由决定电位离子层和反号离子层构成电性相反的电层称为双电层。

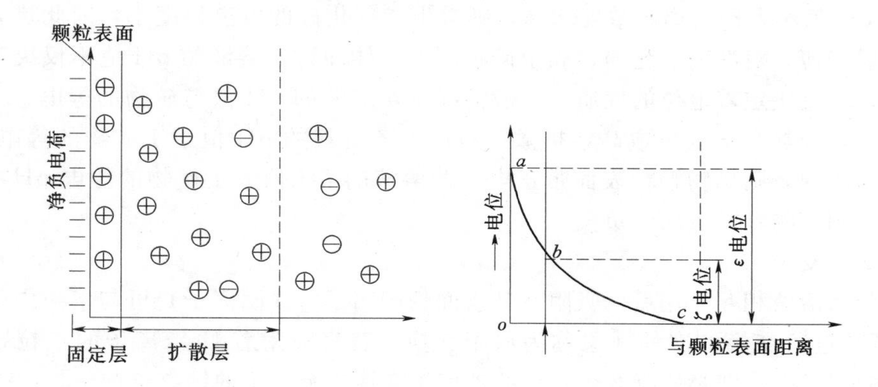

图2-7　双电层结构示意图

双电层内的电位随着颗粒表面距离的增大而递减。黏粒在电场中并不是固体颗粒单独移动，而是与紧密结合在其表面上的固定层一起向一个极移动，而扩散层的离子则向另一极移动。双电层的总电位乃是固体颗粒与液体界面上的电位差。换言之，即黏粒表面及其周围正负离子间总的电位差，称为热力电位（ε电位）如图2-7纵坐标oa所示。固定层与扩散层带有相反的电荷，在两层之间存着电位差，只有当黏粒与介质作相对移动时才表现出来，故称为电动电位（ζ电位），如图2-7所示。它是热力电位的一部分。双电层间的电位，在固定层内呈直线下降，在扩散层中的电位呈曲线逐渐下降。ζ电位的大小与扩散层厚度有关，扩散层的厚度可通过ζ电位予以定量表示。ζ电位可用电泳试验测得，通常用Gouy等推得的公式计算扩散层的厚度：

$$\zeta=\frac{4\pi\sigma d}{D} \tag{2-4}$$

式中　σ——表面电荷密度；

d——扩散层厚度；

D——介质的介电常数。

由上式可见，当黏粒在某一介质中的表面电荷密度一定时，扩散层的厚度d与ζ电位成正比。ζ电位的符号决定于颗粒表面的电荷符号。

（三）影响黏粒扩散层厚度的因素

由式（2-4）可见，ζ电位的大小与扩散层厚度有关，介质中离子对ζ电位的影响是离子影响扩散层厚度的结果。扩散层厚度的变化受颗粒本身的矿物成分、颗粒形状和大小的影响，还受介质的化学成分、浓度和pH值的影响。颗粒的分散程度愈高，比表面积愈大，对一定量的土来说，扩散层的总体积也愈大。因此，一定量的蒙脱石的扩散层总体积最大，伊利石次之，高岭石最小。对于由选择性吸附而形成的双电层的矿物而言，介质中可被选择吸附的离子浓度愈大，则热力学电位愈大，扩散层愈厚；反之，扩散层则愈薄。当溶液中反号离子的浓度增加时，可对扩散层中的反号离子起排斥作用，结果使扩散层中的离子被迫进入固定层，扩散层变薄。由次生二氧化硅、游离氧化物和黏土矿物组成的黏粒，其溶液的 pH 值将决定着双电层的热力学电位，从而影响到扩散层的厚度。就次生二氧化硅而言，溶液的 pH 值愈大，其解离程度愈高，则热力学电位愈大，ζ 电位也愈大。若溶液的 pH 值小，即氢离子浓度增高，则次生二氧化硅的解离程度小，因此热力学电位小，扩散层变薄。对游离氧化物、黏土矿物两性胶体而言，溶液的 pH 值不仅决定着双电层的厚度，并且决定着电位的性质。一般情况下，溶液的 pH 值与矿物的等电 pH 值之间的差值愈大，则热力学电位愈高，扩散层愈厚。若溶液的 pH 值小于矿物的等电 pH 值，即在酸性介质中，则矿物颗粒表面带正电。若溶液的 pH 值大于矿物的等电 pH，即在碱性介质中，则矿物颗粒表面带负电。

三、离子交换

黏粒与水溶液相互作用后，吸附在其表面的阳离子（或阴离子）可与溶液中的阳离子（或阴离子）进行交换，这种现象称为离子交换。若将吸附着 Ca^{2+} 离子的土粒置于含有 Na^{+} 离子的溶液中，则必然有 2 个一价的钠离子交换 1 个二价的钙离子：

$$Ca^{2+}+\boxed{\text{土粒}}+2Na^{+}=\!=\!=\begin{matrix}Na^{+}\\Na^{+}\end{matrix}\boxed{\text{土粒}}+Ca^{2+}$$

离子交换按等反应速度关系进行，是可逆反应，并且服从质量作用定律。离子交换作用发生在反离子层与溶液中相同符号的离子之间，这些离子都称为交换性离子。它们均有交换能力，也就是进入反离子层的能力。但在固定层中，反号离子很少，所以一般认为，离子交换是在扩散层与溶液之间进行的。

细粒土中含有较多的黏粒，在自然界中的黏粒一般情况下带负电，细粒土的离子交换特性可用阳离子交换容量及各种交换性阳离子容量两个指标来表示。交换容量是指在一定条件下，一定量的土中所有土粒的反离子层内具有交换能力的离子总数，以每百克干土中含有多少毫摩尔的交换阳离子来表示。在实际工作中，往往以交换容量（CEC）来说明土粒表面带电的数量。土粒表面带电数量与颗粒的矿物成分有关，也与溶液的化学成分、浓度和 pH 值有关。严格地讲，土的交换容量并非一个常数，外界条件的变化均能影响细粒土的交换容量。因此，规定以 pH＝6.5、浓度为 $0.05mol/dm^3$ $BaCl_2$ 的溶液反复地作用于 1kg 土上，测得的交换容量称为标准交换容量。土中交换阳离子成分主要有 Ca^{2+}、Mg^{2+}、K^{+}、H^{+} 和 Al^{3+} 等。测定这些阳离子交换容量，有助于判别土的工程地质性质。若交换 Na^{+} 离子含量较高时，遇水后可形成较厚的扩散层，使颗粒间的联结减弱直至消失。因此，往往用 Na^{+} 离子交换容量与总交换容量的比例作为分散土（一种特殊土）的判别指标之一。若交换 Al^{3+} 离子含量较高，那么，这种土遇水后，只能形成较薄的扩散层，粒间联结牢固，强度较高。由此可见，离子交换的结果引起双电层厚度的变化。在实际工程中，人们通常改变水溶液的化学成分，以达到改良细粒土的目的，来满足工程建筑的要求。

根据试验，随着土粒直径的减小，比表面积的增大，交换容量随之增高。通常只有小于 0.002mm 颗粒的交换容量较高。因此，一定量土中黏粒含量与交换容量成正比关系，黏粒含量愈高，交换容量愈大。颗粒细小的腐殖质交换容量最高，土中每增加 1%的腐殖质，交换容量可增加 1mmol/100g，含腐殖质愈多的土，交换容量愈高。由此可知，土的交换容量大致反映了黏粒含量及其矿物成分的情况。

表 2-4　溶液 pH 值对交换容量的影响

黏土矿物	不同 pH 值的交换容量（mmol/100g）	
	pH=2.5～6.0	pH>7
蒙脱石	47.5	50
高岭石	2	5

此外，溶液的化学成分、浓度与 pH 值影响着矿物颗粒表面的带电数量，也就影响着 ε 电位，而离子交换是在反离子层与溶液中进行的，所以，阳离子交换容量反映了颗粒表面带电的数量及热力学电位的大小。例如，溶液的 pH 值降低时，H^+ 离子浓度增大，将抑制 OH^- 离子的解离；SiO_2 与水作用后，溶液 pH 值降低，解离能力变小，颗粒表面负电荷数量减小，交换容量就降低。对于黏土矿物，当溶液 pH 值与其等电 pH 值的差值小，交换容量则小；反之，当溶液 pH 值增大时，交换容量也随之增高（见表 2-4）。

溶液中阳离子的交换能力与离子的价数及水化离子半径有关。在其他条件相同时，溶液中阳离子交换能力的次序如表 2-5 所示。高价离子与带电的黏粒间的吸引能力大，易被土粒吸附，所以高价离子的交换能力大于低价离子；同价离子中随其水化离子半径的增大而减小。离子的电场强度与其所带负电荷数量成正比，与半径的平方成反比。因此，小离子吸引了大量水分子在它的周围形成较厚的水化膜，有较大的有效半径，与黏粒表面距离较远，不易被吸引。但离子价效应的影响超过水化膜厚度的影响。尽管 Mg^{2+} 离子的水化离子半径大于 K^+、Na^+ 离子，而其交换能力仍然大于它们。离子的解离能力，即进入自由溶液中之能力，恰恰与交换能力相反，交换能力大者解离能力小；但是 H^+ 离子例外，它的交换能力不仅大于一价阳离子，而且也大于二价阳离子。

表 2-5　阳离子交换能力

交换能力	$Fe^{3+}>Al^{3+}>H^+>Ba^{2+}>Ca^{2+}>Mg^{2+}>K^+>Na^+>Li^+$
解离能力	$Fe^{3+}<Al^{3+}<H^+<Ba^{2+}<Ca^{2+}<Mg^{2+}<K^+<Na^+<Li^+$
离子半径/0.1nm	0.67　0.57　—　1.43　1.06　0.78　1.33　0.93　0.78
水化离子半径/0.1nm	—　—　—　10.0　13.3　5.32　7.90　10.03　—

根据前述溶液中交换阳离子成分对扩散层厚度的影响及其交换能力次序，可以得出这样的结论：交换能力大的离子形成较薄的扩散层，ζ 电位较低，反之形成较厚的扩散层，ζ 电位较高。此时溶液中的阴离子对扩散层厚度的影响恰恰与之相反，高价阴离子可使扩散层增厚。

2.6　土的结构与构造

土的物质组成是土存在的物质依据，而结构与构造则反映了土物质的存在形式，即物质成分间的联结特点、空间分布和变化规律。一般地，土的结构指的是微观结构，是借助于光学显微镜和电子显微镜对实体扫描放大数千倍所鉴定到的细节。而土的构造是指整个土层（土体）空间构成上特征的总合，它们借助于肉眼或放大镜可以鉴别，也可以说是土的宏观构造。

土的结构与构造的研究一开始就和土的工程性质紧密相连。对自然界所存在的各种类型土在物理学性质方面表现出来的巨大差异和各自不同的工程力学性质，除了从成分（粒度的、矿物的和化学的）、成因（风成、水成和冰成等）、形成年代和物理化学影响等方面进行研究外，不可不从结构与构造上来探索其根源。事实上土的结构与构造，不仅是决定工程性质的重要因素之一，结构与构造本身与土的物质成分一样，也是地质历史与环境的产物。

一、土的结构

（一）土结构的构成要素

一般认为，由三相体构成的分散性土的结构包含了以下三个基本要素：

（1）能够独立发挥作用的基本单元体。对粗粒土而言，基本单元体是由原生矿物组成的碎屑颗粒，而细粒土则是由许多微碎屑和黏粒胶结而成的集合体。基本单元体也简称为土粒。

（2）基本单元体的排列方式及由此形成的孔隙。由于沉积速度的不同、沉积环境的差异，不同性质的基本单元体的排列方式不同，由此形成的孔隙数量、大小和孔隙的形状是不同的，这对土的工程性质有重要影响。

（3）基本单元体间的相互作用和相互联结。物质成分内部各质点之间的联结和基本单元体内部各成分之间的联结（如集合体内部的联结）与基本单元体之间的联结是不同的，它们属于不同的层次，不能混淆。事实上，当外部荷载超过某一界限时，土结构的破裂面总是通过强度比较低的基本单元体间的联结部位。所以，决定天然土结构强度和工程性质的，主要是基本单元体之间的联结。

1. 粗粒土的结构要素分析

（1）粗粒土的基本单元体。粗粒土主要由粒径大于0.075mm的颗粒组成，如卵粒、砾粒、砂粒，它们均为岩石风化破碎后所形成的碎屑颗粒，保持了母岩的矿物成分。这些颗粒直接构成土结构的基本单元体，构成土的骨架。

（2）粗粒土的排列方式和孔隙类型。粗粒土由单个颗粒（基本单元体）相互接触或大小颗粒镶嵌排列而成。这种排列有松散和紧密之分。如果颗粒为棱角状或片状，并且表面粗糙，则易形成松散排列，此时孔隙粗大且数量多。当颗粒大小混杂，而且颗粒的表面光滑（磨圆度好），则不易保持松散排列而易形成紧密排列。松散排列的粗粒土，颗粒位置不稳定，在荷载特别是动荷载作用下，颗粒易移动而趋于紧密。紧密排列的粗粒土一般具有坚固的土粒骨架，静荷载对它几乎没有压缩作用，变形甚低，强度也高。

（3）粗粒土的结构联结。由于组成粗粒土的颗粒较粗大，比表面积小，基本单元体间几乎不存在静电引力和水膜联结，只在潮湿状态下有微弱的毛细力联结，因而粗粒土也称为无黏性土。

2. 细粒土的结构要素分析

（1）细粒土的基本单元体。细粒土的基本单元体不像粗粒土那样简单。大量扫描电镜的观察资料表明，作为天然结构细粒土的骨架主要是形态各异、大小不一的集合体。集合体的类型按照集合体内物质成分间的联结大致有凝聚体、叠聚体、絮凝体和外包颗粒等（见图2-8）。

（2）细粒土的排列与孔隙类型。孔隙是排列的结果，因此，可根据孔隙比（见第3章

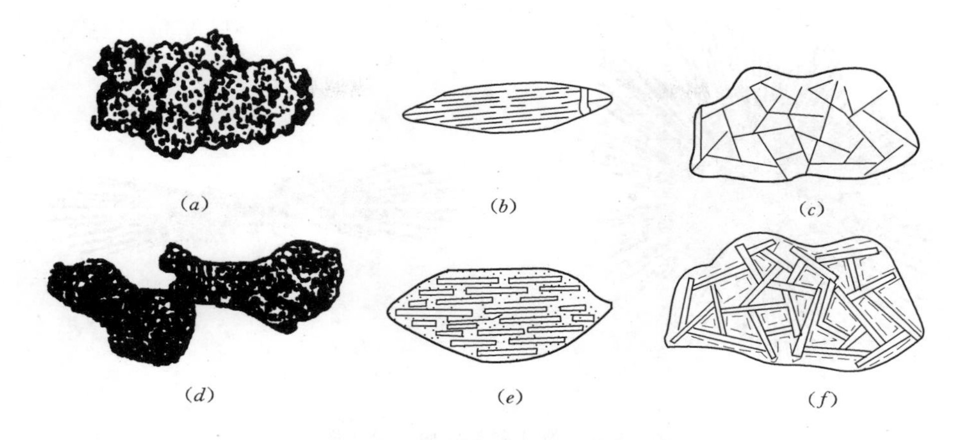

图 2-8　细粒土中的基本单元体

(*a*) 凝块；(*b*) 未浸水叠聚体；(*c*) 未浸水絮凝体；(*d*) 铁质凝聚体；(*e*) 浸水叠聚体；(*f*) 浸水絮凝体

3.2 节）的大小来判断土粒排列的紧密程度。通常，按孔隙比的大小将土的基本单元体的排列分为三种类型，即孔隙比大于 1.0 为松散排列的土；孔隙比小于 0.7 为紧密排列的土；孔隙比介于 0.7～1.0 为密排列的土。一般情况下，呈紧密排列的土其基本单元体大多以镶嵌方式相互接触，呈松散排列的土其基本单元体大多以架空形式接触或以远凝聚型方式接触。

至于细粒土中矿物的定向性可以根据薄片或微观结构中土粒的长轴对设定的直角坐标轴的倾角来描述。例如，在图 2-9 中，颗粒的定向可根据长轴与单一参比轴的倾角 θ 表示。它是描述土中颗粒排列的重要指标之一，通常称为主定向角。

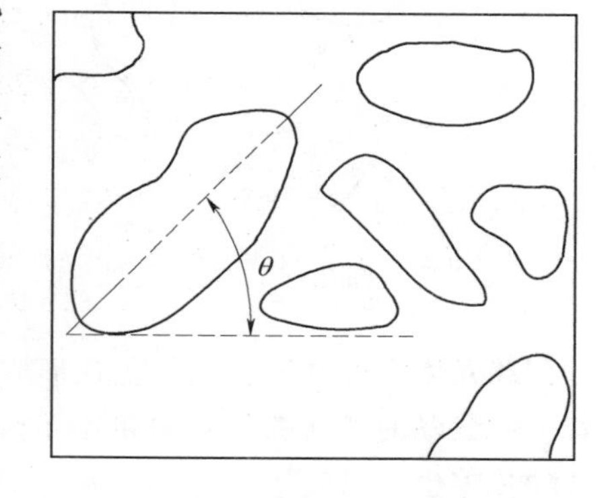

图 2-9　薄片中颗粒的定向特征

对大量颗粒的长轴进行定向测量的结果，可以用定向分布图表示。图 2-10 是某土中黏土颗粒的定向分布图，黏土片状颗粒的定向可用主定向角和各向异性率表示：

$$C_a = \frac{R - r}{R} \tag{2-5}$$

式中　C_a——各向异性率；

R——椭圆形定向分布图的长轴半径；

r——椭圆形定向分布图的短轴半径。

由于细粒土中土粒排列的复杂性，使得土中孔隙的分布也是相当复杂的。对细粒土的微观分析表明，有些孔隙肉眼可辨，极易变形和透水，而有些孔隙则不易变形和不透水。孔隙特征主要是指孔隙大小、形状、分布及连通情况等。综合国内外有关资料，细粒土中的孔隙大致可分为以下几类。

架空孔隙：这种孔隙是一定数量的骨架颗粒松散排列的结果。从空间的结构力学原理分析是不稳定的，有多余的自由度。随着土体所处外界条件的变化（如动静应力的作用、水的浸入等），这些孔隙会失去稳定，基本单元体将产生位移，并重新排列，土的结构因此产生

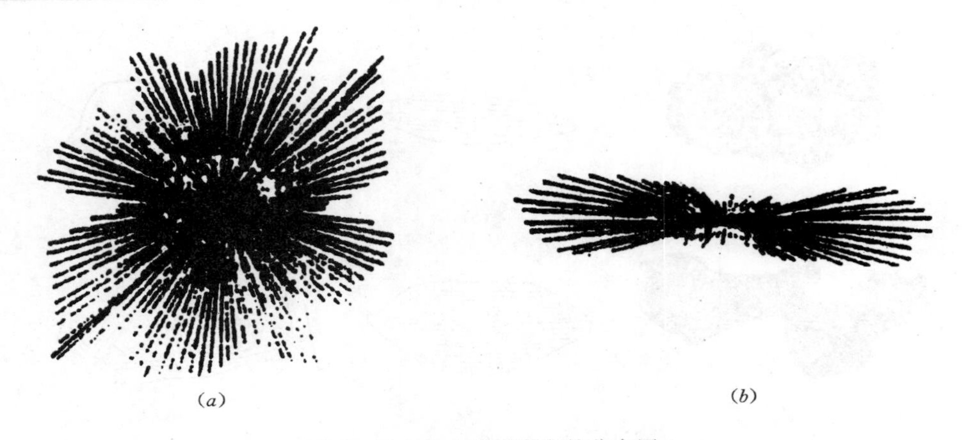

图 2-10　黏土颗粒定向的分布图

(a) 疏松结构，主定向角 43°，各向异性率 5.1%；(b) 层状结构，主定向角 0°，各向异性率 51.9%

不可恢复的变形。黄土、新近堆积的黏性土和粉砂土中这种孔隙比较多见（见图 2-11）。

单元体间孔隙：基本单元体经过多次重新排列，进入一个比较稳定的位置，此时单元体的排列接近于理想球体的紧密堆积，但是单元体间仍存在一定孔隙（见图 2-12），只是排列比较紧密，一般不易变形，只有很高的应力作用下才出现少量变形。

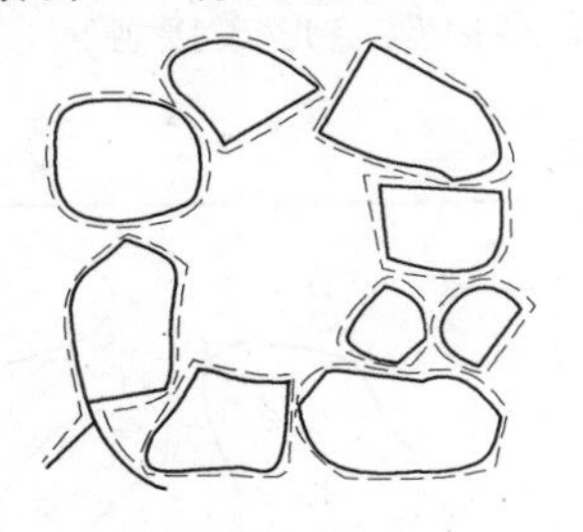

图 2-11　架空孔隙

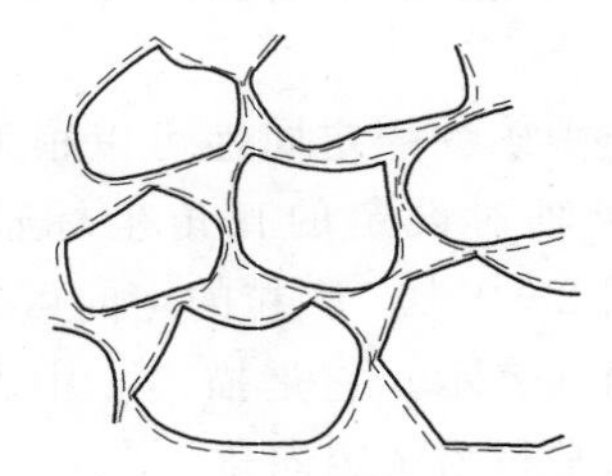

图 2-12　单元体间孔隙

单元体内部孔隙：细粒土在形成集合体（基本单元体）的过程中，基本单元体内存在着一定数量的微孔隙，有的和外部相连，大部分是封闭的。由于基本单元体不易变化，故这种孔隙也不易变形。

溶蚀孔隙：这种孔隙主要存在于残积土中，尤其是热带、亚热带地区的残积红黏土中。由于湿热多雨，风化作用强烈，矿物中的可溶物质被淋滤带走而形成各种大小孔隙。这些孔隙与土粒的排列无关，孔隙的稳定主要取决于粒间胶结物质的性质和胶结特点。

大孔隙：这种孔隙一般是植物根、动物活动等引起的管状孔洞，大小不等，但肉眼可以鉴别。这种孔隙往往是风化淋滤的通道，所以孔壁周围可见钙质、铁锰质沉淀物。它们的存在，造成土体渗透性在垂直和水平方向上的较大差异。

(3) 细粒土的结构联结。与粗粒土不一样，细粒土的基本单元体之间存在结构联结。结构联结是细粒土的重要结构特征，决定了土的强度和稳定性。细粒土的结构联结通常有以下一些形式。

结合水膜接触联结：基本单元体表面的不平衡力把水分子牢牢地吸附在单元体的表面，当两个单元体在外部压力下靠得很近时，单元体通过结合水膜发生间接接触［见图

2-13 (*a*)]。这种联结的强弱取决于结合水膜的厚薄。当土中含水量较低时，水膜变薄，联结增强，土具有较高强度；含水量增高，水膜变厚，联结减弱，土的强度就低。这种联结在一般黏性土中普遍存在，特别是在由叠聚体构成的胀缩性土中最为常见。

胶结联结：基本单元体间存在许多胶结物质，把单元体互相胶结在一起，产生联结强度，一般比较牢固。胶结物可以是黏土物质 [见图 2-13 (*b*)]，可以是钙质或钠质的盐晶胶结 [见图 2-13 (*c*)]，但水量增加使盐晶溶解后胶结消失；也可以是游离氧化物 [见图 2-13 (*d*)]。尤以最后一种胶结比较稳定，基本不受水量变化的影响或影响较小。黏土胶结见于一般性黏土中，盐晶胶结见于盐土和黄土中，游离氢化物的胶结见于红土和老黏性土中。

同相接触联结：由硅酸盐物质组成的基本单元体之间的接触处，由于长期接触，或由于上覆土层压力的长期作用，使土粒接触处产生再结晶作用，土粒联结在一起 [见图 2-13 (*e*)]。一般发生在老黏性土中。

链条联结：连接体是由黏土和有机质聚集在一起的链条状物质，可长可短，它在基本单元体间起相互联结作用 [见图 2-13 (*f*)、(*g*)]。链条的强度本身就不高，且极易变形，因此由它们构成结构联结的土体，强度较低，甚至产生流变性。这种联结主要存在于海相淤泥或淤泥质黏土中。

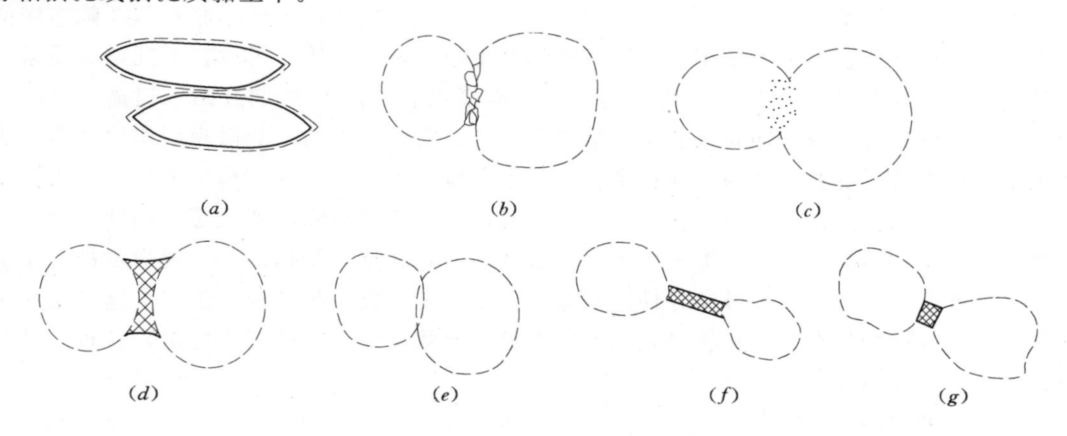

图 2-13　细粒土基本单元体之间的联结示意图

(*a*) 吸附水膜接触联结；(*b*) 黏质胶结联结；(*c*) 盐晶胶结联结；(*d*) 无定形铁质胶结联结；(*e*) 同相接触联结；(*f*) 链条联结（长链）；(*g*) 链条联结（短链）

（二）土的结构类型

1. 粗粒土的结构类型

粗粒土颗粒粗大，粒间无联结或联结甚弱，因此粗粒土一般形成所谓单粒结构（或散粒结构）。根据土粒的大小、形状、磨圆度和表面特征（粗糙度）以及由此所形成的颗粒排列特点，又分为松散的单粒结构 [见图 2-14 (*a*)] 和紧密的单粒结构 [见图 2-14 (*b*)]。这种结构类型为碎石土、砂土所具有，它对土的工程性质的影响主要取决于其紧密程度：松散单粒结构的土粒位置不稳定，在荷载作用下土粒易发生位移而趋于紧密；紧密单粒结构的土粒位置稳定，静荷载对其几乎没有压缩作用。

总的说来，具有单粒结构的碎石土和砂土，孔隙大，透水性强，土粒间一般没有内聚力（$c=0$），但土粒相互依靠支承，内摩擦力较大，受压时土的体积变化较小。

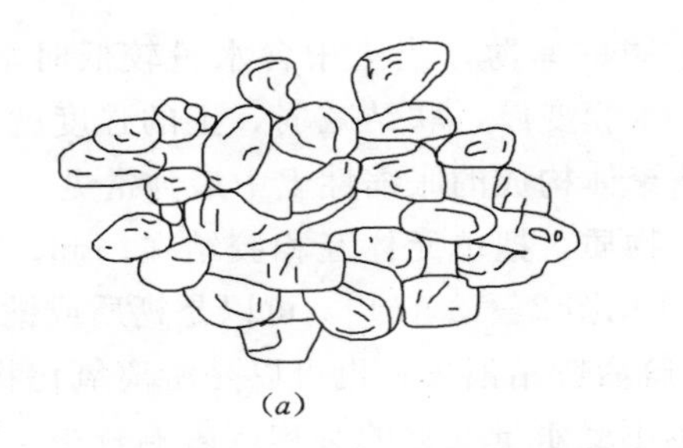
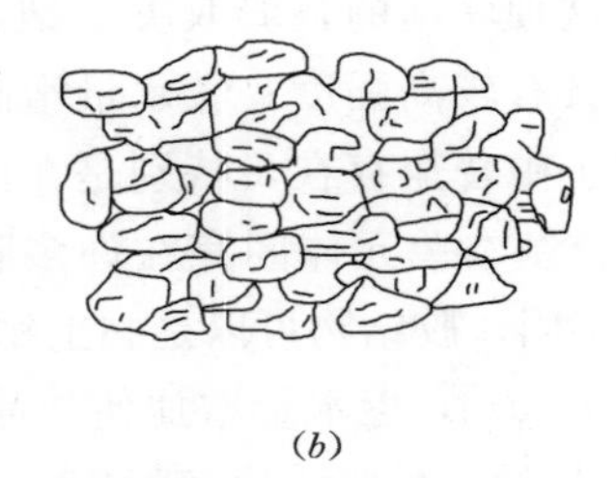

(*a*) (*b*)

图 2-14 单粒结构的松密状态

(*a*) 疏松的单粒结构；(*b*) 紧密的单粒结构

自然界中很少存在纯粹的卵砾土或砂土。当分选作用差时，粗大的土粒间总有细小的颗粒充填。如果混杂黏粒，则会改变土的性质。当黏粒含量少且仅在粗粒接触处，则黏粒只起接触联结作用，使粗粒土具有一定的内聚力；当黏粒含量较多，对粗粒起着被覆作用，使粗颗粒不再相互接触，此时土便具有了黏性土的特征。

2. 细粒土的微观结构模型

早期关于土结构的研究以悬液中黏粒的相互作用为基础，提出了蜂窝结构、絮凝结构、单粒结构等结构模式。到了 20 世纪 50—60 年代，人们认识到细小黏粒与孔隙溶液的相互作用，加之透射电镜的使用，能够观察到黏土颗粒是片状体，可以在不同电解质条件下形成“面—面”、“边—面”、“边—边”等结构模式。70 年代后期开始，扫描电镜的使用，使上述试验室研究转向对天然土结构的研究。目前所提出的土的微观结构模型是指表征土结构形态特征的典型图像，这种图像反映了黏粒及碎屑物质在结构中的相互关系，基本单元体在空间上的排列情况和孔隙特征，单元体之间的接触联结特点等。如软土中常见的蜂窝状结构，结构疏松，孔隙率较大，含水量高。具有这种结构的土，灵敏度高，压缩性高，强度低，工程性质无各向异性。胀缩性土中常见的叠片状结构，决定了这种土吸水膨胀、失水收缩的特点。湖相、海相黏土中常见层流状结构，反映了土的沉积特点，其工程性质各向异性明显。

二、土的构造

土的构造是指土体在空间构成上不均匀特征的总和，如不同土层的相互组合以及被节理、裂隙等切割后所形成土块在空间上的排列、组合方式。土的构造是在土的生成过程和各种地质因素作用下形成的，所以不同土类和成因类型，其构造特征是不一样的。

碎石土常呈块状构造、假斑状构造（见图 2-15、图 2-16），粗碎屑（颗粒）之间有细碎屑或黏性土充填。粗粒含量高时，土的渗透性强，力学强度高，压缩性低。当粗粒由

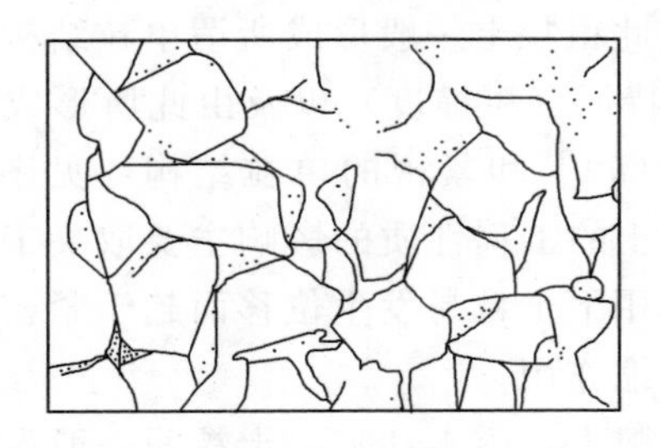

图 2-15 碎石土的块状构造

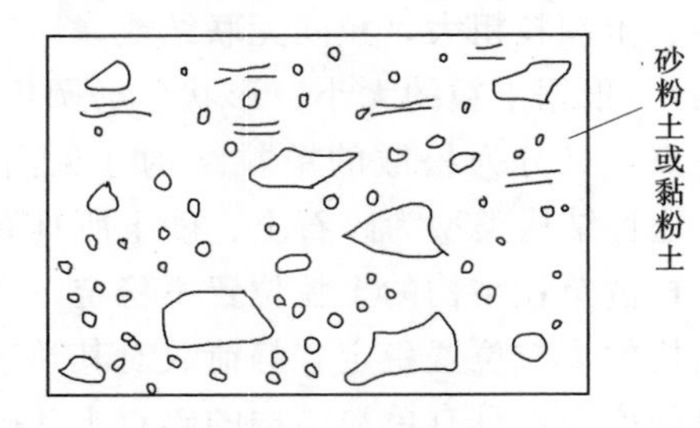

图 2-16 冰积土的假斑状构造

细粒土包围，则其工程特性与细粒土的物质成分、性质和稠度状态有关。

砂类土中常见的有水平层理和交错层理构造（见图2-17、图2-18），但有时与黏性土互层，构成“千层土”或夹层。

黏性土的构造可分为原生构造与次生构造。原生构造是土在沉积过程中形成的，其特征多表现为层状、片状和条带状等，其工程性质常呈各向异性。如河流三角洲沉积的黏性土中，常含砂夹层或透镜体。滨海或三角洲相静水环境沉积的黏性土常夹数量很多的极薄层（1～2mm）砂，呈“千层饼状”。这类构造常使土呈各向异性，并有利于排水固结。另一类次生构造是土层形成后又经历了不断的改造所形成的构造，如土中因物质成分的不均一性，干燥后出现各种垂直裂隙、网状裂隙等，使土体丧失整体性，强度和稳定性剧烈降低（见图2-19）。

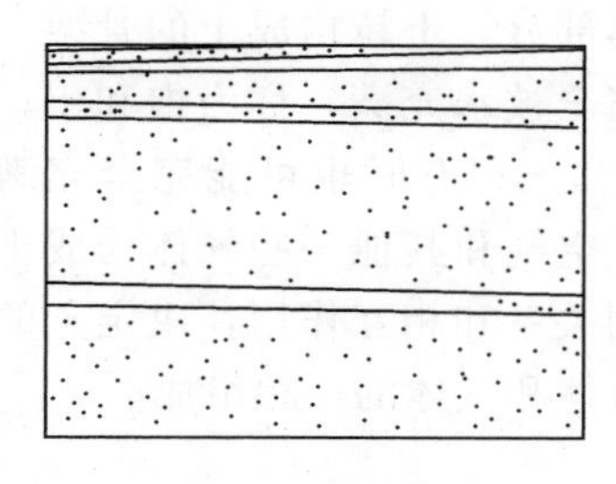

图2-17　砂夹薄层黏性土的水平层理构造

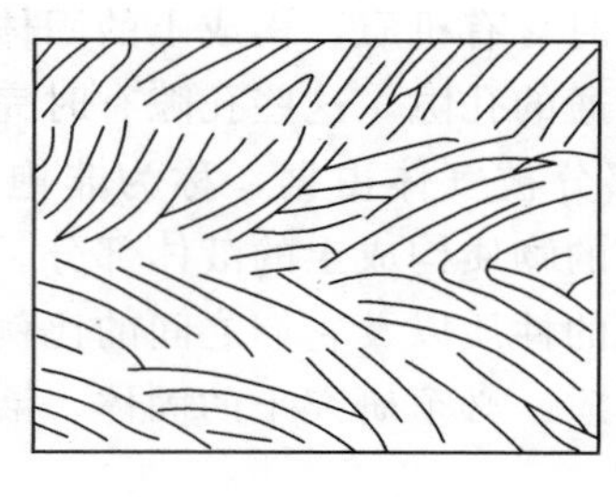

图2-18　风积砂的交错层理构造

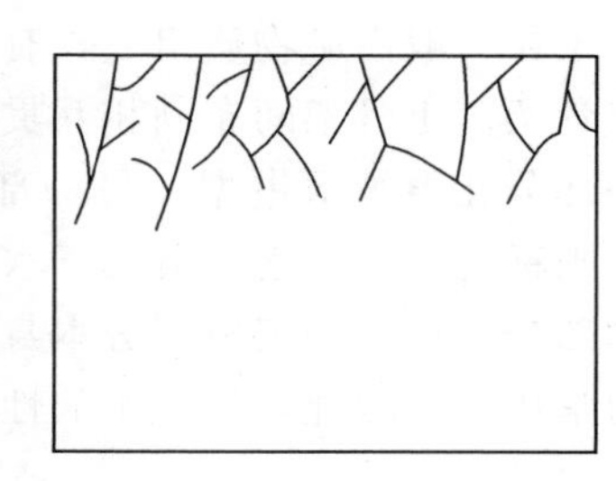

图2-19　膨胀土表层的网状裂隙

习　题

2-1　什么是粒组？什么是粒度成分？土的粒度成分的测定方法有哪两种，它们各适用于何种土类？

2-2　表征土的颗粒级配的指标有哪些？工程上如何依据它们判别土的级配或颗粒组成情况？

2-3　土中不可溶性次生矿物主要有哪些？它们对土的性质有何影响？

2-4　土中常见的黏土矿物有哪几类？它们各自的结构构造特点如何？

2-5　何种状态和性质的水对细粒土的性质影响最大？

2-6　试述黏粒双电层的形成并画出黏粒双电层的结构示意图。

第 3 章　土的物理性质及工程分类

3.1　概　　述

第 2 章介绍了土的成因类型、土的颗粒组成、矿物成分和结构构造等知识，这些是从质的方面了解土的性质的依据。一般来讲，还需要从量的方面了解土的组成。土中的土粒、水和气三部分的质量（或重力）与体积之间的比例关系，随着各种条件的变化而改变。土粒一般由矿物质组成，有时含有机质，构成土的固体部分。土粒构成土的骨架，称为土骨架。土骨架间布满相互贯通的孔隙。这些孔隙有时完全被水充满，称为饱和土；有时一部分孔隙被水占据，另一部分被气体占据，称为非饱和土；有时也可能完全充满气体，则称为干土。水和溶解于水的物质构成土的液体部分。空气和其他一些气体构成土的气体部分。这三种组成部分本身的性质以及它们之间的比例关系和相互作用，决定土的物理力学性质。因此，研究土的性质，必须研究土的固体、液体和气体的三相组成。

3.2　土的三相比例指标

自然界的土体由固相（固体颗粒）、液相（土中水）和气相（土中气体）组成，通常称为三相分散体系。对于一般连续性材料，例如混凝土，只要知道密度ρ，就能直接说明这种材料的密实程度，即单位体积内固体的质量。对于三相体的土，由于气体的体积可以不相同，同样大小的密度ρ，单位体积内可以是固体颗粒的质量多一些，水的质量少一些；也可以是固体颗粒的质量少一些，而水的质量多一些。因此，要全面说明土的三相量的比例关系，就需要有若干个指标。

一、土的三相草图

为了获得清晰的定量概念，并便于计算，在土力学中通常用三相草图来表示土的三相组成，如图 3－1 所示。在三相图的右侧，表示三相组成的体积；在三相图的左侧，则表示三相组成的质量。图中符号的意义如下：

V ——土的总体积；

V_v ——土中孔隙的体积；

V_w ——土中水的体积；

V_a ——土中气体的体积；

V_s ——土中固体土粒的体积；

m ——土的总质量；

m_w ——土中水的质量；

m_a ——土中气体的质量，$m_a \approx 0$；

m_s ——土中固体土粒的质量。

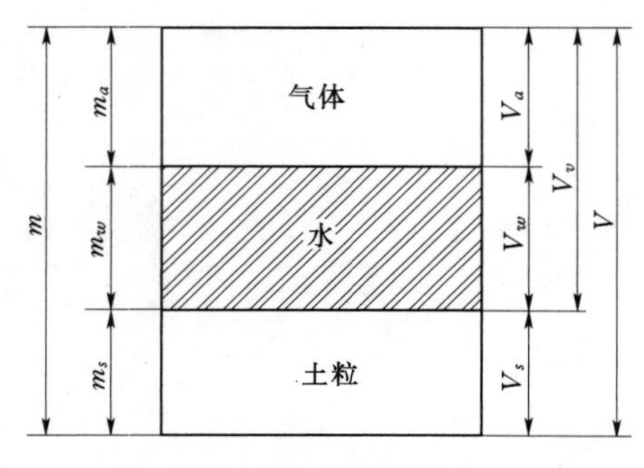

图 3－1　三相草图

在上述的这些量中，独立的量有 V_s、V_w、V_a、m_w 和 m_s 五个。$1cm^3$ 水的质量通常等于1g，故在数值上 $V_w=m_w$。此外，当研究这些量的相对比例关系时，总是取某一定数量的土体来分析，例如，取 $V=1cm^3$，或 $m=1g$，或 $V_s=1cm^3$ 等，因此又可以消去一个未知量。这样，对于一定数量的三相土体，只要知道其中三个独立的量，其他各个量就可从图中直接换算得到。所以，三相草图是土力学中用以计算三相量比例关系的一种简单而又很实用的工具。

二、确定三相量比例关系的基本试验指标

为了确定三相草图诸量中的三个量，就必须通过试验室的试验测定。通常做三个基本物理性质试验，即土的密度试验，土粒比重或相对密度试验，土的含水量试验。

（一）土的密度和重度

土的密度定义为单位体积土的质量，用 ρ 表示，以 mg/m^3 或 g/cm^3 计：

$$\rho=\frac{m}{V} \tag{3-1}$$

天然状态下土的密度变化范围较大。一般黏性土和粉土 $\rho=1.8\sim2.0g/cm^3$；砂土 $\rho=1.6\sim2.0g/cm^3$；腐殖土 $\rho=1.5\sim1.7g/cm^3$。

土的密度一般用“环刀法”测定，用一个圆环刀（刀刃向下）放在削平的原状土样表面上，徐徐削去环刀外围的土，边削边压，使保持天然状态的土样压满环刀内，称出环刀内土样的质量，求得它与环刀容积之比值即为其密度。

土的重度定义为单位体积土的重量，是重力的函数，用 γ 表示，以 kN/m^3 计：

$$\gamma=\frac{G}{V}=\frac{mg}{V}=\rho g \tag{3-2}$$

式中　G——土的重量；

g——重力加速度，$g=9.80665m/s^2$，工程上为了计算方便，有时取 $g=10m/s^2$。

（二）土粒相对密度

土粒密度（单位体积土粒的质量）与4℃时纯水密度之比，称为土粒相对密度（过去习惯上称为比重），用 d_s 表示，为无量纲量，即

$$d_s=\frac{m_s}{V}\times\frac{1}{\rho_{w_1}}=\rho_s/\rho_{w_1} \tag{3-3}$$

其中

$$\rho_{w_1}=1g/cm^3$$

式中　ρ_{w_1}——4℃时纯水的密度；

ρ_s——土粒的密度，即单位体积土粒的质量。故实用上，土粒相对密度在数值上等于土粒的密度。

土粒相对密度或比重可在试验室内用比重瓶法测定。由于土粒相对密度变化不大，通常可按经验数值选用，一般参考值如表3-1所示。

表3-1　土粒相对密度参考值

土的名称	砂　土	粉　土	黏　性　土	
			粉质黏土	黏　土
土粒相对密度	2.65～2.69	2.70～2.71	2.72～2.73	2.74～2.76

（三）土的含水量

土的含水量定义为土中水的质量与土粒质量之比，用w表示，以百分率（%）表示，即

$$w=\frac{m_w}{m_s}\times 100\%=\frac{m-m_s}{m_s}\times 100\% \tag{3-4}$$

含水量w是标志土的湿度的一个重要物理指标。天然土层的含水量变化范围很大，它与土的种类、埋藏条件及其所处的自然地理环境等有关。一般来说，对同一类土，当其含水量增大时，则其强度就降低。

粉土的湿度根据含水量w(%)的大小，按表3-2划分为稍湿、湿、很湿三种湿度状态。

表3-2 粉土湿度分类 单位：%

稍 湿	湿	很 湿
$w<20$	$20\leqslant w\leqslant 30$	$w>30$

土的含水量一般用“烘干法”测定。先称小块原状土样的湿土质量m，然后置于烘箱内维持100～105℃烘至恒重，再称干土质量m_s，湿、干土质量之差$m-m_s$与干土质量m_s之比值，就是土的含水量。

三、确定三相量比例关系的其他常用指标

在测定土的密度ρ、土粒比重d_s和土的含水量w这三个基本指标后，就可以根据三相草图计算出三相组成各自在体积上与质量上的含量。工程上，为了便于表示三相含量的某些特征，定义以下几种指标。

（一）表示土中孔隙含量的指标

工程上常用孔隙比e或孔隙率n表示土中孔隙的含量。孔隙比e定义为土中孔隙体积与土粒体积之比，即

$$e=\frac{V_v}{V_s} \tag{3-5}$$

孔隙比常用小数表示，它是一个重要的物理性能指标，可用来评价天然土层的密实程度。一般地，$e<0.60$的土为密实的低压缩性土，$e>1.0$的土为疏松的高压缩性土。孔隙率n定义为土中孔隙体积与土总体积之比，以百分率（%）表示，即

$$n=\frac{V_v}{V}\times 100\% \tag{3-6}$$

孔隙比和孔隙率都是用来表示孔隙体积含量的概念。容易证明两者之间具有以下关系：

$$n=\frac{e}{1+e}\times 100\% \tag{3-7}$$

$$e=\frac{n}{1-n} \tag{3-8}$$

（二）表示土中含水程度的指标

含水量w自然是表示土中含水程度的一个重要指标。此外，工程上往往需要知道孔隙中充满水的程度，这可用饱和度S_r表示。土的饱和度S_r定义为土中被水充满的孔隙体积与孔隙总体积之比，即

$$S_r=\frac{V_w}{V_v}\times 100\% \tag{3-9}$$

砂土根据饱和土S_r的指标值分为稍湿、很湿和饱和三种湿度状态，其划分标准如表

3－3所示。显然，干土的饱和度 $S_r=0$，而完全饱和土的饱和度 $S_r=100\%$。

表 3－3 砂土湿度状态的划分

砂土湿度状态	稍 湿	很 湿	饱 和
饱和度 S_r（%）	$S_r \leqslant 50$	$50 < S_r \leqslant 80$	$S_r > 80$

（三）表示土的密度和重度的几种指标

除了天然密度 ρ（有时又称为湿密度）以外，工程计算中还常用以下两种土的密度：饱和密度 ρ_{sat} 和干密度 ρ_d。土的饱和密度定义为土中孔隙被水充满时土的密度，表示为

$$\rho_{sat}=\frac{m_s+V_v\rho_w}{V} \tag{3-10}$$

土的干密度定义为单位土体积中土粒的质量，表示为

$$\rho_d=\frac{m_s}{V} \tag{3-11}$$

在计算土中自重应力时，须采用土的重力密度，简称为重度。与上述几种土的密度相应的有土的天然重度 γ、饱和重度 γ_{sat} 和干重度 γ_d 三个。在数值上，它们分别等于相应的密度乘以重力加速度 g，即 $\gamma=\rho g$，$\gamma_{sat}=\rho_{sat}g$，$\gamma_d=\rho_d g$。此外，对于地下水位以下的土体，由于受到水的浮力作用，将扣除水浮力后单位体积土所受的重力称为土的有效重度，以 γ' 表示，当认为水下土是饱和时，它在数值上等于饱和重度 γ_{sat} 与水的重度 γ_w（$\gamma_w=\rho_w g$）之差，即

$$\gamma'=\frac{m_s g-V_s\gamma_w}{V}=\gamma_{sat}-\gamma_w \tag{3-12}$$

显然，几种密度和重度在数值上有如下关系：

$$\rho_{sat}\geqslant\rho\geqslant\rho_d$$

$$\gamma_{sat}\geqslant\gamma\geqslant\gamma_d>\gamma'$$

【例题 3－1】 某原状土样，经试验测得天然密度 $\rho=1.91\text{mg/m}^3$，含水量 $w=9.5\%$，土粒相对密度 $d_s=2.70$。试计算：①土的孔隙比 e、饱和度 S_r；②当土中孔隙充满水时土的密度 ρ_{sat} 和含水量 w。

解： 绘三相草图，如图 3－2 所示。设土的体积 $V=1.0\text{m}^3$。

（1）根据密度定义，得

$$m=\rho V=1.91\times1.0=1.91\text{mg}$$

根据含水量定义，得

$$m_w=w\times m_s=0.095m_s$$

从三相草图有 $m_w+m_s=m$

因此 $0.095m_s+m_s=1.91\text{mg}$

$$m_s=1.744\text{mg}$$

$$m_w=0.166\text{mg}$$

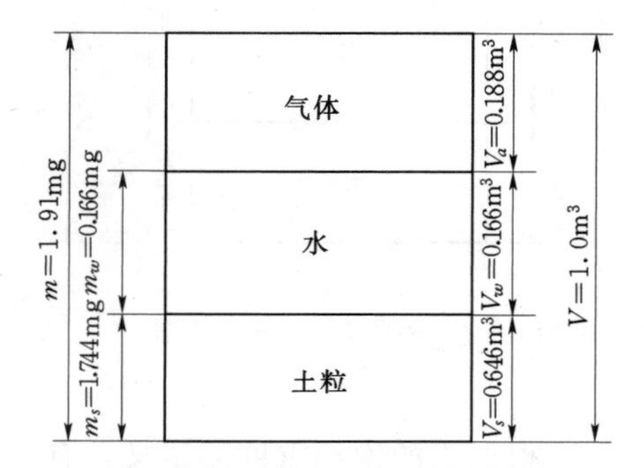

图 3－2 ［例题 3－1］三相草图

根据土粒相对密度定义，得土粒密度 ρ_s 为

$$\rho_s=d_s\rho_{w_1}=2.70\times1.0=2.70\text{mg/m}^3$$

土粒体积为

$$V_s=\frac{m_s}{\rho_s}=\frac{1.744}{2.70}=0.646\text{m}^3$$

水的体积为

$$V_w=\frac{m_w}{\rho_w}=\frac{0.166}{1.0}=0.166\text{m}^3$$

气体体积为

$$V_a=V-V_s-V_w=1.0-0.646-0.166=0.188\text{m}^3$$

因此，孔隙体积 $V_v=V_w+V_a=0.166+0.188=0.354\text{m}^3$。至此，三相草图中，三相组成的量，无论是质量或体积，均已算出，将计算结果填入三相草图中。根据孔隙比定义，得

$$e=\frac{V_v}{V_s}=\frac{0.354}{0.646}=0.548$$

根据饱和度定义，得

$$S_r=\frac{V_w}{V_v}\times 100\%=\frac{0.166}{0.354}\times 100\%=46.9\%$$

(2) 当土中孔隙充满水时，由饱和密度定义，有

$$\rho_{sat}=\frac{m_s+V_v\rho_w}{V}=\frac{1.744+0.354\times 1.0}{1.0}=2.10\text{mg/m}^3$$

根据含水量定义，有

$$w=\frac{V_v\rho_w}{m_s}\times 100\%=\frac{0.354\times 1.0}{1.744}\times 100\%=20.3\%$$

【例题 3-2】 某土样已测得其孔隙比 $e=0.70$，土粒相对密度 $d_s=2.72$。试计算：①土的干重度 γ_d、饱和重度 γ_{sat} 和浮重度 γ'；②当土的饱和度 $S_r=75\%$时，土的重度 γ 和含水量 w 为多大？

解： 绘三相草图，如图 3-3 所示。设土粒体积 $V_s=1.0\text{m}^3$。

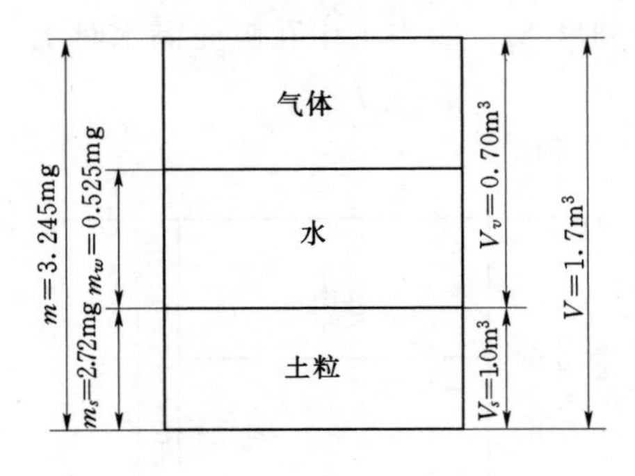

图 3-3 例题 3-2 三相草图

(1) 根据孔隙比的定义，有

$$V_v=eV_s=0.70\times 1.0=0.70\text{m}^3$$

根据土粒相对密度的定义，有

$$m_s=d_sV_s\rho_{w_1}=2.72\times 1.0\times 1.0=2.72\text{mg}$$

土的总体积为

$$V=V_v+V_s=0.70+1.0=1.70\text{m}^3$$

根据土的干重度的定义，有

$$\gamma_d=\frac{m_sg}{V}=\frac{2.72\times 9.81}{1.70}=15.70\text{kN/m}^3$$

当孔隙充满水时，土的质量为

$$m=m_s+V_v\rho_w=2.72+0.70\times 1.0=3.42\text{mg}$$

根据土的饱和重度的定义，有

$$\gamma_{sat}=\frac{mg}{V}=\frac{3.42\times 9.81}{1.70}=19.74\text{kN/m}^3$$

则浮重度 γ' 为

$$\gamma' = \gamma_{sat} - \gamma_w = 19.74 - 9.81 = 9.93\text{kN/m}^3$$

（2）当土的饱和度 $S_r = 75\%$ 时，由饱和度定义，有

$$V_w = S_r V_v = 0.75 \times 0.70 = 0.525\text{m}^3$$

此时水的质量为

$$m_w = \rho_w V_w = 1.0 \times 0.525 = 0.525\text{mg}$$

土的总质量为

$$m = m_w + m_s = 0.525 + 2.72 = 3.245\text{mg}$$

根据土的重度的定义，有

$$\gamma = \frac{mg}{V} = \frac{3.245 \times 9.81}{1.70} = 18.72\text{kN/m}^3。$$

根据含水量的定义，有

$$w = \frac{m_w}{m_s} \times 100\% = \frac{0.525}{2.72} \times 100\% = 19.3\%$$

【例题 3－3】　推导常用的三相比例指标之间的换算关系。

解： 绘制三相草图，如图 3－4 所示，并假设 $V_s = 1.0$。

根据孔隙比的定义，有

$$V_v = eV_s = e$$

则土的总体积为

$$V = V_s + V_v = 1 + e$$

根据土粒相对密度的定义，有

$$m_s = d_s V_s \rho_w = d_s \rho_w$$

根据含水量的定义，有

$$m_w = w m_s = w d_s \rho_w$$

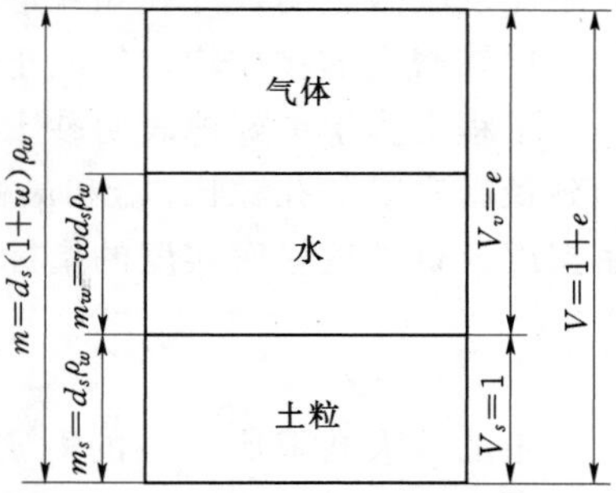

则土的总质量为

$$m = m_s + m_w = d_s \rho_w + w d_s \rho_w = (1 + w) d_s \rho_w$$

图 3－4　［例题 3－3］三相草图

将上述质量和体积填入三相草图，由三相指标的定义，可推导得

$$\rho = \frac{m}{V} = \frac{(1 + w) d_s \rho_w}{1 + e}, \qquad \frac{\rho}{1 + w} = \frac{d_s \rho_w}{1 + e}$$

$$\rho_d = \frac{m_s}{V} = \frac{d_s \rho_w}{1 + e}, \qquad \rho_d = \frac{\rho}{1 + w}$$

$$\rho_{sat} = \frac{m_s + V_v \rho_w}{V} = \frac{d_s \rho_w + e\rho_w}{1 + e} = \frac{d_s + e}{1 + e} \rho_w$$

$$\gamma_{sat} = \rho_{sat} g = \frac{d_s + e}{1 + e} \rho_w g = \frac{d_s + e}{1 + e} \gamma_w$$

$$\gamma' = \gamma_{sat} - \gamma_w = \frac{d_s + e}{1 + e} \gamma_w - \gamma_w = \frac{d_s - 1}{1 + e} \gamma_w$$

$$\gamma_d = \rho_d g = \frac{\rho}{1 + w} g = \frac{\gamma}{1 + w}$$

$$n = \frac{V_v}{V} = \frac{e}{1 + e}$$

$$S_r = \frac{V_w}{V_v} = \frac{m_w/\rho_w}{e} = \frac{wd_s}{e},\ w = \frac{S_r e}{d_s}$$

其他指标之间的关系不再一一推导。总之，利用三相图换算指标，就是利用已知的指标，计算出三相草图中的各相数值，再根据所求指标的定义直接计算。事实上，由于三相量的指标都是相对的比例关系，不是量的绝对值，因此，为了简化计算，常常可以假设三相中某相的值为1个单位，实用上最常用的是假设 $V_s = 1.0\text{m}^3$（或 cm^3）或 $V = 1.0\text{m}^3$（或 cm^3）进行计算。

3.3 无黏性土的密实度

砂土、碎石土和粉土统称为无黏性土，有时，粉土称为少黏性土。无黏性土的密度对其工程性质有重要的影响。如果土粒排列越紧密，它们在外荷载作用下，其变形越小，强度越大，工程性质越好。反映这类土工程性质的主要指标是密实度。砂土的密实状态可以分别用孔隙比 e、相对密度 D_r 和标准贯入锤击数 N 进行评价。

采用天然孔隙比 e 的大小来判别砂土的密实度，是一种较简捷的方法。但不足之处是它不能反映砂土的级配和颗粒形状的影响。实践表明，有时较疏松的级配良好的砂土孔隙比，比较密实的颗粒均匀的砂土孔隙比还要小。

工程上为了更好地表明砂土所处的密实状态，采用将现场土的孔隙比 e 与该种土所能达到最密实时的孔隙比 e_{min} 和最松散时的孔隙比 e_{max} 相比较的办法，来表示孔隙比 e 时土的密实度。这种度量密实度的指标称为相对密度 D_r，定义为

$$D_r = \frac{e_{max} - e}{e_{max} - e_{min}} \tag{3-13}$$

土的最大孔隙比 e_{max} 的测定方法是将松散的风干土样，通过长颈漏斗轻轻地倒入容器，求得土的最小干密度再经换算确定；土的最小孔隙比 e_{min} 的测定方法是将松散的风干土样分批装入金属容器内，按规定的方法进行振动或锤击夯实，直至密实度不再提高，求得最大干密度再经换算确定。

当砂土的天然孔隙比 e 接近最小孔隙比 e_{min} 时，则其相对密度 D_r 较大，砂土处于较密实状态。当 e 接近最大孔隙比 e_{max} 时，则其 D_r 较小，砂土处于较疏松状态。用相对密度 D_r 判定砂土的密实度标准为

$0 \leqslant D_r \leqslant 1/3$　　松散

$1/3 < D_r \leqslant 2/3$　　中密

$2/3 < D_r \leqslant 1$　　密实

应该指出，要在试验室测得各种土理论上的 e_{max} 和 e_{min} 是十分困难的。在静水中缓慢沉积形成的土，其孔隙比有时可能比试验室能测得的 e_{max} 还大；同样，在漫长地质年代中堆积形成的土，其孔隙比有时可能比实验室测得的 e_{min} 还小。此外，在地下深处，特别是地下水位以下的粗粒土的天然孔隙比 e，很难准确测定。相对密度 D_r 这一指标虽然理论上讲能更合理地用以确定土的密实状态，但由于上述原因，通常用于填方土的质量控制中，对于天然土尚难以应用。

由于砂土的 e、e_{max} 和 e_{min} 都难以确定，砂土的密实度可在现场进行标准贯入试验，根据

标准贯入试验锤击数实测值 N 的大小划分为密实、中密、稍密和松散四种状态，按表3-4的标准间接判定。标准贯入试验方法可参见《岩土工程勘察规范》(GB 50021—2001)。

表 3-4　砂土的密实度

砂土密实度	松　散	稍　密	中　密	密　实
N	$N\leqslant 10$	$10<N\leqslant 15$	$15<N\leqslant 30$	$N>30$

碎石土的密实度划分为密实、中密和松散三种状态，密实度的定性描述可按野外鉴别可挖性、可钻性和骨架颗粒含量与排列方式来确定，其划分标准如表 3-5 所示。

表 3-5　碎石土密实度野外鉴别

密实度	骨架颗粒含量与排列	可　挖　性	可　钻　性
密实	骨架颗粒质量大于总质量的70%，呈交叉排列，连续接触	锹镐挖掘困难，用撬棍方能松动；井壁一般较稳定	钻进极困难；钻杆、吊锤跳动剧烈；孔壁较稳定
中密	骨架颗粒质量等于总质量的60%～70%，呈交叉排列，大部分接触	锹镐可挖掘；井壁有掉块现象，从井壁取出大颗粒处，能保持凹面形状	钻进较困难；钻杆、吊锤跳动不剧烈；孔壁有坍塌现象
松散	骨架颗粒质量小于质量的60%，排列混乱，大部分不接触	锹可以挖掘；井壁易坍塌，从井壁取出大颗粒后，立即坍落	钻进较容易；钻杆稍有跳动；孔壁易坍塌

碎石土的密实度可根据圆锥动力触探锤击数按表 3-6 或表 3-7 确定，表中的重型动力触探锤击数 $N_{63.5}$ 和超重型动力触探锤击数 N_{120} 应该是按《岩土工程勘察规范》(GB 50021—2001)附录 B 的规定综合修正后的平均值。

表 3-6　碎石土密实度按 $N_{63.5}$ 分类

碎石土密实度	松　散	稍　密	中　密	密　实
$N_{63.5}$	$N_{63.5}\leqslant 5$	$5<N_{63.5}\leqslant 10$	$10<N_{63.5}\leqslant 20$	$N_{63.5}>20$

注　本表适用于平均粒径等于或小于 50mm，且最大粒径小于 100mm 的碎石土。

表 3-7　碎石土密实度按 N_{120} 分类

碎石土密实度	松　散	稍　密	中　密	密　实	很　密
N_{120}	$N_{120}\leqslant 3$	$3<N_{120}\leqslant 6$	$6<N_{120}\leqslant 11$	$11<N_{120}\leqslant 14$	$N_{120}>14$

粉土的密实度应根据孔隙比 e 的大小按表 3-8 的规定划分为密实、中密和稍密三种状态。

表 3-8　粉土的密实度

粉土密实度	稍　密	中　密	密　实
孔隙比 e	$e<0.75$	$0.75\leqslant e\leqslant 0.90$	$e>0.90$

3.4　黏性土的物理特征

一、黏性土的稠度

黏性土最主要的物理状态特征是它的稠度。所谓稠度是指黏性土在某一含水量下对外力引起的变形或破坏的抵抗能力。黏性土在含水量发生变化时，它的稠度也随之而变，通常用坚硬、硬塑、可塑、软塑和流塑等术语来描述。

刚沉积的黏土具有液体泥浆那样的稠度。随着黏土中水分的蒸发或上覆沉积层厚度的增加，它的含水量将逐渐减小，体积收缩，从而丧失其流动能力，进入可塑状态。这时土在外力作用下可改变其形状，而不显著改变其体积，并在外力卸除后仍能保持其已获得的形状，黏性土的这种性质称为可塑性。若含水量继续减小，黏性土将丧失其可塑性，在外力作用下易于破裂，这时它已进入半固体状态。最后，即使黏性土进一步减少含水量，它的体积已不再收缩，这时，由于空气进入土体，土的颜色变淡，黏性土就进入了固体状态。上述过程示于图 3－5，图中上部的两相图分别对应于下部含水量与体积变化曲线上 A、B 点和 C 点的位置。

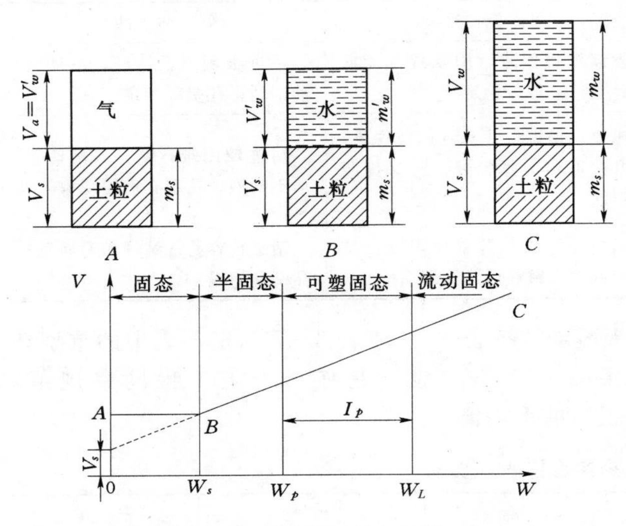

图 3－5　黏性土物理状态与含水量的关系

于是，黏性土从一种状态转变为另一状态，可用某一界限含水量来区分。这种界限含水量称为稠度界限或阿太保（A. Atterberg）界限。工程上常用的稠度界限有液限 w_L、塑限 w_p 和缩限 w_s。

液限（liquid limit）又称为液性界限、流限，它是流动状态与可塑状态的界限含水量，也就是可塑状态的上限含水量。塑限（plastic limit）又称为塑性界限，它是可塑状态与半固体状态的界限含水量，也就是可塑状态的下限含水量。缩限（shrinkage limit）是半固体状态与固体状态的界限含水量，也就是黏性土随着含水量的减小，体积开始不变时的含水量。黏性土的界限含水量与土粒组成、矿物成分和土粒表面吸附阳离子性质等有关，可以说界限含水量的大小反映了这些因素的综合影响，因而对黏性土的分类和工程性质的评价有着重要意义。

必须指出，黏性土从一种状态变为另一种状态是逐渐过渡的，本无明确的界限。目前只是根据某些通用的试验方法所测定的含水量来代表这些界限含水量。

黏性土的液限 w_L 常用液限仪测定。我国采用的液限仪是圆锥仪，示于图 3－6，圆锥的质量为 76g、锥角为 30°。将用于测定液限的土样调成均匀的浓糊状，装满于盛土杯内，刮平杯口表面，再将盛土杯置于圆锥仪底座上，将圆锥体轻放在试样表面的中心，使其在自重作用下徐徐沉入土样。若采用经 5～15s 恰好沉入 17mm 深度为液限标准，则称这时土样的含水量为土的 17mm 液限 w_L；若采用沉入 10mm 深度为液限标准，则称这时土样的含水

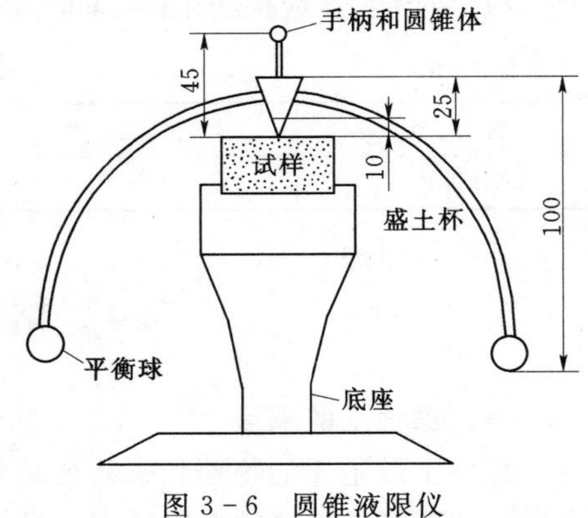

图 3－6　圆锥液限仪

量为土的 10mm 液限 w_L，在试验报告上应注明液限标准。

黏性土的塑限 w_p 采用“搓条法”测定。该法是把调制均匀的湿土样，在玻璃板上搓滚成 3mm 直径的土条，若这时土条恰好出现裂缝并开始断裂，就把土条的含水量定为土的塑限 w_p 值。

此外，我国还有液、塑限联合测定法，即塑限也用圆锥仪测定。这是以 76g 圆锥仪经 5s 沉入土中深度恰好为 2mm 时试样的含水量定为土的塑限，并认为它当量于搓条法测得的塑限。

土的缩限 w_s 是把土样的含水量调制到大于土的液限，然后将其填实到一定容积 V_1 的容器，烘干，测出干试样的体积 V_2 并称出其质量 m_s 后，按下式求得缩限 w_s：

$$w_s = w_1 - \frac{V_1 - V_2}{m_s}\rho_w \tag{3-14}$$

式中　w_1——试样的制备含水量。

二、黏性土的塑性指数和液性指数

塑性指数（plasticity index）是指液限 w_L 与塑限 w_p 的差值（省去%符号），用符号 I_p 表示：

$$I_p = w_L - w_p \tag{3-15}$$

I_p 表示土处于可塑状态的含水量变化的范围，是衡量土的可塑性大小的重要指标。

塑性指数 I_p 的大小与土中结合水的可能含量有关，也即与土的颗粒组成、土粒的矿物成分及土中水的离子成分和浓度等因素有关。土粒越细，其比表面积和可能的结合水含量愈高，因而 I_p 也越大。图 3-7 给出了塑性指数 I_p 与黏粒含量（这里指粒径小于 0.002mm 的含量）的近似直线关系。当土中高价阳离子的浓度增加时，土粒表面吸附的反离子层的厚度变薄，土容易产生凝聚，结合水含量减少，I_p 也减少；反之，随着反离子层中低价阳离子的增加，I_p 变大。工程上常用掺高价阳离子的方法提高土的水稳定性。

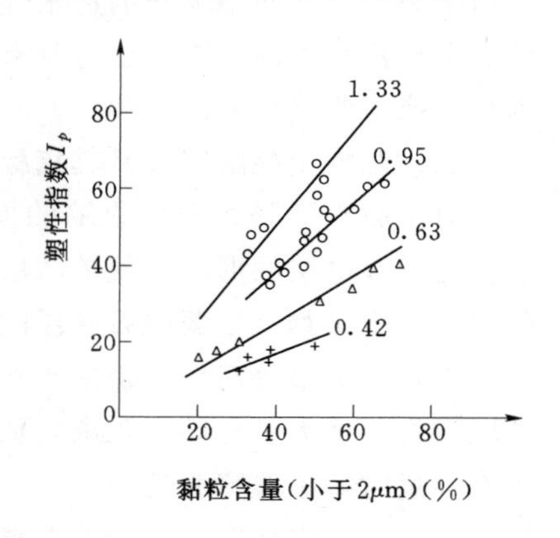

图 3-7　土的活动性指数

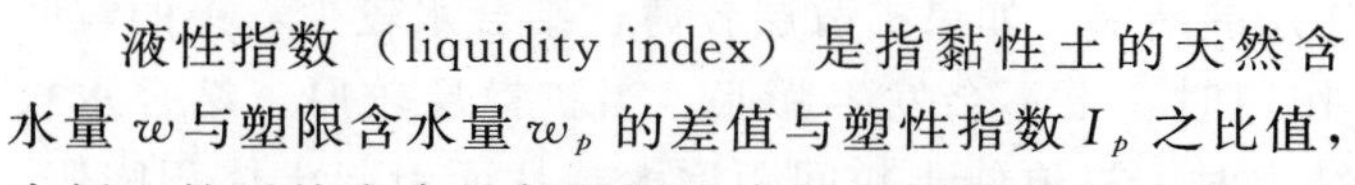

液性指数（liquidity index）是指黏性土的天然含水量 w 与塑限含水量 w_p 的差值与塑性指数 I_p 之比值，表征土的天然含水量与界限含水量之间的相对关系，用符号 I_l 表示：

$$I_l = \frac{w - w_p}{I_p} = \frac{w - w_p}{w_L - w_p} \tag{3-16}$$

显然，当 $I_l=0$ 时 $w=w_p$，土从半固态进入可塑状态；当 $I_l=1$ 时 $w=w_L$，土从可塑状态进入流动状态。因此，根据 I_l 值可以直接判定土的稠度（软硬）状态。工程上按液性指数 I_l 的大小，把黏性土分成五种稠度（软硬）状态，如表 3-9 所示。

表 3-9　　黏性土稠度状态的划分

状　态	坚　硬	硬　塑	可　塑	软　塑	流　塑
液性指数 I_l	$I_l \leqslant 0$	$0 < I_l \leqslant 0.25$	$0.25 < I_l \leqslant 0.75$	$0.75 < I_l \leqslant 1.0$	$I_l > 1.0$

【例题3-4】 某土样的液限为38.6%，塑限为23.2%，天然含水量为25.5%，问该土样处于何种状态？

解： 已知 $w_L=38.6\%$，$w_p=23.2\%$，$w=25.5\%$，则

$$I_p=w_L-w_p=38.6-23.2=15.4$$

$$I_l=\frac{w-w_p}{I_p}=\frac{25.5-23.2}{15.4}=0.15$$

所以，该土处于硬塑状态。

3.5 黏性土的胀缩性

一、黏性土胀缩性定义

黏性土中含水量的变化不仅引起土稠度发生变化，也同时引起土的体积发生变化。黏性土由于含水量的增加，土体体积增大的性能称为膨胀性；由于含水量的减少，体积减少的性能称为收缩性。这种湿胀干缩的性质，统称为土的胀缩性。膨胀、收缩等特性是说明土与水作用时的稳定程度，故又称为土的抗水性。

土的膨胀可造成基坑隆起、坑壁拱起或边坡的滑移、道路翻浆；土体积收缩时常伴随着产生裂隙，从而增大土的透水性，降低土的强度和边坡的稳定性。因此，研究土的胀缩性对工程建筑物的安全和稳定具有重要意义。此外，还可利用细粒土的膨胀特性，将其作为填料或灌浆材料来处理裂隙。

二、黏性土的膨胀性及其指标

对土吸水膨胀、失水收缩的原因，有多种解释。但多数认为，主要是黏粒与水作用后，由于双电层的形成，使扩散层或弱结合水厚度变化所引起的；或者是由于某些亲水性较强的黏土矿物（如蒙脱石）层间结合水的吸水或析出所致。

土膨胀的最普遍形式是由于双电层形成结合水，特别是弱结合水的增加，削弱了粒间的联结力，增大了粒间的距离，从而使土体积膨胀；当含水量达到液限，即相当于最大分子水容量时，土体膨胀达最大值。这种膨胀的机理是由于黏土矿物和细分散有机质因水化而产生的结合水膜对土粒间的楔劈作用的结果。如果扩散层较薄，结合水较少，土的粒间联结力大于或等于结合水膜的楔劈作用时，土不会发生膨胀。当扩散层较厚，结合水较多，结合水的楔劈压力大于粒间联结力时，将迫使土粒间距增大，从而引起土体积膨胀，直到这两种力达到新的平衡为止。

某些亲水性能较强的黏土矿物，如蒙脱石、伊利石等矿物的晶胞之间，可以吸附大量水分子。由于进入硅氧四面体和铝氧八面体的“层间结合水”的增加，使结晶格架膨胀，引起土体积膨胀，这称为层间膨胀或结晶内部膨胀。这种膨胀主要发生在含大量蒙脱石的斑脱土等特殊黏性土中。

此外，黏粒与水作用形成双电层后，当围绕双电层中的离子浓度高于水溶液介质的浓度时，水将从介质渗入，以降低该处的离子浓度。由于水的渗入使双电层增厚引起的膨胀，称为渗透膨胀。

表征土膨胀性的指标主要有膨胀率、自由膨胀率、膨胀力和膨胀含水量。

（一）膨胀率

原状土在一定压力和有侧限条件下浸水膨胀稳定后的高度增加量与原高度之比，称为膨胀率 δ_{ep}，用百分率（%）表示。其值愈大，说明土的膨胀性愈强。室内试验是用环刀取土测定的，由于是在有侧限条件下的膨胀，因此测得的膨胀率（线胀率）实际上就是体胀率即膨胀率，表达式为

$$\delta_{ep}=\frac{h_w-h_0}{h_0}\times 100\% \tag{3-17}$$

式中　h_0——土样原始高度；

h_w——土样浸水膨胀稳定后的高度。

膨胀率的大小与土的天然含水量、土的密实程度及土的结构联结有关。工程实践中，应根据土层的埋藏条件和上部荷载，测定不同压力下的膨胀率，以满足工程需要。一般评价土的膨胀性时，可测定无荷载作用下的膨胀率 δ_e，其值愈大，土膨胀性愈强。

（二）自由膨胀率

将一定体积的扰动烘干土样经充分吸水膨胀稳定后，测得增加的体积与原干土体积之比即为自由膨胀率 δ_{ef}，以百分率（%）表示：

$$\delta_{ef}=\frac{V_w-V_0}{V_0}\times 100\% \tag{3-18}$$

式中　V_w——土样在水中膨胀稳定后的体积；

V_0——土样原始体积。

自由膨胀率表明土在无结构力影响下的膨胀特性，说明土膨胀的可能趋势。

（三）膨胀力

原始土样的体积不变时，由于浸水膨胀时产生的最大内应力称为膨胀力。膨胀力 p_e 可用来衡量土的膨胀势和考虑地基的承载能力，某些细粒土的膨胀力可达 100kPa 以上。

（四）膨胀含水量

土样膨胀稳定后的含水量称为膨胀含水量 w_{sl}，此时扩散层已达最大厚度，结合水含量增至极限状态，定义为

$$w_{sl}=\frac{m_{sl}}{m_s}\times 100\% \tag{3-19}$$

式中　m_{sl}——土样膨胀稳定后土中水的质量；

m_s——干土样的质量。

三、土的收缩性及其指标

土的收缩是由土中水分的减少而引起的。一般认为，土的失水收缩主要是因为双电层变薄、结合水减少引起的。图 3-8 为土的收缩曲线示意图，表示土的体积随结合水含量变化的过程及与稠度状态的关系。图中 A 点表示最大分子水容量，即液限时土的体积。此时土的扩散层最厚，弱结合水（薄膜水）厚度最大，土粒间距大，粒间连结弱。随着水分的减少，颗粒间扩散层变薄，土粒外围弱结合水厚度变小，重叠的扩散层中反离子浓度增加，使它们吸水两侧土粒的引力增强，并超过原来两侧土粒由同号电荷引起的斥力。因此，土粒相互靠近，土体积缩小。但是，由于两同号电荷的颗粒互相靠近使斥力也在增加，直到斥力与引力达到新的平衡为止。图 3-8 表明，土的收缩过程可分为两个阶段，

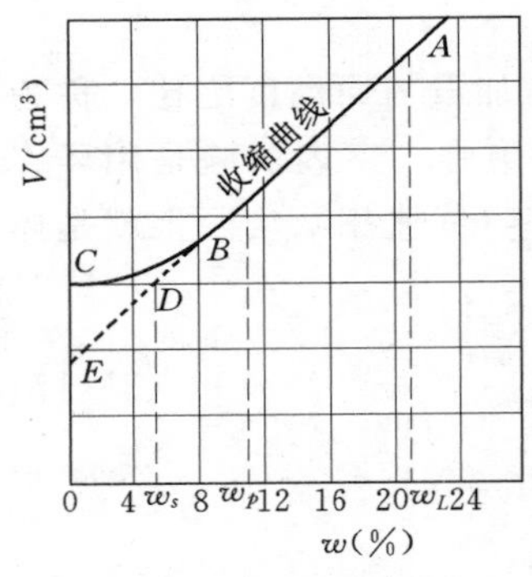

图 3-8 土的收缩曲线

第一阶段（AB 段）表示土体积的缩小与含水量的减少成正比，呈直线关系；当含水量减少到一定程度后（如 B 点相应的含水量），土体收缩进入第二阶段（BC 段），土体积的缩小与含水量的减少呈曲线关系，表明土体积的减小量小于失水的体积，土粒间联结明显增强。随着含水量继续减少，土体积收缩愈来愈慢，当含水量减少到只有强结合水（吸着水）时，土粒间联结很强；以后，随含水量的变化，土粒之间距离不再缩小，土体积也不再收缩，曲线接近水平。

土中水分进一步减少而土的体积不再缩小时的含水量，为土的收缩界限含水量 w_s。通常，延长 AB 线与纵坐标交 E 点，则 CE 为孔隙体积，E 为固体颗粒的体积；由 C 点引水平线交 AB 延长线于 D 点，以 D 点的含水量作为缩限含水量，如图 3-8 中 w_s。该点也作为固态和半固态稠度的界限含水量。

土的失水收缩和吸水膨胀是相反的两个过程。当土中含水量小于缩限时，土体积基本不再减小；当含水量大于液限时，出现非结合水，土粒间逐渐失去结合水膜的联结，土体积开始崩裂散开。所以，液限与缩限为土与水相互作用后土体积随含水量变化的上、下界限，以缩性指数 I_s 表示：

$$I_s = w_L - w_s \tag{3-20}$$

缩性指数的大小，可以说明随含水量的变化土体积变化的大小。图 3-9 表示了膨胀力随液限的增大而增大。膨胀力与收缩限的关系与之相反，故工程中常用缩性指数作为评估黏性土胀缩性的指标。

应当指出的是，土的失水收缩是三维的，不仅竖向收缩，侧向也收缩，所以，土收缩时体积收缩率不等于其高度的收缩率。表征土收缩性的指标有以下几个：

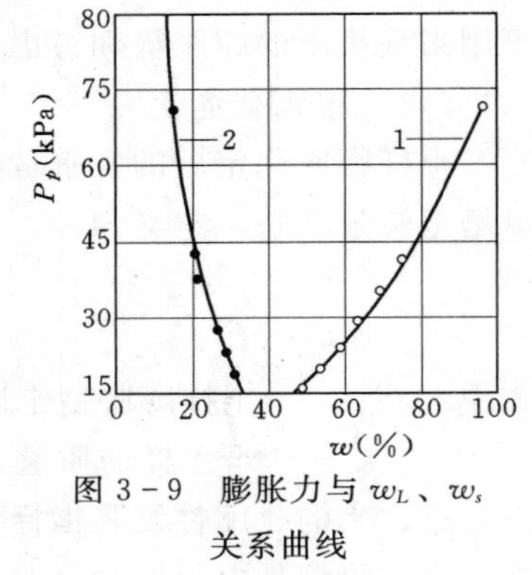

图 3-9 膨胀力与 w_L、w_s 关系曲线

1—w_L 与膨胀力关系；
2—收缩限与膨胀力关系

(1) 体缩率 δ_V。土样失水收缩减少的体积与原体积之比，以百分率（%）表示：

$$\delta_V = \frac{V_0 - V_d}{V_0} \times 100\% \tag{3-21}$$

式中 V_0——土样收缩前的体积；

V_d——土样收缩后的体积。

(2) 线缩率 δ_{si}。土样失水收缩减少的高度与原高度之比，以百分率（%）表示：

$$\delta_{si} = \frac{h_0 - h_i}{h_0} \times 100\% \tag{3-22}$$

式中 h_0——土样原始高度；

h_i——土样收缩后的高度。

(3) 收缩系数 λ_s。原状土样在直线收缩阶段，含水量每减少 1%时的竖向线缩率。

上述土样收缩性指标都可以通过收缩试验求得。图 3-10 为土的收缩曲线，即收缩率与含水量关系曲线。在该曲线上，收缩率实质是土失水收缩第一阶段直线段的斜率，即

$$\lambda_s = \frac{\Delta\delta_s}{\Delta w} \tag{3-23}$$

四、影响土膨胀性和收缩性的因素

土的膨胀性、收缩性均说明土粒与水作用时的稳定程度，统称为土的抗水性。它是黏性土重要的水理性质。一般情况下，膨胀性强的土收缩性也强；但软黏土及淤泥质土具有强烈的收缩性，而膨胀性较弱。土的膨胀性的本质是由于扩散层及弱结合水厚度发生变化，引起土粒间距离增大或缩小。因此，影响扩散层和结合水厚度的因素，也是影响胀缩性的因素，主要有土的粒度成分和矿物成分、土的天然含水量、土的密实程度、土的结构、水溶液介质的性质以及外部压力等因素。

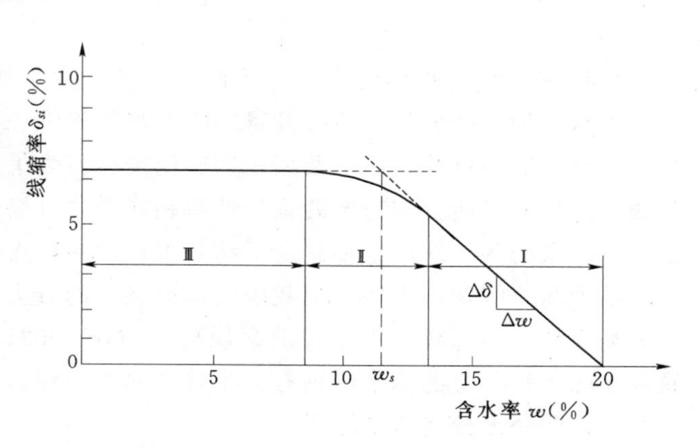

图3-10　线缩率与含水量关系曲线

一般情况下，土中黏粒含量愈多，黏粒矿物成分中亲水性强的蒙脱石、伊利石含量愈高，其膨胀性和收缩性愈强。同种矿物成分的黏性土，由于所含交换性离子不同，也影响着土的胀缩性。

土的天然含水量决定着土的胀缩程度。当土的天然含水量较高或接近饱和状态时，土的膨胀性弱、收缩性强；反之，土的天然含水量较小的土，吸水量大，膨胀性强，而失水时收缩性弱。

土的密实程度和结构联结强度直接决定着土的胀缩性。天然孔隙比小的密实黏性土，膨胀性较强，收缩性弱；而天然孔隙比大的疏松土，收缩性强而膨胀性有限。土的结构强度具有抵抗膨胀变形的能力。结构强度大的土，抵抗胀缩变形的能力大，故胀缩性可能减弱。如云南地区有些黏土，由于含有一些凝胶或重结晶的氧化物等胶结物质，增强了土的结构强度，虽然土中含有较多的蒙脱石及水云母，黏粒含量也较高（30%～40%），液限值高达50%～60%，但浸水后膨胀率并不大，具有较强的抗水性。土的天然结构被破坏的扰动土，结构连接消失或减弱，减弱了膨胀收缩变形的阻力。因此，原状土与扰动土相比，膨胀量和收缩量都较小，表3-10的资料为三个地区不同结构状态土样的膨胀率和收缩率。

表3-10　不同结构状态下土样的膨胀率和体缩率

序号 \ 状态 \ 指标	膨胀率（%）		体缩率（%）	
	原状土样	扰动土样	原状土样	扰动土样
1	0.4	1.5		
2			15.9	17.2
3	1.0	3.6	23.8	25.5

水溶液介质的离子成分和浓度影响着扩散层和结合水膜的厚度，因此也影响土的膨胀率。低价阳离子能使土粒形成较厚的扩散层和结合水膜，土的膨胀率较大；同时，随着阳

离子浓度增大，扩散层和结合水膜变薄，膨胀率减小。

3.6 土的工程分类

自然界中土的种类很多，工程性质各异。为了便于研究，需要按其主要特征进行分类。任何一种土的分类体系，其目的无非是想提供一种通用的鉴别标准，以便在不同土类之间作有价值的比较、评价及累积和交流经验。为了能通用，这种分类体系首先应当是简明的，而且尽可能直接与土的工程性质相联系。可惜，土的分类法不仅各国尚未统一，就是一个国家的各个部门也都制定了结合本行业的特点的分类体系。本节对国外主要的土分类体系做简要综述，主要介绍我国以国标《土的分类标准》（GBJ 145—90）为代表的地基土分类法和以国标《岩土工程勘察规范》（GB 50021—2001）为代表的地基土分类法，以便对土的工程分类的基本原则有一个较全面的了解。

一、国外土分类体系综述

从分类体系来讲，存在两种主要的分类体系。这两种分类体系的共同点是：对粗粒土按粒度成分来分类；对细粒土按土的阿太保界限来分类。其主要区别是：第一种分类体系对粗粒土按大于某一粒径的百分含量超过某一界限值来定名，并按从粗到细的顺序以最先符合为准，对细粒土按塑性指数分类；第二种分类体系对粗粒土按两个粒组相对含量的多少，以含量多的来定名，对细粒土按塑性图分类。第一种分类体系的代表是苏联的土分类方法，第二种分类体系的代表是美国 ASTM 的统一分类法。

（一）第一种分类体系

第一种分类体系中，土分为以下三个大类：

（1）大块碎石类土：粒径大于 2mm 的颗粒含量超过全重 50%的土，再按颗粒级配和形状分为三个亚类，如表 3-11 所示。

（2）砂土：粒径大于 2mm 的颗粒含量不超过 50%，且塑性指数不大于 1 的土，再按颗粒级配分为五个亚类，如表 3-12 所示。

（3）黏性土：塑性指数 $I_p>1$ 的土，按 I_p 值大小分为三个亚类，如表 3-13 所示。

表 3-11 苏联大块碎石类土的分类

土的名称	颗粒级配	附注
漂石（块石）	粒径大于 200mm 颗粒超过全重 50%	定名时应根据粒径从大到小以最先符合者定名
卵石（砾石）	粒径大于 20mm 的颗粒超过全重 50%	
圆砾（角砾）	粒径大于 2mm 的颗粒超过全重 50%	

表 3-12 苏联砂土的分类

土的名称	颗粒级配
砾砂	粒径大于 2mm 的颗粒占全重 25%～50%
粗砂	粒径大于 0.5mm 的颗粒超过全重 50%
中砂	粒径大于 0.25mm 的颗粒超过全重 50%
细砂	粒径大于 0.1mm 的颗粒超过全重 75%
粉砂	粒径大于 0.1mm 的颗粒不超过全重 75%

注 定名时应根据粒径从大到小，以最先符合者定。

表 3-13 苏联黏性土的分类

土的名称	塑性指数 I_p
黏土	$I_p>17$
亚黏土	$10<I_p\leqslant17$
亚砂土	$1<I_p\leqslant10$

这一分类体系的主要优点是简单明了，易于掌握，全部土类只有十一个亚类，在此基础上可再根据成因、年代、有机质含量和其他特性进一步描述，或在基本土名前冠以定语，如淤泥质黏土等。对于洪、冲积成因和分选性较好的土层，这种分类方法能反映土的主要特征，满足各类建筑地基评价与设计的要求。但对于残坡积成因、分选性较差的土层，这个分类法只反映了主要粒组的影响，而不能评价其他粒组的影响，特别对于用作材料的土，其级配特征不能全面描述，难以满足评价土石料的要求。对于细粒土，如用以评价成分和成因非常特殊的土，也过于简单而不能反映更多的特性。同时，这个分类体系在某些划分界限上不尽妥当，如砂土与黏性土的划分界限、亚砂土定名等。

（二）第二种分类体系

第二种分类体系的特点是逻辑性强，按二分法从粗到细逐步分类。先按 200 号筛的筛余量大于或小于 50%划分为粗粒土和细粒土，对粗粒土再按 4 号筛的筛余量大于或小于 50%划分为砾石和砂，再按过 200 号筛量小于 5%或大于 12%定名为纯砾石（或砂）或带细粒砾石（或砂）；对细粒土按是否在 A 线下侧区分为有机土或无机土，对无机土也用 A 线划分为黏土或粉土。对纯砾石或砂再用不均匀系数和曲率系数划分为级配好的和不好的砾石或砂，如表 3-14 所示；对带细粒砾石或砂再按细粒土在 A 线上侧或下侧定名为黏质砾石（或砂）或粉质砾石（或砂），如表 3-15 和图 3-11 所示。这种分类的方法能比较全面地考虑粒径级配情况和次要粒组的影响，特别适用于作为材料用土的评价，也适用于残坡积土。但分类的类别太多，尽管 ASTM 的分类是这种体系中最简单的分类法，但粗粒土至少共有 18 个类别。即使如此，有时还感到分类太粗，无法对某些土加以区分，如砾粗中砂和粉细砂的性质有明显差异，但按这种分类方法无法区分开来，又如卵石和圆砾也是不同的，但按这种分类方法也不能区分开来。

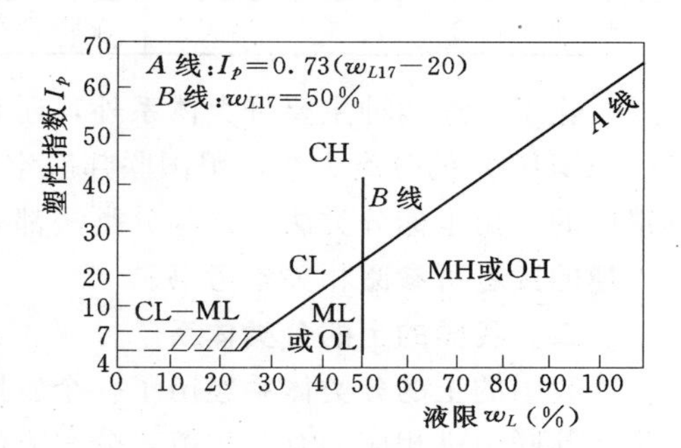

图 3-11　ASTM 塑性图

表 3-14　ASTM 粗粒土（过 200 号筛余量大于 50%）分类

土的分类及符号				分类标准		
				4 号筛余量	过 200 号筛量	级配或细粒部分情况
砾石	纯砾石	级配好的砾石	GW	>50%	<5%	$C_u>4$，且 $C_c=1\sim3$
		级配不好的砾石	GP			不满足上述两条标准
	带细粒的砾石	粉质砾石	GM		12%～50%	A 线以下或 $I_p<4$
		黏质砾石	GC			A 线以上且 $I_p>7$
砂	纯砂	级配好的砂	SW	<50%	<5%	$C_u>6$，且 $C_c=1\sim3$
		级配不好的砂	SP			不满足上述两条标准
	带细粒砂	粉质砂	SM		12%～50%	A 线以下，或 $I_p<4$
		黏质砂	SC			A 线以上，且 $I_p>7$

注　过 200 号筛量在 5%～12%或 A 线以上且 $4<I_p<7$ 时分类用二元符号。

表 3-15 ASTM细粒土（200号筛余量小于50%）

土类	液限	符号	土的典型名称
低塑性黏土和粉土	$\omega_L \leqslant 50\%$	ML	A线以下，无机粉土，极细砂，岩粉，粉性土或黏土质细砂
		CL	A线以上，低到中塑性无机黏土，含砾黏土，砂质黏土，粉质黏土
		OL	A线以下，低塑性有机粉土和有机黏土质黏土
高塑性黏土和粉土	$\omega_L > 50\%$	MH	A线以下，无机粉土，云母质或含二价离子的细砂或粉土
		CH	A线以上，高塑性无机黏土
		OH	A线以下，中到高塑性无机黏土
高有机质土		PT	泥炭，污泥和其他高有机质土

除了上述两种主要分类体系外，还有其他一些分类体系，如美国各州公路工作者协会（AASHO）的分类方法，美国联邦航空局（FAA）的分类方法，以及在美国和苏联应用很广的三角坐标分类法。这些分类法都有各自的特点，在一定范围内行之有效地使用。有兴趣的读者可参阅相关参考书。

二、我国的土的分类体系

我国的土的分类体系经历了一个发展的过程。从20世纪50年代开始，我国各行各业都从苏联引进相应的有关规范，分类方法都采用苏联标准，那时各行业土的分类基本上是统一的，仅因分类应用目的不同而有一些差异。直到20世纪80年代，除了建筑地基基础方面的规范中对土分类方法有些改变外，公路桥梁和铁路桥梁基础的规范仍保持原来的体系。在用作材料方面的土分类标准，早期采用粒度成分分类的三角坐标法，用于土坝、公路和铁路路堤土料的分类，虽然分类标准和命名上各行业并不完全一致，但分类原则是一致的。由前水利电力部部颁标准《土工试验规程》（SDS 01—79）和国标《土工试验方法标准》（GB/T 50123—1999）中土的分类与试验方法发展而成的国标《土的工程分类标准》（GB/T 50145—2007），代表了我国对美国ASTM分类方法引进研究所积累的成果水平，是我国工程建设所涉及土类的通用分类标准。国标《岩土工程勘察规范》（GB 50021—2001）中规定的"土的工程分类"是目前建设中应用最广泛而有重大影响的一种专门分类标准。《公路土工试验规程》（JTG 3430—2020）中规定的"土的工程分类"是以《土的工程分类标准》（GB/T 50145—2007）为基础，系为公路岩土工程分类而编制的，属专门分类标准。下面着重介绍这三种分类方法。

（一）《土的工程分类标准》（GB/T 50145—2007）中的分类法

《土的工程分类标准》（GB/T 50145—2007）（以下简称为GB/T 50145—2007）中规定的土的工程分类体系，如图3-12所示。对土进行分类时，首先应判别土属有机土还是无机土。若土的大部分或全部是有机质时，该土就属于有机土，否则就属于无机土。有机质含量可由试验测定，也可凭颜色、气味来鉴别，如色暗、味臭和含纤维质的，一般为含有机质土。若属无机土，则根据土内各粒组的相对含量把土分为巨粒类土、粗粒类土和细粒类土三大类。各大类土的定名标准和亚类的划分标准如下：

（1）巨粒类土应按粒组划分，如表3-16所示。

（2）粗粒类土应按粒组、级配、细粒土含量划分。若土中的巨粒组含量不大于15%，可剔除巨粒，根据余土再按粗粒类土或细粒类土分类；当巨粒对土的总体性状有影响时，

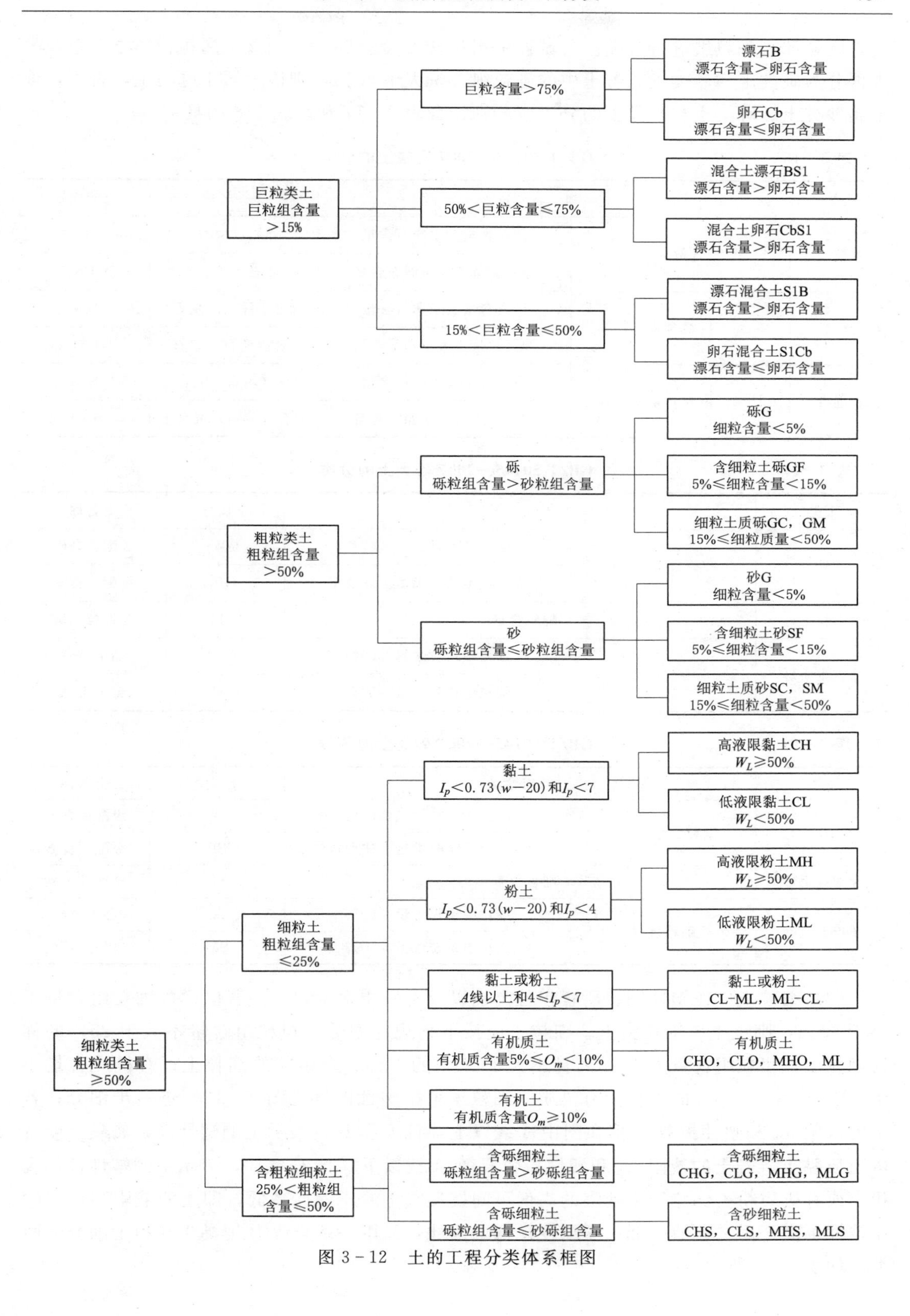

图 3－12　土的工程分类体系框图

可将巨粒计入砾粒组进行分类。若试样中粗粒含量大于50%，则该土属粗粒类土。粗粒类土再分为砾类土和砂类土。若土中的砾粒组含量大于50%，则该土属于砾类土，否则，该土属砂类土。砾类土和砂类土的分类应分别符合表3-17和表3-18的规定。

表3-16　GB/T 50145—2007巨粒土的分类

土类	粒组含量		土类名称	土的代号
巨粒土	巨粒含量>75%	漂石含量大于卵石含量	漂石（块石）	B
		漂石粒量不大于卵石含量	卵石（碎石）	Cb
混合巨粒土	50%<巨粒含量≤75%	漂石含量大于卵石含量	混合土漂石（块石）	BS1
		漂石粒量不大于卵石含量	混合土卵石（碎石）	CS1
巨粒混合土	15%<巨粒含量≤50%	漂石含量大于卵石含量	漂石（块石）混合土	S1B
		漂石粒量不大于卵石含量	卵石（碎石）混合土	S1Cb

表3-17　GB/T 50145—2007砾类土的分类

土类	粒组含量		土代号	土名称
砾	细粒含量<5%	级配：$C_u \geqslant 5$ 且 $1 \leqslant C_c \leqslant 3$	GW	级配良好砾
		级配：不同时满足上述要求	GP	级配不良砾
含细粒土砾	5%≤细粒含量<15%		GF	含细粒土砾
细粒土质砾	15%≤细粒含量<50%	细粒中粉粒含量≤50%	GC	黏土质砾
		细粒中粉粒含量>50%	GM	粉土质砾

表3-18　GB/T 50145—2007砂类土的分类

土类	粒组含量		土代号	土名称
砂	细粒含量<5%	级配：$C_u \geqslant 5$ 且 $1 \leqslant C_c \leqslant 3$	SW	级配良好砂
		级配：不同时满足上述要求	SP	级配不良砂
含细粒土砂	5%≤细粒含量<15%		SF	含细粒土砂
细粒土质砂	15%≤细粒含量<50%	细粒中粉粒含量≤50%	SC	黏土质砂
		细粒中粉粒含量>50%	SM	粉土质砂

(3) 细粒土应按塑性图、所含粗粒类别以及有机质含量划分。若试样中细粒组含量不小于50%，则该土属细粒类土。细粒土应按下列规定划分：粗粒组含量不大于25%的称为细粒土；粗粒组含量大于25%且不大于50%的土称为含粗粒的细粒土；有机质含量小于10%且不小于5%的土称为有机质。细粒土可按塑性图（见图3-13）进一步细分；若土的液限 w_L 和塑性指数 I_p 落在图中 A 线以上，且 $I_p \geqslant 10$，表示土的塑性高，属黏土或有机土质黏土。若土的液限 w_L 和塑性指数 I_p 在 A 线以下，且 $I_p<10$，表示土的塑性低，属粉土或有机质粉土。鉴于土液限的高低可间接反映土的压缩性高低，即土的液限高，它的压缩性也高；反之，液限低，压缩性也低。因此，又用一条竖线 B 把黏土和粉土细分为两类，如表3-19所示。

表 3-19 GB/T 50145—2007 细粒土的分类（17mm 液限）

塑性指数（I_p）	液限（w_L）	土 名 称	土 代 号
$I_p \geqslant 0.73(w_L-20)$，且 $I_p \geqslant 7$	$w_L \geqslant 50\%$	高液限黏土	CH
	$w_L < 50\%$	低液限黏土	CL
$I_p < 0.73(w_L-20)$，且 $I_p < 4$	$w_L \geqslant 50\%$	高液限粉土	MH
	$w_L < 50\%$	低液限粉土	ML

注 1. 若细粒土内含部分有机质，则土名前加形容词有机质，土代号后加 O，如高液限有机质黏土（CHO），低液限有机质粉土（MLO）等。

2. 当粗粒中砾粒占优势，则该土属含砾细粒土，并在土号后加 G，如 CHG、MLG 等。当粗粒中砂粒占优势，则该土属含砂细粒土，并在代号后加 S，如 CLS、MHS 等。

3. 黏土-粉土过渡区（CL-ML）可按相邻土层的类别细分。

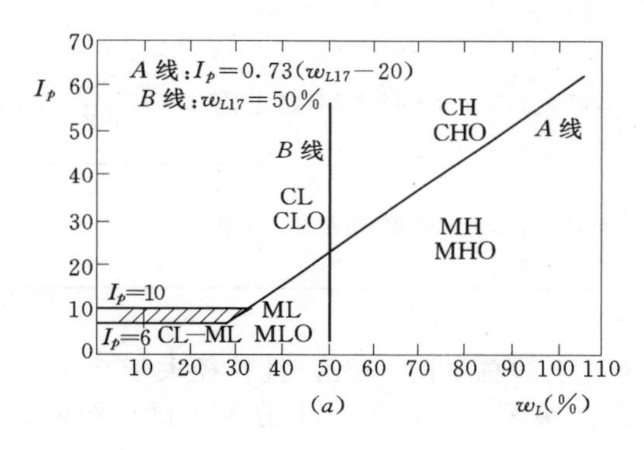

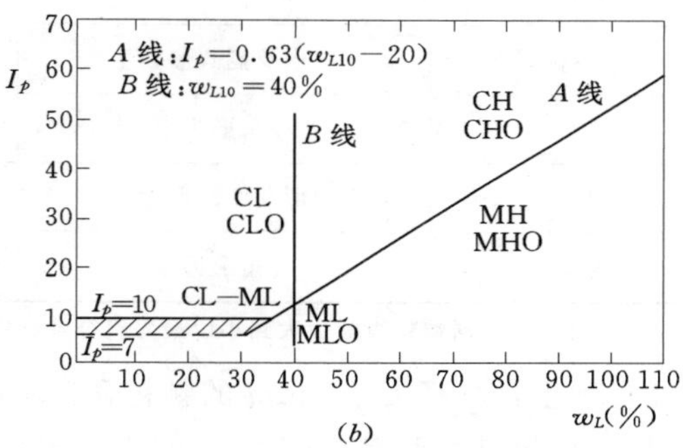

图 3-13 塑性图

(a) 17mm 液限塑性图；(b) 10mm 液限塑性图

（二）《岩土工程勘察规范》（GB 50021—2001）中的分类法

《岩土工程勘察规范》（GB 50021—2001）（以下简称为 GB 50021—2001）中分类标准的土分类法的体系接近于苏联地基规范的分类法，但有许多我国的特点。该分类法是在《工业与民用建筑地基基础设计规范》（TJ 7—74）和《工业与民用建筑工程地质勘察规范》（TJ 21—77）的分类体系基础上发展起来的，其主要分类界限的改变反映在国标《建筑地基基础设计规范》（GBJ 7—89）中，并在 GB 50021—2001 中得到发展和更完整的表达。这一分类体系在我国建筑行业得到了广泛的应用，已积累了丰富的工程经验；与 GBJ 145—90 相比，可能更适合于地基土的勘察与设计要求。

该分类体系考虑到土的天然结构联结的性质和强度，首先按堆积年代和地质成因进行划分，并将某些特殊条件下形成具特殊工程性质的区域性特殊土与一般性土区别开来，按颗粒级配或塑性指数将土分为碎石土、砂土、粉土和黏性土四大类，并结合沉积年代、成因和某种特殊性质综合定名。其划分原则与标准分述如下。

(1) 土按沉积年代分类。可将土分为老沉积土和新近沉积土两类。

1) 老沉积土：第四纪晚更新世 Q_3 及其以前堆积的土。一般呈超固结状态，具有较高的结构强度。

2）新近沉积土：第四纪全新世中近期积土。一般处于欠压密状态，结构强度较低。

（2）根据地质成因分类。可将土分为残积土、坡积土、洪积土、淤积土、冰积土、风积土和海积土等。

（3）根据有机质含量 w_u（%）分类。可将土分为无机土、有机质土、泥炭质土和泥炭，其含量分别为 $w_u<5\%$，$5\%\leqslant w_u\leqslant 10\%$，$10\%<w_u\leqslant 60\%$，$w_u>60\%$。

（4）按颗粒级配和塑性指数分类。可将土分为碎石土、砂土、粉土和黏性土。

1）碎石土：粒径大于 2mm 的颗粒含量超过总质量 50%。根据颗粒级配和颗粒形状，按表 3－20 分为漂石、块石、卵石、碎石、圆砾和角砾。

表 3－20　GB 50021—2001 碎石土分类

土的名称	颗粒形状	颗粒级配
漂石	圆形及亚圆形为主	粒径大于 200mm 的颗粒质量超过总质量 50%
块石	棱角形为主	
卵石	圆形及亚圆形为主	粒径大于 20mm 的颗粒质量超过总质量 50%
碎石	棱角形为主	
圆砾	圆形及亚圆形为主	粒径大于 2mm 的颗粒量超过总质量 50%
角砾	棱角形为主	

注　定名时，应根据颗粒级配由大到小以最先符合者确定。

2）砂土：粒径大于 2mm 的颗粒含量不超过土的总量的 50%，且粒径大于 0.075mm 的颗粒含量超过土的总量的 50%的土。根据颗粒级配，按表 3－21 分为砾砂、粗砂、中砂、细砂和粉砂。

表 3－21　GB 50021—2001 砂土分类

土的名称	颗粒级配
砾砂	粒径大于 2mm 的颗粒质量占总质量 25%～50%
粗砂	粒径大于 0.5mm 的颗粒质量超过总质量 50%
中砂	粒径大于 0.25mm 的颗粒质量超过总质量 50%
细砂	粒径大于 0.075mm 的颗粒质量超过总质量 85%
粉砂	粒径大于 0.075mm 的颗粒质量超过总质量 50%

注　1. 定名时，应根据颗粒级配由大到小，以最先符合者确定。
2. 当砂土中小于 0.075mm 的土的塑性指数大于 10 时，应冠以含黏性土定名，如含黏性土粗砂等。

3）黏性土：塑性指数 $I_p>10$ 的土称为黏性土。黏性土根据塑性指数 I_p 按表 3－22 细分为黏土和粉质黏土。

4）粉土：粒径大于 0.075mm 的颗粒质量不超过总质量 50%，且塑性指数 $I_p\leqslant 10$ 的土，称为粉土。粉土的工程性质介于砂土和黏性土之间，它既不具有砂土透水性大、容易排水固结和抗剪强度较高的优点，又不具有黏性土防水性能好、不易被水冲蚀流失和有较大黏聚力的优点。

在静水或缓慢的流水环境中沉积，经生物化学作用形成，其天然含水量 w 大于液限 w_L 且天然孔隙比 $e \geqslant 1.5$ 的有机质土，称为淤泥；当 $w > w_L$ 且 $1.0 \leqslant e < 1.5$ 时，称为淤泥质土。

表 3－22　GB 50021—2001 黏性土分类

土的名称	塑性指数 I_p
黏土	$I_p > 17$
粉质黏土	$10 < I_p \leqslant 17$

注　本分类采用 10mm 液限。

（三）《公路土工试验规程》（JTG 3430—2020）中的分类法

《公路土工试验规程》（JTG 3430—2020）（以下简称为 JTG 3430—2020）中分类标准的土分类的总体系如表 3－23 所示，将土分为巨粒土、粗粒土、细粒土和特殊土。土的粒组划分如图 3－14 所示。

表 3－23　JTG 3430—2020 土分类的总体系

土										
巨粒土		粗粒土		细粒土			特殊土			
漂石土	卵石土	砾类土	砂类土	粉质土	黏质土	有机质土	黄土	膨胀土	红黏土	盐渍土

200　60　20　5　2　0.5　0.25　0.074　0.002(mm)

巨粒组		粗粒组						细粒组	
漂石（块石）	卵石（小块石）	砾（角砾）			砂			粉粒	黏粒
		粗	中	细	粗	中	细		

图 3－14　粗粒组划分图

试样中巨粒组质量多于总质量 50%的土称为巨粒土，分类体系如表 3－24 所示，巨粒组质量少于总质量 15%的土，可扣除巨粒，按粗粒土或细粒土的相应规定分类定名。

试样中粗粒组质量多于总质量 50%的土称为粗粒土。粗粒土中砾粒组质量多于总质量 50%的土称为砾类土，砾类土应根据其中细粒含量和类别以及粗粒组的级配进行分类，分类体系见表 3－25。

粗粒土中砾粒组质量少于或等于总质量 50%的土称为砂类土，砂类土应根据其中细粒含量和类别以及粗粒组的级配进行分类，分类体系如表 3－26 所示。根据粒径分组由大到小，以首先符合者命名。

表 3－24　JTG 3430—2020 中巨粒土分类及符号

巨粒土					
漂（卵）石 巨粒含量>75%		漂（卵）石夹土 巨粒含量>50%且≤75%		漂（卵）石质土 巨粒含量>15%且≤50%	
漂石粒含量大于卵石粒含量	漂石粒含量不大于卵石粒含量	漂石粒含量大于卵石粒含量	漂石粒含量不大于卵石粒含量	漂石粒含量大于卵石粒含量	漂石粒含量不大于卵石粒含量
漂石　B	卵石　Cb	漂石夹土　BSI	卵石夹土　CbSI	漂石质土　SIB	卵石质土　SICb

注　1. 巨粒土分类体系中的漂石换成块石，B 换成 B_a，即构成相应的块石分类体系。

2. 巨粒土分类体系中的卵石换成小块石，Cb 换成 Cb_a，即构成相应的小块石分类体系。

表 3-25　　JTG 3430—2020 中砾类土分类及符号

<table>
<tr><td colspan="5">砾　类　土</td></tr>
<tr><td colspan="2">砾
细粒含量 $F \leqslant 5\%$</td><td>含细粒土砾
细粒含量 $5\% < F \leqslant 15\%$</td><td colspan="2">细粒土质砾
细粒含量 $15\% < F \leqslant 50\%$</td></tr>
<tr><td>$C_u \geqslant 5$，且 $C_c = 1 \sim 3$</td><td>不同时满足 $C_u \geqslant 5$ 和 $C_c = 1 \sim 3$</td><td rowspan="2">含细粒土砾　GF</td><td>细粒土在塑性图 A 线以下</td><td>细粒土在塑性图 A 线以下</td></tr>
<tr><td>级配良好砾 GW</td><td>级配不良砾 GP</td><td>粉土质砾 GM</td><td>黏土质砾 GC</td></tr>
</table>

注　砾类土分类体系中的砾换成角砾，G 换成 G_a，即构成相应的角砾土分类体系。

表 3-26　　JTG 3430—2020 中砂类土分类及符号

<table>
<tr><td colspan="5">砂　类　土</td></tr>
<tr><td colspan="2">砂
细粒含量 $F \leqslant 5\%$</td><td>含细粒土砂细粒含量
$5\% < F \leqslant 15\%$</td><td colspan="2">细粒土质砂
细粒含量 $15\% < F \leqslant 50\%$</td></tr>
<tr><td>$C_u \geqslant 5$，且 $C_c = 1 \sim 3$</td><td>不同时满足 $C_u \geqslant 5$ 和 $C_c = 1 \sim 3$</td><td rowspan="2">含细粒土砂　SF</td><td>细粒土在塑性图 A 线以下</td><td>细粒土在塑性图 A 线以下</td></tr>
<tr><td>级配良好砂 SW</td><td>级配不良砂 SP</td><td>粉土质砂 SM</td><td>黏土质砂 SC</td></tr>
</table>

需要时，砂可进一步细分为粗砂、中砂和细砂：粒径大于 0.5mm 的颗粒多于总质量 50%，称为粗砂；粒径大于 0.25mm 的颗粒多于总质量 50%，称为中砂；粒径大于 0.074mm 的颗粒多于总质量 75%，称为细砂。

试样中细粒组质量多于总质量 50%的土称为细粒土，分类体系如表 3-27 所示。细粒土按塑性图［见图 3-13（a）］分类。

表 3-27　　JTG 3430—2020 中细粒土分类及符号

<table>
<tr><td rowspan="20">细
粒
土</td><td rowspan="6">粉质土</td><td rowspan="2">粗粒组
不大于 25%</td><td colspan="2">A 线以下、B 线以右</td><td>高液限粉土　MH</td></tr>
<tr><td colspan="2">A 线以下、B 线以左、$I_p = 10$ 线以下</td><td>低液限粉土　ML</td></tr>
<tr><td rowspan="4">粗粒组
25%～50%</td><td rowspan="2">砾粒＞砂粒</td><td>A 线以下、B 线以右</td><td>含砾高液限粉土　MHG</td></tr>
<tr><td>A 线以下、B 线以左、$I_p = 10$ 线以下</td><td>含砾低液限粉土　MLG</td></tr>
<tr><td rowspan="2">砾粒＜砂粒</td><td>A 线以下、B 线以右</td><td>含砂高液限粉土　MHS</td></tr>
<tr><td>A 线以下、B 线以左、$I_p = 10$ 线以下</td><td>含砂低液限粉土　MLS</td></tr>
<tr><td rowspan="6">黏质土</td><td rowspan="2">粗粒组
不大于 25%</td><td colspan="2">A 线以上、B 线以右</td><td>高液限黏土　CH</td></tr>
<tr><td colspan="2">A 线以上、B 线以左、$I_p = 10$ 线以上</td><td>低液限黏土　CL</td></tr>
<tr><td rowspan="4">粗粒组
25%～50%</td><td rowspan="2">砾粒＞砂粒</td><td>A 线以上、B 线以右</td><td>含砾高液限黏土　CHG</td></tr>
<tr><td>A 线以上、B 线以左、$I_p = 10$ 线以上</td><td>含砾低液限黏土　CLG</td></tr>
<tr><td rowspan="2">砾粒＜砂粒</td><td>A 线以上、B 线以右</td><td>含砂高液限黏土　CHS</td></tr>
<tr><td>A 线以上、B 线以左、$I_p = 10$ 线以上</td><td>含砂低液限黏土　CLS</td></tr>
<tr><td rowspan="4">有机
质土</td><td rowspan="2">A 线以上</td><td colspan="2">B 线以右</td><td>有机质高液限黏土　CHO</td></tr>
<tr><td colspan="2">B 线以左、$I_p = 10$ 线以上</td><td>有机质低液限黏土　CLO</td></tr>
<tr><td rowspan="2">A 线以下</td><td colspan="2">B 线以右</td><td>有机质高液限粉土　MHO</td></tr>
<tr><td colspan="2">B 线以左、$I_p = 10$ 线以下</td><td>有机质低液限粉土　MLO</td></tr>
</table>

注　高、低液限分区以 $w_L = 50$ 为界。

（1）细粒土应按下列规定划分为细粒土、含粗粒的细粒土和有机质土：

1）细粒土中粗粒组质量少于总质量25%的土称为细粒土。

2）细粒土中粗粒组质量为总质量25%～50%的土称为含粗粒的细粒土。

3）含有机质的细粒土称为有机质土。

含粗粒的细粒土，当粗粒组中砾粒组占优势时，称含砾细粒土，在细粒土代号后缀以代号“G”；当粗粒组中砂粒组占优势时，称为含砂细粒土，在细粒土代号后缀以代号“S”。

（2）分类遇搭界情况时，按下列规定定名：

1）土中粗、细粒组质量相同，定名为细粒土。

2）土正好位于塑性图 A 线上，定名为黏土。

3）土正好位于塑性图 B 线上，当其在 A 线以上时，定名为高液限黏土；当其在 A 线以下时，定名为高液限粉土。

（四）《岩土工程勘察规范》和《土的工程分类标准》两种土分类法的对比

GB 50021—2001 和 GB/T 50145—2007 分类法所考虑的基本原则是相同的，即综合考虑了粒度和塑性的影响，粗粒土考虑粒度为主，细粒土考虑塑性特性为主。不同土类，按照决定其性质的主要因素划分，但也考虑到次要因素。如考虑到含较多巨粒的土性质较为特殊，将巨粒含量超过15%的土单独分出来。粗粒土按粗粒粒度划分，也考虑到细粒含量的影响。细粒土按塑性图划分，也考虑到粗粒及有机质的影响。塑性图与塑性指数基本接近，只是将 $I_p=17$ 换为 B 线（17mm 液限 $w_L=50\%$，10mm 液限 $w_L=40\%$），增加了 A 线，保存 $I_p=10$ 的横线，将土分为四大类。统计我国各类细粒土3万件表明，用塑性图和用塑性指数定名，有82.7%是相同的，只有少量特殊土定名略有差异。分类体系从简到繁，逐步划分能反映各类土的基本属性，判别指标简易可行，只作筛分和液、塑限试验。两种土分类命名对照情况如表3-28所示。

表3-28 两种土质命名对照表

《土的工程分类标准》（GB/T 50145—2007） \ 《岩土工程勘察规范》（GB 50021—2001）		碎石土			砂土					粉土	黏性土	
		漂石块石	卵石碎石	圆砾角砾	砾砂	粗砂	中砂	细砂	粉砂		粉质黏土	黏土
巨粒土和含巨粒土	漂石（B） 混合土漂石（BSI）	A										
巨粒土和含巨粒土	卵石（Cb） 混合土卵石（CbSI）		A									
巨粒土和含巨粒土	漂石混合土（SIB） 卵石混合土（SICb）		C	B	A	A	A	B	B	B	B	C
粗粒土 砾类土	级配良好砾（GW） 级配不良砾（GP）		B	A								
粗粒土 砾类土	含细粒土砾（GF）		B	A								
粗粒土 砾类土	粉土质砾（GM） 黏土质砾（GC）		B	A								
粗粒土 砂类土	级配良好砂（SW） 级配不良砂（SP）				A	A	A	B	B			
粗粒土 砂类土	含细粒土砂（SF）				C	B	B	A	C			
粗粒土 砂类土	粉土质砂（SM） 黏土质砂（SC）				C	C	C	C	A			

续表

《岩土工程勘察规范》(GB 50021—2001) 《土的工程分类标准》(GB/T 50145—2007)		碎石土			砂土					粉土	黏性土	
		漂石块石	卵石碎石	圆砾角砾	砾砂	粗砂	中砂	细砂	粉砂		粉质黏土	黏土
细粒土	各类低液限粉土(ML，MLG，MLS，MLO)								C	A	C	
	各类低液限黏土(CL，CLG，CLS，CLO)										A	B
	各类高液限粉土(MH，MHG，MHS，MHO)									C	B	A
	各类高液限黏土(CH，CHG，CHS，CHO)										C	A

注　A—基本上对应；B—部分对应；C—少部分对应。

【例题 3-5】　已知A、B土的颗粒级配曲线，如图3-15所示，其中B土的10mm液限 $w_L=46\%$，塑限 $w_p=25\%$，试用上述两种分类法进行土的分类。

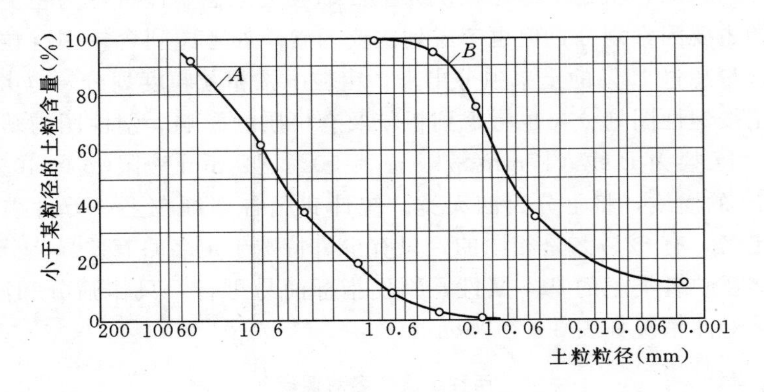

图3-15　A、B土的颗粒级配曲线

解：一、《土的工程分类标准》的分类法

1. 对A土进行分类

(1) 由曲线 A 查得粒径大于60mm的巨粒含量为零，故该土不属于巨粒土和含巨粒土。

(2) 粒径大于0.075mm的粗粒含量为99%，大于50%，故该土属粗粒土。

(3) 粒径大于2mm的砾粒含量为71.5%，大于50%，故该土属砾类土。

(4) 粒径小于0.075mm的细粒含量为1%，小于5%，故该土属砾。

(5) 由曲线 A 查得 d_{10}、d_{30} 和 d_{60} 分别为0.5mm、2.1mm和7.1mm，因此：

$$C_u=d_{60}/d_{10}=7.1/0.5=14.2>5$$

$$C_c=d_{30}{}^2/(d_{10}\times d_{60})=2.1^2/(7.1\times 0.5)=1.2\text{，满足 }1<C_c<3$$

故该土属级配良好砾，符号GW。

2. 对B土进行分类

(1) 由曲线 B 查得粒径小于0.075mm的细粒含量为60%，大于50%，且粒径大于0.075mm的粗粒含量为40%，介于25%～50%，故该土属含粗粒的细粒土。

（2）粒径大于2mm的砾粒含量为零，故该土属含砂细粒土。

（3）塑性指数 $I_p=w_L-w_p=46-25=21$，A线：$I_p=0.63(w_L-20)=0.63\times(46-20)=16.4$，按塑性图，该土的 I_p 值落在图中CH区，所以该土属含砾高液限黏土，符号CHS。

二、《岩土工程勘察规范》的分类法

1. 对A土进行分类

（1）粒径大于2mm的砾粒含量为71.5%，大于50%，故该土属碎石土。

（2）粒径大于200mm的土粒含量为零，故该土不属于漂石（块石）。

（3）粒径大于20mm的土粒含量为11%，小于50%，故该土不属于卵石（碎石）。

（4）故该土属圆（角）砾土。

2. 对B土进行分类

（1）粒径大于0.075mm的土粒含量为40%，少于50%，塑性指数 $I_p=w_L-w_p=46-25=21>10$，故该土属黏性土。

（2）塑性指数 $I_p=21>17$，故该土属黏土。

3.7　区域性土的主要特征

区域性土是指在特定的地理环境或人为条件下形成的特殊性质的土。它的分布具有明显的区域性。区域性土的种类甚多，本节主要介绍静水沉积的淤泥类土（软土）、含亲水性矿物较多的膨胀土、湿热气候条件下形成的红土、干旱气候条件下形成的黄土类土、寒冷地区的冻土和人工填土等的主要工程性质。

一、淤泥类土（软土）

淤泥类土指淤泥、淤泥质黏性土和淤泥质粉土等。淤泥类土是近代以来未经固结的在滨海、湖泊、沼泽、河湾和废河道等地区沉积的一种特殊土类。在特定生成环境中形成的淤泥类土，含有大量的亲水性强的黏土矿物和有机质，并有少量的水溶盐分，因而其工程性质表现出下列特点：

（1）高孔隙比，饱水，天然含水量大于液限。我国淤泥类土孔隙比 e 的常见值为1.0～2.0，液限 w_L 一般为40%～60%，饱和度 S_r 一般都超过95%，天然含水量 w 多为40%～70%或更大。由于存在结构性，在未受扰动时，土常处于软塑状态；但一经扰动，结构破坏，土就处于流动状态。

（2）透水性极弱，渗透系数 i 一般为 1×10^{-8}～1×10^{-6}cm/s。由于常夹有极薄层的粉砂、细砂层，故垂直方向的渗透系数较水平方向要小些。

（3）高压缩性，压缩系数 a_{1-2} 一般为0.7～1.5MPa^{-1}，且随天然含水量的增大（即孔隙的增大）而增大。这是由于淤泥类土的结构疏松，矿物亲水性强，透水性弱，排水不易，沉积年代晚，故压密程度很差。变形量大而不均匀，变形稳定历时长。

（4）抗剪强度低，且与加荷速度和排水固结条件有关。在不排水条件下进行三轴快剪试验时，φ 角接近于零；直剪试验，φ 一般只有2°～5°，c 值一般小于0.02MPa。在排水条件下，抗剪强度随固结程度增加而增大，固结快剪的 φ 值可达10°～15°，c 值在0.02MPa左右。因此，要提高淤泥类土的强度，必须控制加荷的速度。

(5) 具较显著的触变性和蠕变性，强震下易震陷。我国的淤泥类土常属于中灵敏性，有的属高灵敏性。同时，必须考虑长期作用的影响，其长期强度往往不足标准强度的一半。某些淤泥类土动强度很低，在较大的震动力作用下易出现震陷。

决定淤泥类土性质的根本因素是它的成分和结构。有机质或黏粒含量愈多，土的亲水性愈强，压缩性就愈高；但重要的是，与结构有关的孔隙比的大小，孔隙比愈大，天然含水量愈大，故压缩性就愈高，强度愈低，灵敏度愈大，性质就愈差。

二、膨胀土

膨胀土一般指黏粒成分主要由亲水性黏土矿物（以蒙脱石和伊利石为主）所组成的黏性土，具有明显的膨胀性和收缩性。膨胀土在我国分布较广，云南、广西、贵州、湖北省和河南省等十多个省（自治区）均不同程度地分布有膨胀土。

膨胀土一般分布在盆地内垅岗、山前丘陵地带和二、三级阶地上，大多数是上更新世 Q_3 及以前的残坡积、冲积、洪积物，也有晚第三纪至第四纪的湖相沉积及其风化层；个别分布在全新世 Q_4 冲积一级阶地上。膨胀土一般呈红、黄、褐、灰白等不同颜色，具斑状结构，常含有铁锰质或钙质结核，土体常具有网状开裂，有蜡状光泽的挤压面，类似劈理。土层表层常出现各种纵横交错的裂隙和龟裂现象，这与失水土体强烈收缩有关。这些裂隙破坏了土体的完整性和强度，常形成软弱的结构面，使土体丧失稳定性。

膨胀土所以具有胀缩特性，主要是因土中含有较多的黏粒，一般黏粒含量高达35%以上；更主要的是这些黏粒中大部分为亲水性很强的蒙脱石和水云母或铁锰质结核。部分膨胀土化学分析结果说明，主要化学成分为 SiO_2（45%～66%）、Al_2O_3（13%～31%）、Fe_2O_3（3%～15%），硅铝为3%～5%，阳离子交换容量较大，一般呈中性或弱酸性。

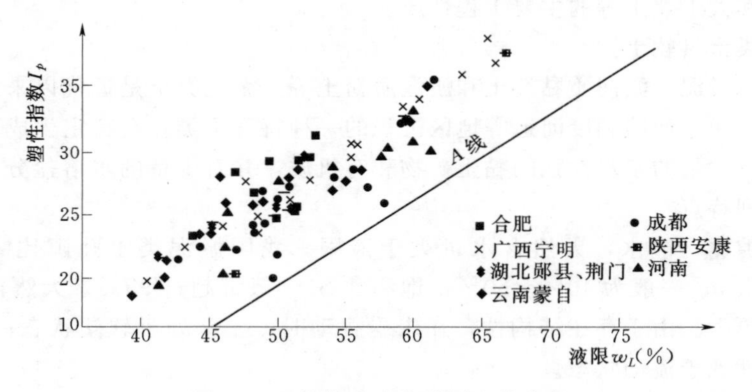

图3-16 膨胀土在塑性图上的分布

天然状态下，膨胀土一般致密坚硬，孔隙比一般小于0.8，但某些残坡积红黏土型却可达1.0以上。膨胀土物质成分一般在水平方向比较均一，但裂隙、微层理或隐层理却较发育。

膨胀土的液限、塑限和塑性指数都较大，如图3-16所示，液限为40%～68%，塑限为17%～35%，塑性指数为18～33。膨胀土的饱和度一般较大，常在80%以上，但天然含水量较小，大部分为17%～30%，一般在20%左右，所以土常处于硬塑或坚硬状态，强度较高，内聚力较大，内摩擦角普遍较高，压缩性一般中等偏低，故常被简单地认为是很好的地基。但在水量增加或结构扰动时，其力学性质向不良方向转化较明显。某些资料表明，浸湿后和结构破坏后的重塑土，其抗剪程度比原状土降低1/3～2/3，其中内聚力降低较多，内摩擦角降低较少，压缩系数可能增大 1/4～1/2，这与部分胶结联结被破坏和水膜增厚有关。

在我国，膨胀土基本上可分为三种类型：第一类是湖相沉积及其风化层，黏土矿物成分以蒙脱石为主，自由膨胀率、液限和塑性指数都较大，土的膨胀和收缩性最显著；第二类是冲积、冲洪积和坡积物等，分布在河流阶地上，黏土矿物成分以水云母为主，自由膨胀率和液限较大，土的膨胀与收缩性也显著；第三类是碳酸盐类岩石的残积、坡积和洪积的红黏土，液限高，但自由膨胀率经常小于 40%，常被判定为非膨胀性土；然而，其收缩性很显著，建筑物也受损害，故不能只按自由膨胀率判定，应根据当地经验综合判别。

三、红土

红土是在湿热气候条件下经历了一定红土化作用而形成的一种含较多黏粒，富含铁、铝氧化物胶结的红色黏性土。其形成条件特殊，种类繁多，性质差别较大。图 3－17 所示为红黏土在塑性图中的分布。

红土的基本特性一般如下：

(1) 液限较大，含水较多，饱和度常大于 80%，土常处于硬塑至可塑状态。

(2) 孔隙比一般较大，变化范围也大，尤其是残积红土的孔隙比常超过 0.9，甚至达 2.0；前期固结压力和超固结比很大，除少数软塑状态红土外，均为超固结土，这与游离氧化物胶结有关，一般常具有中等偏低的压缩性。

(3) 强度一般较高且变化范围大，内聚力一般为 10～60kPa，内摩擦角为 10°～30°或更大。

(4) 膨胀性极弱，但某些土具有一定收缩性，这与粒度、矿物、胶结物情况有关；某些红土化程度较低的“黄层”收缩性较强，应划入膨胀土范畴。

(5) 浸水后强度一般降低。部分含粗粒较多的红土，湿化崩解明显。

综上所述，红土是一种处于饱和状态、孔隙比较大、以硬塑和可塑状态为主、中等压缩性、较高强度的黏性土，具有一定收缩性。

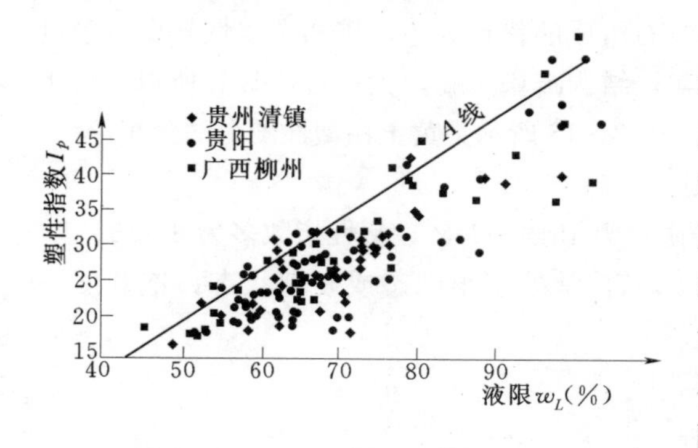

图 3－17　红土在塑性图上的分布

综合成因和工程特性，可将红土分为残坡积和非残坡积（冲洪积）两大类。残坡积红土的性质与其粒度、矿物成分密切相关，一种是粒度粗，石英含量多，塑性较弱，以亚黏土为主，强度较高，极弱胀缩性，如花岗岩残积红土、砂砾岩等碎屑岩残积红土；另一种是粒度细，石英含量小，塑性较强，以黏土为主，强度稍低，具有弱～中等胀缩性，部分应划入膨胀土范畴，如碳酸盐岩残积红土、玄武岩残积红土、凝灰岩残积红土和泥质岩残积红土，如 Q_2～Q_3 时期形成的网纹红土，胶结力强，强度高，无胀缩性，其性质接近典型老黏性土；一种是年代较新的红土，如 Q_4 时期形成的红土化程度较低的冲洪积土及经过改造再沉积的次生红土，胶结力弱，联结差，强度较低，可能有一定的胀缩性，其性质更接近一般黏性土。

四、黄土类土

黄土类土是一种特殊的第四纪大陆松散堆积物，在世界各地分布很广，性质特殊。我国黄土类土基本上分布在西北、华北和东北地区，面积超过 60 万 km^2，一般仅限于北纬 30°～48°分布，尤以北纬 34°～45°最为发育。这些地区位于我国大陆内部的西北沙漠区的外围东部地区，干旱少雨，具有大陆性气候的特点。

黄土类土是第四纪的产物，从早更新世 Q_1 开始堆积，经历了整个第四纪，直到目前还没有结束。按地层时代及其基本特征，黄土类土可分为以下三类：

(1) 老黄土。老黄土一般没有湿陷性，土的承载力较高。其中，Q_1 午城黄土主要分布在陕甘高原，覆盖在第三纪红土层或基岩上，而 Q_2 离石黄土分布较广，厚度也大，形成黄土高原的主体，主要分布在甘肃、陕西、山西省及河南省西部地区。

(2) 新黄土。新黄土广泛覆盖在老黄土之上，在北方各地分布很广，与工程建筑关系密切，一般都具有湿陷性。分布面积约占我国黄土的 60%，尤以 Q_3 马兰黄土分布更广，构成湿陷性黄土的主体。

(3) 新近堆积黄土。新近堆积黄土分布在局部地区，是第四纪最近沉积物，厚仅数米，但土质松软，压缩性高，湿陷性不一，土的承载力较低。

各地区黄土类土的总厚度不一，一般说来，高原地区较厚，且以陕甘高原最厚，可达 100～200m，而其他高原地区一般只有 30～100m。河谷地区的黄土总厚度一般只有几米到 30m，且主要是新黄土，老黄土常缺失。

黄土类土的成因是一个热烈争论、尚未最终解决的问题。我国黄土类土主要是风积成因类型，也有冲积、洪积、坡积和冰水沉积等成因类型。

黄土类土的颜色主要呈黄色或褐黄色，以粉粒为主，富含碳酸钙，有肉眼可见的大孔，垂直节理发育，浸湿后土体显著沉陷（称为湿陷性）。具有上述全部特征的土即为“典型黄土”，与之相类似，但有的特征不明显的土则称为“黄土状土”。典型黄土和黄土状土统称为“黄土类土”，习惯上常简称为“黄土”。无论是典型黄土或黄土状土，作为黄土类土的主要标志是以黄色为主，粉质，富钙，大孔性，垂直节理发育和具有湿陷性。因而，具有湿陷性的黄土类土一般又称为“湿陷性黄土”。

黄土的成分和结构的基本特点是：以石英和长石组成的粉粒为主，矿物亲水性较弱，粒度细而不均一，联结虽较强但不抗水；未经很好压实，结构疏松多孔，大孔性明显。所以，黄土具有明显的遇水联结减弱，结构趋于紧密的倾向。图 3-18 所示为黄土在塑性图上的分布。

在天然状态下，黄土表现出如下一些特点：

(1) 塑性较弱。液限一般为 23%～33%，塑限常为 15%～20%，塑性指数多为 8～13。

(2) 含水较少。天然含水量一般为 10%～25%，常处于半固态或硬塑状态，饱和度一般为 30%～70%。

(3) 压实程度很差。孔隙较大，孔隙率大，常为 45%～55%（孔隙比为 0.8～1.1），干密度常为 1.3～1.5g/cm³。

(4) 抗水性弱。遇水强烈崩解，膨胀量较小，但失水收缩较明显，遇水湿陷较明显。

(5) 透水性较强。由于大孔和垂直节理发育，故透水性比粒度成分相类似的一般黏性土要强得多，常具有中等透水性（渗透系数超过 10^{-3} cm/s），但具有明显的各向异性，垂直方向比水平方向要强得多，渗透系

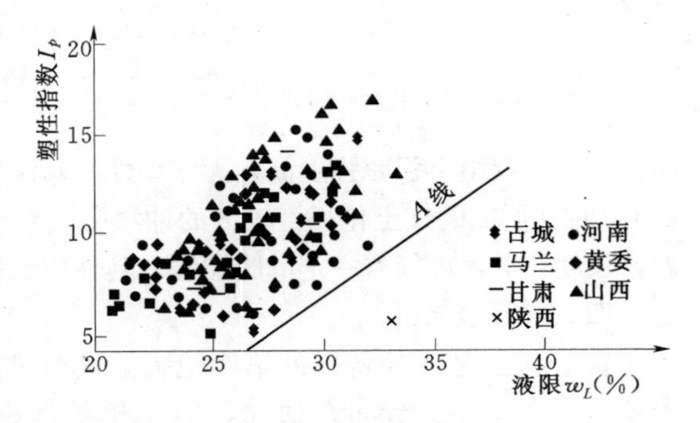

图 3-18 黄土在塑性图上的分布

数可大数倍甚至数十倍。

(6) 强度较高。尽管孔隙率很高，但压缩性仍属中等，抗剪强度较高（一般 $\varphi=15°\sim25°$，$c=0.03\sim0.06$MPa)。但新近堆积黄土的土质松软，强度较低，压缩性较高。击实后的黄土，其强度增高，湿陷性减弱。

与一般黏性土一样，黄土的强度取决于土的类型、孔隙和含水情况。在含水量较小时，随着黏粒含量（或塑性指数）的增大或均匀分布的碳酸钙含量的增多，土体强度增大。对同一成分的黄土，随着含水量的增大或孔隙的增多，土体强度降低。

天然状态下，黄土的主要特点是密实度低和含水少，透水性强和强度高。但遇水后性质发生急剧变化，土体强度急剧降低，土体产生强烈沉陷变形。

黄土在一定压力作用下，受水浸湿后结构迅速破坏而产生显著附加沉陷的性能，称为湿陷性，可以用浸水压缩试验求得的湿陷性系数评价。天然黄土土样在某压力 p 作用下压缩稳定后（这时土样高度为 h_p)，不增加荷重而将土样浸水饱和，土样产生附加变形（这时测得土样的高度为 h'_p)，h_p 和 h'_p之差愈大，说明土的湿陷愈明显。一般用 h_p 和 h'_p之差（湿陷值）与土样原始高度 h_0 之比来衡量黄土的湿陷程度，这个指标称为"湿陷系数"(δ_s)，即

$$\delta_s=\frac{h_p-h'_p}{h_0} \tag{3-24}$$

δ_s 值愈大，说明黄土的湿陷性愈强烈。但在不同压力下，黄土的 δ_s 是不一样的，一般以 0.2MPa 压力作用下的 δ_s 作为评价黄土湿陷性的标准。黄土的湿陷系数 $\delta_s>0.015$ 时，则认为该黄土为湿陷性黄土，且该值愈大，黄土湿陷性愈强烈。工程实践中还规定：$\delta_s=0.015\sim0.03$ 时，湿陷性轻微；$\delta_s=0.03\sim0.07$ 时，湿陷性中等；$\delta_s>0.07$ 时，湿陷性强烈。当 $\delta_s<0.015$ 时则为非湿陷性黄土，可按一般土对待。

测定湿陷性系数的压力 p，原则上应与地基中黄土实际受到的压力相当，或取可能发生最大湿陷量的压力。

在不同的压力作用下，土的湿陷系数是不一样的。当压力较小时，湿陷量较小，随着压力的增大，湿陷量逐渐增加；当压力超过某值时，湿陷量急剧增大，结构迅速地、明显地破坏。这个开始出现明显湿陷的压力，称为湿陷起始压力 p_s。试验后所作的湿陷系数 δ_s 与压力 p 关系曲线上，找出与 $\delta_s=0.015$ 对应的压力，作为湿陷起始压力。在该压力下浸水，土呈明显的湿陷现象。不同地区黄土的湿陷起始压力是不一样的。一般是黏粒含量愈多，天然含水量愈大，密实度愈高（孔隙比愈小)，黄土的湿陷起始压力就愈大。

黄土受水浸湿后，在上部土层的饱和自重压力作用下而发生湿陷的，称为自重湿陷性黄土。自重湿陷性黄土的湿陷起始压力较小，低于其上部土层饱和自重压力。非自重湿陷性黄土的湿陷起始压力一般较大，高于其上部土层的饱和自重压力。

划分非自重湿陷性和自重湿陷性黄土，可取土样在室内作浸水压缩试验，在土的饱和自重压力下测定土的自重湿陷系数 δ_{zs}，即

$$\delta_{zs}=\frac{h_z-h'_z}{h_0} \tag{3-25}$$

式中 h_z——保持天然含水量和结构的土样，加压至土的饱和自重压力时，下沉稳定后的高度；

h'_z——上述加压稳定后的土样，在浸水作用下，下沉稳定后的高度；

h_0——土样的原始高度。

测定自重湿陷系数用的自重压力，自地面算起，至该土样顶面为止的上覆土的饱和（$S_r=85\%$）自重压力。当 $\delta_{zs}<0.015$ 时，应定为非自重湿陷性黄土；当 $\delta_{zs}\geqslant0.015$ 时，应定为自重湿陷性黄土。

五、人工填土

人工填土是指由于人类活动而堆填的土。人工填土种类繁多，性质相差很悬殊，对人工填土的分类主要考虑堆积年限、组成物质和密实度等因素。目前，对人工填土作如下分类：

（1）素填土。由黏性土、砂或粉土、碎石等一种或几种材料组成的填土，其中不夹杂物或夹有少量碎砖、瓦片等杂物，有机质含量不超过10%。素填土按其堆积年限分为新素填土和老素填土两类。当年限不易确定时，可根据其孔隙比指标判定其类别。

1）黏性老素填土：堆积年限在10年以上，或孔隙比 $e\leqslant1.10$。

2）非黏性老素填土：堆积年限在5年以上，或孔隙比 $e\leqslant1.00$。

3）新素填土：堆积年限少于上述年限或指标不满足上列数值的素填土。

经分层辗压或夯实的填实土称为压实填土。它是有目的达到一定密实程度的填土。应与一般素填土区别。

（2）杂填土。含大量建筑垃圾、生活垃圾或工业废料等杂物的填土，它们各自的特征如下：

1）建筑垃圾杂填土：主要由房渣土组成，其中碎砖、瓦片等杂物约占40%以上。碎砖、石、砂等含量愈多，土质愈松散。

2）生活垃圾杂填土：主要由炉灰、煤渣和菜皮等有机物组成，其中含有未分解的有机物，组成物杂乱和松散。

3）工业废料杂填土：主要为矿渣、炉渣、金属切削丝和其他工业废料所组成。

（3）冲填土。用水力冲填法将水底泥沙等沉积物堆积而成的。按冲填堆积年限可分为老冲填土（冲填时间在5年以上者）和新冲填土。

由于人工填土的形成复杂而极不规律，组成物质杂乱，分布范围很不一致，一般是任意堆填，未经充分压实，故土质松散，空洞，孔隙极多。因此，人工填土的最基本特点是不均匀性、低密实度、高压缩性和低强度，有时具有湿陷性。

人工填土的孔隙比很大，压缩变形强烈，强度低。这与组成物质、排水情况、堆积年限、松密程度等因素有关。粗颗粒的填土，一般透水性较强，下沉稳定较快，密实度较大，其变形较小，强度较高。细颗粒的填土，尤其是有机质含量多的饱和软土素填土和冲填土，变形量很大，固结时间很长，强度很低，稳定性很差。当人工填土中有机质含量过多时，就会影响沉降稳定时间，而且也会大大降低其强度。一般，填积年限愈久，土愈密实，其中的有机质含量相对就少。老人工填土地基比较稳定，因在长期自重压力的作用下，由自重引起的下沉已基本完成；而新人工填土，因自重压力引起的下沉尚未完成，故本身是极不稳定的。

某些干的或稍湿的人工填土具有浸水湿陷的特性。填土形成时间短，结构疏松，这是引起浸水湿陷的主要原因；此外，人工填土中往往含有较多的可溶性盐也是引起湿陷的原因之一。人工填土浸水湿陷，是地基雨后下沉和局部积水引起房屋裂缝的主要原因。

研究评价人工填土，主要是查明填土的成分、分布和堆积年代，了解不同地段和层位的压实度、变形特性和强度，判断土体的均匀程度、结合当地建筑经验提出土质改良的某些处理方法，采取与地基不均匀沉降相适应的结构和措施。

六、冻土

在寒冷地区，当气温低于 0℃时，土中液态水冻结为固态冰，冰胶结了土粒，形成一种特殊联结的土，称为冻土。当温度升高时，土中的冰融化为液态水，这种融化了的土称为融土，其中所含水分比未冻结前的土中水分增加很多。所以，冻土的强度较高，压缩性低；而融土的强度剧烈变低，压缩性大大增强。冻结时，土中水分结冰膨胀，土体积随之增大，地基被隆起；融化时，土中的冰融化，土体积缩小，地基沉降。土的冻结和融化，土体膨胀和缩小，常给建筑物带来不利的影响，导致破坏。

冬季冻结，春季融化，冻结和融化具有季节性，这是最常见的现象，这种冻结的土称为“季节冻土”。由于气候条件不同，冻结土的深度也不同。我国秦岭以北及西南高山地区，在冬季，土都具有不同程度的冻结现象，例如，沈阳、北京、太原及兰州以北的地区，冻结深度都超过 1m，黑龙江北部和青藏高原等地区可达 2m 以上。由于气候寒冷，冬季冻结时间长，夏季融化时间短，冻融现象只发生在表层一定深度，而下面土层的温度终年低于零度而不融化。这种多年（3 年以上）冻结而不融化的冻土称为“多年冻土”。

土在冻结过程中，不单纯是土层中原有水分的冻结。还有未冻结土层中水向冻结土层迁移而冻结。所以，土的冻胀不仅仅是水结冰时体积增加的结果，更主要的是水分在冻结过程中由下部向上部迁移富集再冻结的结果。重力水和毛细水在 0℃或稍低于 0℃就冻结，冻结后不再迁移；而结合水以薄膜形式存在于土粒表面，由于吸附的关系，结合水外层一般要到－10℃左右才冻结，内层甚至在－10℃也不完全冻结。所以，当气温稍低于 0℃时，重力水和毛细水都先后冻结，而结合水仍不冻结，依然从水膜厚处向薄处移动。当含盐浓度不同时，结合水由浓度低处向高处移动，水分移动虽缓慢，数量也不大，但如有不断补给来源，一定时间内的移动水量还是很可观的。水的补给主要通过下面的毛细水补给，由于结合水向上移动，在温度合适时它也被冻结，这就造成冻结后的水分比冻结前的水分大量富集。所以，结合水的存在，毛细水不断的补给，合适的冻结温度和一定的时间，是大量水迁移的必要条件。土中水的迁移取决于当地的土质条件和水文地质条件，细粒土的冻胀很明显；含粉粒多的细粒土的渗透性较强，且毛细水可能及时补给，故水更容易大量富集。但是，地下水条件也很重要。地下水面浅，毛细水才能源源不断地供应，地下水面太深，供应就不可能，水的迁移就很少，土的冻胀也就不明显。所以，只有在一定的低温、合适的土质条件和地下水埋藏较浅的情况下，土的冻胀才最强烈。此外，地形、植物及雪的覆盖情况，也影响到温度的变化，对土的冻胀也有影响。

土的冻胀程度一般用冻胀率 η（又称为冻胀量或冻胀系数）来表示，它是冻结后土体膨胀的体积与未冻结土体体积的百分比，其值愈大，则土的冻胀性愈强。一般按土的冻胀率将土划分为五类：Ⅰ级不冻胀土，$\eta \leqslant 1.0\%$；Ⅱ级弱冻胀土，$1.0\% < \eta \leqslant 3.5\%$；Ⅲ级冻胀土，$3.5\% < \eta \leqslant 6.0\%$；Ⅵ级强冻胀土，$6.0\% < \eta \leqslant 12.0\%$；Ⅴ级特强冻胀土，$\eta > 12.0\%$。

土的冻胀程度除与气温条件有关外，与土的粒度成分、冻前土的含水量和地下水位的关系最为密切，在同样的条件下，粗粒的土比细粒的土冻胀程度小；冻前土的含水量愈小，则土的冻胀程度愈小；无地下水位补给条件比有地下水补给条件土的冻胀程度小。一般认为，冻结期间地下水位低于冻结深度的距离小于毛细上升高时，地下水就能不断补给。试验资料表明，黏性土在无地下水补给条件下开始产生冻胀的含水量 w 基本上接近塑限 w_p，且随着天然含水量的增大其冻胀率也增大。

习 题

3－1 某土样在天然状态下的体积为210cm³，质量为350g，烘干后的质量为310g，设土粒相对密度 d_s 为2.67，试求该试样的密度 ρ、含水量 w、孔隙比 e 和饱和度 S_r。

（答案：$\rho=1.67\text{g/cm}^3$，$w=12.9\%$，$e=0.810$，$S_r=42.5\%$）

3－2 已知某土样土粒相对密度 d_s 为2.68，土的密度 ρ 为1.91g/cm³，含水量 w 为29.0%，求土的干密度 ρ_d、孔隙比 e、孔隙率 n 和饱和度 S_r。

（答案：$\rho_d=1.48\text{g/cm}^3$，$e=0.811$，$n=0.448$，$S_r=95.8\%$）

3－3 某完全饱和土样（即 $S_r=100\%$）的含水量 w 为40.0%，土粒相对密度 d_s 为2.70，求土的孔隙比 e 和干密度 ρ_d。

（答案：$e=1.08$，$\rho_d=1.30\text{g/cm}^3$）

3－4 为了配置含水量 w 为40.0%的土样，取天然含水量 w 为12.0%的土样20g，已测定土粒的相对密度 d_s 为2.70，问需掺入多少水？

（答案：$m_w=5\text{g}$）

3－5 某砂土试样，测得含水量 w 为23.2%，重度 γ 为16.0kN/m³，土粒相对密度 d_s 为2.68，取水的重度 γ_w 为10kN/m³。将该砂样放入振动容器中，振动到最密实时量得砂样的体积为220cm³；其质量为415g；最松散时量得砂样的体积为350cm³，其质量为420g。试求该砂样的天然孔隙比 e 和相对密度 D_r。

（答案：$e=1.064$，$D_r=0.252$）

3－6 某天然砂层，密度 ρ 为1.47g/cm³，含水量 w 为13.0%，由试验求得该砂土的最小干密度 $\rho_{d\min}$ 为1.20g/cm³，最大干密度 $\rho_{d\max}$ 为1.66g/cm³，问该砂层处于何种状态？

（答案：$D_r=0.278$，松散状态）

3－7 有细粒土原状土样两个，经测定其天然含水量 w、10mm液限 w_L 和塑限 w_p 如表3－29所示，试确定该细粒土的名称和状态。

表3－29 土样的试验结果

试样编号	天然含水量 w（%）	液限 w_L（%）	塑限 w_p（%）
1	30.5	39.0	21.0
2	42.0	45.0	31.0

[答案：《土的分类标准》（GBJ 145—90）分类法：土样1属低液限黏土（CL）；土样2属高液限粉土（CMH）。《岩土工程勘察规范》（GB 50021—2001）分类法：土样1属黏土；土样2属粉质黏土；土样1：可塑状态；土样2：软塑状态]

3－8 甲、乙两土样的颗粒分析结果如表3－30所示，试绘制颗粒级配曲线，并定出土的名。

表3－30 某粗粒土土样的试验结果

粒径（mm）	10～2	2～0.5	0.5～0.25	0.25～0.075	＜0.075
相对含量（%）	4.5	12.4	35.5	33.5	14.1

[答案：《土的分类标准》（GBJ 145—90）分类法：含细粒土砂（SF）；《岩土工程勘察规范》（GB 50021—2001）分类法：细砂]

第4章　土的渗透性与土中渗流

4.1 概　　述

水是在土的孔隙中流动的，本章假定土颗粒骨架形成的孔隙是固定不变的，并且认为，在孔隙中流动的水是具有黏滞性的流体。也就是说，把土中水的流动，简单地看成是黏滞性的流体在土烧制成的陶瓷管似的刚体的孔隙中流动。这种思考方法，在被称为达西定律的试验中反映出来。达西定律是土中水运动规律的最重要的公式。这个公式采用了“水是从水头（总水头）高的地方流向低处”这一水流的基本原理。根据达西定律和连续方程，再考虑边界条件，一般的透水问题都可以得到解决，即可以求出土中水的流量（透水量）及土中水压力的分布。图4-1所示为土木、水利工程中典型渗流问题。

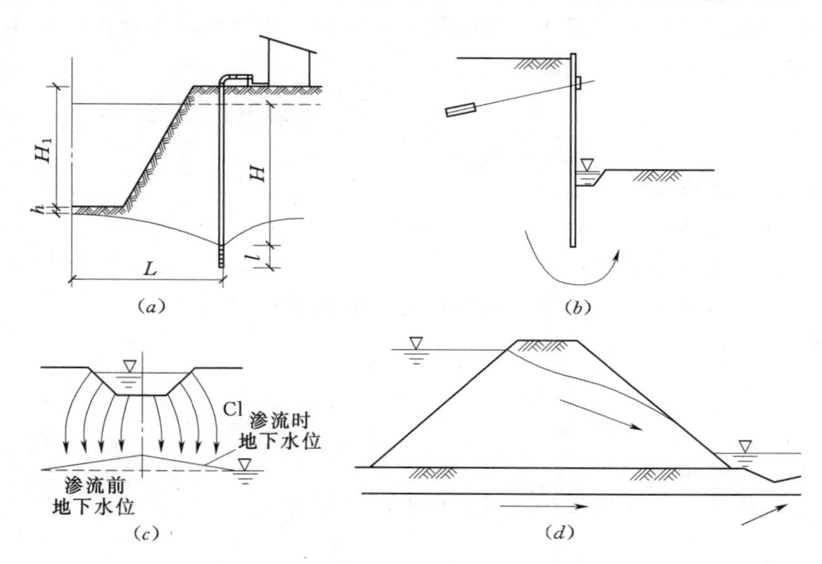

图4-1　土木、水利工程中的渗流问题

(a) 基坑人工降水；(b) 基坑排水；(c) 渠道渗流；(d) 堤防渗流

由于土体本身具有连续的孔隙，如果存在水位差，水就会透过土体孔隙而产生孔隙内的流动，这一现象称为渗透。土具有被水透过的性能称为土的渗透性。这里所论及的水是指重力水。

作为土木、水利工程对象的地基或土工建筑物内一般都存在着各种形态的水分，而土本身又具有渗透性，所以会产生各种各样的工程问题。这些问题可以分为水的问题和土的问题。

所谓水的问题是指在工程中由于水本身所引起的工程问题，例如基坑、隧道等开挖工程中普遍存在地下水的渗出而出现需要排水的问题；相反，在以蓄水为目的的土坝中会由于渗透造成水量损失而出现需要挡水的问题；此外，还有一些像污水的渗透引起地下水污染，地下水开采引起大面积地面沉降及沼泽枯竭等地下水环境的问题。也就是说，水自身的量（涌水量和渗水量）、质（水质）和赋存位置（地下水位）的变化所引起的问题。

所谓土的问题是指由于水的渗透性引起土体内部应力状态的变化，或土体、地基本身的结构、强度等状态的变化，从而影响建筑物的稳定性或产生有害变形的问题。在坡面、挡土墙等结构物中常常会由于水的渗透而造成内部应力状态的变化而失稳；土坝、堤防和基坑等结构物会由于管涌逐渐改变地基土内的结构而酿成破坏事故；非饱和的坡面会由于水分的渗透而造成非饱和土的强度降低从而引起滑坡。由于渗透而引起地基变形的代表性例子就是地下水开采造成的地面下沉问题。

此外，土的渗透性的强弱，对土体的固结、强度以及工程施工都有非常重要的影响。为此，我们必须对土的渗透性质、水在土中的渗透规律及其与工程的关系进行很好的研究，从而给土工建筑物或地基的设计、施工提供必要的资料。

4.2 达西定律

一、伯努里定理

所谓伯努里定理是指水的流动符合能量守恒原理，如果忽略不计由摩擦等引起的能量损失，则伯努里定理可以用下式表示：

$$\frac{v^2}{2g}+z+\frac{u}{\gamma_w}=h=\text{常数} \tag{4-1}$$

式中 $v^2/2g$——速度水头；

v——流速；

g——重力加速度；

z——位置水头，从基准面到计算点的高度；

u/γ_w——压力水头；

u——水压；

γ_w——水的重度；

h——总水头。

因土中水的流速小，速度水头项可忽略不计，此时

$$z+u/\gamma_w=h \tag{4-2}$$

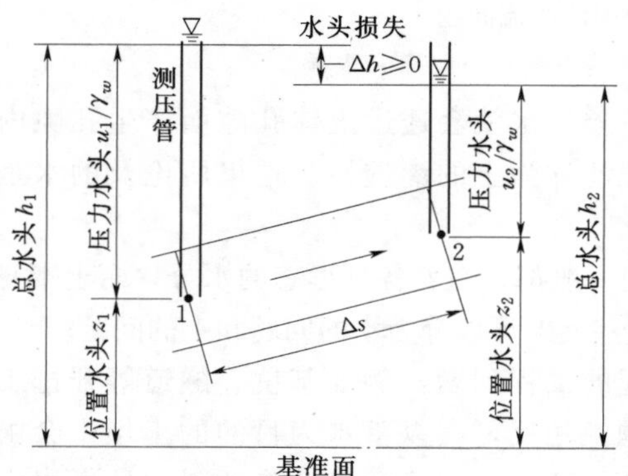

图 4-2 土中的水头和水的流动

所以，土中水流动的时候，是从位置水头 z 与压力水头 u/γ_w 之和（即总水头 h）高的地方流向低的地方。

在图 4-2 中，位置水头 $z_1<z_2$，可是总水头 $h_1>h_2$，所以，水是从图中的点 1 流向点 2。图中点 1、2 处的立管称为测压管，从测压管的底部到水头的高度是压力水头，从基准面（可以适当的确定）到计算点的高度是位置水头。压力水头可以用 u/γ_w 表示，所以，如果需要求土中的水压力（孔隙水压）u，可以设测压管，根据测压管中的水位可知压力水

头，压力水头乘以水的重度 γ_w 就得到水压力。在图 4－2 中，$h_2 = h_1 + \Delta h$，所以

$$-\Delta h = (z_1 + u_1/\gamma_w) - (z_2 + u_2/\gamma_w) \tag{4-3}$$

式中　$-\Delta h(\geqslant 0)$——水头损失，是土中的水从点 1 流向点 2 的结果，也是由于水与土颗粒之间的黏滞阻力产生的能量损失。

二、达西定律

土体中孔隙的形状和大小是极为不规则的，因而水在土体孔隙中的渗透是一种十分复杂的水流现象。然而，由于土体中的孔隙一般非常微小，水在土体中流动时的黏滞阻力很大、流速缓慢，因此，其流动状态大多属于层流。

在图 4－2 中，水头损失 $-\Delta h$ 除以沿水流方向的流线长 Δs，称为水力梯度，用 i 表示：

$$i = -\Delta h/\Delta s \tag{4-4}$$

水力坡度的含义是：土中的水沿着流线方向每前进 Δs 的距离，就产生 $-\Delta h$ 的水头损失。

达西（Darcy，1856 年）利用如图 4－3 所示的试验装置，对砂土的渗透性进行试验，研究发现：当水流是层流的时候，水力梯度 i 与土中水的流速 v 之间有一定的比例关系，这个比例系数用 k 表示，称这个关系为达西定律：

$$v = ki \tag{4-5}$$

式中　k——土的渗透系数，其物理意义是当水力梯度等于 1 时的渗透速度，cm/s 或 m/s。

土的渗透系数的大小表示土中水流过的难易程度。对于渗透系数 k 值，砂土的大，黏土的小。

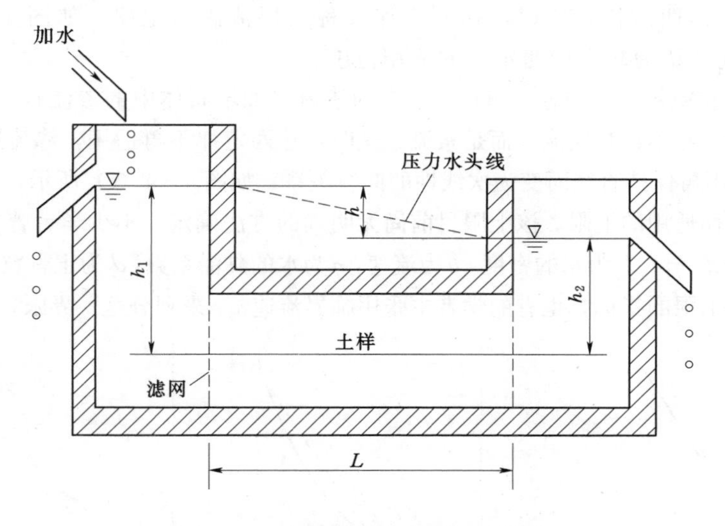

图 4－3　达西渗透试验装置示意图

在图 4－3 中，设与水的流动方向（流线）垂直的试料的断面积为 A，则单位时间的透水量可用下式表示：

$$Q = vA = kiA \tag{4-6}$$

水是在土的孔隙中流动的，孔隙的面积为 nA（n 为孔隙率），实际上，有效的透水孔隙断面积比它还要小，难以确定。因此，在透水计算中取土的全断面积 A，孔隙断面积的

影响已包含在渗透系数 k 中。

如前所述，式（4－5）是达西根据试验得出的，此外，斯托克斯还把土中的孔隙简化为半径为 a 的圆管，导出了流过圆管的黏滞流体的运动方程式：

$$v=\frac{n\gamma_w a^2}{8\eta}\left(-\frac{\Delta h}{\Delta s}\right) \tag{4-7}$$

式中　n——孔隙率；

γ_w——水的重度；

η——水的黏滞系数。

式（4－7）与达西定律式（4－5）呈同一形式。需要说明的是，在达西定理的表达式中，采用了以下两个基本假设：

（1）由于土试样断面内，仅土颗粒骨架间的孔隙是渗水的，而沿试样长度的各个断面，其孔隙大小和分布是不均匀的。达西采用了以整个土样断面积计算的假想渗流速度，或单位时间内土样通过单位总面积的流量，而不是土样孔隙流体的真正速度。

（2）土中水的实际流程是十分弯曲的，比试样长度大得多，而且也无法知道。达西考虑了以试样长度计算的平均水力梯度，而不是局部的真正水力梯度。

这样处理就避免了微观流体力学分析上的困难，得出一种统计平均值，基本上是经验性的宏观分析，不影响其理论和实用价值，故一直沿用至今。

由于土中的孔隙一般非常微小，在多数情况下水在孔隙中流动时的黏滞阻力很大、流速缓慢，因此，其流动状态大多属于层流（即水流线互相平行流动）范围。此时，土中水的渗流规律符合达西定律，所以，达西定律又称为层流渗透定律，如图 4－4（a）所示。但以下两种情况被认为超出达西定律的适用范围：

一种情况是在粗粒土（如砾、卵石等）中的渗流（如堆石体中的渗流），且水力梯度较大时，土中水的流动已不再是层流，而是紊流。这时，达西定律不再适用，渗流速度 v 与水力梯度 i 之间的关系不再保持直线而变为次线性的曲线关系，如图 4－4（c）所示，层流与紊流的界限，即为达西定律适用的上限。该上限目前尚无明确的方法确定。不少学者曾主张用临界雷诺数 Re（$Re=\rho_w vd/\eta$，ρ_w 为水的密度，v 为流速，η 为水的黏滞系数，d 为土颗粒的平均粒径）作为确定达西定律上限的指标，也有的学者主张用临界流速 v_{cr} 来划分这一界限。

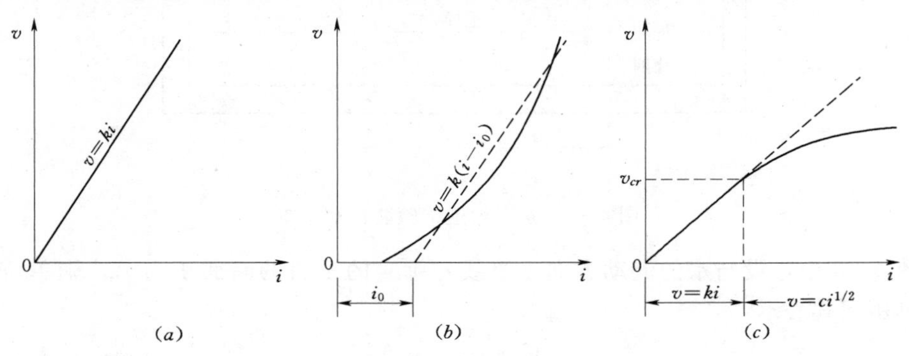

图 4－4　土的渗透速度与水力梯度的关系

（a）砂土；（b）密实黏土；（c）砾土

另一种情况是发生在黏性很强的密实黏土中。不少学者对原状黏土进行的试验表明，这类土的渗透特征也偏离达西定律，其 $v-i$ 关系如图 4-4（b）所示。实线表示试验曲线，它成超线性规律增长，且不通过原点。使用时，可将曲线简化为如图虚线所示的直线关系。截距 i_0 称为起始水力梯度。这时，达西定律可修改为

$$v=k(i-i_0) \tag{4-8}$$

当水力梯度很小，$i<i_0$ 时，没有渗流发生。不少学者对此现象作如下解释：密实黏土颗粒的外围具有较厚的结合膜，它占据了土体内部的过水通道，渗流只有在较大的水力梯度作用下，挤开结合水膜的堵塞才能发生。起始水力梯度 i_0 是克服结合水膜阻力所消耗的能量，i_0 就是达西定律适用的下限。

4.3　渗透系数的测定

渗透系数就是当水力梯度 $i=1$ 时的渗透速度。因此，渗透系数的大小是直接衡量土的透水性强弱的一个重要的力学性质指标。但它不能由计算求出，只能通过试验直接测定。

渗透系数的测定可以分为现场试验和室内试验两大类。一般来讲，现场试验比室内试验所得到的成果要准确可靠。因此，对于重要工程常需进行现场试验。

一、试验室内测定渗透系数

室内测定土的渗透系数的仪器和方法较多，但就其原理而言，可分为常水头试验和变水头试验两种。下面将分别介绍这两种方法的基本原理，有关它们的试验仪器和操作方法请参阅相关试验指导书。

（一）常水头渗透试验

该试验适用于透水性强的无黏性土。试验装置如图 4-5 所示，圆柱体试样断面积为 A，长度为 l，保持水头差 h 不变，测定经过一定时间 t 的透水量 v，渗透系数 k 可根据式（4-9）求出：

$$Q=\frac{V}{t}=kiA=k\frac{h}{l}A \tag{4-9a}$$

$$k=\frac{V/t}{Ai}=\frac{Vl}{Aht} \tag{4-9b}$$

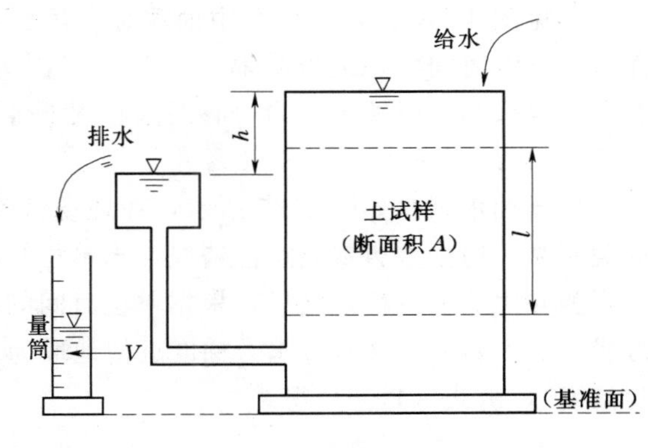

图 4-5　常水头渗透试验

（二）变水头渗透试验

黏性土由于渗透系数很小，流经试样的水量很少，难以直接准确量测。因此，采用变水头法。

如图 4-6 柱体试样断面积为 A，长度为 l，在试验中测压管的水位在不断下降，测定时间 t_1 到 t_2 时测压管的水位 h_1 和 h_2 后，渗透系数可以按照以下的方法求出。设在任意时刻测压管的水位为 h（变数），水力梯度 $i=h/l$。在 dt 时间内，断面积为 a 的测压管水位下降了 dh，则

$$k\frac{h}{l}A\,dt\text{（土样的透水性）}=a(-dh)\text{（测压管中水下降的体积）}$$

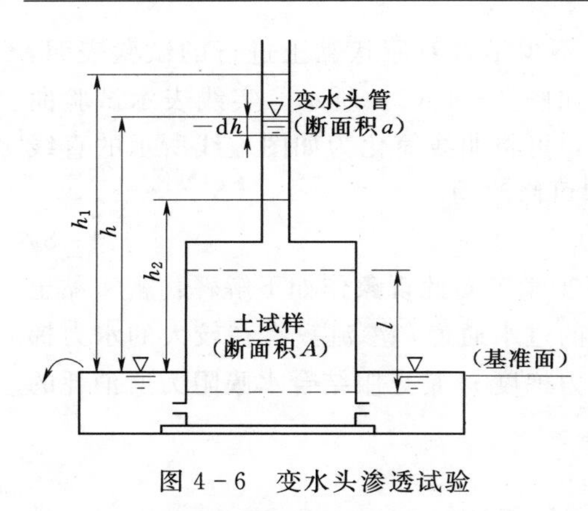

图 4-6 变水头渗透试验

$$k\frac{A}{l}\int_{t_1}^{t_2}\mathrm{d}t=-a\int_{h_1}^{h_2}\frac{\mathrm{d}h}{h}\text{(此时，}t\text{ 和 }h\text{ 为变量)}$$

$$k\frac{A}{l}(t_2-t_1)=-a\ln\frac{h_2}{h_1}=a\ln\frac{h_1}{h_2}$$

所以

$$k=\frac{2.3al}{A(t_2-t_1)}\log\frac{h_1}{h_2} \tag{4-10}$$

式（4-10）中的 a、l 和 A 为已知，试验时只要测出与时刻 t_1 和 t_2 时对应的水位 h_1 和 h_2，即可求出渗透系数 k。

二、现场抽水试验

现场测定法的试验条件比试验室测定法更符合实际土层的渗透情况，测得的渗透系数 k 值为整个渗流区较大范围内土体渗透系数的平均值，是比较可靠的测定方法，但试验规模较大，所需人力物力也较多。现场测定渗透系数的方法较多，常用的有野外注水试验和野外抽水试验等，这种方法一般是在现场钻井孔或挖试坑，在往地基中注水或抽水时，量测地基中的水头高度和渗流量，再根据相应的理论公式求出渗透系数 k 值。下面将主要介绍野外抽水试验。

在地表面附近不存在黏土层等不透水层时，地下水面的形状在重力的作用下自由变化。在这样具有自由水面（浸润面）的地基中挖的井称为无压井（见图 4-7）。与此相反，在地表面附近存在着不透水层时，穿过这层不透水层，从下面的砂砾层中抽水的井称为承压井（见图 4-8）。从这些井中抽水时，开始会使地下水的水面下降，不久就达到地下水面形状不随时间变化的稳定状态。这时，因为抽水的影响，周围的水呈放射状流向抽水井，可以认为，以抽水井为中心的同心圆上各点的水位和水压相等。

（一）无压井

现场抽水试验如图 4-7 所示，在现场设置一个抽水井（直径 15cm 以上）和两个以上的观测井。边抽水边观测水位情况，当单位时间从抽水井中抽出的水量稳定，并且抽水井及观测井中的水位稳定之后，根据单位时间的抽水量 Q 和抽水井的水位，可以按照以下方法求渗透系数 k。这时，水力梯度近似地取为 $i\approx \mathrm{d}h/\mathrm{d}r$，断面积为 $A=2\pi rh$（r 为半径，h 为高度），由式（4-6）得

$$Q=k\frac{\mathrm{d}h}{\mathrm{d}r}\times 2\pi rh$$

$$Q\int_{r_1}^{r_2}\frac{\mathrm{d}r}{r}=2\pi k\int_{h_1}^{h_2}h\mathrm{d}h \quad (r\text{ 和 }h\text{ 是变量})$$

$$Q\ln\frac{r_2}{r_1}=\pi k(h_2^2-h_1^2)$$

所以

$$k=\frac{2.3Q}{\pi(h_2^2-h_1^2)}\log\frac{r_2}{r_1} \tag{4-11}$$

式中 h_1、h_2 ——距抽水井距离为 r_1、r_2 的观测井的地下水位。

由图 4-7 可知，距抽水井距离越远，抽水对其地下水位的影响越小。从抽水井到地下水位不受影响位置的距离叫影响半径。

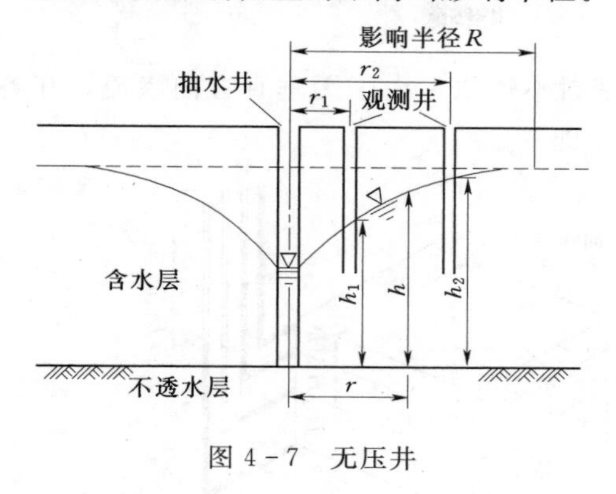

图 4-7　无压井

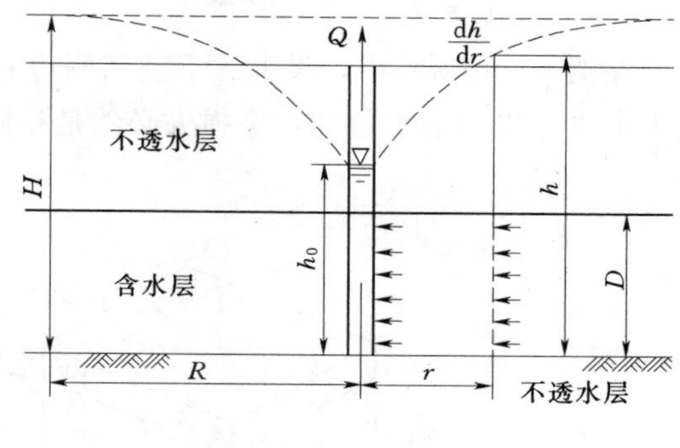

图 4-8　承压井

（二）承压井

参照图 4-8，同样，通过距抽水井的中心距离为 r、含水层厚度为 D 的侧面积 $2\pi rD$ 的流量与抽水量 Q 相等可得

$$Q = kiA = k\frac{\mathrm{d}h}{\mathrm{d}r}\times 2\pi rD \tag{4-12}$$

积分上式得

$$Q\frac{\mathrm{d}r}{r} = 2\pi kD\,\mathrm{d}h$$

$$Q\ln r = 2\pi kDh + C$$

式中　C——积分常数。

引入图 4-8 中的边界条件，可解得

$$Q = 2\pi kD(H - h_0)/\ln(R/r_0)$$

$$k = \frac{Q\ln(R/r_0)}{2\pi D(H - h_0)} \tag{4-13}$$

假如在地表附近存在不透水层，由现场抽水试验求透水系数 k 时，应该以式（4-13）取代式（4-11）。

三、经验公式

渗透系数 k 值还可以用一些经验公式来估算，如哈臣（A. Hazen，1911 年）根据均匀砂的试验结果，提出了砂质土的渗透系数 k 如下：

$$k = (1 \sim 1.5)d_{10}^2 \tag{4-14}$$

太沙基（1955 年）提出了考虑土体孔隙比 e 的经验公式：

$$k = 2d_{10}^2 e^2 \tag{4-15}$$

式中　d_{10}——土颗粒的有效半径，mm；

　　　k——渗透系数，cm/s。

四、成层土的等效渗透系数

实际地基多是由渗透性不同的多层土组成的，并且每层土水平方向渗流的渗透性是相差很大的，一般水平方向的渗透性比垂直方向的大得多。

图4-9表示由三层各向同性的、渗透系数各不相同的土组成的地基土，讨论其垂直方向和水平方向的渗透性和等效渗透系数。

（一）水平渗流

在图4-9（a）中，设上、下及两侧边界都密封不透水，由于无垂直方向渗流，在各层土中进、出口的水位和水头损失必然是相同的，即

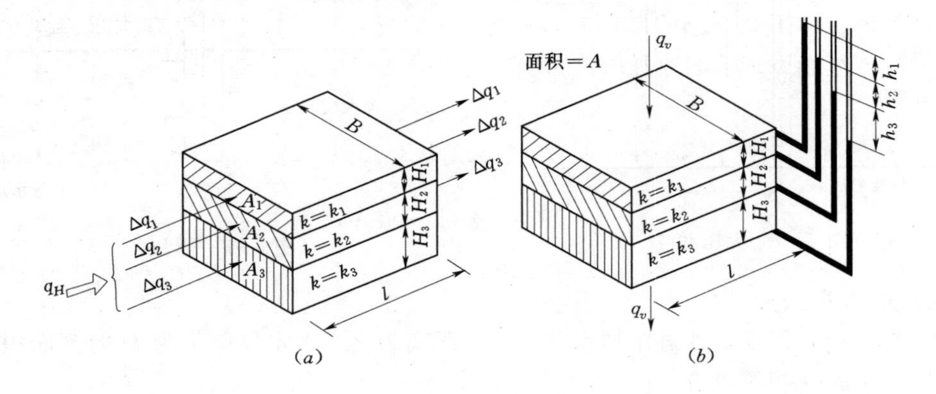

图4-9 分层土的渗流

（a）水平渗流；（b）垂直渗流

$$\Delta h_1 = \Delta h_2 = \Delta h_3 = \Delta h$$

因而水力梯度也相同，即

$$i_1 = i_2 = i_3 = i$$

根据达西定律，各层土单位宽度上的流量为

$$\Delta q_1 = H_1 k_1 i$$
$$\Delta q_2 = H_2 k_2 i$$
$$\Delta q_3 = H_3 k_3 i$$

如果假想有一厚度为$H=\sum H_i$的均匀土层，在同样水力梯度下，通过它的单位宽度的流量等于上述各层流量之和，即$q=\sum q_i$，那么这一均匀土层的渗透系数就是水平渗流时上述多层土的等效渗透系数，记作k_H。

对于假想的均匀土层：

$$q = k_H H i = k_H \sum_{j=1}^{n} H_j i$$

对于多层土：

$$q = \sum q_i = \sum_{j=1}^{n} H_j k_j i$$

二者应当相等，则有

$$k_H \sum_{i=1}^{n} H_i i = \sum_{i=1}^{n} H_i k_i i$$

$$k_H = \frac{\sum_{j=1}^{n} H_j k_j}{\sum_{j=1}^{n} H_j} = \frac{\sum_{j=1}^{n} H_j k_j}{H} = \sum_{j=1}^{n} \frac{H_j}{H} k_j \tag{4-16}$$

可见在水平渗流情况下，等效渗透系数是各层土渗透系数按厚度加权的平均值。从上式可以证明：对于成层土，如果各土层的厚度大致相近，而渗透性却相差悬殊时，与层向平行的平均渗透系数将取决于最透水土层的渗透系数和厚度，并可近似地表示为 $H'k'/H$，式中 k' 和 H' 分别为最透水土层的渗透系数和厚度。

（二）垂直渗流

当渗流的方向正交于土的层面时，如图 4－9（b）所示。由于没有水平渗流的分量，根据水流的连续性原理，则通过单位面积上的各层流量应当相等，即

$$q_1 = q_2 = q_3 = q$$

但流经各层所损失的水头和需要的水力梯度不同，即

$$i_1 = \frac{h_1}{H_1},\ i_2 = \frac{h_2}{H_2},\ i_3 = \frac{h_3}{H_3}$$

其中 q_1、q_2、q_3 分别为水流过 1、2 和 3 层土的水头损失。根据达西定律，各层土单位面积上流量：

$$q_1 = k_1 i_1 = k_1 \frac{h_1}{H_1},\ q_2 = k_2 i_2 = k_2 \frac{h_2}{H_2},\ q_3 = k_3 i_3 = k_3 \frac{h_3}{H_3}$$

即

$$h_j = \frac{qH_j}{k_j} \tag{4-17}$$

假想这个多层土层是一个厚度为 $H=\sum H_j$ 的均匀土层，在相同的进、出口水头差 $h=\sum h_j$ 的情况下流出相同的流量 q，则该均匀土层的渗透系数就作为这个多层土的垂直渗流等效渗透系数，记作 k_V。

对于假想的均匀土：

$$q = k_V \frac{h}{H} = k_V \frac{\sum_{j=1}^{n} h_j}{\sum_{j=1}^{n} H_j} \tag{4-18}$$

将式（4－17）代入可得

$$q = k_V \frac{\sum_{j=1}^{n} h_j}{\sum_{j=1}^{n} H_j} = k_V \frac{\sum_{j=1}^{n} qH_j/k_j}{\sum_{j=1}^{n} H_j}$$

所以

$$k_V = \frac{\sum_{j=1}^{n} H_j}{\sum_{j=1}^{n} H_j/k_j} = \frac{H}{\sum_{j=1}^{n} H_j/k_j} = \frac{1}{\sum_{j=1}^{n} \frac{H_j}{H}\frac{1}{k_j}} \tag{4-19}$$

$$\frac{1}{k_V} = \sum_{j=1}^{n} \frac{H_j}{H}\frac{1}{k_j} \tag{4-20}$$

可见，在垂直渗流情况下，等效渗透系数的倒数等于各层土渗透系数倒数的按厚度加权的平均值。从上式可以证明：对于成层土，如果各土层的厚度大致相近，而渗透性却相

差悬殊时，与层向垂直的平均渗透系数将取决于最不透水土层的渗透系数和厚度，并可近似地表示为 Hk''/H''，式中 k'' 和 H'' 分别为最不透水土层的渗透系数和厚度。

也可以证明，对于成层土，水平向平均渗透系数总是大于竖向平均渗透系数。

用式（4-19）和式（4-18）可以计算分层土垂直渗流时的单位面积流量；然后用式（4-17）计算各层土中的水头损失；确定各层交界面处之测管水头；计算各层土中水力梯度。

另一种计算分层土中流量和水头损失的方法是等效厚度法，即以土层中某层土的渗透系数 k_e 为标准值，令其余各层土的渗透系数都等于 k_e，则第 j 层土厚度变化为等效厚度 $\overline{H_j}=k_eH_j/k_j$，总土层变成厚度为 $\overline{H}=\sum\overline{H_j}$ 的单一均匀土层。首先计算单位面积渗流量 q，然后用等效厚度计算各层土的水头损失。这种方法有时是很方便的。

【例题 4-1】　有一粉土地基，粉土厚 1.8m，但有一厚度为 15cm 的水平砂夹层。已知粉土渗透系数 $k=2.5\times10^{-4}$cm/s，砂土渗透系数为 $k=6.5\times10^{-2}$cm/s。假设它们本身的渗透性都是各向同性的，求这一复合土层的水平和垂直等效渗透系数。

解：先求水平等效渗透系数，从式（4-16）可直接计算，得

$$k_H=\frac{H_1k_1+H_2k_2}{H_1+H_2}=\frac{15\times650+(180-15)\times2.5}{15+(180-15)}\times10^{-4}=5.65\times10^{-3}\text{cm/s}$$

再计算垂直等效渗透系数，从式（4-19）计算，得

$$k_V=\frac{H_1+H_2}{H_1/k_1+H_2/k_2}=\frac{15+(180-15)}{15/650+(180-15)/2.5}\times10^{-4}=2.73\times10^{-4}\text{cm/s}$$

可见薄砂夹层的存在对于垂直渗透系数几乎没有影响，可以忽略。但厚度仅为 15cm 的砂夹层大大增加了土层的水平等效渗透系数，增加到没有砂夹层时的 22.6 倍。在基坑开挖时，是否挖穿强透水夹层，基坑中的涌水量相差极大，应十分注意。

【例题 4-2】　对由三层土组成的试样进行垂直和水平渗透试验，如图 4-10 所示，两种试验中水头差均为 25cm，试样尺寸及土性质如下：

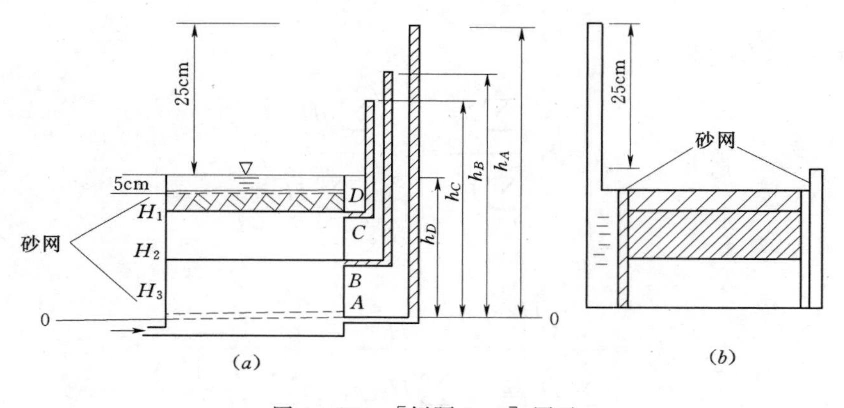

图 4-10　［例题 4-2］图示

$H_1=5$cm，　$k_1=2.5\times10^{-6}$cm/s　　黏土

$H_2=20$cm，　$k_1=4\times10^{-4}$cm/s　　粉土

$H_3=20$cm，　$k_3=2\times10^{-2}$cm/s　　砂土

试样的长、宽、高均为 45cm。

求：①水平方向等效渗透系数和渗流量；②垂直方向等效渗透系数和渗流量；③在垂直向上［见图 4-10 (a)］渗透试验中，当稳定渗流时，A、B、C 三点的量水管测管水头 h_A、h_B、h_C。

解：(1) 根据式 (4-16) 计算水平等效渗透系数：

$$k_H=\frac{\sum k_i H_i}{\sum H_i}=\frac{5\times 2.5+20\times 400+20\times 20000}{5+20+20}\times 10^{-6}=9.067\times 10^{-3}\,\text{cm/s}$$

计算渗透流量：

$$Q_H=v_H\times 45\times 45=k_H i\times 45\times 45=9.067\times 10^{-3}\times\frac{25}{45}\times 45\times 45=10.2\text{cm}^3/\text{s}$$

(2) 根据式 (4-19) 计算垂直等效渗透系数：

$$k_V=\frac{\sum H_i}{\sum H_i/k_i}=\frac{45}{5/2.5+20/400+20/20000}\times 10^{-6}=2.194\times 10^{-5}\,\text{cm/s}$$

计算垂直渗透流量：

$$q=v_V=k_V i=2.194\times 10^{-5}\times\frac{25}{45}=1.219\times 10^{-5}\,\text{cm/s}$$

$$Q_V=v_V\times 45\times 45=0.0247\text{cm}^3/\text{s}$$

(3) $A-B$ 间水头损失，用式 (4-17) 计算：

$$\Delta h_{AB}=\frac{qH_3}{k_3}=\frac{1.219\times 10^{-5}\times 20}{2\times 10^{-2}}=0.0122\text{cm}$$

对 $B-C$ 段：

$$\Delta h_{BC}=\frac{1.219\times 10^{-5}\times 20}{4\times 10^{-4}}=0.610\text{cm}$$

对 $C-D$ 段：

$$\Delta h_{CD}=\frac{1.219\times 10^{-5}\times 5}{2.5\times 10^{-6}}=24.38\text{cm}$$

所以

$$h_A=75\text{cm},\quad h_B=74.988\text{cm},\quad h_C=74.390\text{cm},\quad h_D=50.62\text{cm}$$

如果只要求各土层界面之测管水头，可以用等效厚度法。设三层土的渗透系数都等于粉土层的渗透系数：$k_e=k_2=4\times 10^{-4}\,\text{cm/s}$，则

$$\overline{H_1}=H_1\frac{k_2}{k_1}=5\times\frac{4}{2.5}\times 100=800\text{cm}$$

$$\overline{H_3}=H_3\times\frac{4}{200}=20\times\frac{4}{200}=0.4\text{cm}$$

因此，原土层可转化成厚度 $\overline{H}=820.4\text{cm}$，$k_e=k_2=4\times 10^{-4}\,\text{cm/s}$ 的等效均匀土层。

$$i=\frac{25}{820.4}=0.03047$$

$$h_{AB}=0.03047\times 0.4=0.0122\text{cm}$$

$$h_{BC}=0.03047\times 20=0.609\text{cm}$$

$$h_{CD}=0.03047\times800=24.38\text{cm}$$

可见，两者的计算结果是相同的。

五、影响土渗透系数的因素

影响土渗透系数的因素很多，主要有土的粒度成分和矿物成分、土的结构和土中气体等。

（一）土的粒度成分和矿物成分的影响

土的颗粒大小、形状和级配会影响土中孔隙大小及其形状，进而影响土的渗透系数。土粒越细、越均匀时，渗透系数就越大。砂土中含有较多粉土或黏性土颗粒时，其渗透系数就会大大减小。

土中含有亲水性较大的黏土矿物或有机质时，因为结合水膜厚度较厚，会阻塞土的孔隙，则土的渗透系数会减小。因此，土的渗透系数还与水中交换阳离子的性质有关系。

（二）土的结构的影响

天然土层通常不是各向同性的。因此，土的渗透系数在各个方向是不相同的。如黄土具有竖向大孔隙，所以竖向渗透系数要比水平方向大得多。这在实际工程中具有十分重要的意义。

（三）土中气体的影响

当土孔隙中存在密闭气泡时，会阻塞水的渗流，从而减小土的渗透系数。这种密闭气泡有时是由溶解于水中的气体分离出来而形成的，故水中的含气量也影响土的渗透性。

（四）渗透水的性质对渗透系数的影响

水的性质对渗透系数的影响主要是由于黏滞度不同所引起的。温度高时，水的黏滞性降低，渗透系数变大；反之变小。所以，测定渗透系数 k 时，以10℃作为标准温度，不是10℃时要作温度校正。

表 4-1　几种土的渗透系数

土类名称	渗透系数 k（cm/s）	渗透性
纯砾	$>10^{-1}$	高渗透性
砂、砾混合物	$10^{-3}\sim10^{-1}$	中渗透性
极细砂	$10^{-5}\sim10^{-3}$	低渗透性
粉土、砂与黏土混合物	$10^{-7}\sim10^{-5}$	极低渗透性
黏土	$<10^{-7}$	几乎不透水

因此，为了准确地测定土的渗透系数，必须尽力保持土的原始状态并消除人为因素的影响。几种土的渗透系数参考值如表 4-1 所示。

4.4 渗透力和渗透变形

一、渗透力

上述内容中，均把土颗粒骨架看成是不可变形的刚体。实际上，土颗粒常常可以运动，还常常可以随水喷出。将渗流水作用于单位土体积上的力称为渗透力。

如图 4-11 所示，渗透力来源于沿着流线的孔隙水压力的差 Δu。图中，作用在流管两端孔隙水压力的差值为 $a\Delta u$，方向为水流方向。渗透力 j 用下式表示：

$$j=\frac{a\Delta u}{al}=\frac{-a\gamma_w\Delta h}{al}=\gamma_w\left(-\frac{\Delta h}{l}\right)=\gamma_w i \qquad (4-21)$$

另外，在进行土体的受力分析时，有两种方法可供选择。方法 1：渗透力＋土体有效重量（用有效重度 γ' 计算）。

方法 2：孔隙水压力＋土水总重量（用饱和重度 γ_{sat} 计算）。

其实，两种方法都可以得到相同的结果。然而，不论是采用方法 1，还是方法 2，在计算中都应该统一。比较起来，还是方法 2 更确切一些。

如上所述，要求出孔隙水压力 u，可根据假想的测压管求出压力水头，孔隙水压力为

$$u=\text{压力水头}\times\gamma_{sat}$$

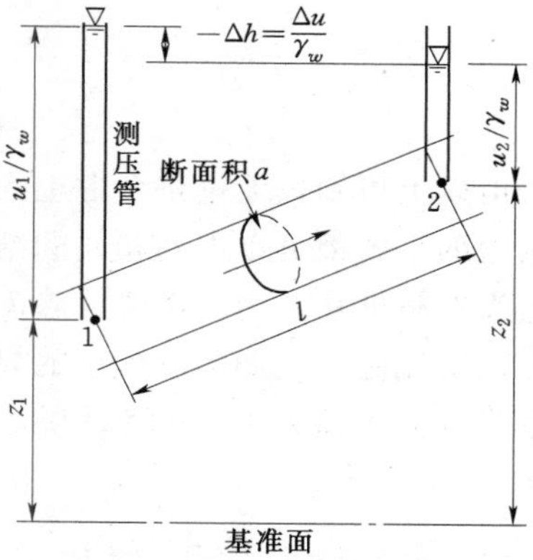

图 4－11　孔隙水压差与渗透力的关系

二、流砂、管涌

在图 4－12 中，使位于正中间的板桩左侧的水位逐渐升高，就会产生流向右侧方向的喷水、喷砂现象。把这样剧烈的现象称为流砂（quick sand）。在动水力梯度最大的最危险的板桩底部（相片中板桩底部右侧）列力的平衡方程，当土的总重力不大于孔隙水压力，或者土的有效重力不大于渗透力时会产生这种现象。板桩底部水力梯度最大。下面通过例题来具体说明。

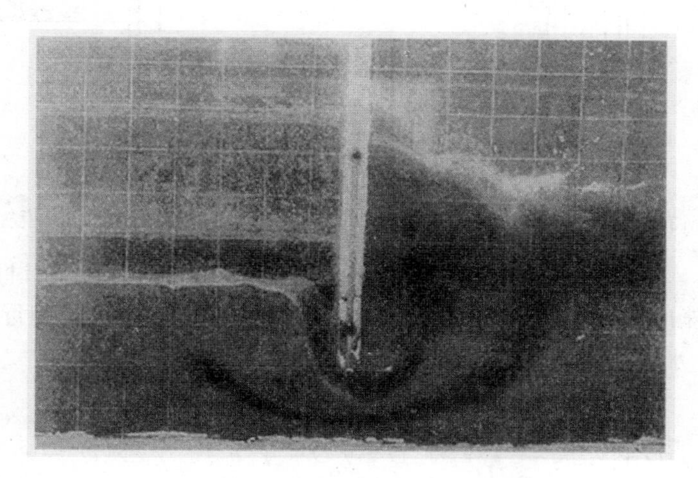

图 4－12　模拟流砂现象的透明砂箱

【例题 4－3】　在图 4－13 所示的砂土地基中打入板桩。为了避免流砂现象，试求上游侧的水深 H 和板桩的入土深度 D 之间的关系。设砂土地基的孔隙比为 e，土粒相对密度为 d_s。

解：因为板桩底部处水力梯度 i 最大，渗透力 $\gamma_w i$ 也最大，所以是最危险的地方。在此，考虑板桩底部前面单位面积（1×1）上力的平衡。

$$\gamma_{sat}D-\left(D+\frac{H}{2}\right)\gamma_w=\frac{d_s+e}{1+e}\gamma_w D-\left(D+\frac{H}{2}\right)\gamma_w$$

$$=\left(\frac{d_s+e}{1+e}-1\right)\gamma_w D-\frac{H}{2}\gamma_w$$

$$
\begin{aligned}
&= \frac{d_s - 1}{1+e}\gamma_w D - \frac{H}{2D}\gamma_w \times D \\
&= \gamma' D - i\gamma_w D \\
&= (\gamma' - j)D \quad \begin{cases} > 0 & \text{安全} \\ \leqslant 0 & \text{危险(发生流砂)} \end{cases}
\end{aligned}
$$

由以上可知，无论是考虑土的总重力与孔隙水压力的平衡，还是考虑土的有效重力与渗透力的平衡都可以得到相同的结果。此外，取水力梯度 $i=H/(2D)$ 的理由可这样理解，水流沿着板桩从左向右渗流，渗流路径是 $2D$，水头损失只有 H，而水力梯度等于水头损失除以渗流路径。如果取砂土的 $d_s=2.65$，$e=0.65$，可得出，$D>H/2$ 时安全；$D\leqslant H/2$ 时危险（产生流砂）。也就是说，板桩的入土深度 D 至少不能少于上游水位深度 H 的一半。

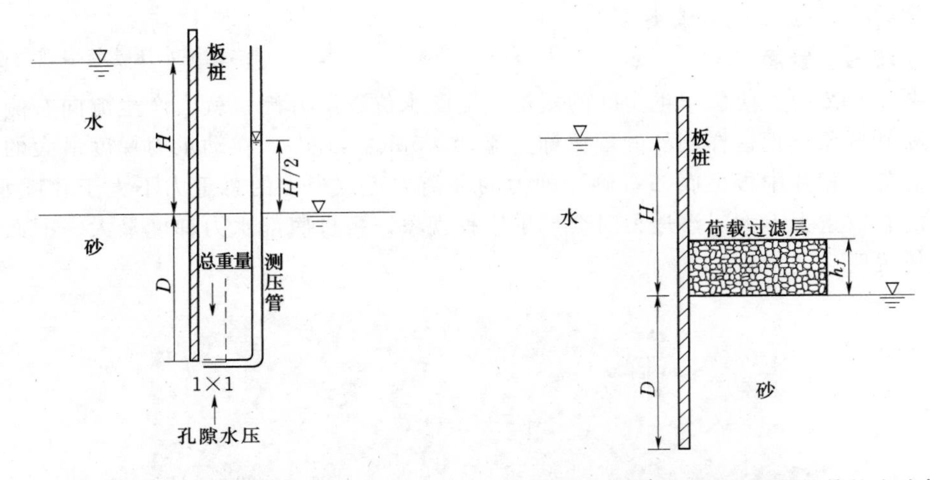

图 4-13　板桩前流砂的条件　　　图 4-14　有荷载过滤层时板桩前的流砂条件

【例题 4-4】　在图 4-14 所示的板桩前的地面上设置荷载时，试讨论对于流砂的安全性（求满足安全时 h_f、H、D 三者之间的关系）。设砂土地基的饱和重度为 γ_{sat}，荷载层的重度为 γ_f，水的重度为 γ_w。

解：

$$(\gamma_{sat}D + \gamma_f h_f) - (D + H/2)\gamma_w > 0 \quad \text{安全}$$

或

$$(\gamma_{sat} - \gamma_w)D + \gamma_f h_f - \frac{H}{2D}\gamma_w \times D = \gamma' D + \gamma_f h_f - i\gamma_w \times D > 0 \qquad \text{安全}$$

图 4-15（a）～（c）表示了管涌（像水管中的水流一样向上喷流）以及与土水灾害相关的实例要点。

图 4-15（a）表示在暴雨后，开挖的基坑中浸水了应该怎么办的问题。现场负责人为了价值昂贵的建筑机械，也许会用水泵把水抽上来。但是这样的行为，会加大人们看不见的板桩后的地下水位与基坑中的水位差，也许会产生流砂，人为地造成大灾害。这时，根据情况，也许应该决定向基坑中注水，以减少板桩前后的水位差。图 4-15（b）表示的是从小就生活在河边、饱受水患灾害的老奶奶，在河堤快要决口时的行动。通常人们往堤坝上堆沙袋，只注意河水的水位，可是这位老奶奶却注意观察河堤的另一侧水田中的水面，一旦从水田的底部有水咕嘟咕嘟地喷出时，她就会迅速地跑掉避难。这是因为这位老奶奶

根据以往的生活经验知道，不只是水位上涨越过坝面会带来灾害，水通过堤坝下形成的水的通路流出也是很危险的，这就是管涌。其发生的条件为：渗透力虽不足以诱发流砂现象，但土中细小颗粒仍有可能穿过粗颗粒之间的孔隙被渗流挟带而走，时间长了，在土层中将形成管状空洞。图 4－15（*c*）表示了在修建道路埋填天然沟谷时应注意的事项。无论是多么小的沟谷（水的通道），如果建设的道路妨碍了水的流通，总有一天会受到大自然的惩罚。修建能保证水流畅的道路，才是明智的选择。所以如果说灾害事故基本上都与土和水有关也不过分。特别应该铭记，沟谷等经过常年形成的水的自然通路决不能堵塞。

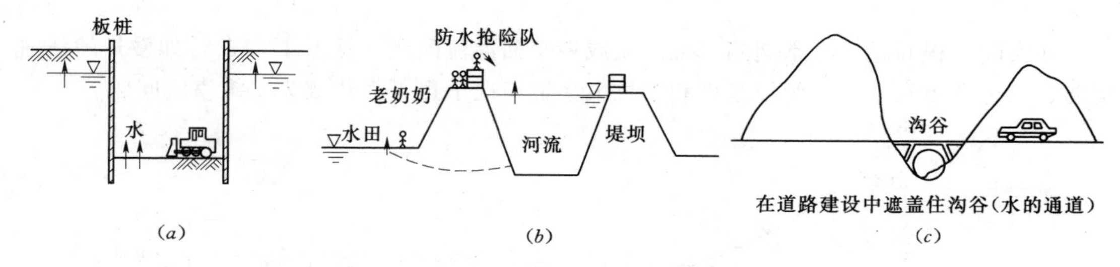

图 4－15　管涌及与土水相关的灾害实例

三、渗透破坏的其他类型

除了上述流土和管涌之外，还有不同土层间的接触渗透破坏。例如水从细粒土层垂直流向粗粒土层时，渗流可能引起接触流土；在两层土间沿层面方向渗流时则可能引起接触冲刷。此外，在某些地区分布着所谓“分散性土”。它们一般属于粉土或者黏土，但土粒在饱和状态下的连接很弱，在渗流作用下极易冲蚀，其破坏类似于管涌。

四、渗透破坏的防治

减少可能发生渗透破坏的土体中的水力梯度，对于防止任何渗透破坏形式都是有效的。具体方法是一般在上游设置垂直防渗或水平防渗设施。垂直防渗包括地下连续墙、板桩、齿槽和帐幕灌浆等，水平防渗是指上游不透水铺盖。这些方法在水利工程中是经常采用的，其原理是增大渗径，减小水力梯度。

在下游防止流土的措施有两种：一种方法是设置减压沟、减压井，贯穿上部弱透水层，使局部较高的水力梯度降下来。如图 4－16 所示，一旦堤后黏土层打穿并充填砂石，则水力梯度在砂土和填料中比较均匀地分布，局部水力梯度将大大减少，不会发生流土破坏。另一种方法是在弱透水层上加盖重，这种盖重可以是弱透水土层，它可以增大渗径，减小水力梯度。例如，在长江堤防背水面的原沟塘中，用水力冲填法填平，使弱透水层厚度增加。用透水土层作盖重也是很有效的，能有效制止流土。

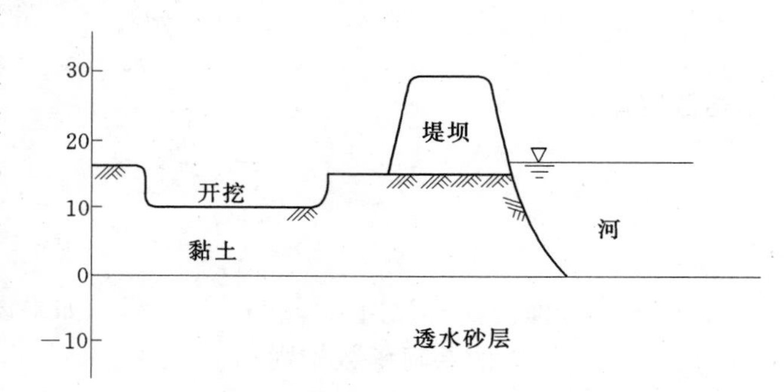

图 4－16　堤防后的流土

防治管涌的措施是改变土粒的几何条件，亦即在渗流逸出部位设置反滤层。反滤层一般由 1～3 层级配均匀的砂砾组成，各层之间均保证不让上一层的细粒土从下一层粗粒土中被带出。随着土工合成材料的发展，用土工布、土工网垫等材料作反滤层，防止细粒土被带出也很有效，并且施工简便，造价也降低了。

防治渗透破坏的控制措施一般原则是上挡下排。亦即在高水头一侧采取防渗措施；在低水头一侧或渗流逸出侧采用排水措施。具体方法宜根据当地地质、材料和其他条件正确合理选择。

4.5　二维渗流和流网

在实际工程问题中经常遇到二维渗流或者平面渗流问题（见图 4-17），如漫长的江河堤防、渠道和土石坝等。闸坝基础和基坑大多数情况下也可简化成为二维渗流问题。

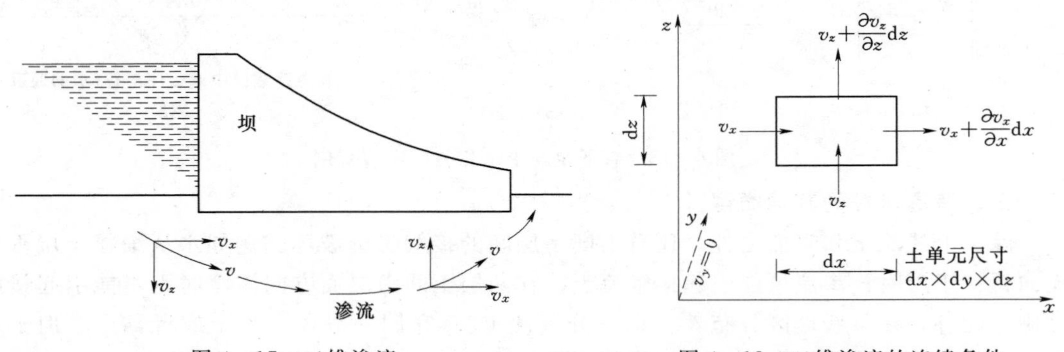

图 4-17　二维渗流　　　　图 4-18　二维渗流的连续条件

一、二维渗流运动微分方程

如图 4-18 所示，在饱和土体中，设水是不可压缩的流体，其连续性条件如下：

流入土单元的水量＝从单元流出的水量

即
$$v_x \mathrm{d}z + v_z \mathrm{d}x = \left(v_x + \frac{\partial v_x}{\partial x}\mathrm{d}x\right)\mathrm{d}z + \left(v_z + \frac{\partial v_z}{\partial z}\mathrm{d}z\right)\mathrm{d}x$$

$$\frac{\partial v_x}{\partial x} + \frac{\partial v_z}{\partial z} = 0 \tag{4-22}$$

根据达西定律：

$$v_x = -k\frac{\partial h}{\partial x},\ v_z = -k\frac{\partial h}{\partial z}$$

则
$$\frac{\partial^2 h}{\partial x^2} + \frac{\partial^2 h}{\partial z^2} = 0 \tag{4-23}$$

式（4-23）即为拉普拉斯（Laplace）方程。如果设势函数 $\varphi(x, z) = -kh$，流函数 $\phi(x, z)$ 为 $\varphi(x, z)$ 的共轭函数，则

$$v_x = \frac{\partial \varphi}{\partial x} = \frac{\partial \phi}{\partial z} \qquad v_z = \frac{\partial \varphi}{\partial z} = -\frac{\partial \phi}{\partial x}$$

$$\begin{cases} \dfrac{\partial^2 \varphi}{\partial x^2} + \dfrac{\partial^2 \varphi}{\partial z^2} = 0 \\ \dfrac{\partial^2 \phi}{\partial x^2} + \dfrac{\partial^2 \phi}{\partial z^2} = 0 \end{cases} \tag{4-24}$$

可见等势线（$\mathrm{d}\varphi = 0$）与流线（$\mathrm{d}\phi = 0$）是正交的。

在简单的边界条件下方程（4－24）可以求得解析解，但对于大多数工程问题，边界条件比较复杂，很难求得解析解。早期常通过电场模拟试验解决边界条件较复杂的问题，近年来随着数值计算手段的发展，越来越多采用渗流数值计算方法解决各种渗流问题，但图解法亦即流网法仍不失为一种简便有效地解决问题的方法。

二、流网的绘制原则

所谓流网就是根据一定边界条件绘制的由等势线和流线所组成的网状图。流网应满足以下规则：

（1）等势线和流线必须正交。

（2）为了方便，以等势线和流线为边界围成的网眼尽可能接近于正方形。

（3）由于在不透水边界上不会有水流穿过，所以不透水边界必定是流线（见图 4－19 中的 AB 线和 DFE 线）。

（4）静水位下的透水边界其上总水头相等，所以它们是等势线（见图 4－19 中的 CD 线和 FG 线）。

（5）在地下水位线或者浸润线上，孔隙水压力 $u=0$，其总水头只包括位置水头，所以 $\Delta\varphi=-k\Delta z$。φ 是常数，所以它是一条流线（见图 4－20 中的 PQ 线）。

（6）水的渗出段（见图 4－20 中的 QR 线）由于与大气接触，孔压为 0，只有位置水头，所以也是一条流线。

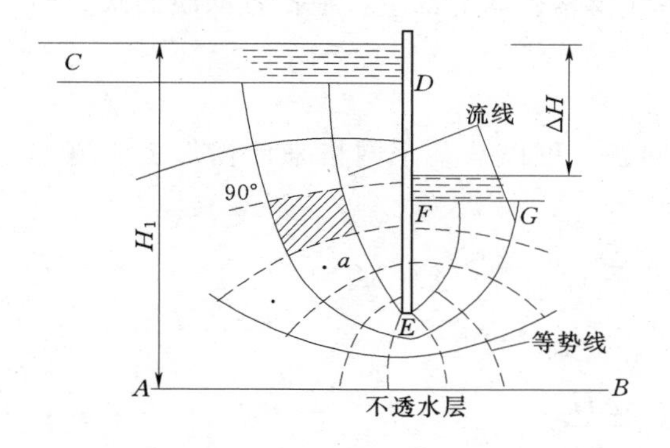

图 4－19　板桩下流网

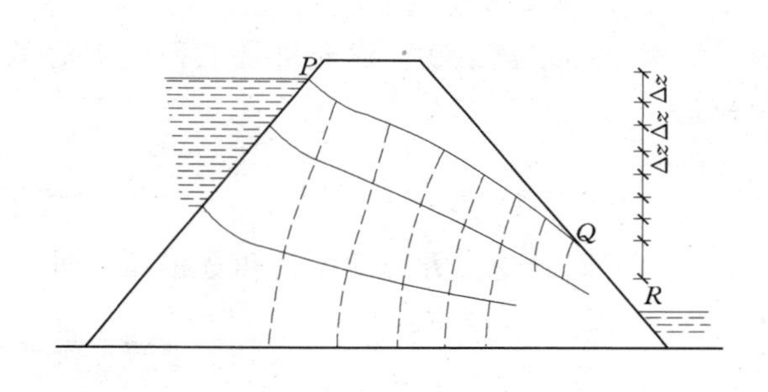

图 4－20　土坝中的流网

三、流网的绘制方法

渗流可分为有自由浸润线（见图 4－20）和无自由浸润线两种情况（见图 4－19）。在无自由浸润线情况下，绘制流网相对比较容易。首先，根据边界条件和上述原则，确定各边界的等势线和流线；然后，绘制几条流线，再根据正交原则按照接近正方形网格描绘等势线，不断试画与修正；最后，达到等势线和流线光滑、均匀、正交。

对于有自由浸润线的情况（见图 4－20），关键在于合理确定浸润线和逸出段。这就困难得多，常常靠丰富的经验和反复试画。也有与数值计算相配合绘制流网的方法。

四、流网的应用

（一）求各点的测管水头 h

根据上下游总水头差 ΔH 和等势线所划分的流道（两相邻流线所组成的渗流通道）条数 n，可确定两相邻等势线间的水头差：

$$\Delta h = \frac{\Delta H}{n} \tag{4-25}$$

然后，看该点位于哪一条等势线附近，如果它位于从上游（高水头一侧）数第 j 条与第 $j+1$ 条等势线之间，再根据流网上游边界第一条等势线的总水头 H_1 确定该点水头：

$$H = H_1 - \frac{j}{n}\Delta H - \delta h \tag{4-26}$$

其中，δh 为根据 A 点在第 j 与第 $j+1$ 势线之间的位置内插确定，例如，图 4-19 中 a 点的总水头可以估算为

$$H_a = H_1 - \left(\frac{4-0.5}{11}\right)\Delta H$$

（二）求各点的水力梯度 i

由于各相邻等势线间的水头差 Δh 都相等，而每网格又接近于正方形，每一网格中水力梯度可以认为是常数，即

$$i_j = \frac{\Delta H}{l_j} \tag{4-27}$$

式中 l_j——第 j 个网眼的平均宽度（两相邻等势线在此网眼的平均距离）。

从式（4-27）可以看出，在网格密集处的水力梯度必然大。由图 4-19 和图 4-20 可见，在逸出处的网格一般比较密，这里也是易发生渗透破坏的部位：根据各网眼的水力梯度，很容易计算各网眼土骨架受到的渗透力 J_j。

（三）确定渗流量

对于挡水建筑物，渗流量是工程所关心的问题。可以从某个网格来计算每个流道的流量：

$$\Delta q = v_j s_j = k\frac{\Delta h}{l_j}s_j$$

由于网眼是正方形的，长和宽相等，即 $l_j = s_j$，则

$$\Delta q = k\Delta h = k\frac{\Delta H}{n} \tag{4-28}$$

若流网由 m 个流道所组成，则单位宽度（沿平面问题单位长度）上总单宽流量为

$$q = m\Delta q = k\frac{m}{n}\Delta H \tag{4-29}$$

（四）判断渗透破坏的可能性

流土必然发生在由下向上渗流的逸出处，因而需要判断垂直向上渗流的出口处网格最密的地方，例如图 4-19 中的 F 点附近。有时还可以将网格进一步分细，进一步判断某些局部的渗透稳定。

也可根据流网中各处的水力梯度与土的类型和性质判断其他渗透稳定问题，尤其是两层土的交界处。

五、流网的特性

从上述可以看出，在边界条件相同的条件下，土体中流网的形状与土的渗透系数大小无关；在无浸润面的渗流中，流网的形状也与上下游水头差的大小无关。

由于天然土层经常是各向异性的，水平方向的渗透系数大于垂直方向的渗透系数，如果设 $n=k_h/k_v=k_x/k_z$，则令水平方向的新坐标 $z'=\sqrt{k_z/k_x}x$，然后按各向同性土绘制流网，最后再将水平方向坐标恢复到 x，将流网在水平方向的尺寸还原，得到实际的流网。这时网格就不再是正方形的了，而是水平方向尺寸大于垂直方向。

对于分层土情况，由于渗透水流从一层土向另一层土流动时，在边界上有渗流折射情况，在不同土层中网格两个边的比例不同。

【例题 4-5】 如图 4-21 所示，两排打入砂层的板桩墙，在其中进行基坑开挖，并在基坑内排水。求：①绘制流网；②根据所绘制的流网计算单宽（沿基坑每米）流量 q；③确定 P、Q 两点水头；④判断基底的渗透稳定性（流土）。

解：(1) 由于对称性，可以只取半边进行分析。

注意：此流网是取了 3.5 条流道。在绘制流网时，由于边界条件的限制，流线的最后一条与不透水边界组成的流道常常不能与其他流道相同，形成一个“余数”，也是可以的。绘制的流网如图 4-21 所示。

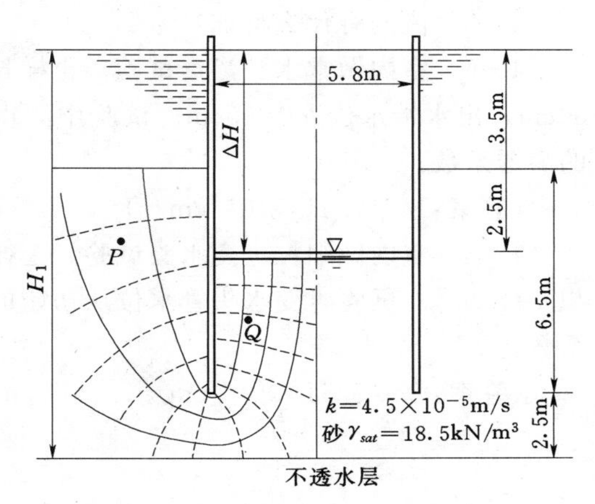

图 4-21　[例题 4-5] 图示

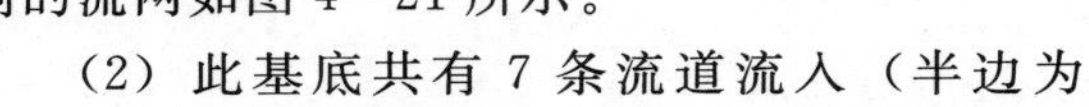

(2) 此基底共有 7 条流道流入（半边为 3.5），有 13 个等势线间隔。即 $n=13$，$m=7.0$，根据式 (4-29) 有

$$q=k\Delta H\frac{m}{n}=4.5\times10^{-5}\times6.0\times\frac{7}{13}=14.54\times10^{-5}\text{m}^3/\text{s}=0.52\text{m}^3/\text{h}$$

(3) 在 P 点，以不透水层顶为基准的水头高，根据式 (4-26) 有

$$H=H_1-\frac{j}{n}\Delta H-\delta h=12.5-\frac{1.7}{13}\times6.0=11.715\text{m}$$

对于 Q 点：

$$H=H_1-\frac{j}{n}\Delta H-\delta h=12.5-\frac{10.5}{13}\times6.0=7.654\text{m}$$

(4) 在出口靠板柱处网格

$$i=\frac{\Delta h}{l_n}=\frac{\Delta H}{nl_n}=\frac{6}{13\times0.80}=0.577$$

已知 $\gamma_{sat}=18.5\text{kN/m}^3$，则流土的临界水力梯度为

$$i_{cr}=\frac{\gamma'}{\gamma_w}=\frac{18.5-10}{10}=0.85$$

由于 $i<i_{cr}$，不会发生流土。

本题第④问也可以按第 4.4 节例题 4-3 的方法计算如下：

$$\gamma'h-\gamma_w\Delta h/2=(18.5-10)\times(6.5-2.5)-10\times(3.5+2.5)/2$$
$$=4.0>0$$

故不会发生流土。

习　题

4-1　何谓达西定律？达西定律成立的条件是什么？

4-2　达西定律计算出的流速和土中水的实际流速是否相同？为什么？

4-3　测定渗透系数的方法有哪些？

4-4　何谓渗透力？渗透变形有几种形式？各自有什么特征？

4-5　流网有什么特征？

4-6　室内做常水头渗透试验。土样长 $L=12\text{cm}$，截面积 $A=6\text{cm}^2$，进水端水位 $h_1=60\text{cm}$，出水端水位 $h_2=15\text{cm}$。试验中测得 2min 流经土样的水量 $Q=200\text{cm}^3$，试求土样的渗透系数。

（答案：$k=7.41\times10^{-2}\text{cm/s}$）

4-7　室内做细粒土变水头试验。土样长 $L=12\text{cm}$，截面积 $A=6\text{cm}^2$，变水头管截面积 $a=2\text{cm}^2$。试验时变水头管水位从初始的 60cm 经 30min 直降了 5cm。试求土样的渗透系数。

（答案：$k=5.51\times10^{-3}\text{cm/s}$）

第5章　地基中的应力计算

5.1　概　　述

地基承受着上部建筑物传来的荷载，使土中原有的应力状态发生变化，引起地基土的变形，导致建筑物沉降和差异沉降。此外，当外荷载在土中产生的应力达到土的强度时，土体就会破坏而丧失稳定性。因此，研究土中的应力分布规律是研究地基变形和稳定性的基础。

土是由大小不同颗粒堆积而成的不连续介质，土中的应力分布是一个十分复杂的课题。为了使问题简化，通常假设地基土为连续、均质、各向同性和半无限线弹性体，土中应力计算采用弹性理论方法求解。尽管土具有明显的非均质、各向异性和非线性特征，然而，考虑到在建筑物荷载作用下地基中应力的变化范围（应力增量 $\Delta\sigma$）不很大，土的应力-应变关系可简化为线性关系，实践证明，采用弹性理论方法求解土中应力分布将产生一定的误差，但能满足工程要求。对于土的非均质性和各向异性等问题，可通过必要的修正处理。

土中的应力按产生的原因可分为由土本身有效自重在地基内部引起的自重应力和由外荷载（静荷载或动荷载）在地基内部引起的附加应力。一般而言，土体在自重作用下，已在漫长的地质历史中固结稳定。因此，土的自重应力不再引起土的变形。但是，对于新近沉积土或近期人工冲填土属例外。附加应力是使地基失去稳定和产生变形的主要原因，附加应力的大小，除了与计算点的位置有关，还取决于基底压力的大小和分布特征。

本章将首先介绍自重应力的计算方法，在讨论基底压力的分布规律基础上，介绍在各种荷载作用下附加应力的计算方法，最后简要讨论影响附加应力分布的因素。

5.2　土中自重应力

土是由土粒、水和气所组成的散粒非连续介质。但从宏观上研究土体受力时，土体的尺寸远远大于土粒的尺寸，我们可以将土体简化为连续介质，采用连续体力学（如弹性力学）来研究土中应力分布。应该注意的是，土中任意截面上都包括有骨架和孔隙的面积，因此在应力计算时都只讨论单位面积上的平均应力。

在计算土的自重应力时，假设地基为一地面水平的连续、均质、各向同性、半无限线弹性体，如果地面下土质均匀，天然重度为 γ（kN/m^3），则在天然地面下任意深度 z（m）处水平面上的竖向自重应力 σ_{cz}（kPa），可取作用于该深度水平面上任一单位面积的土柱体自重 $\gamma z\times1$ 计算，即

$$\sigma_{cz}=\gamma z \tag{5-1}$$

σ_{cz} 沿水平面均匀分布，且与 z 成正比，即随深度增加而增大，并按直线分布［见图5-1(a)］。

地基中除有作用于水平面上的竖向自重应力外，在竖直面上还作用有水平向的侧向自

重应力。由于σ_{cz}沿任一水平面上均匀地无限分布，所以地基土在自重作用下只能产生竖向变形，不可能有侧向变形和剪切变形（侧限应力状态），因而在任意竖直面和平面上均无剪应力存在。从这个条件出发，根据弹性力学原理，侧向自重应力σ_{cx}和σ_{cy}应与σ_{cz}成正比，而剪应力均为零［见图5-1（*b*）］。即

$$\sigma_{cx}=\sigma_{cy}=K_0\sigma_{cz} \tag{5-2}$$

$$\tau_{xy}=\tau_{yz}=\tau_{zx}=0 \tag{5-3}$$

式中 K_0——比例系数，称为土的侧压力系数或静止土压力系数。

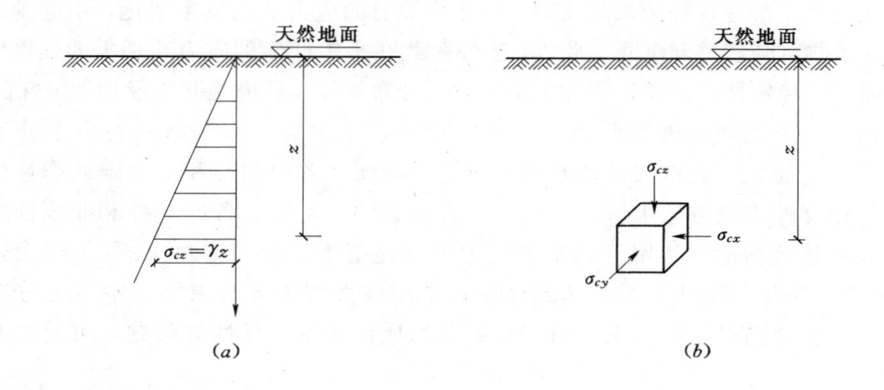

图5-1 均质土中的应力

（*a*）应力沿深度的分布；（*b*）自重作用下的三维应力状态

必须指出，只有通过土粒接触点传递的粒间应力，才能使土粒彼此挤紧，从而引起土体的变形，而且粒间应力又是影响土体强度的一个重要因素，所以称粒间应力在截面积上的平均应力为有效应力。因此，土中自重应力可定义为土自身有效重力在土体中引起的应力。土中竖向和侧向的自重应力一般均指有效自重应力。对地下水位以下土层必须以有效重度γ'代替天然重度γ。为简便起见，通常将竖向有效自重应力σ_{cz}简称为自重应力，并改用符号σ_c表示。

天然土层通常是成层的，因而各层土具有不同的重度，计算自重应力时，当地下水位位于同一土层中，地下水位面也应作为分层的界面。如图5-2所示，天然地面下深度，范围内各层土的厚度自上而下分别为h_1、h_2、…、h_n，计算出高度为z的土柱体中各层土重的总和，则成层土自重应力的计算公式为

$$\sigma_c=\sum_1^n\gamma_i h_i \tag{5-4}$$

式中 σ_c——天然地面下任意深度z处的竖向有效自重应力，kPa；

n——深度z范围内的土层总数；

h_i——第i层土的厚度，m；

γ_i——第i层土的天然重度，对地下水位以下的土层取有效重度γ'_i，kN/m^3。

成层土层中自重应力随深度增加，同一土层中直线分布，在土层分界面和地下水位处发生转折，如图5-2所示。

在计算不透水层（例如岩层或只含结合水的坚硬黏土层）中自重应力时，由于不透水层中不存在水的浮力，所以不透水层层面及层面以下的自重应力应按上覆土层的水土总重

计算，如图5-2所示。

地下水位以下，采用饱和重度γ_{sat}计算得到的自重应力称为总自重应力，地下水位以上，总自重应力与有效自重应力两者是一致的。地下水位以下，总自重应力与有效自重应力之间有如下关系：

$$\sum_{i=1}^{n}\gamma_i h_i=\sum_{i=1}^{n}\gamma'_i h_i+\gamma_w\left(\sum_{i=1}^{n}h_i-h_0\right) \tag{5-5}$$

式中　h_0——地下水位离地表的距离；

γ_w——水的重度。

自然界中的天然土层，一般形成至今，已有很长的地质年代，它在自重作用下的变形早已稳定。但对于近期沉积或堆积的土层，应考虑它在自重应力作用下的变形。

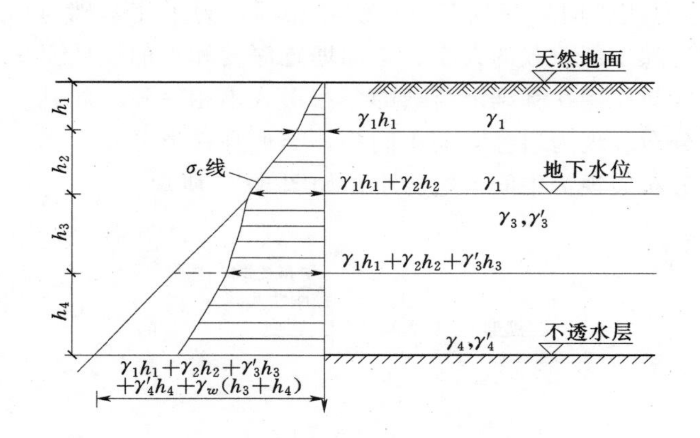

图5-2　成层土中竖向自重应力沿深度的分布

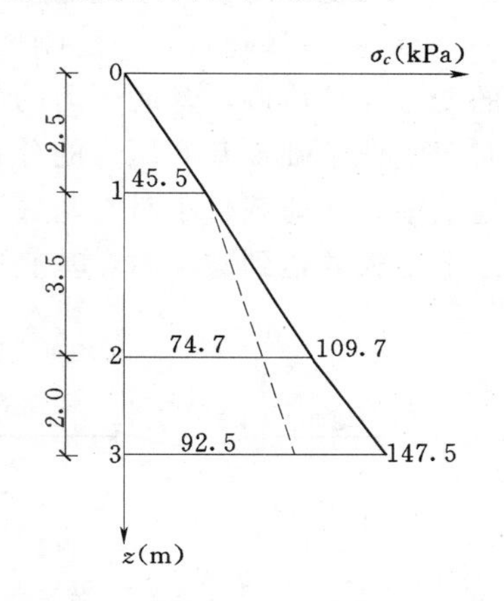

图5-3　［例题5-1］的自重应力分布

此外，地下水位的升降会引起土中自重应力的变化。例如，在软土地区，常因大量抽取地下水，导致地下水位长期大幅度下降，使地基中原水位以下的有效自重应力增加，而造成地表大面积下沉的严重后果。在人工抬高蓄水水位地区（例如筑坝蓄水）或工业用水大量渗入地下的地区，地下水位长期上升，如果该地区土层具有遇水后发生湿陷的性质，则必须引起注意。

【例题5-1】　某建筑场地的地质柱状图和土的有关指标列于图5-3和表5-1中。试计算地面下深度为2.5m、5.0m和9.0m处的自重应力，并绘制自重应力分布图。

解： 自重应力的计算如表5-1所示。

表5-1　自重应力的计算

深度(m)	土层	土的物理指标				总自重应力增量(kPa)	总自重应力(kPa)	水压力(kPa)	有效自重应力(kPa)
		γ	d_s	γ_{sat}	w				
		kN/m³			%				
0.0	①	18.2	2.71	18.34	38	0.0	0.0	0.0	0.0
2.5						18.20×2.5=45.5	45.5	0.0	45.5
6.0						18.34×3.5=64.2	109.7	3.5×10.0=35.0	74.7
8.0	②	18.9	2.73	18.90	35	18.90×2.0=37.8	147.5	5.5×10.0=55.0	92.5
备注	地下水位位于地表下2.5m，水的重度取$\gamma_w=10.0\text{kN/m}^3$								

5.3 基底压力和基底附加压力

建筑物荷载通过基础传递给地基，在基础底面与地基之间便产生了接触应力。它既是基础作用于地基的基底压力，同时又是地基反作用于基础的基底反力。因此，在计算地基中的附加应力以及对基础的结构计算时，都是十分重要的荷载条件。

基底压力的分布规律主要是取决于上部结构、基础的刚度和地基的变形条件，是三者共同工作的结果。基底压力分布与基础的大小和刚度、作用于基础上荷载的大小和分布、地基土的力学性质以及基础的埋深等许多因素有关。对于刚度很小或柔性基础，由于它能适应地基土的变形时，故基底压力的大小和分布与作用在基础上荷载大小和分布相同。如图 5-4 所示。当基础具有一定刚度或绝对刚性时，基础各点的沉降相同，为了使基础与地基的变形保持协调，基底压力的分布将随上部荷载的大小、基础埋置深度和土的性质而异。对于刚性基础，基底压力的分布形式与作用在基础上荷载的分布形式不相一致。如黏性土地基中，在荷载较小时，基底压力分布表现为边缘大而中间小，类似马鞍形分布，当荷载逐渐增大并达到破坏时，基底压力分布表现为中间大边缘小，如图 5-5 所示。

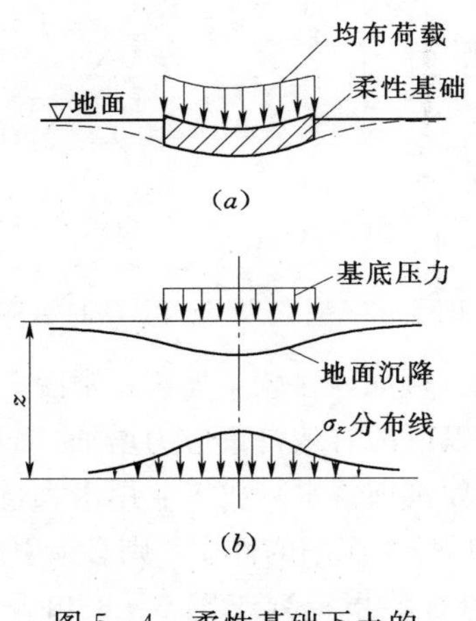

图 5-4 柔性基础下土的变形与基底压力分布

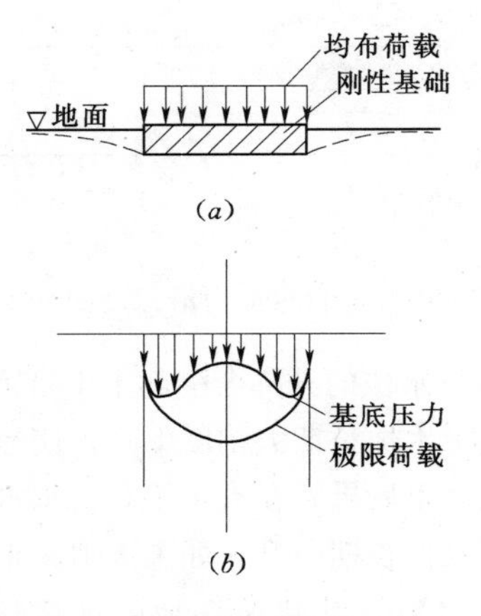

图 5-5 刚性基础下土的变形与基底压力分布

为简化计算，根据弹性理论中圣维南原理，在总荷载保持定值的前提下，地表下一定深度处，土中应力分布受基底压力分布的影响并不显著，而只取决于荷载合力的大小和作用点位置。因此，在基础设计中，除了对于面积较大的片筏基础、箱形基础等需要考虑基底压力的分布形状的影响外，对于具有一定刚度以及尺寸较小的柱下单独基础和墙下条形基础等，其基底压力可近似地按直线分布的图形计算，即可以采用材料力学计算方法进行简化计算。

一、基底压力的简化计算

(一) 中心荷载下的基底压力

中心荷载下的基础，其所受荷载的合力通过基底形心。基底压力假定为均匀线性分布，此时基底平均压力 p (kPa) 按式 (5-6) 计算：

$$p=\frac{F+G}{A} \tag{5-6}$$

其中 $G=\gamma_G Ad$

式中 F——作用基础上的竖向荷载，kN；

G——基础及回填土重总重量，kN；

γ_G——基础及回填土的平均重度，一般取 20kN/m^3，但在地下水位以下部分应扣去浮力，即取 10kN/m^3；

d——基础埋深，m；

A——基底面积，m^2［对矩形基础 $A=lb$，其中 l 和 b 分别为矩形基底的长度（m）和宽度（m）］。

对于荷载沿长度方向均匀分布的条形基础，则沿长度方向截取一单位长度（$l=1\text{m}$）进行基底平均压力 p（kPa）的计算，此时式（5－6）中 A 改为 b（m），而 F 及 G 则为基础截面内的相应值（kN/m）。

（二）偏心荷载下的基底压力

对于单向偏心荷载下的矩形基础如图5－6所示。通常取基底长边方向与偏心方向一致，此时两短边边缘最大压力值 p_{max} 与最小压力值 p_{min}（kPa）按材料力学短柱偏心受压公式计算，即

$$\left.\begin{matrix}p_{max}\\p_{min}\end{matrix}\right\}=\frac{F+G}{lb}\pm\frac{M}{W} \tag{5-7}$$

其中 $W=bl^2/6$

式中 M——作用于矩形基底的力矩，kN·m；

W——基础底面的抵抗矩，m。

把偏心荷载［见图5－6（c）中虚线］的偏心距 $e=M/(F+G)$ 引入式（5－7）得

$$\left.\begin{matrix}p_{max}\\p_{min}\end{matrix}\right\}=\frac{F+G}{lb}\left(1\pm\frac{6e}{l}\right) \tag{5-8}$$

由式（5－8）可见，当 $e<l/6$ 时，基底压力分布图呈梯形［见图5－6（a）］；当 $e=l/6$ 时，则呈三角形［见图5－6（b）］；当 $e>l/6$ 时，按式（5－9）计算结果，距偏心荷载较远的基底边缘反力为负值，即 $p_{min}<0$［见图5－6（c）中虚线］。由于基底与地基之间不能承受拉力，此时基底与地基局部脱开，而使基底压力重新分布。因此，根据偏心荷载应与基底反力相平衡的条件，荷载合力 $F+G$ 应通过三角形反力分布图的形心［见图5－6（c）中实线所示分布图形］，由此可得基底边缘的最大压力 p_{max} 为

$$p_{max}=\frac{2(F+G)}{3bk} \tag{5-9}$$

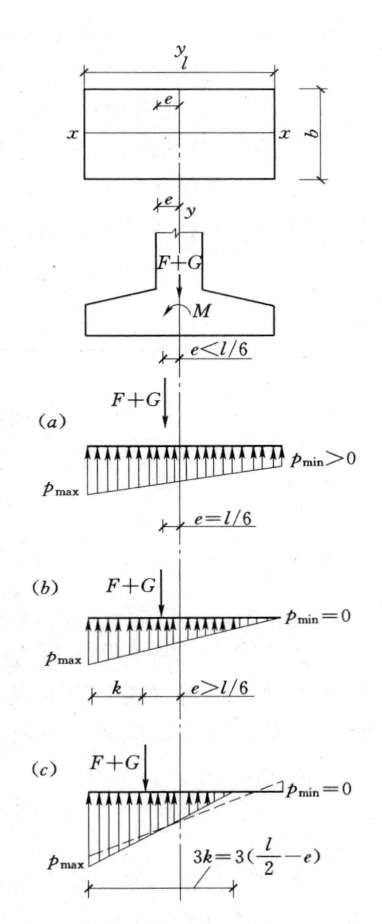

图5－6 单向偏心荷载下的矩形基底压力分布

式中　k——单向偏心荷载作用点至具有最大压力的基底边缘的距离，m。

二、基底附加压力

一般情况下，建筑物建造前天然土层在自重作用下固结已结束，土体不再产生变形。因此，只有基底附加压力在地基中产生附加应力，才能引起土体变形。如果基础砌置在天然地面上，那么全部基底压力就是新增加于地基表面的基底附加压力。

实际上，一般浅基础总是埋置在天然地面下一定深度处，该处原有的自重应力由于开挖基坑而卸除。因此，建筑物建造后的基底压力中应扣除基底标高处原有的土中自重应力后，才是基底平面处新增加于地基的基底附加压力，基底平均附加压力 p_0（kPa）按式（5-10）计算（见图 5-7）：

$$p_0 = p - \sigma_c = p - \gamma_0 d \tag{5-10}$$

其中

$$\sigma_c = \gamma_0 d$$

$$\gamma_0 = \sum \gamma_i h_i / \sum h_i$$

$$d = \sum h_i$$

式中　p——基底平均压力，kPa；

σ_c——基底处自重应力，kPa；

γ_0——基础底面标高以上天然土层的加权平均重度，其中地下水位下土层的重度取有效重度；

d——基础埋深，m，必须从天然地面算起，对于新填土场地则应从老天然地面起算。

有了基底附加压力，即可把它作为作用在弹性半空间表面上的局部荷载，由此根据弹性力学解答求算地基中的附加应力。

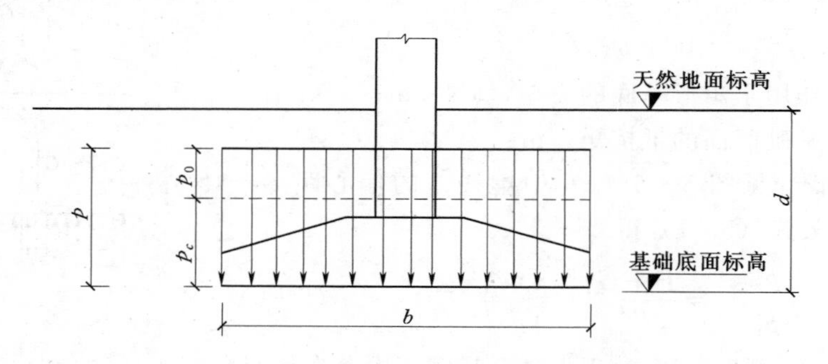

图 5-7　基底平均附加压力计算

必须指出，基底附加压力一般作用在地表下一定深度（指浅基础的埋深）处，而运用弹性力学解答求解地基附加应力时，假设基底附加压力作用在半空间表面上，因此，计算结果只是近似的，但对于一般浅基础来说，这种假设所引起的误差可以忽略不计。

5.4 地 基 附 加 应 力

地基附加应力的计算方法，一般假定地基土是连续、均质、各向同性、线弹性半无限体，在深度和水平方向上都是无限延伸的。将基底压力看作是柔性荷载，不考虑基础刚度的影响，直接采用弹性力学中关于弹性半空间的理论解答计算地基中附加应力。

地基附加应力计算分为空间问题和平面问题两类。本节先介绍属于空间问题的集中力、矩形荷载和圆形荷载作用下的解答，然后介绍属于平面问题的线荷载和条形荷载作用下的解答。

一、集中力作用下的地基附加应力

（一）地表竖向集中力作用下的地基附加应力——布辛奈斯克解

法国布辛奈斯克（Boussinesq，1885年）运用弹性理论推出了在弹性半空间表面上作用一个竖向集中力时，半空间内任意点处所引起的应力和位移的弹性力学解答，如图5-8所示。在半空间（相当于地基）中任意点$M(x,y,z)$处的六个应力分量和三个位移分量的解答如下：

$$\sigma_x=\frac{3P}{2\pi}\left[\frac{x^2 z}{R^5}+\frac{1-2\mu}{3}\frac{R^2-Rz-z^2}{R^3(R+z)}-\frac{x^2(2R+z)}{R^3(R+z)^2}\right] \tag{5-11}$$

$$\sigma_y=\frac{3P}{2\pi}\left[\frac{y^2 z}{R^5}+\frac{1-2\mu}{3}\frac{R^2-Rz-z^2}{R^3(R+z)}-\frac{y^2(2R+z)}{R^3(R+z)^2}\right] \tag{5-12}$$

$$\sigma_z=\frac{3P}{2\pi}\frac{z^3}{R^5}=\frac{3P}{2\pi R^2}\cos^3\theta \tag{5-13}$$

$$\tau_{xy}=\tau_{yx}=-\frac{3P}{2\pi}\left[\frac{xyz}{R^5}-\frac{1-2\mu}{3}\frac{xy(2R+z)}{R^3(R+z)^2}\right] \tag{5-14}$$

$$\tau_{yz}=\tau_{zy}=-\frac{3P}{2\pi}\frac{yz^2}{R^5}=-\frac{3Py}{2\pi R^3}\cos^2\theta \tag{5-15}$$

$$\tau_{xz}=\tau_{zx}=-\frac{3P}{2\pi}\frac{xz^2}{R^5}=-\frac{3Px}{2\pi R^3}\cos^2\theta \tag{5-16}$$

$$u=\frac{P(1+\mu)}{2\pi E}\left[\frac{xz}{R^3}-(1-2\mu)\frac{x}{R(R+z)}\right] \tag{5-17}$$

$$v=\frac{P(1+\mu)}{2\pi E}\left[\frac{yz}{R^3}-(1-2\mu)\frac{y}{R(R+z)}\right] \tag{5-18}$$

$$w=\frac{P(1+\mu)}{2\pi E}\left[\frac{z^2}{R^3}-2(1-\mu)\frac{1}{R}\right] \tag{5-19}$$

其中 $R=\sqrt{x^2+y^2+z^2}=\sqrt{r^2+z^2}=z/\cos\theta$

式中 σ_x、σ_y和σ_z——分别平行于x、y和z坐标轴的正应力；

τ_{xy}、τ_{yz}和τ_{zx}——剪应力，其中前一脚标表示与它作用的微面的法线方向平行的坐标轴，后一脚标表示与它作用方向平行的坐标轴；

u、v、w——M点分别沿坐标轴x、y和z方向的位移；

P——作用于坐标原点0的竖向集中力；

R——M点至坐标原点0的距离；

θ——R线与z坐标轴的夹角；

r——M点与集中力作用点的水平距离；

E——弹性模量；

μ——泊松比。

由于土是散粒体，一般不能承受拉应力。在土力学中，应力符号的规定与弹性力学相同，但应力正负号的规则与弹性力学相反。即法向应力以压为正，以拉为负。剪应力方向

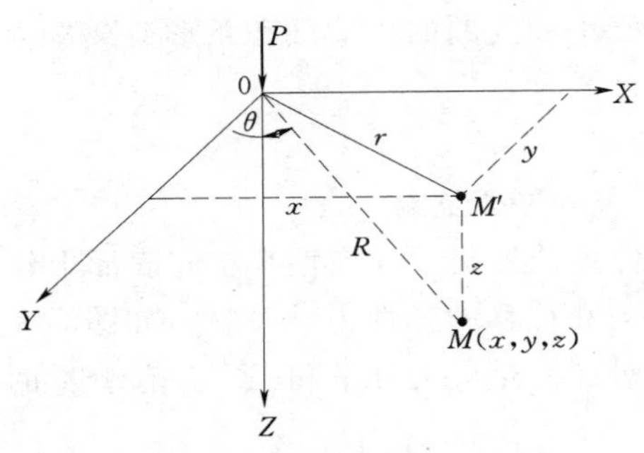

图 5-8 地表竖向集中力作用下半空间中的附加压力状态

的规定以逆时针方向为正。

以上六个应力分量和三个位移分量的公式中，竖向正应力 σ_z 具有特别重要的意义，它是使地基土产生压缩变形的原因。地基附加应力计算主要针对 σ_z 而言。

利用图 5-8 中的几何关系 $R^2=r^2+z^2$，代入式（5-13），则

$$\sigma_z=\frac{3P}{2\pi}\frac{z^3}{R^5}=\frac{3}{2\pi}\frac{1}{\left[1+\left(\frac{r}{z}\right)^2\right]^{5/2}}\frac{P}{z^2} \tag{5-20}$$

令 $K=\frac{3}{2\pi}/[1+(r/z)^2]^{5/2}$，则上式改写为

$$\sigma_z=K\frac{P}{z^2} \tag{5-21}$$

式中 K——集中力作用下的竖向附加应力系数（见表 5-2）。

表 5-2 集中力作用下的竖向附加应力系数 K

r/z	K	r/z	K	r/z	K	r/z	K	r/z	K
0.00	0.4775	0.50	0.2733	1.00	0.0844	1.50	0.0251	2.00	0.0085
0.05	0.4745	0.55	0.2466	1.05	0.0744	1.55	0.0224	2.20	0.0058
0.10	0.4657	0.60	0.2214	1.10	0.0658	1.60	0.0200	2.40	0.0040
0.15	0.4516	0.65	0.1978	1.15	0.0581	1.65	0.0179	2.60	0.0029
0.20	0.4329	0.70	0.1762	1.20	0.0513	1.70	0.0160	2.80	0.0021
0.25	0.4103	0.75	0.1565	1.25	0.0454	1.75	0.0144	3.00	0.0015
0.30	0.3849	0.80	0.1386	1.30	0.0402	1.80	0.0129	3.50	0.0007
0.35	0.3577	0.85	0.1226	1.35	0.0357	1.85	0.0116	4.00	0.0004
0.40	0.3294	0.90	0.1083	1.40	0.0317	1.90	0.0105	4.50	0.0002
0.45	0.3011	0.95	0.0956	1.45	0.0282	1.95	0.0095	5.00	0.0001

通过对式（5-21）计算和分析，得到 σ_z 的分布特征如下：

1. 在集中力 P 作用线上的 σ_z 分布

附加应力 σ_z 随深度 z 的增加而减少，值得注意的是，当 $z=0$ 时，$\sigma_z=\infty$。出现这一结果是由于将集中力作用面积看作零所致。一方面，说明该解不适用于集中力作用点处及其附近区域，因此在选择应力计算点时，不应过于接近集中力作用点；另一方面，说明在靠近 P 作用线处应力 σ_z 很大。

2. 在 $r>0$ 的竖直线上的 σ_z 分布

当 $z=0$ 时 $\sigma_z=0$；随着 z 的增加，σ_z 从零逐渐增大，至一定深度后又随着 z 的增加逐渐变小，如图 5-9 所示。

3. 在 $z=$ 常数的水平面上的 σ_z 分布

σ_z 值在集中力作用线上最大，并随着 r 的增加而逐渐减小。随着深度 z 增加，集中力

作用线上的 σ_z 减小，而水平面上应力的分布趋于均匀，如图 5-9 所示。

若在空间将 σ_z 相同的点连接成曲面，可以得到如图 5-10 所示的 σ_z 等值线，其空间曲面的形状如泡状，所以又称为应力泡。通过上述对应力 σ_z 分布特征的讨论，应该建立起土中附加应力分布的正确概念：即集中力 P 在地基中引起的附加应力 σ_z 的分布是向下、向四周无限扩散。

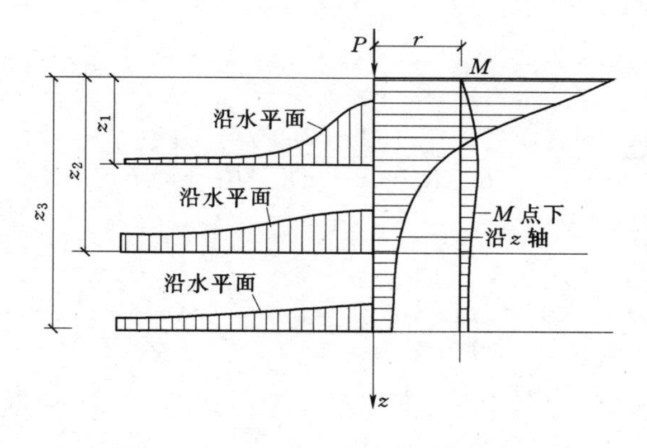

图 5-9 集中力作用下土中的应力 σ_z 分布

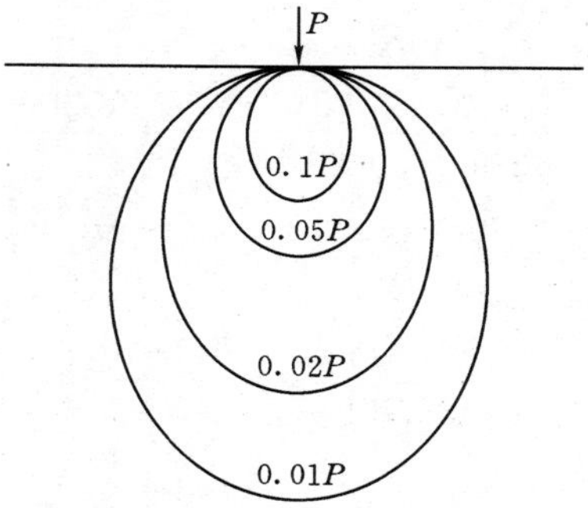

图 5-10 σ_z 的等值线

当地基表面作用有若干个集中力时，可分别算出各集中力在地基中某点引起的附加应力，然后按叠加原理求出该点的附加应力。

（二）地基内竖向集中力作用下的地基附加应力——明德林解（一）

当一竖向集中力作用于地基内时，地基中任意点 M（x，y，z）处的附加应力可采用半无限弹性体内作用一竖向集中力的弹性力学解——明德林解（R. D. Mindlin，1936 年）计算。如图5-11所示，距地表 c 处作用一个竖向集中力 P，地基中附加应力和位移的解答如下：

$$\sigma_x=\frac{P}{8\pi(1-\mu)}\left\{-\frac{(1-2\mu)(z-c)}{R_1^3}+\frac{3x^2(z-c)}{R_1^5}-\frac{(1-2\mu)[3(z-c)-4\mu(z+c)]}{R_2^3}\right.$$
$$+\frac{3(3-4\mu)x^2(z-c)-6c(z+c)[(1-2\mu)z-2\mu c]}{R_2^5}+\frac{30cx^2z(z+c)}{R_2^7}$$
$$\left.+\frac{4(1-\mu)(1-2\mu)}{R_2(R_2+z+c)}\left[1-\frac{x^2}{R_2(R_2+z+c)}-\frac{x^2}{R_2^2}\right]\right\} \tag{5-22}$$

$$\sigma_y=\frac{P}{8\pi(1-\mu)}\left\{-\frac{(1-2\mu)(z-c)}{R_1^3}+\frac{3y^2(z-c)}{R_1^5}-\frac{(1-2\mu)[3(z-c)-4\mu(z+c)]}{R_2^3}\right.$$
$$+\frac{3(3-4\mu)y^2(z-c)-6c(z+c)[(1-2\mu)z-2\mu c]}{R_2^5}+\frac{30cy^2z(z+c)}{R_2^7}$$
$$\left.+\frac{4(1-\mu)(1-2\mu)}{R_2(R_2+z+c)}\left[1-\frac{y^2}{R_2(R_2+z+c)}-\frac{y^2}{R_2^2}\right]\right\} \tag{5-23}$$

$$\sigma_z=\frac{P}{8\pi(1-\mu)}\left\{\frac{(1-2\mu)(z-c)}{R_1^3}-\frac{(1-2\mu)(z-c)}{R_2^3}+\frac{3(z-c)^3}{R_1^5}\right.$$
$$\left.+\frac{3(3-4\mu)z(z+c)^2-3c(z+c)(5z-c)}{R_2^5}+\frac{30cz(z+c)^3}{R_2^7}\right\} \tag{5-24}$$

$$\tau_{yz}=\frac{Py}{8\pi(1-\mu)}\left\{\frac{1-2\mu}{R_1^3}-\frac{1-2\mu}{R_2^3}+\frac{3(z-c)^2}{R_1^5}+\frac{3(3-4\mu)z(z+c)-3c(3z+c)}{R_2^5}+\frac{30cz(z+c)^2}{R_2^7}\right\} \tag{5-25}$$

$$\tau_{xz}=\frac{Px}{8\pi(1-\mu)}\left\{\frac{1-2\mu}{R_1^3}-\frac{1-2\mu}{R_2^3}+\frac{3(z-c)^2}{R_1^5}+\frac{3(3-4\mu)z(z+c)-3c(3z+c)}{R_2^5}+\frac{30cz(z+c)^2}{R_2^7}\right\} \tag{5-26}$$

$$\tau_{xy}=\frac{Pxy}{8\pi(1-\mu)}\left\{\frac{3(z-c)}{R_1^5}+\frac{3(3-4\mu)(z-c)}{R_2^5}-\frac{4(1-\mu)(1-2\mu)}{R_2^2(R_2+z+c)}\left(\frac{1}{R_2+z+c}+\frac{1}{R_2}\right)+\frac{30cz(z+c)}{R_2^7}\right\} \tag{5-27}$$

$$u=v=\frac{Pr}{16\pi G(1-\mu)}\left[\frac{z-c}{R_1^3}+\frac{(3-4\mu)(z-c)}{R_2^3}-\frac{4(1-\mu)(1-2\mu)}{R_2(R_2+z+c)}+\frac{6z(z+c)}{R_2^5}\right] \tag{5-28}$$

$$w=\frac{P}{16\pi G(1-\mu)}\left[\frac{3-4\mu}{R_1}+\frac{8(1-\mu)^2-(3-4\mu)}{R_2}-\frac{(z-c)^2}{R_1^3}+\frac{(3-4\mu)(z+c)^2-2cz}{R_2^3}+\frac{6cz(z+c)^2}{R_2^5}\right] \tag{5-29}$$

其中

$$R_1=\sqrt{x^2+y^2+(z-c)^2}$$

$$R_2=\sqrt{x^2+y^2+(z+c)^2}$$

$$r=\sqrt{x^2+y^2}$$

式中 c——集中力作用点的深度；

G——弹性剪切模量；

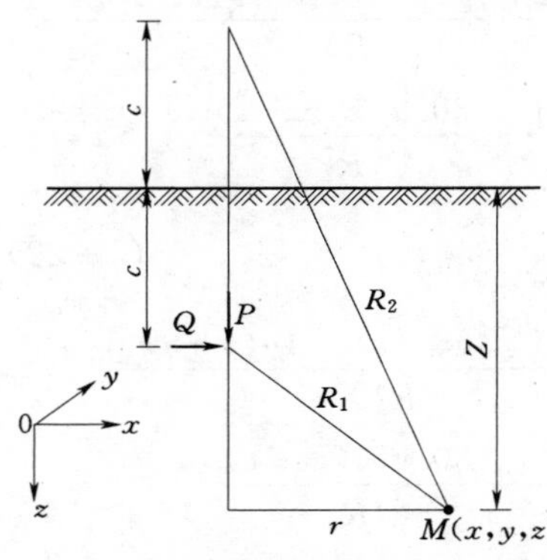

图 5-11 地基内竖向和水平集中力作用下半空间中的应力

其他符号意义同前。

当 $c=0$ 时，明德林解蜕化为布辛涅斯克解，因此，可认为布辛涅斯克解是明德林解的一个特解。

（三）地基内水平向集中力作用下的地基附加应力——明德林解（二）

当一水平向集中力作用于基内时，地基中任意点 M（x，y，z）处的附加应力可采用半无限弹性体内作用一水平向集中力的弹性力学解——明德林解（R. D. Mindlin，1936 年）计算。如图 5-11 所示，距地表 c 处作用一个水平向集中力 Q，地基中附加应力和位移的解答如下：

$$\sigma_x=\frac{Qx}{8\pi(1-v)}\left\{-\frac{1-2\mu}{R_1^3}+\frac{(1-2\mu)(5-4\mu)}{R_2^3}-\frac{3x^2}{R_1^5}-\frac{3(3-4\mu)x^2}{R_2^5}\right.$$

$$-\frac{4(1-\mu)(1-2\mu)}{R_2(R_2+z+c)^2}\times\left[3-\frac{x^2(3R_2+z+c)}{R_2^2(R_2+z+c)}\right]+\frac{6c}{R_2^5}\left[3c-(3-2\mu)(z+c)+\frac{5x^2z}{R_2^2}\right]\Bigg\}$$

(5-30)

$$\sigma_y=\frac{Qx}{8\pi(1-v)}\Bigg\{\frac{1-2\mu}{R_1^3}+\frac{(1-2\mu)(3-4\mu)}{R_2^3}-\frac{3y^2}{R_1^5}-\frac{3(3-4\mu)y^2}{R_2^5}$$
$$-\frac{4(1-\mu)(1-2\mu)}{R_2(R_2+z+c)^2}\times\left[1-\frac{y^2(3R_2+z+c)}{R_2^2(R_2+z+c)}\right]+\frac{6c}{R_2^5}\left[c-(1-2\mu)(z+c)+\frac{5y^2z}{R_2^2}\right]\Bigg\}$$

(5-31)

$$\sigma_z=\frac{Qx}{8\pi(1-v)}\Bigg\{\frac{1-2\mu}{R_1^3}-\frac{1-2\mu}{R_2^3}-\frac{3(z-c)^2}{R_1^5}-\frac{3(3-4\mu)(z+c)^2}{R_2^5}$$
$$+\frac{6c}{R_2^5}\left[c+(1-2\mu)(z+c)+\frac{5z(z+c)^2}{R_2^2}\right]\Bigg\} \tag{5-32}$$

$$\tau_{yz}=\frac{Qxy}{8\pi(1-\mu)}\Bigg\{-\frac{3(z-c)}{R_1^5}-\frac{3(3-4\mu)(z+c)}{R_2^5}+\frac{6c}{R_2^5}\left[1-2\mu+\frac{5z(z+c)}{R_2^2}\right]\Bigg\} \tag{5-33}$$

$$\tau_{zx}=\frac{Q}{8\pi(1-\mu)}\Bigg\{-\frac{(1-2\mu)(z-c)}{R_1^3}+\frac{(1-2\mu)(z-c)}{R_2^3}-\frac{3x^2(z-c)}{R_1^5}$$
$$-\frac{3(3-4\mu)x^2(z+c)}{R_2^5}-\frac{6c}{R_2^5}\left[z(z+c)-(1-2\mu)x^2-\frac{5x^2z(z+c)}{R_2^2}\right]\Bigg\} \tag{5-34}$$

$$\tau_{xy}=\frac{Qy}{8\pi(1-\mu)}\Bigg\{-\frac{1-2\mu}{R_1^3}+\frac{1-2\mu}{R_2^3}-\frac{3x^2}{R_1^5}-\frac{3(3-4\mu)x^2}{R_2^5}-\frac{4(1-\mu)(1-2\mu)}{R_2(R_2+z+c)^2}$$
$$\times\left[1-\frac{x^2(3R_2+z+c)}{R_2^2(R_2+z+c)}\right]-\frac{6cz}{R_2^5}\left(1-\frac{5x^2}{R_2^2}\right)\Bigg\} \tag{5-35}$$

$$u=\frac{Q}{16\pi G(1-\mu)}\Bigg\{\frac{3-4\mu}{R_1}+\frac{1}{R_2}-\frac{6cz(z+c)}{R_2^5}+\frac{x^2}{R_1^3}+\frac{(3-4\mu)x^2}{R_2^3}+\frac{2cz}{R_2^3}\left(1-\frac{3x^2}{R_2^2}\right)$$
$$+\frac{4(1-\mu)(1-2\mu)}{R_2+z+c}\times\left[1-\frac{x^2}{R_2(R_2+z+c)}\right]\Bigg\} \tag{5-36}$$

$$v=\frac{Qxy}{16\pi G(1-\mu)}\left[\frac{1}{R_1^3}+\frac{3-4\mu}{R_2^3}-\frac{6cz}{R_2^5}+\frac{4(1-\mu)(1-2\mu)}{R_2(R_2+z+c)^2}\right] \tag{5-37}$$

$$w=\frac{Qx}{16\pi G(1-\mu)}\left[\frac{z-c}{R_1^3}+\frac{(3-4\mu)(z-c)}{R_2^3}-\frac{6cz(z+c)}{R_2^5}+\frac{4(1-\mu)(1-2\mu)}{R_2(R_2+z+c)}\right]$$

(5-38)

式中符号意义同前。

（四）地表水平集中力作用下的地基附加应力——西罗提解

西罗提（V. Cerruti）用弹性理论解出在弹性半空间地表作用一个水平集中力时（见图5-12），半空间内任意点 M (x,y,z) 处所引起的应力和位移的弹性力学解如下：

$$\sigma_x=\frac{-P_hx}{2\pi R^3}\left[\frac{-3x^2}{R^2}+\frac{1-2\mu}{(R+z)^2}\left(R^2-y^2-\frac{2Ry^2}{R+z}\right)\right] \tag{5-39}$$

$$\sigma_y = \frac{-P_h x}{2\pi R^3}\left[\frac{-3y^2}{R^2} + \frac{1-2\mu}{(R+z)^2}\left(R^2 - x^2 - \frac{2Rx^2}{R+z}\right)\right] \tag{5-40}$$

$$\sigma_z = \frac{3P_h x z^2}{2\pi R^5} \tag{5-41}$$

$$\tau_{xy} = \frac{-P_h y}{2\pi R^3}\left[-\frac{3x^2}{R^3} + \frac{1-2\mu}{(R+z)^2}\left(-R^2 + x^2 + \frac{2Rx^2}{R+z}\right)\right] \tag{5-42}$$

$$\tau_{yz} = \frac{3P_h xyz}{2\pi R^5} \tag{5-43}$$

$$\tau_{zx} = \frac{3P_h x^2 z}{2\pi R^5} \tag{5-44}$$

$$u = \frac{P_h(1+\mu)}{2\pi ER}\left\{1 + \frac{x^2}{R^2} + (1-2\mu)\left[\frac{R}{R+z} - \frac{x^2}{(R+z)^2}\right]\right\} \tag{5-45}$$

$$v = \frac{P_h(1+\mu)}{2\pi ER}\left[\frac{xy}{R^2} + \frac{(1-2\mu)xy}{(R+z)^2}\right] \tag{5-46}$$

$$w = \frac{P_h(1+\mu)}{2\pi ER}\left[\frac{xz}{R^2} + \frac{(1-2\mu)x}{R+z}\right] \tag{5-47}$$

式中 P_h——作用于坐标原点 O 的沿 x 方向水平集中力；

其他符号意义同前。

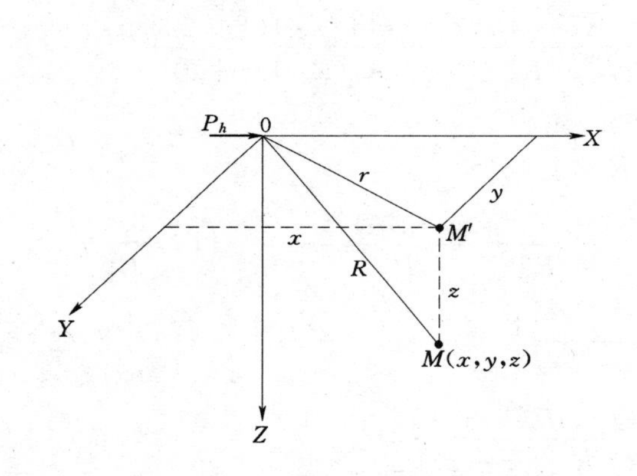

图 5-12 地表水平集中力作用下半空间中的应力

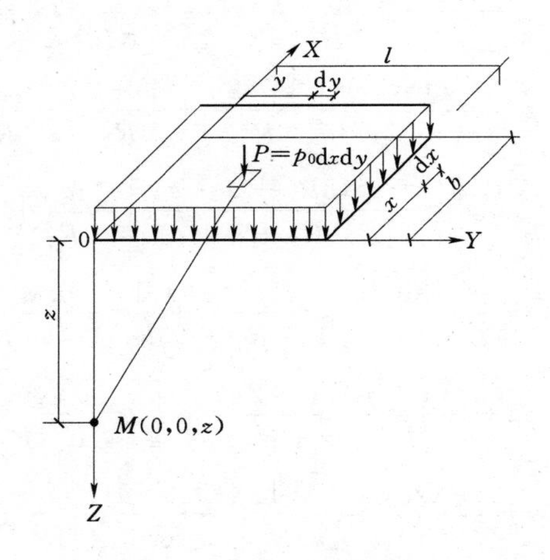

图 5-13 均布矩形荷载角点下的附加应力 σ_z

二、矩形荷载和圆形荷载下的地基附加应力

（一）均布竖向矩形荷载

地基上作用均布竖向矩形荷载（例如中心荷载下的基底附加压力）p_0，矩形荷载面的长度和宽度分别为 l 和 b。利用布辛奈斯克解，以积分法求矩形荷载面角点下的地基附加应力，然后运用角点法求得矩形荷载下任意点的地基附加应力。以矩形荷载面角点为坐标原点（见图 5-13），在荷载面内坐标为 (x,y) 处取一微分面积 $\mathrm{d}x\mathrm{d}y$，并将其上的分布荷载以集中力 $\mathrm{d}P=p_0\mathrm{d}x\mathrm{d}y$ 来代替，根据式（5-13），则角点下任意深度 z 处（M 点）由 $\mathrm{d}P$ 引起的竖向附加应力 $\mathrm{d}\sigma_z$ 为

$$d\sigma_z = \frac{3}{2\pi}\frac{p_0 z^3}{(x^2+y^2+z^2)^{5/2}}dxdy \tag{5-48}$$

将式（5-48）对整个矩形荷载面 A 进行积分：

$$\sigma_z = \iint_A d\sigma_z = \frac{3p_0 z^3}{2\pi}\int_0^l\int_0^b \frac{1}{(x^2+y^2+z^2)^{5/2}}dxdy$$

$$= \frac{p_0}{2\pi}\left[\frac{lbz(l^2+b^2+2z^2)}{(l^2+z^2)(b^2+z^2)\sqrt{l^2+b^2+z^2}} + \arctan\frac{lb}{z\sqrt{l^2+b^2+z^2}}\right]$$

$$K_c = \frac{1}{2\pi}\left[\frac{lbz(l^2+b^2+2z^2)}{(l^2+z^2)(b^2+z^2)\sqrt{l^2+b^2+z^2}} + \arctan\frac{lb}{z\sqrt{l^2+b^2+z^2}}\right] \tag{5-49a}$$

得

$$\sigma_z = K_c p_0 \tag{5-49b}$$

令 $m=l/b$，$n=z/b$，则

$$K_c = \frac{1}{2\pi}\left[\frac{mn(m^2+2n^2+1)}{(m^2+n^2)(1^2+n^2)\sqrt{m^2+n^2+1^2}} + \arctan\frac{m}{n\sqrt{m^2+n^2+1}}\right] \tag{5-50}$$

K_c 为均布矩形荷载角点下的竖向附加应力系数，简称角点应力系数，可按 m 及 n 值由表 5-3 查得。必须注意，在应用角点法计算 K_c 值时，b 恒为短边，l 恒为长边。

对于计算点不位于角点下的情况，可利用式（5-49b）角点法和叠加原理求得。图 5-14中列出计算点不位于矩形荷载面角点下的四种情况（在图中 0 点以下任意深度 z 处）。计算时通过 0 点把荷载面分成若干个矩形，这样，0 点就成为各个矩形的公共角点，然后再按式（5-49b）计算每个矩形角点下同一深度 z 处的附加应力 σ_z，并求其代数和。四种情况的算式分别如下。

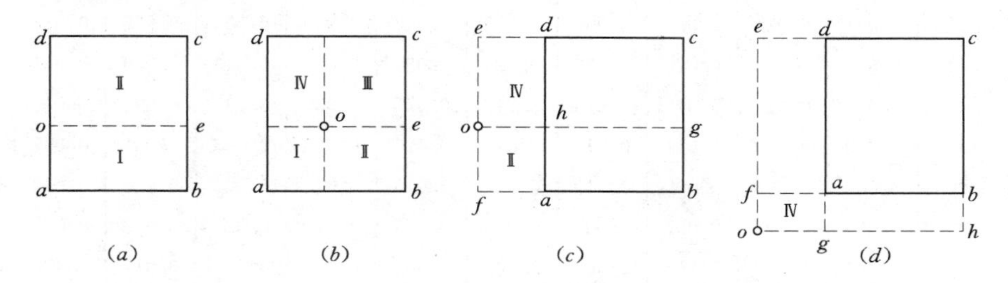

图 5-14　以角点法计算均布矩形荷载下的地基附加应力

(a) 计算点 o 在荷载面边缘；(b) 计算点 o 在荷载面内；(c) 计算点 o 在荷载面边缘外侧；(d) 计算点 o 在荷截面角点外侧

表 5-3　　均布矩形荷载角点下的竖向附加应力系数 K_c

$n=z/b$	$m=l/b$										
	1.0	1.2	1.4	1.6	1.8	2.0	3.0	4.0	5.0	6.0	10.0	条形
0.0	0.250	0.250	0.250	0.250	0.250	0.250	0.250	0.250	0.250	0.250	0.250	0.250
0.2	0.249	0.249	0.249	0.249	0.249	0.249	0.249	0.249	0.249	0.249	0.249	0.249
0.4	0.240	0.242	0.243	0.243	0.244	0.244	0.244	0.244	0.244	0.244	0.244	0.244
0.6	0.223	0.228	0.230	0.232	0.232	0.233	0.234	0.234	0.234	0.234	0.234	0.234
0.8	0.200	0.207	0.212	0.215	0.216	0.218	0.220	0.220	0.220	0.220	0.220	0.220

续表

$n=z/b$	$m=l/b$											
	1.0	1.2	1.4	1.6	1.8	2.0	3.0	4.0	5.0	6.0	10.0	条形
1.0	0.175	0.185	0.191	0.195	0.198	0.200	0.203	0.204	0.204	0.204	0.205	0.205
1.2	0.152	0.163	0.171	0.176	0.179	0.182	0.187	0.188	0.189	0.189	0.189	0.189
1.4	0.131	0.142	0.151	0.157	0.161	0.164	0.171	0.173	0.174	0.174	0.174	0.174
1.6	0.112	0.124	0.133	0.140	0.145	0.148	0.157	0.159	0.160	0.160	0.160	0.160
1.8	0.097	0.108	0.117	0.124	0.129	0.133	0.143	0.146	0.147	0.148	0.148	0.148
2.0	0.084	0.095	0.103	0.110	0.116	0.120	0.131	0.135	0.136	0.137	0.137	0.137
2.2	0.073	0.083	0.092	0.098	0.104	0.108	0.121	0.125	0.126	0.127	0.128	0.128
2.4	0.064	0.073	0.081	0.088	0.093	0.098	0.111	0.116	0.118	0.118	0.119	0.119
2.6	0.057	0.065	0.072	0.079	0.084	0.089	0.102	0.107	0.110	0.111	0.112	0.112
2.8	0.050	0.058	0.065	0.071	0.076	0.080	0.094	0.100	0.102	0.104	0.105	0.105
3.0	0.045	0.052	0.058	0.064	0.069	0.073	0.087	0.093	0.096	0.097	0.099	0.099
3.2	0.040	0.047	0.053	0.058	0.063	0.067	0.081	0.087	0.090	0.092	0.093	0.094
3.4	0.036	0.042	0.048	0.053	0.057	0.061	0.075	0.081	0.085	0.086	0.088	0.089
3.6	0.033	0.038	0.043	0.048	0.052	0.056	0.069	0.076	0.080	0.082	0.084	0.084
3.8	0.030	0.035	0.040	0.044	0.048	0.052	0.065	0.072	0.075	0.077	0.080	0.080
4.0	0.027	0.032	0.036	0.040	0.044	0.048	0.060	0.067	0.071	0.073	0.076	0.076
4.2	0.025	0.029	0.033	0.037	0.041	0.044	0.056	0.063	0.067	0.070	0.072	0.073
4.4	0.023	0.027	0.031	0.034	0.038	0.041	0.053	0.060	0.064	0.066	0.069	0.070
4.6	0.021	0.025	0.028	0.032	0.035	0.038	0.049	0.056	0.061	0.063	0.066	0.067
4.8	0.019	0.023	0.026	0.029	0.032	0.035	0.046	0.053	0.058	0.060	0.064	0.064
5.0	0.018	0.021	0.024	0.027	0.030	0.033	0.043	0.050	0.055	0.057	0.061	0.062
6.0	0.013	0.015	0.017	0.020	0.022	0.024	0.033	0.039	0.043	0.046	0.051	0.052
7.0	0.009	0.011	0.013	0.015	0.016	0.018	0.025	0.031	0.035	0.038	0.043	0.045
8.0	0.007	0.009	0.010	0.011	0.013	0.014	0.020	0.025	0.028	0.031	0.037	0.039
9.0	0.006	0.007	0.008	0.009	0.010	0.011	0.016	0.020	0.024	0.026	0.032	0.035
10.0	0.005	0.006	0.007	0.007	0.008	0.009	0.013	0.017	0.020	0.022	0.028	0.032
12.0	0.003	0.004	0.005	0.005	0.006	0.008	0.009	0.012	0.014	0.017	0.022	0.028
14.0	0.002	0.003	0.004	0.004	0.004	0.005	0.007	0.009	0.011	0.013	0.018	0.023
16.0	0.002	0.002	0.003	0.003	0.003	0.004	0.005	0.007	0.009	0.010	0.014	0.020
18.0	0.001	0.002	0.002	0.002	0.003	0.003	0.004	0.006	0.007	0.008	0.012	0.018
20.0	0.001	0.001	0.002	0.002	0.002	0.002	0.004	0.005	0.006	0.007	0.010	0.016
25.0	0.001	0.001	0.001	0.001	0.001	0.002	0.002	0.003	0.004	0.004	0.007	0.013
30.0	0.001	0.001	0.001	0.001	0.001	0.001	0.002	0.002	0.003	0.003	0.005	0.011
36.0	0.000	0.000	0.001	0.001	0.001	0.001	0.001	0.002	0.002	0.002	0.004	0.009
40.0	0.000	0.000	0.000	0.000	0.001	0.001	0.001	0.001	0.001	0.002	0.003	0.008

1. 计算点 o 在荷载面边缘

$$\sigma_z = (K_{c\text{I}} + K_{c\text{II}}) p_0$$

式中 $K_{c\text{I}}$ 和 $K_{c\text{II}}$——分别为相应于面积Ⅰ和Ⅱ的角点附加应力系数。

必须指出的是，查表5-3时应采用划分完成后的每一矩形的长边作为 l，短边为 b，以下各种情况相同，不再赘述。

2. 计算点 o 在荷载面内

$$\sigma_z=(K_{c\mathrm{I}}+K_{c\mathrm{II}}+K_{c\mathrm{III}}+K_{c\mathrm{IV}})p_0$$

如果 o 点位于荷载面中心，则 $K_{c\mathrm{I}}=K_{c\mathrm{II}}=K_{c\mathrm{III}}=K_{c\mathrm{IV}}$，得 $\sigma_z=4K_{c\mathrm{I}}p_0$。

3. 计算点 o 在荷载面边缘外侧

此时荷载面 $abcd$ 可看成是由Ⅰ（$ofbg$）与Ⅱ（$ofah$）之差和Ⅲ（$oecg$）与Ⅳ（$oedh$）之差的组合，所以

$$\sigma_z=(K_{c\mathrm{I}}-K_{c\mathrm{II}}+K_{c\mathrm{III}}-K_{c\mathrm{IV}})p_0$$

4. 计算点 o 在荷载面角点外侧

把荷载面看成由Ⅰ($ohce$)、Ⅳ($ogaf$)两个面积中扣除Ⅱ($ohbf$)和Ⅲ($ogde$)的组合，所以

$$\sigma_z=(K_{c\mathrm{I}}-K_{c\mathrm{II}}-K_{c\mathrm{III}}+K_{c\mathrm{IV}})p_0$$

【例题5-2】 以角点法计算图5-15所示矩形基础甲的基底中心点垂线下不同深度处的地基附加应力 σ_z 的分布，并考虑两相邻基础乙的影响（两相邻柱距为6m，荷载同基础甲）。

解：(1) 计算基础甲的基底平均附加压力如下：

基础及其上回填土的总重：$G=\gamma_G Ad=20\times5\times4\times1.5=600\text{kN}$

基底平均压力设计值：$p=\dfrac{F+G}{A}=\dfrac{1940+600}{5\times4}=127\text{kPa}$

基底处的土中自重压力标准值：$\sigma_c=\gamma_0 d=18\times1.5=27\text{kPa}$

基底平均附加压力设计值：$p_0=p-\sigma_c=127-27=100\text{kPa}$

(2) 计算基础甲中心点 o 下由本基础荷载引起的 σ_z，基底中心点 o 可看成是四个相等小矩形荷载Ⅰ（$oabc$）的公共角点，其长宽比 $l/b=2.5/2=1.25$，取深度 $z=0$m、1m、2m、3m、4m、5m、6m、7m、8m、10m各计算点，相应的 $z/b=0$、0.5、1、1.5、2、2.5、3、3.5、4、5，查表5-2可得地基附加应力系数 K_c，σ_z 的计算列于表5-4，根据计算资料绘出 σ_z 分布图，见图5-15。

(3) 计算基础甲中心点 o 下由两相邻两基础乙的荷载引起的 σ_z，此时中心点 o 可看成是四个与Ⅰ（$oafg$）相同的矩形和另外四个与Ⅱ（$oaed$）相同的矩形的公共角点，其长宽比 l/b 分别为 $8/2.5=3.2$ 和 $4/2.5=1.6$。同样，利用表5-2可查得 $K_{c\mathrm{I}}$ 和 $K_{c\mathrm{II}}$ 及 σ_z 的计算结果和分布图见表5-5和图5-15。

表5-4　基础甲中心点 o 下由本基础荷载引起的 σ_z

计算点	l/b	z (m)	z/b	$K_{c\mathrm{I}}$	$\sigma_z=4K_{c\mathrm{I}}p_0$ (kPa)
0	1.25	0	0.0	0.250	$4\times0.250\times100=100$
1	1.25	1	0.5	0.235	$4\times0.235\times100=94$
2	1.25	2	1.0	0.187	$4\times0.187\times100=75$
3	1.25	3	1.5	0.135	$4\times0.135\times100=54$
4	1.25	4	2.0	0.097	$4\times0.097\times100=39$
5	1.25	5	2.5	0.071	$4\times0.071\times100=28$

续表

计算点	l/b	z (m)	z/b	$K_{c\text{I}}$	$\sigma_z=4K_{c\text{I}}p_0$ (kPa)
6	1.25	6	3.0	0.054	4×0.054×100=22
7	1.25	7	3.5	0.042	4×0.042×100=17
8	1.25	8	4.0	0.032	4×0.032×100=13
9	1.25	10	5.0	0.022	4×0.022×100=9

表 5-5　　基础甲中心点 o 下由两相邻基础乙的荷载引起的 σ_z

计算点	l/b		z (m)	z/b	K_c		$\sigma_z=4(K_{c\text{I}}-K_{c\text{II}})p_0$ (kPa)
	I ($oafg$)	($oaed$)			$K_{c\text{I}}$	$K_{c\text{II}}$	
0	8/2.5=3.2	4/2.5=1.6	0	0.0	0.250	0.250	4×(0.250−0.250)×100=0.0
1			1	0.4	0.244	0.243	4×(0.244−0.243)×100=0.4
2			2	0.8	0.220	0.215	4×(0.220−0.215)×100=2.0
3			3	1.2	0.187	0.176	4×(0.187−0.176)×100=4.4
4			4	1.6	0.157	0.140	4×(0.157−0.140)×100=6.8
5			5	2.0	0.132	0.110	4×(0.132−0.110)×100=8.8
6			6	2.4	0.112	0.088	4×(0.112−0.088)×100=9.6
7			7	2.8	0.095	0.071	4×(0.095−0.071)×100=9.6
8			8	3.2	0.082	0.058	4×(0.082−0.058)×100=9.6
9			10	4.0	0.061	0.040	4×(0.061−0.040)×100=8.4

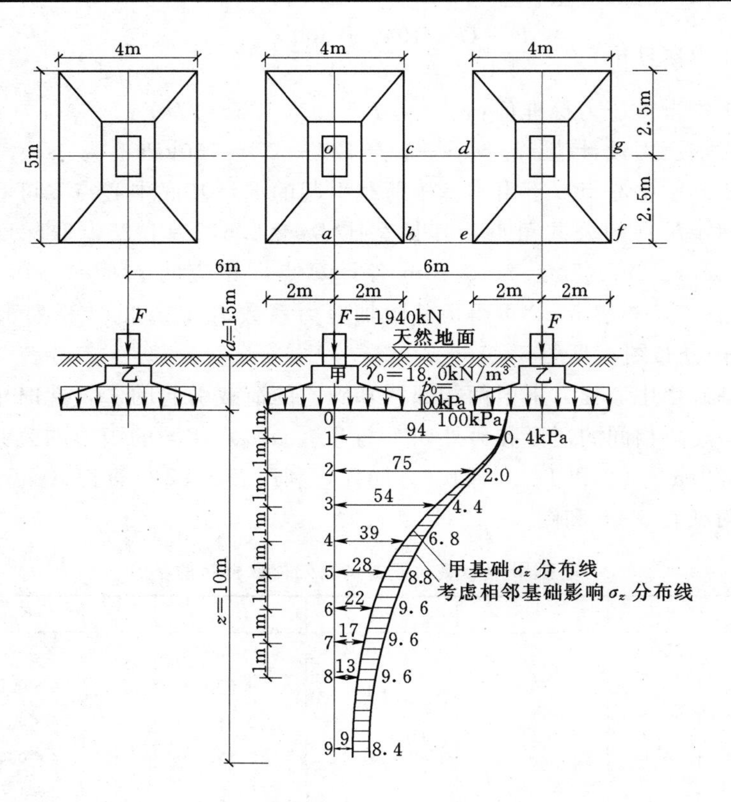

图 5-15　σ_z 的分布图

【例题5-3】 如图5-16所示，地基分别作用均布基底附加压力$p_1=100\text{kPa}$和$p_2=50\text{kPa}$，试用角点法计算A点下10m处的附加应力σ_z。

解：通过A点将荷载面分成1、2、3、4和5五个子区域，利用表5-3即可查得地基附加应力系数K_c，结合叠加原理，A点下附加应力计算公式为

$$\sigma_z=(k_{c1}+k_{c2})p_1+(k_{c3}+k_{c4}-k_{c5})p_2$$

其中 $$p_1=100\text{kPa},\quad p_2=50\text{kPa}$$

各矩形区域角点附加应力系数为

1区（$jacA$）：$k_{c1}=0.1752$（$m=l/b=1$，$n=z/b=1$）

2区（$Adbj$）：$k_{c2}=0.2034$（$m=l/b=3$，$n=z/b=1$）

3区（$cefA$）：$k_{c3}=0.1999$（$m=l/b=2$，$n=z/b=1$）

4区（$fhdA$）：$k_{c4}=0.2370$（$m=l/b=1.5$，$n=z/b=0.5$）

5区（$fgiA$）：$k_{c5}=0.2315$（$m=l/b=1$，$n=z/b=0.5$）

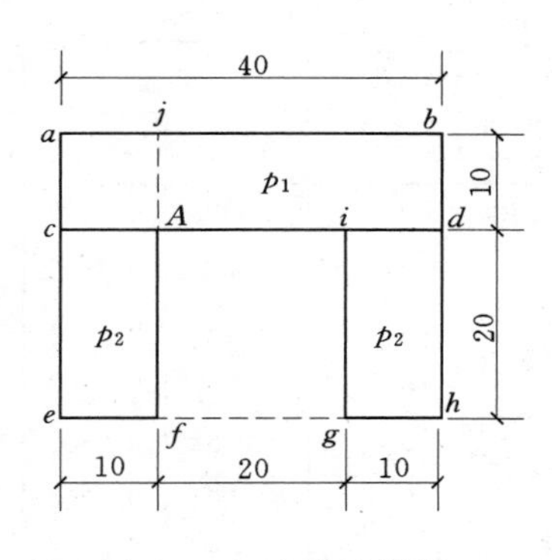

图5-16 角点法计算附加应力

则A点下10m处的附加应力为

$$\begin{aligned}\sigma_z&=(k_{c1}+k_{c2})p_1+(k_{c3}+k_{c4}-k_{c5})p_2\\&=(0.1752+0.2034)\times100+(0.1999\\&\quad+0.2370-0.2315)\times50\\&=37.86+10.27\\&=48.13\text{kPa}\end{aligned}$$

（二）三角形分布竖向矩形荷载

设竖向荷载沿矩形面一边b方向上呈三角形线性分布（沿另一边l的荷载分布不变），荷载的最大值为p_0，取荷载零值边的角点1为坐标原点（见图5-17），则可将作用在荷载面内任意一点（x，y）处所取微分面积$\mathrm{d}x\mathrm{d}y$上的分布荷载以集中力$\mathrm{d}P=\dfrac{x}{b}p_0\mathrm{d}x\mathrm{d}y$代替。根据式（5-13），则角点1下任意深度$z$处（$M$点）由$\mathrm{d}P$引起的竖向附加应力$\mathrm{d}\sigma_z$为

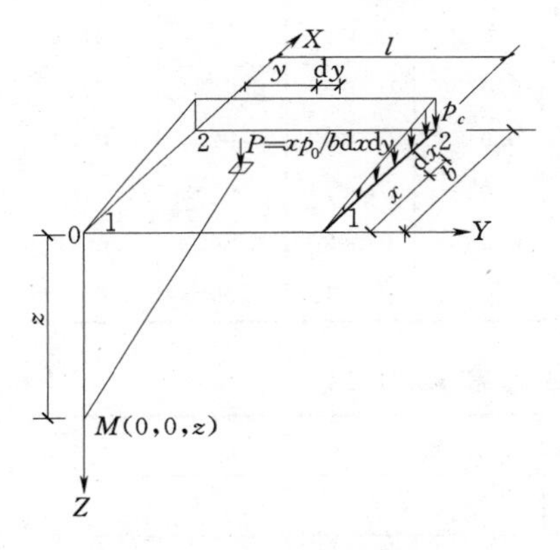

图5-17 三角形分布矩形荷载角点下的σ_z

$$\mathrm{d}\sigma_z=\frac{3}{2\pi}\frac{p_0xz^3}{b(x^2+y^2+z^2)^{5/2}}\mathrm{d}x\mathrm{d}y \qquad (5-51)$$

对整个矩形荷载面积进行积分，得到三角形分布竖向矩形荷载作用下，角点1下任意深度z处的竖向附加应力σ_z为

$$\sigma_z=K_{t1}p_0 \qquad (5-52)$$

其中 $$K_{t1}=\frac{mn}{2\pi}\left[\frac{1}{\sqrt{m^2+n^2}}-\frac{n^2}{(1+n^2)\sqrt{1+m^2+n^2}}\right]$$

同理，还可求得荷载最大值边的角点2下任意深度z处的竖向附加应力σ_z为

$$\sigma_z=K_{t2}p_0=(K_c-K_{t1})p_0 \qquad (5-53)$$

其中，K_{t1}和K_{t2}均为$m=l/b$和$n=z/b$的函数，可由表5-6（一）～（三）查用。必须注

意 b 是沿三角形分布荷载方向的边长。

应用上述均布和三角形分布竖向矩形荷载角点下的竖向附加应力系数 K_c、K_{t1}、K_{t2}，结合角点法和叠加原理，可计算梯形分布竖向矩形荷载时地基中任意点的竖向附加应力和条形荷载时（取 $m=10$）的地基中的附加应力。

表 5-6　三角形分布矩形荷载角点下的竖向附加应力系数 K_{t1} 和 K_{t2}（一）

$n=z/b$	$m=l/b$									
	0.2		0.4		0.6		0.8		1.0	
	角点 1	角点 2	角点 1	角点 2	角点 1	角点 2	角点 1	角点 2	角点 1	角点 2
0.0	0.0000	0.2500	0.0000	0.2500	0.0000	0.2500	0.0000	0.2500	0.0000	0.2500
0.2	0.0223	0.1822	0.0280	0.2215	0.0296	0.2165	0.0301	0.2178	0.0304	0.2382
0.4	0.0269	0.1094	0.0420	0.1604	0.0487	0.1781	0.0517	0.1844	0.0531	0.1870
0.6	0.0259	0.0700	0.0448	0.1165	0.0560	0.1405	0.0621	0.1520	0.0654	0.1575
0.8	0.0232	0.0480	0.0421	0.0853	0.0553	0.1093	0.0637	0.1232	0.0688	0.1311
1.0	0.0201	0.0346	0.0375	0.0638	0.0508	0.0852	0.0602	0.0996	0.0666	0.1086
1.2	0.0171	0.0260	0.0324	0.0491	0.0450	0.0673	0.0546	0.0807	0.0615	0.0901
1.4	0.0145	0.0202	0.0278	0.0386	0.0392	0.0540	0.0483	0.0661	0.0554	0.0751
1.6	0.0123	0.0160	0.0238	0.0310	0.0339	0.0440	0.0424	0.0547	0.0492	0.0628
1.8	0.0105	0.0130	0.0204	0.0254	0.0294	0.0363	0.0371	0.0457	0.0435	0.0534
2.0	0.0090	0.0108	0.0176	0.0211	0.0255	0.0304	0.0324	0.0387	0.0384	0.0458
2.5	0.0063	0.0072	0.0125	0.0140	0.0183	0.0205	0.0236	0.0265	0.0284	0.0318
3.0	0.0046	0.0051	0.0092	0.0100	0.0135	0.0148	0.0176	0.0192	0.0214	0.0233
5.0	0.0018	0.0019	0.0036	0.0038	0.0054	0.0056	0.0071	0.0074	0.0088	0.0091
7.0	0.0009	0.0010	0.0019	0.0019	0.0028	0.0029	0.0038	0.0038	0.0047	0.0047
10.0	0.0005	0.0004	0.0009	0.0010	0.0014	0.0014	0.0019	0.0019	0.0023	0.0024

表 5-6　三角形分布矩形荷载角点下的竖向附加应力系数 K_{t1} 和 K_{t2}（二）

$n=z/b$	$m=l/b$									
	1.2		1.4		1.6		1.8		2.0	
	角点 1	角点 2	角点 1	角点 2	角点 1	角点 2	角点 1	角点 2	角点 1	角点 2
0.0	0.0000	0.2500	0.0000	0.2500	0.0000	0.2500	0.0000	0.2500	0.0000	0.2506
0.2	0.0305	0.2184	0.0305	0.2185	0.0306	0.2185	0.0306	0.2185	0.0306	0.2185
0.4	0.0539	0.1881	0.0543	0.1886	0.0545	0.1889	0.0546	0.1891	0.0547	0.1892
0.6	0.0673	0.1502	0.0684	0.1616	0.0690	0.1625	0.0694	0.1630	0.0696	0.1633
0.8	0.0720	0.1355	0.0739	0.1381	0.0751	0.1396	0.0759	0.1405	0.0764	0.1412
1.0	0.0708	0.1143	0.0735	0.1176	0.0753	0.1202	0.0766	0.1215	0.0774	0.1225
1.2	0.0664	0.0962	0.0698	0.1007	0.0721	0.1037	0.0738	0.1055	0.0749	0.1069
1.4	0.0606	0.0817	0.0644	0.0864	0.0672	0.0897	0.0692	0.0921	0.0707	0.0937
1.6	0.0545	0.0696	0.0586	0.0743	0.0616	0.0780	0.0639	0.0806	0.0656	0.0826

续表

$n=z/b$	$m=l/b$									
	1.2		1.4		1.6		1.8		2.0	
	角点1	角点2	角点1	角点2	角点1	角点2	角点1	角点2	角点1	角点2
1.8	0.0487	0.0596	0.0528	0.0644	0.0560	0.0681	0.0585	0.0709	0.0604	0.0730
2.0	0.0434	0.0513	0.0474	0.0560	0.0507	0.0596	0.0533	0.0625	0.0563	0.0649
2.5	0.0326	0.0365	0.0362	0.0405	0.0393	0.0440	0.0419	0.0469	0.0440	0.0491
3.0	0.0249	0.0270	0.0280	0.0303	0.0307	0.0333	0.0331	0.0359	0.0352	0.0380
5.0	0.0104	0.0108	0.0120	0.0123	0.0135	0.0139	0.0148	0.0154	0.0161	0.0167
7.0	0.0056	0.0056	0.0064	0.0066	0.0073	0.0074	0.0081	0.0083	0.0089	0.0091
10.0	0.0028	0.0028	0.0033	0.0032	0.0037	0.0037	0.0041	0.0042	0.0046	0.0046

表5-6　三角形分布矩形荷载角点下的竖向附加应力系数 K_{t1} 和 K_{t2}（三）

$n=z/b$	$m=l/b$									
	3.0		4.0		6.0		8.0		10.0	
	角点1	角点2	角点1	角点2	角点1	角点2	角点1	角点2	角点1	角点2
0.0	0.0000	0.2500	0.0000	0.2500	0.0000	0.2500	0.0000	0.2500	0.0000	0.2500
0.2	0.0306	0.2186	0.0306	0.2186	0.0306	0.2186	0.0306	0.2186	0.0306	0.2186
0.4	0.0548	0.1894	0.0549	0.1894	0.0549	0.1894	0.0549	0.1894	0.0549	0.1894
0.6	0.0701	0.1638	0.0702	0.1639	0.0702	0.1640	0.0702	0.1640	0.0702	0.1640
0.8	0.0773	0.1423	0.0776	0.1424	0.0776	0.1426	0.0776	0.1426	0.0776	0.1426
1.0	0.0790	0.1244	0.0794	0.1248	0.0795	0.1250	0.0796	0.1250	0.0796	0.1250
1.2	0.0774	0.1096	0.0779	0.1102	0.0782	0.1105	0.0783	0.1105	0.0783	0.1105
1.4	0.0739	0.0973	0.0748	0.0982	0.0752	0.0986	0.0752	0.0987	0.0753	0.0987
1.6	0.0697	0.0870	0.0708	0.0882	0.0714	0.0887	0.0715	0.0888	0.0715	0.0889
1.8	0.0652	0.0782	0.0666	0.0797	0.0673	0.0805	0.0675	0.0806	0.0675	0.0808
2.0	0.0607	0.0707	0.0624	0.0726	0.0634	0.0734	0.0636	0.0736	0.0636	0.0738
2.5	0.0504	0.0559	0.0529	0.0585	0.0543	0.0601	0.0547	0.0604	0.0548	0.0605
3.0	0.0419	0.0451	0.0449	0.0482	0.0469	0.0504	0.0474	0.0509	0.0476	0.0511
5.0	0.0214	0.0221	0.0248	0.0256	0.0283	0.0290	0.0296	0.0303	0.0301	0.0309
7.0	0.0124	0.0126	0.0152	0.0154	0.0186	0.0190	0.0204	0.0207	0.0212	0.0216
10.0	0.0066	0.0066	0.0084	0.0083	0.0111	0.0111	0.0128	0.0130	0.0139	0.0141

（三）均布水平矩形荷载

地基上作用一均布水平荷载 p_h，矩形荷载面的长度和宽度分别为 l 和 b，如图5-18所示。可利用西罗提解对矩形面积积分，求出矩形角点下任意深度 z 处的竖向附加应力 σ_z：

$$\sigma_z=\pm K_h p_h \tag{5-54}$$

其中

$$K_h=\frac{1}{2\pi}\left[\frac{m}{\sqrt{m^2+n^2}}-\frac{mn^2}{(1+n^2)\sqrt{1+m^2+n^2}}\right]$$

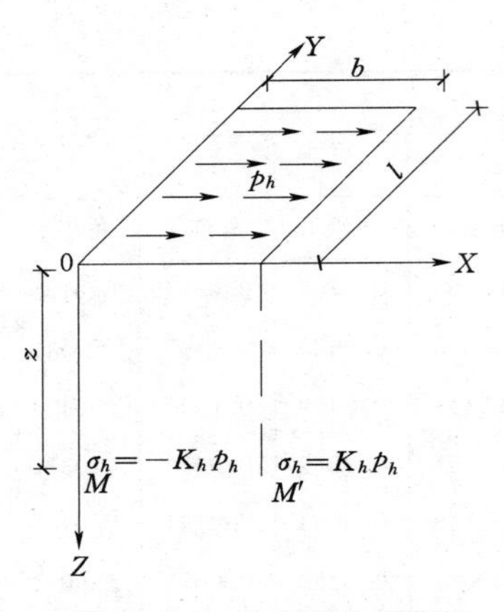

图 5-18　均布的水平矩形荷载角点下的 σ_z

$$m=l/b$$

$$n=z/b$$

式中　K_h——均布水平矩形荷载角点下的竖向附加应力系数，由表 5-7 查得；

b——平行于水平荷载方向的边长；

l——垂直于水平荷载方向的边长。

注意：在地表下同一深度 z，四个角点下的附加应力 σ_z 绝对值相同，但应力符号有正负之分；当计算点在水平均布荷载作用方向的终止端以下时取"+"，当计算点在水平均布荷载作用方向的起始端以下时取"-"。

同样，可利用角点法和叠加原理计算地基中任意点的竖向附加应力 σ_z。

表 5-7　　　均布水平矩形荷载角点下的竖向附加应力系数 K_h

$n=z/b$	$m=l/b$										
	1.0	1.2	1.4	1.6	1.8	2.0	3.0	4.0	6.0	8.0	10.0
0.0	0.1592	0.1592	0.1592	0.1592	0.1592	0.1592	0.1592	0.1592	0.1592	0.1592	0.1592
0.2	0.1518	0.1523	0.1526	0.1528	0.1529	0.1529	0.1530	0.1530	0.1530	0.1530	0.1530
0.4	0.1328	0.1347	0.1356	0.1362	0.1365	0.1367	0.1371	0.1372	0.1372	0.1372	0.1372
0.6	0.1091	0.1121	0.1139	0.1150	0.1156	0.1160	0.1168	0.1169	0.1170	0.1179	0.1170
0.8	0.0861	0.0900	0.0924	0.0939	0.0948	0.0955	0.0967	0.0969	0.0970	0.0970	0.0970
1.0	0.0666	0.0708	0.0735	0.0753	0.0766	0.0774	0.0790	0.0794	0.0795	0.0796	0.0796
1.2	0.0512	0.0553	0.0582	0.0601	0.0615	0.0624	0.0645	0.0650	0.0652	0.0652	0.0652
1.4	0.0395	0.0433	0.0460	0.0480	0.0494	0.0505	0.0528	0.0534	0.0537	0.0537	0.0538
1.6	0.0308	0.0341	0.0366	0.0385	0.0400	0.0410	0.0436	0.0443	0.0446	0.0447	0.0447
1.8	0.0242	0.0270	0.0293	0.0311	0.0325	0.0336	0.0362	0.0370	0.0374	0.0375	0.0375
2.0	0.0192	0.0217	0.0237	0.0253	0.0266	0.0277	0.0303	0.0312	0.0317	0.0318	0.0318
2.5	0.0113	0.0130	0.0145	0.0157	0.0167	0.0176	0.0202	0.0211	0.0217	0.0219	0.0219
3.0	0.0070	0.0083	0.0093	0.0102	0.0110	0.0117	0.0140	0.0150	0.0156	0.0158	0.0159
5.0	0.0018	0.0021	0.0024	0.0027	0.0030	0.0032	0.0043	0.0050	0.0057	0.0059	0.0060
7.0	0.0007	0.0008	0.0009	0.0010	0.0012	0.0013	0.0018	0.0022	0.0027	0.0029	0.0030
10.0	0.0002	0.0003	0.0003	0.0004	0.0004	0.0005	0.0007	0.0008	0.0011	0.0013	0.0014

（四）均布竖向圆形荷载

设荷载面积的，地基表面作用一半径为 r_0 的均布竖向圆形荷载 p_0，以圆形荷载面的中心点为坐标原点（见图 5-19），并在荷载面积上取微分面积 $\mathrm{d}A=r\mathrm{d}\theta\mathrm{d}r$，以集中力 $p_0\mathrm{d}A$ 代替微分面积上的分布荷载，则利用式（5-13），以积分法求得均布竖向圆形荷载中心点下任意深度 z 处（M 点）的 σ_z，即

$$\sigma_z=\iint_A \mathrm{d}\sigma_z=\frac{3p_0z^3}{2\pi}\int_0^{2\pi}\int_0^r\frac{r\mathrm{d}\theta\mathrm{d}r}{(r^2+z^2)^{5/2}}$$

$$=p_0\left[1-\frac{1}{(1+r^2/z^2)^{3/2}}\right]=K_rp_0 \qquad (5-55)$$

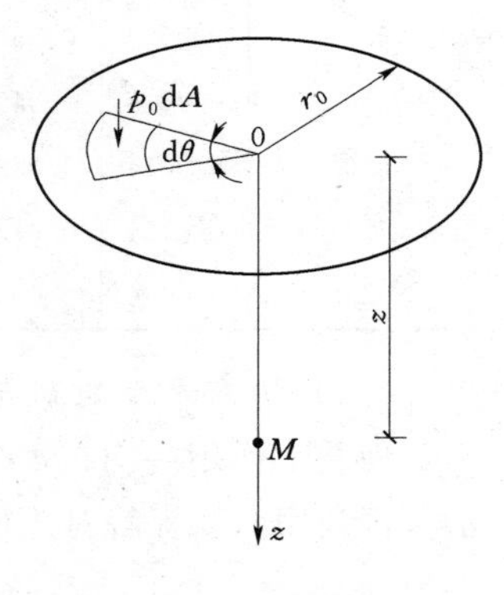

图 5-19　均布的圆形荷载中心点下的 σ_z

式中　K_r——均布圆形荷载中心点下的竖向附加应力系数，由表 5-8 查得。

表 5-8　　均布竖向圆形荷载中心点下的竖向附加应力系数 K_r

z/r_0	K_r	z/r_0	K_r	z/r_0	K_r	z/r_0	K_r	z/r_0	K_r	z/r_0	K_r
0.0	1.000	0.8	0.756	1.6	0.390	2.4	0.213	3.2	0.180	4.0	0.087
0.1	0.999	0.9	0.701	1.7	0.360	2.5	0.200	3.8	0.124	4.2	0.079
0.2	0.992	1.0	0.646	1.8	0.332	2.6	0.187	3.4	0.117	4.4	0.073
0.3	0.976	1.1	0.595	1.9	0.307	2.7	0.175	3.5	0.111	4.6	0.067
0.4	0.949	1.2	0.547	2.0	0.285	2.8	0.165	3.6	0.106	4.8	0.062
0.5	0.911	1.3	0.502	2.1	0.264	2.9	0.155	3.7	0.101	5.0	0.057
0.6	0.864	1.4	0.461	2.2	0.246	3.0	0.146	3.8	0.096	6.0	0.040
0.7	0.811	1.5	0.424	2.3	0.229	3.1	0.138	3.9	0.091	10.0	0.025

三、线荷载和条形荷载下的地基附加应力

在地基表面上作用有无限长的条形荷载，荷载沿宽度可按任何形式分布，且在每一个截面上的荷载分布相同，但沿长度方向则不变，此时，地基中的应力状态属于平面应变问题。在工程建筑中，当然没有无限长的受荷面积，不过，当荷载面积的长宽比 $l/b>10$ 时，计算得到的地基附加应力值与按 $l/b=\infty$ 时的解相比误差甚少。因此，对于条形基础，如墙基、挡土墙基础、路基和坝基等，常可按平面问题考虑。为了求得条形荷载下的地基附加应力，下面先介绍线荷载作用下的附加应力解答。

（一）线荷载作用下的地基附加应力——弗拉曼解

在半空间表面无限长直线上，作用一个竖向均布线荷载，如图 5-20 所示。求在地基中任意点 M 处引起的附加应力的解答首先由弗拉曼（Flamant）提出，故称为弗拉曼解。设一个竖向线荷载 $\bar{p}$ 作用在 y 坐标轴上，则沿 y 轴某微分段 dy 上的分布荷载以集中力 $dP=\bar{p}dy$ 代替，利用式（5-13）求得地基中任意点 M 处由 dP 引起的竖向附加应力 $d\sigma_z$ 为

$$d\sigma_z=\frac{3\bar{p}z^3}{2\pi R^5}dy \tag{5-56}$$

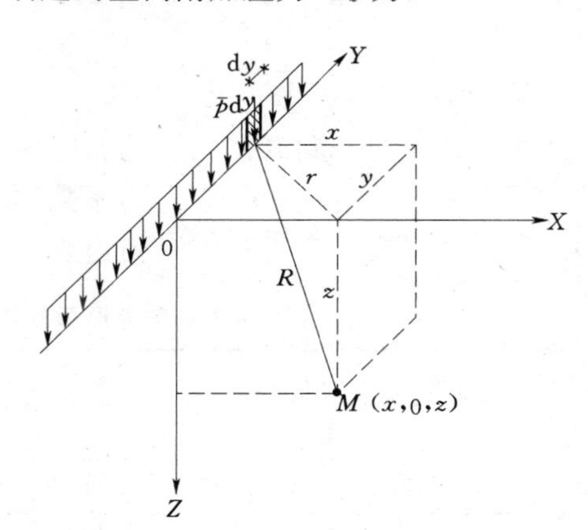

图 5-20　线荷载作用下的 σ_z

于是可以用下列积分求得 M 点的 σ_z：

$$\sigma_z=\int_{-\infty}^{+\infty}d\sigma_z=\int_{-\infty}^{+\infty}\frac{3\bar{p}z^3dy}{2\pi(x^2+y^2+z)^{5/2}}$$

$$=\frac{2\bar{p}z^3}{\pi(x^2+z^2)^2} \tag{5-57}$$

同理，按上述方法可推导得

$$\sigma_x=\frac{2\bar{p}x^2z}{\pi(x^2+z^2)^2} \tag{5-58}$$

$$\tau_{xz}=\tau_{zx}=\frac{2\bar{p}xz^2}{\pi(x^2+z^2)^2} \tag{5-59}$$

式中　$\bar{p}$——单位长度上的线荷载。

由于线荷载沿 y 坐标轴均匀分布而且无限延伸，因此与 y 轴垂直的任何平面状态都完全相同。这种情况属于弹性力学中的平面应变问题，按广义虎克定律和 $\varepsilon_y=0$ 的条件，可得

$$\tau_{xy}=\tau_{yx}=\tau_{yz}=\tau_{zy}=0 \tag{5-60}$$

$$\sigma_y=\mu(\sigma_x+\sigma_z) \tag{5-61}$$

因此，在平面问题中需要计算的应力分量只有 σ_z、σ_x 和 τ_{xz} 三个。

以线荷载作用下的附加应力解答为基础，通过积分就可以推导出条形面积上作用各种分布荷载下，地基中的附加应力计算公式。

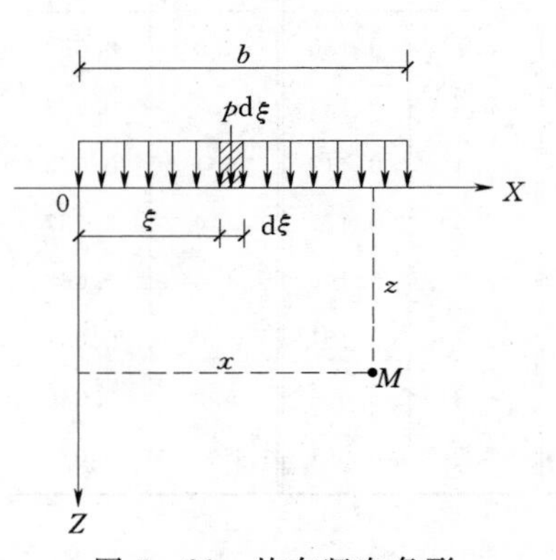

图 5-21　均布竖向条形荷载作用下的 σ_z

（二）均布竖向条形荷载

当地基表面宽度为 b 的条形面积上作用着均布竖向荷载 p_0，如图 5-21 所示。地基内任意点 M 的附加应力 σ_z 可利用式（5-57）和积分方法求得。首先在条形荷载的宽度方向上取微分段 $d\xi$，将其上作用的荷载 $d\bar{p}=p_0 d\xi$ 视为线荷载，则 $d\bar{p}$ 在 M 点引起的竖向附加应力 $d\sigma_z$ 按式（5-57）为

$$d\sigma_z=\frac{2p_0z^3d\xi}{\pi[(x-\xi)^2+z^2]^2} \tag{5-62}$$

将式（5-62）沿宽度 b 积分，即可得整个条形荷载在 M 点引起的竖向附加应力为

$$\sigma_z=\int_0^b\frac{2z^3p_0d\xi}{\pi[(x-\xi)^2+z^2]^2}=K_{sz}p_0 \tag{5-63}$$

其中

$$K_{sz}=\frac{1}{\pi}\left[\arctan\frac{m}{n}-\arctan\frac{m-1}{n}+\frac{mn}{m^2+n^2}-\frac{n(m-1)}{n^2+(m-1)^2}\right] \tag{5-64}$$

条形均布荷载在地基内引起的水平向应力 σ_x 和剪应力 τ_{xz} 也可以根据式（5-58）和式（5-59）分别积分求得，并简化为

$$\sigma_x=K_{sx}p_0 \tag{5-65}$$

$$\tau_{xz}=K_{sxz}p_0 \tag{5-66}$$

式中　K_{sz}、K_{sx} 和 K_{sxz}——均布竖向条形荷载作用下的竖向附加应力系数、水平向附加应力系数和附加剪应力系数，其值可按 $m=x/b$ 和 $n=z/b$ 的数值由表 5-9 查得。

表 5-9　均布竖向条形荷载作用下的附加应力系数 K_{sz}、K_{sx} 和 K_{sxz}

$n=z/b$	$m=x/b$																	
	0.50			0.75			1.00			1.50			2.00			2.50		
	K_{sz}	K_{sx}	K_{sxz}	K_{sz}	K_{sx}	K_{sxz}	K_{sz}	K_{sx}	K_{sxz}	K_{sz}	K_{sx}	K_{sxz}	K_{sz}	K_{sx}	K_{sxz}	K_{sz}	K_{sx}	K_{sxz}
0.00	1.00	1.00	0.00	1.00	1.00	0.00	0.50	0.50	0.32	0.00	0.00	0.00	0.00	0.00	0.00	0.00	0.00	0.00
0.25	0.96	0.45	0.00	0.90	0.39	0.13	0.50	0.35	0.30	0.02	0.17	0.05	0.00	0.07	0.01	0.00	0.04	0.00
0.50	0.82	0.18	0.00	0.74	0.19	0.16	0.48	0.23	0.26	0.08	0.21	0.13	0.02	0.12	0.04	0.00	0.07	0.02
0.75	0.67	0.08	0.00	0.61	0.10	0.13	0.45	0.14	0.20	0.15	0.22	0.16	0.04	0.14	0.07	0.02	0.10	0.04
1.00	0.55	0.04	0.00	0.51	0.05	0.10	0.41	0.09	0.16	0.19	0.15	0.16	0.07	0.14	0.10	0.03	0.13	0.05
1.25	0.46	0.02	0.00	0.44	0.03	0.07	0.37	0.06	0.12	0.20	0.11	0.14	0.10	0.12	0.10	0.04	0.11	0.07

续表

$n=z/b$	$m=x/b$																	
	0.50			0.75			1.00			1.50			2.00			2.50		
	K_{sz}	K_{sx}	K_{sxz}	K_{sz}	K_{sx}	K_{sxz}	K_{sz}	K_{sx}	K_{sxz}	K_{sz}	K_{sx}	K_{sxz}	K_{sz}	K_{sx}	K_{sxz}	K_{sz}	K_{sx}	K_{sxz}
1.50	0.40	0.01	0.00	0.38	0.02	0.06	0.33	0.04	0.10	0.21	0.08	0.13	0.11	0.10	0.10	0.06	0.10	0.07
1.75	0.35	—	0.00	0.34	0.01	0.04	0.30	0.03	0.08	0.21	0.06	0.11	0.13	0.09	0.10	0.07	0.09	0.08
2.00	0.31	—	0.00	0.31	—	0.03	0.28	0.02	0.06	0.20	0.05	0.10	0.14	0.07	0.10	0.08	0.08	0.08
3.00	0.21	—	0.00	0.21	—	0.02	0.20	0.00	0.03	0.17	0.02	0.06	0.13	0.03	0.07	0.10	0.04	0.07
4.00	0.16	—	0.00	0.16	—	0.01	0.15	—	0.02	0.14	0.01	0.03	0.12	0.02	0.05	0.10	0.03	0.05
5.00	0.13	—	0.00	0.13	—	—	0.12	—	—	0.12	—	—	0.11	—	—	0.09	—	—
6.00	0.11		0.00	0.10	—	—	0.10	—	—	0.10	—	—	0.10	—	—	—	—	—

【例题 5-4】 某条形基础底面宽度 $b=1.4$m，作用于基底的平均附加压力 $p_0=200$kPa，要求确定：①均布条形荷载中点 o 下的地基附加应力 σ_z 分布；②深度 $z=1.4$m 和 2.8m 处水平面上的 σ_z 分布；③在均布条形荷载边缘以外 1.4m 处 o_1 点下的 σ_z 分布。

解：（1）计算 σ_z 时选用表 5-9 列出的 $z/b=0.5$、1.0、1.5、2.0、3.0、4.0 等反算出深度 $z=0.7$m、1.4m、2.1m、2.8m、4.2m、5.6m 等处的 σ_z 值，并绘出分布图列于表 5-10 和图 5-22 中。

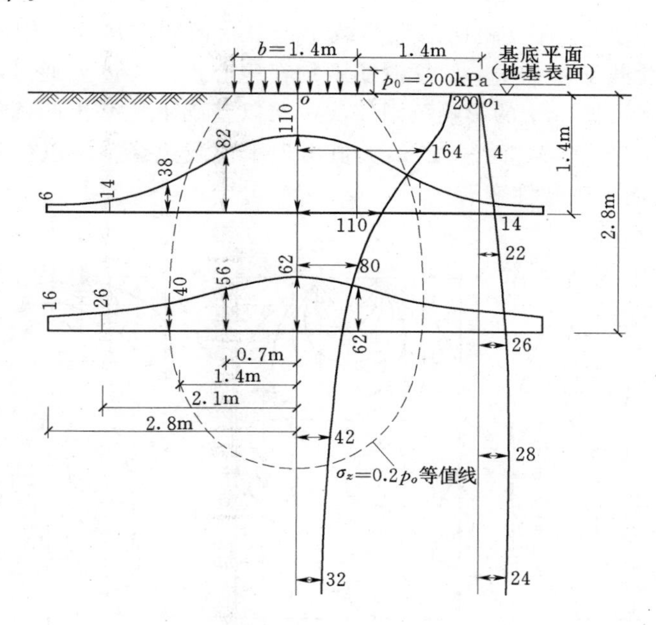

图 5-22 均布条形荷载下地基中附加应力 σ_z 的分布

（2）和（3）的 σ_z 计算结果及分布图分别列于表 5-11 和图 5-22 中。

此外，在图 5-22 中还以虚线绘出 $\sigma_z=0.2$、$p_0=40$kPa 的等值线图。

从上例计算成果中可见，均布条形荷载下地基中附加应力 σ_z 的分布规律如下：

（1）σ_z 不仅发生在荷载面积之下，而且分布在荷载面积以外相当大的范围之下，这就是所谓地基附加应力的扩散分布。

（2）在离基础底面（地基表面）不同深度 z 处各个水平面上，以基底中心点下轴线处的 σ_z 为最大，随着距离中轴线愈远愈小。

（3）在荷载分布范围内任意点沿垂线的 σ_z 值，随深度愈向下愈小。

地基附加应力的分布规律还可以用"等值线"的方式完整地表示出来。如图 5－23 给出了均布条形荷载下 σ_z、σ_x 和 τ_{xz} 三种附加应力的等值线图［见图 5－23（a）、（c）、（d）］，以及均布方形荷载下 σ_z 等值线图［见图 5－22（b）］，以资比较。

表 5－10　中点 o 下地基附加应力 σ_z 分布

x/b	z/b	z (m)	K_{sz}	$\sigma_z=K_{sz}p_0$ (kPa)
0.5	0.0	0.0	1.00	200
0.5	0.5	0.7	0.82	164
0.5	1.0	1.4	0.55	110
0.5	1.5	2.1	0.40	80
0.5	2.0	2.8	0.31	62
0.5	3.0	4.2	0.21	42
0.5	4.0	5.6	0.16	32

表 5－11　深度 z 处水平面上的 σ_z 分布

z (m)	z/b	x/b	K_{sz}	$\sigma_z=K_{sz}p_0$ (kPa)
1.4	1.0	0.5	0.55	110
1.4	1.0	1.0	0.41	82
1.4	1.0	1.5	0.19	38
1.4	1.0	2.0	0.07	14
1.4	1.0	2.5	0.03	6
2.8	2.0	0.5	0.31	62
2.8	2.0	1.0	0.28	56
2.8	2.0	1.5	0.20	40
2.8	2.0	2.0	0.13	26
2.8	2.0	2.5	0.08	16

由图 5－23（a）、（b）可见，在宽度均为 b 的条形和方形竖向均布竖向荷载 p 作用下，方形荷载所引起 σ_z 的影响深度要比条形荷载小得多，例如方形荷载中心下 $z=2b$ 处 $\sigma_z\approx 0.1p_0$，而在条形荷载下 $\sigma_z=0.1p_0$ 等值线则约在中心下 $z\approx 6b$ 处通过。由条形荷载下的 σ_x 和 τ_{xz} 的等值线图可见，σ_x 的影响范围较浅，所以基础下地基土的侧向变形主要发生于浅层；荷载中心线下 $\tau_{xz}=0$，而 τ_{xz} 的最大值出现于荷载边缘，所以位于基础边缘下的土容易发生剪切滑动而出现塑性变形区。

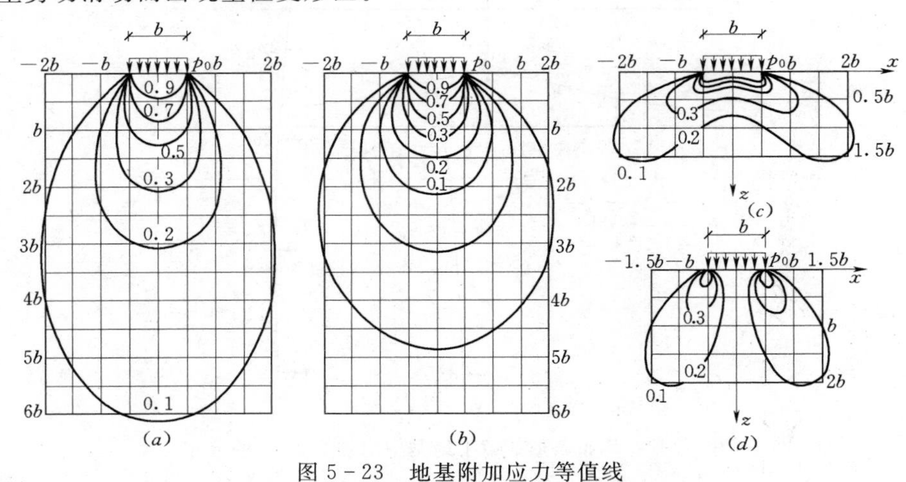

图 5－23　地基附加应力等值线

（a）等 σ_z 线（条形荷载）；（b）等 σ_z 线（方形荷载）；（c）等 σ_x 线（条形荷载）；（d）等 τ_{xz} 线（条形荷载）

（三）三角形分布竖向条形荷载

地基表面宽度为 b 的条形面积上作用一最大强度为 p_t 的三角形分布荷载（见图 5－24），首先在条形荷载的宽度方向上取微分段 $d\xi$，将其上作用的荷载 $d\bar{p}=\dfrac{p_t\xi}{b}d\xi$ 视为线

荷载，此时，可利用式（5-57）和积分的方法求得地基内任意点 M 的附加应力 σ_z 为

$$\sigma_c=\frac{p_t}{\pi}\left\{m\left[\arctan\left(\frac{m}{n}\right)-\arctan\left(\frac{m-1}{n}\right)\right]-\frac{(m-1)n}{(m-1)^2+n^2}\right\}=K_{tz}p_t \qquad (5-67)$$

式中 K_{tz}——三角形分布竖向条形荷载附加应力系数，其值可按 $m=x/b$ 和 $n=z/b$ 的数值由表5-12查得。

表5-12 三角形分布的竖向条形荷载作用下的附加应力系数 K_{tz}

$m=x/b$	$n=z/b$									
	0.01	0.1	0.2	0.4	0.6	0.8	1.0	1.2	1.4	2.0
0.00	0.003	0.032	0.061	0.110	0.140	0.155	0.159	0.154	0.151	0.127
0.25	0.249	0.251	0.255	0.263	0.258	0.243	0.224	0.204	0.186	0.143
0.50	0.500	0.498	0.498	0.441	0.378	0.321	0.275	0.239	0.210	0.153
0.75	0.750	0.737	0.682	0.534	0.421	0.343	0.286	0.246	0.215	0.155
1.00	0.497	0.468	0.437	0.379	0.328	0.285	0.250	0.221	0.198	0.147
1.25	0.000	0.010	0.050	0.137	0.177	0.188	0.184	0.176	0.165	0.134
1.50	0.000	0.002	0.009	0.045	0.080	0.106	0.121	0.126	0.127	0.115
−0.25	0.000	0.002	0.009	0.036	0.066	0.089	0.104	0.111	0.114	0.108

（四）均布水平条形荷载

地基表面宽度为 b 的条形面积上作用一强度为 p_h 的水平均布荷载（见图5-25），同样可以利用弹性理论（西罗提解）求得水平线荷载在地基中任意点 M 所引起的竖向附加应力。通过沿整个宽度 b 的积分，即可求得 M 点的竖向附加应力 σ_z：

$$\sigma_z=\frac{p_h}{\pi}\left[\frac{n^2}{(m-1)^2+n^2}-\frac{n^2}{m^2+n^2}\right]=K_{hz}p_h \qquad (5-68)$$

式中 K_{hz}——水平均布条形荷载作用下的附加应力系数，其值可按 $m=x/b$ 和 $n=z/b$ 的数值由表5-13查得。

表5-13 均布水平条形荷载作用下的附加应力系数 K_{hz}

$m=x/b$	$n=z/b$									
	0.01	0.1	0.2	0.4	0.6	0.8	1.0	1.2	1.4	2.0
−0.25	−0.001	−0.042	−0.116	−0.199	−0.212	−0.197	−0.175	−0.153	−0.132	−0.085
0.00	−0.318	−0.315	−0.306	−0.274	−0.234	−0.194	−0.159	−0.131	−0.108	−0.064
0.25	−0.001	−0.039	−0.103	−0.159	−0.147	−0.121	−0.096	−0.078	−0.061	−0.034
0.50	0.000	0.000	0.000	0.000	0.000	0.000	0.000	0.000	0.000	0.000
0.75	0.001	0.039	0.103	0.159	0.147	0.121	0.096	0.078	0.061	0.034
1.00	0.318	0.315	0.306	0.274	0.234	0.194	0.159	0.131	0.108	0.064
1.25	0.001	0.042	0.116	0.199	0.212	0.197	0.175	0.153	0.132	0.085
1.50	0.000	0.011	0.038	0.103	0.144	0.158	0.157	0.147	0.133	0.096

在条形基础下求地基内的附加应力时，必须注意坐标系统中坐标原点的选择应分别符合图5-21、图5-24和图5-25中的规定。

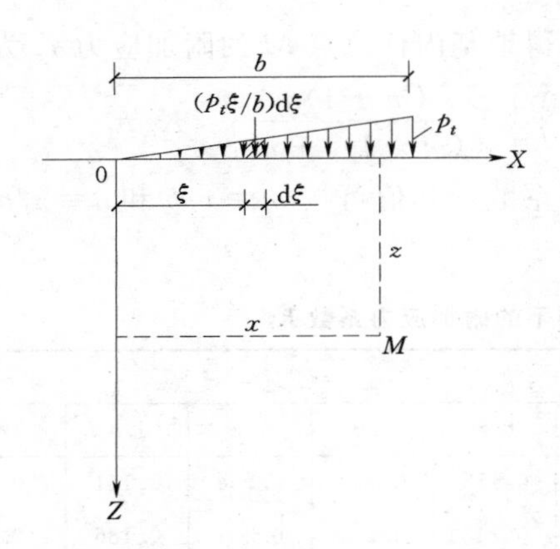

图 5-24 三角形分布条形荷载作用下的 σ_z

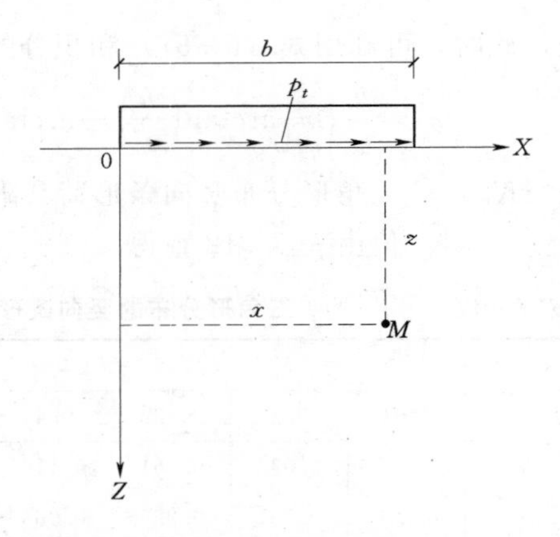

图 5-25 均布水平条形荷载作用下的 σ_z

以上介绍了竖向均布荷载、三角形分布荷载以及水平均布荷载作用下角点（空间问题）或任意点（平面问题）的附加应力计算方法。在求解地基中任意点的附加应力时，对于基底竖向压力呈梯形分布的情况，可将梯形分布的竖向荷载分解成均布荷载和三角形分布荷载两部分，然后分别求出由于均布荷载和三角形分布荷载所引起的附加应力，利用叠加原理，即可得到地基中任意点的附加应力。

5.5 影响土中附加应力分布的因素

地基中附加应力计算是在假定地基土是连续、均质、各向同性的半无限线弹性体和考虑柔性荷载的理想条件下进行，因此，土中附加应力的计算与土的性质无关，这显然是不合理的，天然地基均在不同程度上与上述理想条件存在差异。例如，地基中土的变形模量常随深度而增大，地基土具有较明显的薄交互层状构造，地基土由不同压缩性土层组成的成层地基等情况，这些问题是比较复杂的，目前尚未得到完全的解答。因此按弹性理论计算出的附加应力与实际土中的附加应力相比较，存在有一定的误差。试验研究结果认为，当土质较均匀、土颗粒较细，且压力不很大时，用上述方法计算出的竖向附加应力 σ_z 与实测值相比较，误差不是很大，不满足这些条件时将会产生较大误差。下面简要讨论实际土体的非均质和各向异性对土中附加应力分布的影响。

一、变形模量随深度增大

地基土中，由于土体在沉积过程中的受力条件使土的变形模量 E_0 随深度逐渐增大，特别是在砂土地基中尤其明显。与通常假定的均质地基（E_0 不随深度变化）相比较，沿荷载中心线下，前者的地基附加应力 σ_z 将发生应力集中［见图 5-26 (*a*)］。这种现象从试验和理论上都得到了证实。对于集中力作用下地基中附加应力 σ_z 的计算，可采用费洛列希（Fröhlich）等建议的半经验公式计算：

$$\sigma_z=\frac{vP}{2\pi R^2}\cos^v\theta \tag{5-69}$$

式中 v——大于 3 的集中因素。

当 $v=3$ 时，上式与式（5-13）一致，即代表布辛奈斯克解答，对于砂土，取 $v=6$；介于黏土与砂土之间的土，取 $v=3\sim6$。

二、薄交互层地基

天然沉积形成的水平薄交互层地基（各向异性地基），由于在垂直方向和水平方向的变形模量不相同，从而影响土层中的附加应力分布。研究表明，与通常假定的均质各向同性地基比较，若水平向变形模量大于竖向变形模量，即 $E_{0h}>E_{0v}$，则在各向异性地基中将出现应力扩散现象［见图 5－26（b）］；若水平向变形模量小于竖向变形模量，即 $E_{0h}<E_{0v}$，地基中将出现应力集中现象［见图 5－26（a）］。

三、双层地基

天然形成的双层地基（非均质地基）有两种可能的情况：一种是岩层上覆盖着不厚的可压缩土层；另一种则是上层坚硬、下层软弱的双层地基。前者在荷载作用下将发生应力集中现象［见图 5－26（a）］，而后者则将发生应力扩散现象［见图 5－26（b）］。

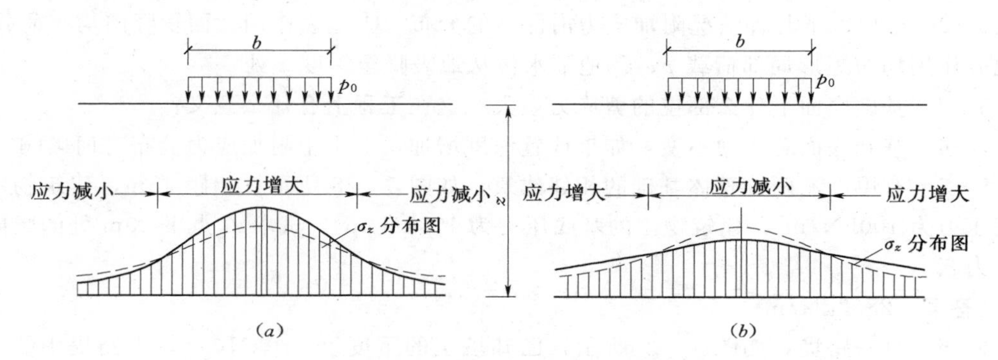

图 5－26　非均质和各向异性地基对附加应力的影响

（虚线表示均质地基中水平面上的附加应力分布）

（a）发生应力集中；（b）发生应力扩散

图 5－27 所示为均布荷载中心线下竖向应力分布的比较：图中曲线 1（虚线）为均质地基中的附加应力分布图；曲线 2 为岩层上可压缩土层中的附加应力分布图；曲线 3 则表示上层坚硬下层软弱的双层地基中的附加应力分布图。

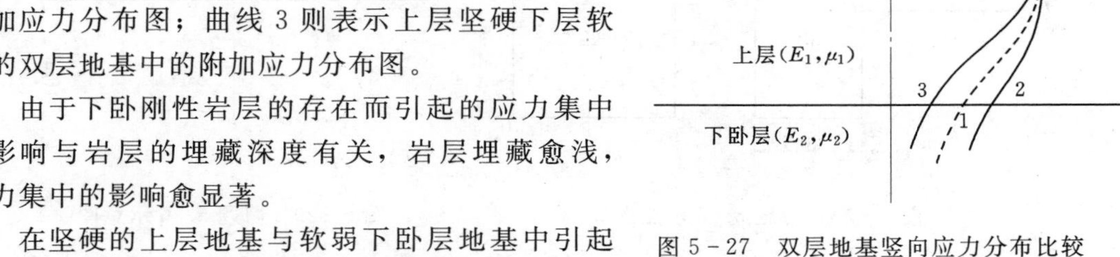

图 5－27　双层地基竖向应力分布比较

由于下卧刚性岩层的存在而引起的应力集中的影响与岩层的埋藏深度有关，岩层埋藏愈浅，应力集中的影响愈显著。

在坚硬的上层地基与软弱下卧层地基中引起的应力扩散随上层厚度的增大而更加显著；它还与双层地基的变形模量 E_0 和泊松比 μ 有关，即随下列参数 f 的增加而显著：

$$f=\frac{E_{01}}{E_{02}}\frac{1-\mu_2^2}{1-\mu_1^2} \tag{5-70}$$

式中　E_{01} 和 μ_1——上层土的变形模量和泊松比；

E_{02} 和 μ_2——软弱下卧层土的变形模量和泊松比。

由于土的泊松比变化不大（一般 $\mu=0.3\sim0.4$），故参数 f 值的大小主要取决于变形模量的比值 E_{01}/E_{02}。双层地基中应力集中和扩散的概念十分重要，特别是在软土地区，地表面常有一硬壳层，由于应力扩散作用，使应力分布趋向均匀，从而减少地基的沉降和差异沉降，所以，在设计中基础应尽量浅埋，在施工中也应采取保护措施，避免遭受破坏。

习题

5-1 某建筑场地的地层分布均匀，第一层杂填土，厚1.5m，$\gamma=17.0\text{kN/m}^3$；第二层粉质黏土，厚4m，$\gamma=19.0\text{kN/m}^3$，地下水位在地面下2m处；第三层淤泥质黏土，厚8m，$\gamma=18.3\text{kN/m}^3$；第四层粉土，厚3m，$\gamma=19.5\text{kN/m}^3$；第五层砂岩，假设地下水位以下土体完全饱和。试计算各层交界面处的竖向自重应力 σ_c，并绘出 σ_c 沿深度分布图。

（答案：25.5kPa、66.5kPa、132.9kPa、第四层底161.4kPa、第五层顶306.4kPa）

5-2 绘出以下几种情况附加应力沿深度的分布。①地表作用大面积竖向均布荷载 p；②地表作用均布矩形局部荷载 p；③地下水位从地表降至深度 z 处。

5-3 基础底面下什么部位的剪应力最大？这在工程上有什么意义？

5-4 基础底面总压力不变，如果埋置深度增加，对土中附加应力分布有何影响？

5-5 有甲、乙两栋整体基础的相邻建筑，如图5-28所示，相距15m，建筑物甲的基底压力为100kN/m^2，建筑物乙的基底压力为150kN/m^2。试求A点下20m处的竖向附加应力 σ_z。

（答案：28.2kN/m^2）

5-6 有一路堤，如图5-29所示，已知填土的重度 $\gamma=20\text{kN/m}^3$，求路堤中线下O点（$z=0.0$m）和M点（$z=10.0$m）的竖向附加应力 σ_z。

（答案：O点$\sigma_z=100\text{kN/m}^2$，$M$点$\sigma_z=70.6\text{kN/m}^2$）

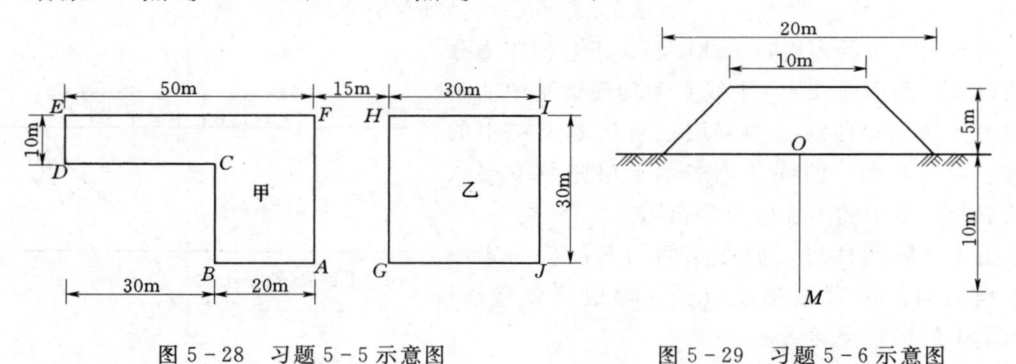

图5-28 习题5-5示意图

图5-29 习题5-6示意图

第6章 地基变形计算

6.1 概　　述

当建筑物通过它的基础将荷载传给地基以后，在地基土中将产生附加应力和变形，从而引起建筑物基础的下沉，在工程上将荷载引起的基础下沉称为基础的沉降。土体受力后引起的变形可分为体积变形和形状变形。变形主要是由正应力引起的，当剪应力超过一定范围时，土体将产生剪切破坏，此时的变形将不断发展。通常在地基中是不允许发生大范围剪切破坏的。本章讨论的基础沉降主要是由正应力引起的体积变形。如果基础的沉降量过大或产生过量的不均匀沉降，不但降低建筑物的使用价值，而且导致墙体开裂、门窗歪斜，严重时会造成建筑物倾斜甚至倒塌。因此，为了保证建筑物的安全和正常使用，必须预先对建筑物基础可能产生的最大沉降量和沉降差进行估算。如果建筑物基础可能产生的最大沉降量和沉降差在规定的容许范围之内，那么该建筑物的安全和正常使用一般是有保证的。因而，研究并合理地计算地基的变形，对保证建筑物的安全和正常使用来说是极其重要的。

地基的变形计算，通常假定地基土压缩不允许侧向变形。本章首先介绍有侧限条件下的压缩试验及压缩性指标的确定，以第5章中地基中应力的计算为基础，介绍了地基最终沉降量计算的弹性力学法、分层总和法和规范法，并讨论了土的应力历史对地基沉降的影响。天然地基土往往由成层土构成，还可能出现具有尖灭和透镜体等交错层理构造，即使是同一层土，其变形特性也会随深度而变，说明地基土的非均质性是非常显著的。目前在计算地基变形的方法上，首先把地基看成是均质的线性变形体，从而直接引用弹性力学公式来计算地基中的附加应力，然后利用某些简化的假设来解决成层土地基的沉降计算问题。

地基土的变形都有一个从开始到稳定的过程。在荷载作用下，不同性质的土类，其沉降稳定所需时间差别较大。因此，有关地基变形随时间增长的土力学一维固结理论也是本章重点讨论的内容。此外，还对不同渗流条件下的二维和三维固结理论作了简要介绍，熟悉和掌握这些理论的适用条件和计算方法，是安全合理地进行地基设计的基础。

6.2 室内压缩试验及压缩性指标

土层在受到竖向附加应力作用后，会产生压缩变形，引起基础沉降。土体在压力作用下体积减小的特性称为土的压缩性。土体积减小包括三部分：一是土颗粒发生相对位移，土中水及气体从孔隙中被排出，从而使土孔隙体积减小；二是土颗粒本身的压缩；三是土中水及封闭在土中的气体被压缩。试验研究表明，在一般的压力（土常受到的压力为100～600kPa）作用下，土粒和水的压缩与土的总压缩量之比是很微小的，因此完全可以忽略不计，所以可将土的压缩视为土中孔隙体积的减小。

一、室内压缩试验

室内压缩试验的主要目的是用压缩仪进行压缩试验，了解土的孔隙比随压力变化的规律，并测定土的压缩指标，评定土的压缩性大小。

压缩试验时，先用金属环刀切取原状土样，放入上下有透水石的压缩仪内（见图6-1），分级加载。在每组荷载作用下（一般按 p=50kPa、100kPa、200kPa、300kPa、400kPa 加载），压至变形稳定，测出土样的变形量，然后再加下一级荷载。根据每级荷载下的稳定变形量算出相应压力下的孔隙比。在压缩过程中，土样在金属环内不会有侧向膨胀，只有竖向变形，这种方法称为侧限压缩试验。

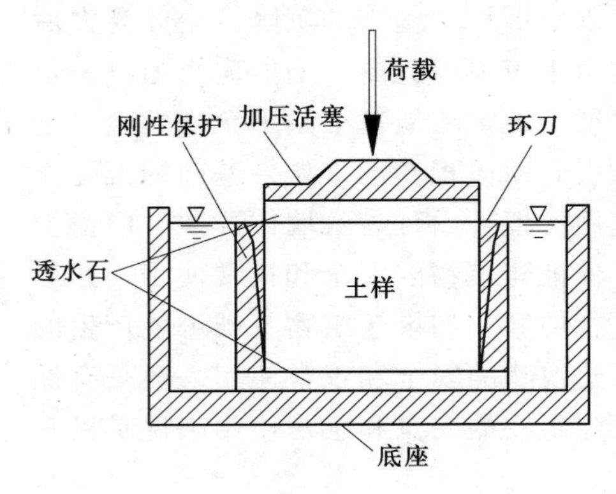

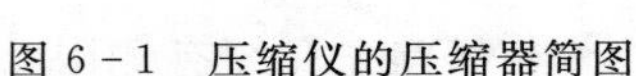
图6-1　压缩仪的压缩器简图

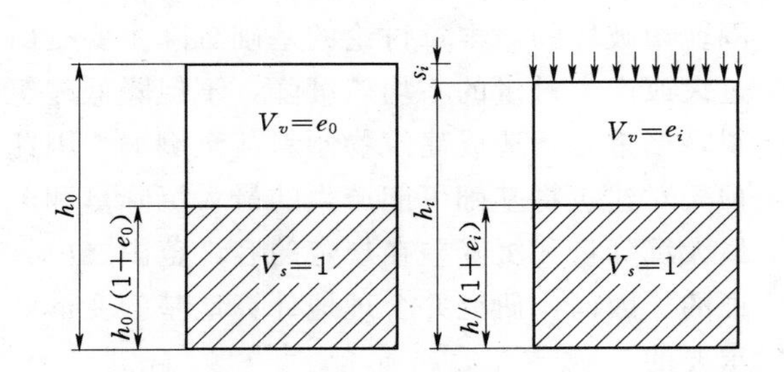

图6-2　压缩试验中土样孔隙比的变化

设土样原始高度为 h_0（见图6-2），土样的横截面面积为 A（即压缩仪容器的底面积），此时，土样的原始孔隙比 e_0 和土颗粒体积 V_s 可用下式表示：

$$e_0=\frac{V_v}{V_s}=\frac{Ah_0-V_s}{V_s}$$

则

$$V_s=\frac{Ah_0}{1+e_0}$$

当压力达到某级荷载 p_i 时，测出土样的稳定变形量为 s_i，此时土样高度为 h_0-s_i，对应的孔隙比为 e_i，则土颗粒体积为

$$V_{si}=\frac{A(h_0-s_i)}{1+e_i}$$

由于土样在压缩过程中受到完全侧限条件，土样横截面面积是不会变的，又因前面已假定土颗粒是不可压缩的，故 $V_s=V_{si}$，即

$$\frac{Ah_0}{1+e_0}=\frac{A(h_0-s_i)}{1+e_i}$$

则

$$s_i=\frac{e_0-e_i}{1+e_0}h_0$$

或

$$e_i=e_0-\frac{s_i}{h_0}(1+e_0) \tag{6-1}$$

其中

$$e_0=\frac{d_s(1+w)\gamma_w}{\gamma}-1$$

式中 e_0——土的原始孔隙比；

d_s——土粒相对密度；

w——土的天然含水量；

γ_w——水的重度，一般取 $\gamma_w=10\text{kN/m}^3$；

γ——土的天然重度。

根据某级荷载下的变形量 s_i，按式（6－1）求得相应的孔隙比 e_i，然后以压力 p 为横坐标，孔隙比 e 为纵坐标，可绘出 $e-p$ 关系曲线，此曲线称为压缩曲线（见图 6－3）。

二、压缩性指标

（一）压缩系数 a

由 $e-p$ 曲线（见图 6－3）可知，土在完全侧限条件下，孔隙比 e 随压力 p 的增加而减小，当压力由 p_1 至 p_2 的压力变化范围不大时，可将压缩曲线上相应的曲线段 M_1M_2 近似地用直线来代替。若 M_1 点的压力为 p_1，相应的孔隙比为 e_1，M_2 点的压力 p_2，相应的孔隙比为 e_2，则 M_1M_2 段的斜率可用下式表示：

$$a=-\frac{\Delta e}{\Delta p}=\frac{e_1-e_2}{p_2-p_1} \tag{6-2}$$

此式为土的力学性质的基本定律之一，称为压密定律。它表明，在压力变化范围不大时，孔隙比的变化（减小值）与压力的变化（增加值）成正比。比例系数称为压缩系数，用符号 a 表示，单位 MPa^{-1}。

压缩系数是表示土的压缩性大小的主要指标，广泛应用于土力学计算中。压缩系数愈大，表明在某压力变化范围内孔隙比减少得愈多，压缩性就愈高。但是，由图 6－3 中可见，同一种土的压缩系数并不是常数，而是随所取压力变化范围的不同而改变的。因此，评价不同种类和状态土的压缩系数大小，必须以同一压力变化范围来比较。在工程实际中，常以 $p_1=0.1\text{MPa}$ 至 $p_2=0.2\text{MPa}$ 的压缩系数 a_{1-2} 作为判别土的压缩性高低的标准：

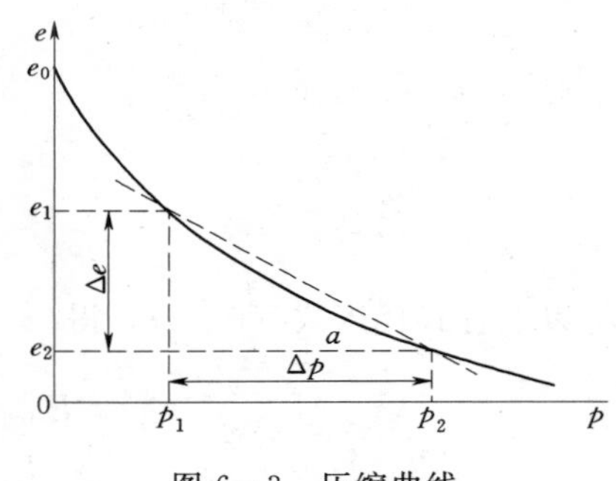

图 6－3 压缩曲线

当 $a_{1-2}<0.1\text{MPa}^{-1}$ 时，为低压缩性土；

当 $0.1\leqslant a_{1-2}<0.5\text{MPa}^{-1}$ 时，为中等压缩性土；

当 $a_{1-2}\geqslant 0.5\text{MPa}^{-1}$ 时，为高压缩性土。

（二）压缩指数 C_c

目前，国内外还常用压缩指数 C_c 进行压缩性评价和计算地基压缩变形量。压缩指数 C_c 是通过高压固结试验求得不同压力下的孔隙比，然后以孔隙比 e 为纵坐标，以压力的对数 $\log p$ 为横坐标，绘制 $e-\log p$ 曲线（见图 6－4）。该曲线后半段在很大范围内是一条直线，将直线段的斜率定义为土的压缩指数 C_c，表达式为

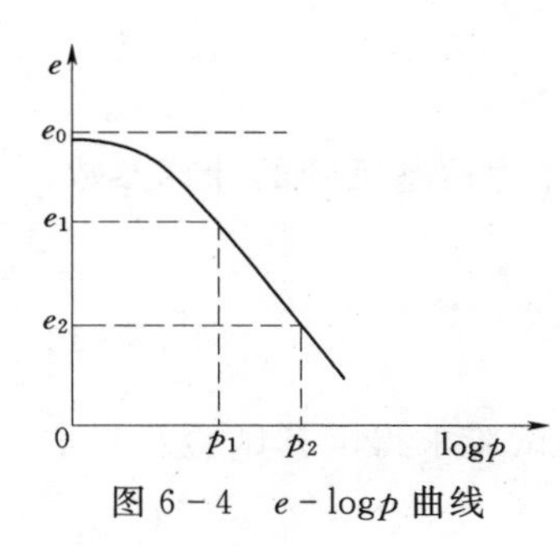

图 6－4 $e-\log p$ 曲线

$$C_c=-\frac{\Delta e}{\Delta\log p}=\frac{e_1-e_2}{\log p_2-\log p_1} \tag{6-3}$$

压缩指数在较大的荷重范围内是比较稳定的常数，一般黏性土 C_c 值多在 0.1～1.0。C_c 值愈大，土的压缩性愈高。对于正常固结的黏性土，压缩指数和压缩系数之间，存在如下关系：

$$C_c = \frac{a(p_2 - p_1)}{\log p_2 - \log p_1} \tag{6-4a}$$

或

$$a = \frac{C_c}{p_2 - p_1}\log\frac{p_2}{p_1} \tag{6-4b}$$

（三）压缩模量 E_s

通过压缩试验可求得土的压缩系数 a 和压缩指数 C_c 外，还可求得另一个常用的压缩性指标—压缩模量 E_s。压缩模量是指土在有侧限条件下受压时，某压力段的压应力增量 $\Delta\sigma$ 与压应变增量 $\Delta\varepsilon$ 之比，其表达式为

$$E_s = \frac{\Delta\sigma}{\Delta\varepsilon} \tag{6-5}$$

土的压缩模量随所取的压力范围不同而变化。工程上常用从 0.1～0.2MPa 压力范围内的压缩模量 E_{s1-2} 来判断土的压缩性。

土的压缩模量 E_{s1-2} 与压缩系数 a_{1-2} 的关系，可以通过下面推导的公式得到：

因为 $\Delta\sigma = p_2 - p_1$ 且

$$\varepsilon_2 = \frac{\Delta h_2}{h_0} = \frac{e_0 - e_2}{1 + e_0}$$

$$\varepsilon_1 = \frac{\Delta h_1}{h_0} = \frac{e_0 - e_1}{1 + e_0}$$

$$a_{1-2} = \frac{\Delta e}{\Delta p} = \frac{e_1 - e_2}{p_2 - p_1}$$

将以上各式代入式（6-5），得

$$E_{s1-2} = \frac{\Delta\sigma}{\Delta\varepsilon} = \frac{p_2 - p_1}{\varepsilon_2 - \varepsilon_1} = \frac{1 + e_0}{a_{1-2}} \tag{6-6}$$

土的压缩模量也是表征土的压缩性高低的一个指标。由上式可知，E_s 与 a 成反比，即 a 越大，E_s 越小，土的压缩性越高。工程上常采用 E_{s1-2} 作为判别土的压缩性高低的标准：

当 $E_{s1-2} < 4$MPa 时，属高压缩性土；

当 $E_{s1-2} = 4 \sim 15$MPa 时，属中等压缩性土；

当 $E_{s1-2} > 15$MPa 时，属低压缩性土。

此外，工程中还常用体积压缩系数 m_v（MPa^{-1}）这一指标作为地基沉降的计算参数，体积压缩系数在数值上等于压缩模量的倒数，其表达式为

$$m_v = \frac{1}{E_s} = \frac{a}{1 + e_0} \tag{6-7}$$

无侧限条件下土的变形计算参数即变形模量 E_0 由现场载荷试验求得，其试验及其求得方法读者可参考第 9 章的有关内容。

6.3　常用的地基沉降计算方法

这里所说的地基沉降量是指地基最终沉降量，目前常用的计算方法有弹性力学法、分层总和法、应力面积法和考虑应力历史影响的沉降计算法。所谓最终沉降量是地基在荷载作用下沉降完全稳定后的沉降量，要达到这一沉降量的时间取决于地基排水条件。对于砂土，施工结束后就可以完成；对于黏性土，少则几年，多则十几年、几十年乃至更长时间。

一、计算地基最终沉降量的弹性力学方法

地基最终沉降量的弹性力学计算方法是以布辛奈斯克课题的位移解为依据的。在弹性半空间表面作用着一个竖向集中力 P 时，见图 6-5，表面位移 $w\ (x,\ y,\ 0)$ 就是地基表面的沉降量 s：

$$s=\frac{P}{\pi r}\frac{1-\mu^2}{E} \tag{6-8}$$

其中

$$r=\sqrt{x^2+y^2}$$

式中　μ——地基土的泊松比；

E——地基土的弹性模量（或变形模量 E_0）；

r——地基表面任意点到集中力 P 作用点的距离。

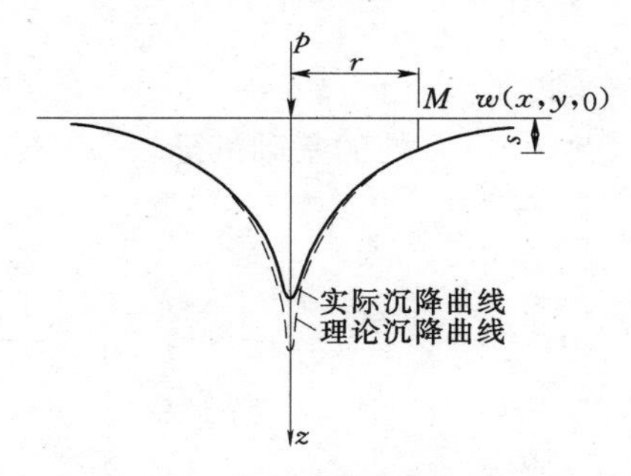

图 6-5　集中力作用下地基表面的沉降曲线

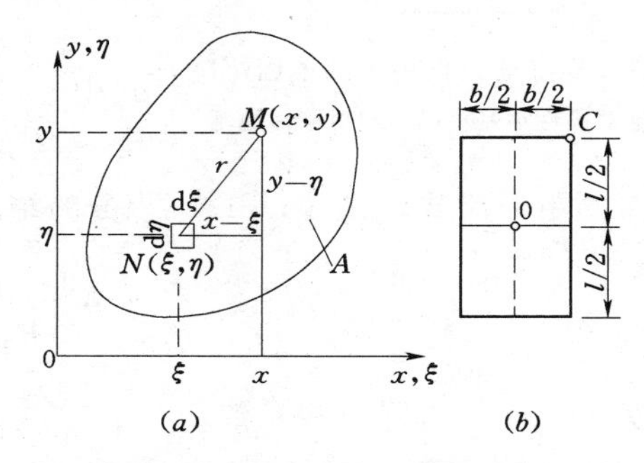

图 6-6　局部荷载下的地面沉降

(a) 任意荷载面；(b) 矩形荷载面

对于局部荷载下的地基沉降，则可利用式（6-8），根据叠加原理求得。如图 6-6 所示，设荷载面积 A 内 $N\ (\xi,\ \eta)$ 点处的分布荷载为 $p_0\ (\xi,\ \eta)$，则该点微面积上的分布荷载可用集中力 $P=p_0\ (\xi,\ \eta)\ \mathrm{d}\xi\mathrm{d}\eta$ 代替。于是，地面上与 N 点距离 $r=\sqrt{(x-\xi)^2+(y-\eta)^2}$ 的 $M\ (x,\ y)$ 点的沉降 $s\ (x,\ y)$，可由式（6-8）积分求得

$$s(x,y)=\frac{1-\mu^2}{\pi E_0}\iint_A\frac{p_0(\xi,\eta)\mathrm{d}\xi\mathrm{d}\eta}{\sqrt{(x-\xi)^2+(y-\eta)^2}} \tag{6-9}$$

从式（6-9）可以看出，如果知道了应力分布就可以求得沉降；反之，若沉降已知又可以反算出应力分布。

对均布矩形荷载 $p_0\ (\xi,\ \eta)=p_0=$常数，其角点 C 的沉降按式（6-9）积分的结果为

$$s=\frac{1-\mu^2}{E_0}\omega_c b p_0 \tag{6-10}$$

其中
$$\omega_c=\frac{1}{\pi}\left[m\ln\left(\frac{1+\sqrt{1+m^2}}{m}\right)+\ln(m+\sqrt{m^2+1})\right] \tag{6-11}$$
$$m=l/b$$

式中 ω_c——角点沉降影响系数。

利用式（6-10），以角点法易求得均布矩形荷载下地基表面任意点的沉降。例如，矩形中心点的沉降是图6-6（b）中的虚线划分为四个相同小矩形的角点沉降之和，即

$$s=4\frac{1-\mu^2}{E_0}\omega_c(b/2)p_0=\frac{1-\mu^2}{E_0}\omega_0 bp_0 \tag{6-12}$$

其中
$$\omega_0=2\omega_c$$

式中 ω_0——中心沉降影响系数。

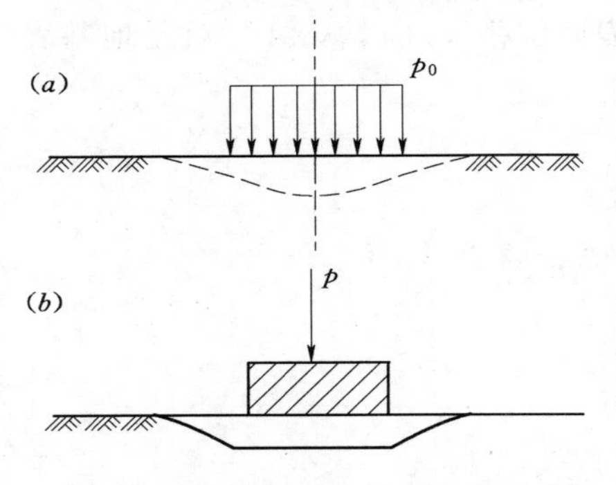

图6-7 局部荷载作用下的地面沉降
（a）绝对柔性地基；（b）绝对刚性地基

以上角点法的计算结果和实践经验都表明，柔性荷载下地面的沉降不仅产生于荷载面范围之内，而且还影响到荷载面之外，沉降后的地面呈碟形，如图6-7所示。但是一般基础都具有一定的抗弯刚度，因而沉降依基础刚度的大小而趋于均匀。中心荷载作用下的基础沉降可以近似地按绝对柔性基础基底平均沉降计算，即

$$s=\iint_A s(x,y)\mathrm{d}x\mathrm{d}y/A \tag{6-13}$$

式中 A——基底面积；

$s(x,y)$——点(x,y)处的基础沉降。

对于均布的矩形荷载，式（6-13）积分的结果为

$$s=\frac{1-\mu^2}{E_0}\omega_m bp_0 \tag{6-14}$$

式中 ω_m——平均沉降影响系数。

可将式（6-10）、式（6-12）和式（6-14）统一成为地基沉降的弹性力学公式的一般形式：

$$s=\frac{1-\mu^2}{E_0}\omega bp_0 \tag{6-15}$$

式中 b——矩形基础（荷载）的宽度或圆形基础（荷载）的直径；

ω——无量纲沉降影响系数，如表6-1所示。

表6-1 **基础沉降影响系数ω值**

基础刚度 \ 基础形状		圆形	方形 1.0	矩形（l/b） 1.5	2.0	3.0	4.0	5.0	6.0	7.0	8.0	9.0	10.0	100.0
柔性基础	ω_c	0.64	0.56	0.68	0.77	0.89	0.98	1.05	1.11	1.16	1.20	1.24	1.27	2.00
	ω_0	1.00	1.12	1.36	1.53	1.78	1.96	2.10	2.22	2.32	2.40	2.48	2.54	4.01
	ω_m	0.85	0.95	1.15	1.30	1.52	1.20	1.83	1.96	2.04	2.12	2.19	2.25	3.70
刚性基础 ω_r		0.79	0.88	1.08	1.22	1.44	1.61	1.72	—	—	—	—	2.12	3.40

刚性基础承受偏心荷载时，沉降后基底为一倾斜面，基底形心处的沉降（即平均沉降）可按式（6-15）取 $\omega=\omega_r$ 计算，基底倾斜的弹性力学公式如下：

圆形基础：
$$\theta\approx\tan\theta=6\frac{1-\mu^2}{E_0}\frac{Pe}{b^3} \tag{6-16a}$$

矩形基础：
$$\theta\approx\tan\theta=8K\frac{1-\mu^2}{E_0}\frac{Pe}{b^3} \tag{6-16b}$$

式中 θ——基础倾斜角；

P——基底竖向偏心荷载合力；

e——偏心距；

b——荷载偏心方向的矩形基底边长或圆形基底直径；

K——计算矩形刚性基础倾斜的无量纲系数，按 l/b 取值，如图6-8所示，其中 l 为矩形基底另一边长。

通常按式（6-15）计算的基础最终沉降量是偏大的。这是由于弹性力学公式是按均质线性变形半空间的假设得到的，而实际上地基常常是非均质的成层土，即使是均质的土层，其变形模量 E_0 一般随深度而增大。因此，利用弹性力学公式计算沉降的问题，在于所用的 E_0 值能否反映地基变形的真实情况。地基土层的 E_0 值，如能从已有建筑物的沉降观测资料，以弹性力学公式反算求得，则这种数据是很有价值的。

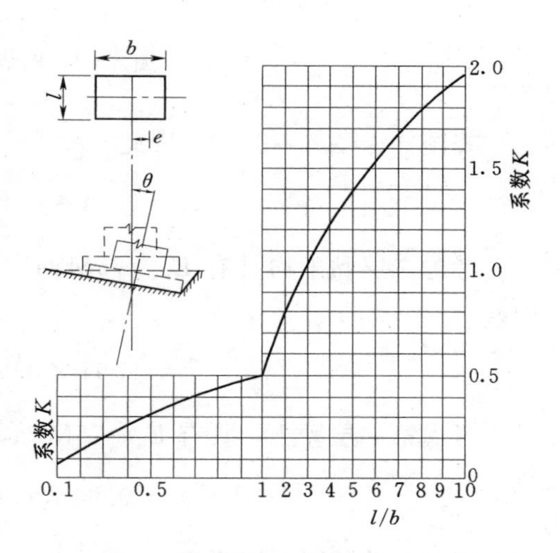

图6-8 计算矩形刚性基础倾斜的系数 K

此外，弹性力学公式可用来计算地基的瞬时沉降，此时认为地基土不产生体积变形，例如风或其他短暂荷载作用下，构筑物基础的倾斜可按式（6-16）计算，注意式中的 E_0 应取为地基弹性模量，并取泊松比 $\mu=0.5$。

在大多数实际问题中，土层的厚度是有限的，下卧坚硬土层。Christian 和 Carrier（1978年）提出了计算有限厚土层上柔性基础的平均沉降计算公式：

$$s=\mu_0\mu_1\frac{bp_0}{E_0} \tag{6-17}$$

式中，μ_0 取决于基础埋深和宽度之比 D/b，μ_1 取决于地基土厚度 H 和基础形状。取泊松比 $\mu=0.5$ 时，μ_0 和 μ_1 如图6-9所示。对于成层土地基，可利用叠加原理来计算地基平均沉降。式（6-17）主要用于估计饱和黏土地基的瞬时沉降，由于瞬时沉降是在不排水状态下发生的，因此，适宜的泊松比 μ 应取0.5，适宜的变形模量 E_0 应取不排水模量 E_u。

【例题6-1】 某矩形基础底面尺寸为4m×2m，基底压力 $p_0=150$kPa，埋深1m，地基土第一层为5m厚的黏土，不排水变形模量 $E_u=40$MPa，第二层为8m厚的黏土，$E_u=75$MPa，其下为坚硬土层。试估算基础的瞬时沉降。

解：$D/b=0.5$，查图6-9，$\mu_0=0.94$。

考虑上层黏土，$H/b=4/2=2$，$l/b=2$，$E_u=40$MPa。

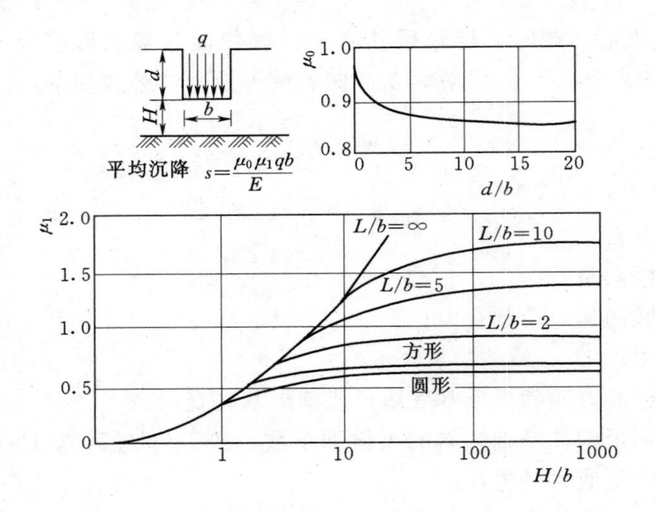

图 6-9 地基沉降计算系数 μ_0 和 μ_1

查图 6-9，$\mu_1=0.60$，因此

$$s_1=0.94\times0.60\times\frac{2\times150}{40}=4.23\text{mm}$$

考虑二层黏土均具有 $E_u=75\text{MPa}$，$H/b=12/2=6$，$l/b=2$，查图 6-9，$\mu_1=0.85$，因此

$$s_2=0.94\times0.85\times\frac{2\times150}{75}=3.20\text{mm}$$

考虑第一层黏土，具有 $E_u=75\text{MPa}$，则

$$s_3=0.94\times0.6\times\frac{2\times150}{75}=2.26\text{mm}$$

因此，总的瞬时沉降为

$$s=s_1+s_2-s_3=4.23+3.20-2.26=5.17\text{mm}$$

二、计算地基最终沉降量的分层总和法

（一）一维压缩课题

在厚度为 H 的均匀土层上面施加连续均匀荷载 p，如图 6-10（a）所示，这时土层只能在竖直方向发生压缩变形，而不可能有侧向变形，这与侧限压缩试验中的情况基本一样，属一维压缩问题。

施加外荷载之前，土层中的自重应力为图 6-10（b）中 OBA；施加 p 之后，土层中引起的附加应力分布为 $OCDA$。对整个土层来说，施加外荷载前后存在于土层中的平均竖向应力分别为 $p_1=\gamma H/2$ 和 $p_2=p_1+p$。从土的压缩试验曲线［见图 6-10（c）］可以看出，竖向应力从 p_1 增加到 p_2，将引起土的孔隙比从 e_1 减小为 e_2。因此，可求得一维条件下土层的压缩变形 s 与土的孔隙比 e 的变化之间存在如下关系：

$$s=\frac{e_1-e_2}{1+e_1}H \tag{6-18}$$

该式即为土层一维压缩变形量的基本计算公式。式（6-18）也可改写为

$$s=\frac{a}{1+e_1}(p_2-p_1)H=\frac{a}{1+e_1}pH \tag{6-19}$$

或
$$s=\frac{a}{1+e_1}A=m_v A \tag{6-20}$$

或
$$s=\frac{pH}{E_s} \tag{6-21}$$

其中
$$A=pH$$

式中　a——压缩系数；

m_v——体积压缩系数；

E_s——压缩模量；

H——土层厚度；

A——附加应力面积。

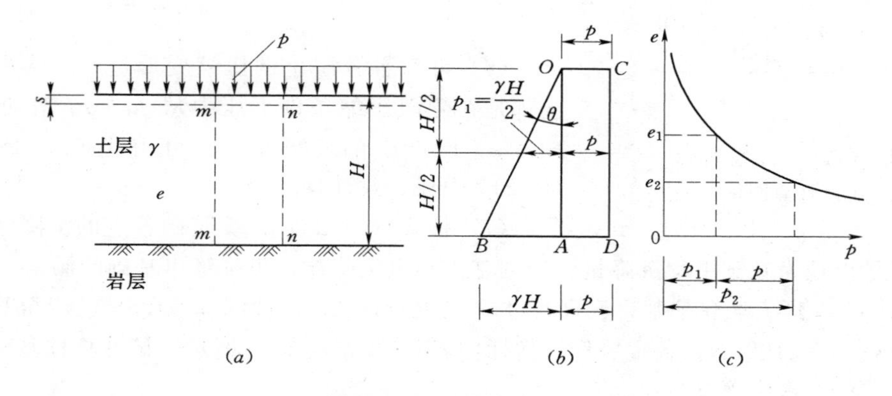

图 6-10　土层一维压缩

（二）沉降计算的分层总和法

1. 基本原理

分别计算基础中心点下地基各分层土的压缩变形量 s_i，认为基础的平均沉降量 s 为 s_i 的总和，即

$$s=\sum_{i=1}^{n}s_i \tag{6-22}$$

式中　n——计算深度范围内土的分层数。

计算时 s_i，假设土层只发生竖向压缩变形，没有侧向变形，因此可按式（6-18）～式（6-21）中任一式进行计算。

2. 计算步骤

（1）选择沉降计算剖面，在每一个剖面上选择若干计算点。在计算基底压力和地基中附加应力时，根据基础的尺寸及所受荷载的性质（中心受压、偏心或倾斜等），求出基底压力的大小和分布；再结合地基土层的性状，选择沉降计算点的位置。

（2）将地基分层。在分层时天然土层的交界面和地下水位面应为分层面，同时在同一类土层中分层的厚度不宜过大。一般取分层厚 $h_i \leqslant 0.4b$ 或 $h_i=1\sim 2\text{m}$，b 为基础宽度。

（3）求出计算点垂线上各分层层面处的竖向自重应力 σ_c（应从地面起算），并绘出它的分布曲线。

(4) 求出计算点垂线上各分层层面处的竖向附加应力 σ_z，并绘出它的分布曲线，取 $\sigma_z=0.2\sigma_c$（中、低压缩性土）或 $0.1\sigma_c$（高压缩性土）处的土层深度为沉降计算的土层深度。

(5) 求出各分层的平均自重应力 σ_{ci} 和平均附加应力 σ_{zi}，如图 6-11 所示：

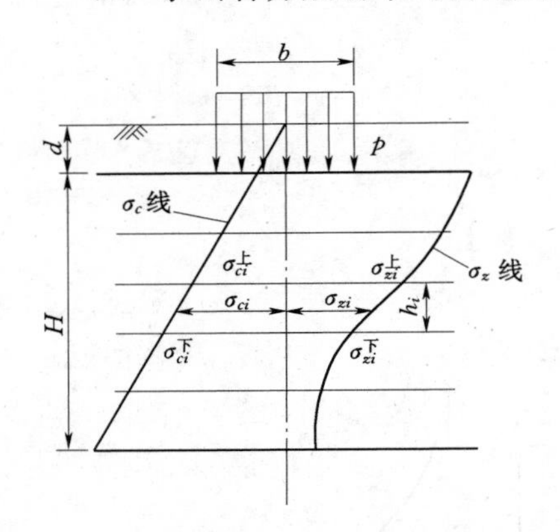

图 6-11 分层总和法沉降计算图例

$$\sigma_{ci}=\frac{1}{2}(\sigma_{ci}^{上}+\sigma_{ci}^{下})$$

$$\sigma_{zi}=\frac{1}{2}(\sigma_{zi}^{上}+\sigma_{zi}^{下})$$

式中 $\sigma_{ci}^{上}$、$\sigma_{ci}^{下}$——第 i 分层土上、下层面处的自重应力；

$\sigma_{zi}^{上}$、$\sigma_{zi}^{下}$——第 i 分层土上、下层面处的附加应力。

(6) 计算各分层土的压缩变形量 s_i。认为各分层土都是在侧限压缩条件下压力从 $p_1=\sigma_{ci}$ 增加到 $p_2=\sigma_{ci}+\sigma_{zi}$ 所产生的变形量 s_i，可由式 (6-18) ~ 式 (6-21) 中任一式计算。

(7) 按式 (6-22) 计算基础各点的沉降量。基础中点沉降量可视为基础平均沉降量；根据基础角点沉降差，可推算出基础的倾斜。

【例题 6-2】 某柱基础，底面尺寸 $l\times b=4\text{m}\times 2\text{m}$，埋深 $d=1.5\text{m}$。传至基础顶面的竖向荷载 $N=1192\text{kN}$，各土层计算指标如表 6-2 和表 6-3 所示。试计算柱基础最终沉降量。假定地下水位深 $d_w=2\text{m}$。

表 6-2 土层计算指标

土层编号	土层名称	γ (kN/m²)	a (MPa⁻¹)	E_s (MPa)
①	黏土	19.5	0.39	4.5
②	粉质黏土	19.8	0.33	5.1
③	粉砂	19.0	0.37	5.0
④	粉土	19.2	0.52	3.4

表 6-3 土层侧限压缩试验 e-p 曲线

土层编号	土层名称	p (kPa)			
		0	50	100	200
①	黏土	0.820	0.780	0.760	0.740
②	粉质黏土	0.740	0.720	0.700	0.670
③	粉砂	0.890	0.860	0.840	0.810
④	粉土	0.850	0.810	0.780	0.740

解： 基底平均压力 p 为

$$p=\frac{N}{l\times b}+\gamma_G b=\frac{1192}{4\times 2}+20\times 1.5=179\text{kPa}$$

基底附加压力 p_0 为

$$p_0=p-\gamma d=179-19.5\times 1.5=150\text{kPa}$$

取水的重度 $\gamma_w\approx 10\text{kN/m}^3$，则有效重度 $\gamma'=\gamma-10$，基础中心线下的自重应力和附加应力计算结果如图 6-12 所示。到粉砂层层底，$\sigma_z=14.4\text{kPa}<0.2\sigma_c=0.2\times 91.9=18.3\text{kPa}$，因此，沉降计算深度取为 $H=2.0+4.0+1.5=7.5\text{m}$，从基底起算的土层压缩层厚度为 $Z_n=7.5-1.5=6.0\text{m}$。

按 $h_i \leqslant 0.4b=0.4\times 2=0.8$m 分层。$h_1=0.50$m，$h_2 \sim h_6=0.80$m，$h_7=h_8=0.75$m。柱基础最终沉降量计算结果如下：

（1）按公式 $s_i=\left(\dfrac{e_1-e_2}{1+e_1}\right)_i h_i$ 计算，计算过程如表 6-4 所示。

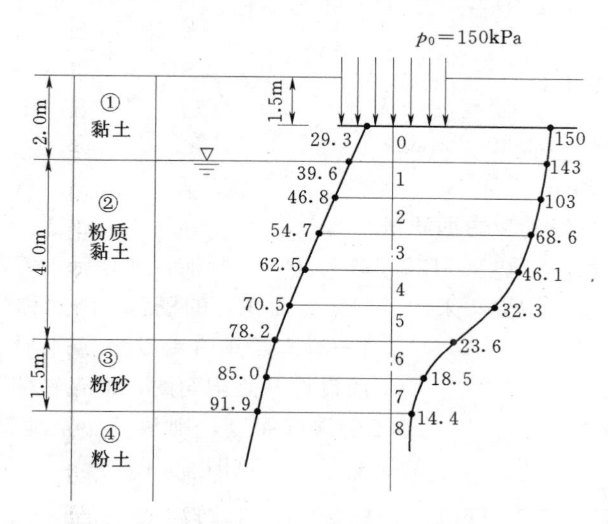

图 6-12　土层自重应力和附加应力分布

表 6-4　　各分层土沉降量计算程序

土层编号	土层名称	分层	h_i（m）	p_{1i}（kPa）	e_{1i}	p_{2i}（kPa）	e_{2i}	s_i（mm）
①	黏土	0—1	0.50	34.5	0.7995	181	0.7439	15.45
②	粉质黏土	1—2	0.80	43.2	0.7228	166.2	0.6802	19.78
		2—3	0.80	50.8	0.7197	136.6	0.6890	14.28
		3—4	0.80	58.6	0.7166	116.0	0.6953	9.93
		4—5	0.80	66.5	0.7135	105.7	0.6984	7.05
		5—6	0.80	74.4	0.7104	102.4	0.6994	5.14
③	粉砂	6—7	0.75	81.6	0.8474	102.7	0.8392	3.33
		7—8	0.75	88.4	0.8446	104.9	0.8385	2.48

因此，$s=\sum s_i=77.44$mm。

（2）按公式 $s_i=\left(\dfrac{a}{1+e_i}\right)_i \sigma_{zi} h_i$ 计算，计算过程如表 6-5 所示。

表 6-5　　各分层土沉降量计算程序

土层编号	土层名称	分层	h_i（m）	p_{1i}（kPa）	e_{1i}	σ_{zi}（kPa）	a（MPa^{-1}）	s_i（mm）
①	黏土	0—1	0.50	34.2	0.7995	146.5	0.39	15.85
②	粉质黏土	1—2	0.80	42.9	0.7228	123.0	0.33	18.85
		2—3	0.80	50.8	0.7197	85.8		13.17
		3—4	0.80	58.4	0.7166	57.4		8.83
		4—5	0.80	66.2	0.7135	39.2		6.04
		5—6	0.80	74.0	0.7104	28.0		4.32
③	粉砂	6—7	0.75	81.6	0.8474	21.1	0.37	3.17
		7—8	0.75	88.4	0.8446	16.5		2.48

因此，$s=\sum s_i=72.44\text{mm}$。

(3) 按公式 $s_i=\frac{\sigma_{zi}}{E_{si}}h_i$ 计算：

$$s=\frac{146.5}{4.5}\times 0.50+(123.0+85.8+57.4+39.2+28.0)\times\frac{0.80}{5.1}$$
$$+(21.1+16.5)\times\frac{0.75}{5.0}$$
$$=16.28+52.30+5.64$$
$$=74.22\text{mm}$$

三、地基沉降量计算的应力面积法

《建筑地基基础设计规范》(GB 50007—2011) 所推荐的地基最终沉降量计算方法是另一种形式的分层总和法。该方法采用了“应力面积”的概念，因而称为应力面积法。

(一) 土层压缩变形量 Δs 的计算及应力面积的概念

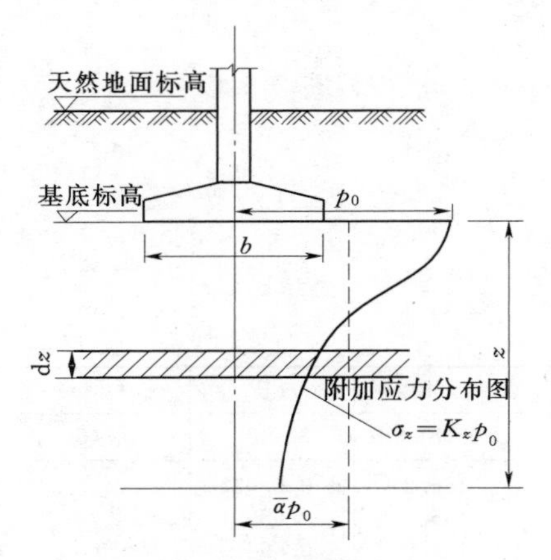

图 6-13 应力面积的概念

假设地基是均匀的，即土在侧限条件下的压缩模量 E_s 不随深度而变，则从基底至地基任意深度 z 范围内的压缩量为（见图 6-13）

$$s=\int_0^z \varepsilon \mathrm{d}z=\frac{1}{E_s}\int_0^z \sigma_z \mathrm{d}z=\frac{A}{E_s} \qquad (6-23)$$

其中 $\varepsilon=\sigma_z/E_s$

$$A=\int_0^z \sigma_z \mathrm{d}z$$

式中 ε——土的侧限压缩应变；

A——深度 z 范围内的附加应力面积。

因为 $\sigma_z=K_zp_0$，K_z 为基底下任意深度 z 处的附加应力系数。因此，附加应力面积 A 为

$$A=\int_0^z \sigma_z \mathrm{d}z=p_0\int_0^z K_z \mathrm{d}z \qquad (6-24)$$

为便于计算，引入一个竖向平均附加应力（面积）系数 $\bar{\alpha}=A/(p_0Z)$。则式 (6-23) 改写为

$$s'=\frac{p_0\bar{\alpha}z}{E_s} \qquad (6-25)$$

式 (6-25) 即为以附加应力面积等代值引出一个平均附加应力系数表达的从基底至任意深度 z 范围内地基沉降量的计算公式。由此可得成层地基沉降量的计算公式（见图 6-14）：

$$s'=\sum_{i=1}^{n}\Delta s'_i=\sum_{i=1}^{n}\frac{A_i-A_{i-1}}{E_{si}}=\sum_{i=1}^{n}\frac{p_0}{E_{si}}(\bar{\alpha}_iz_i-\bar{\alpha}_{i-1}z_{i-1}) \qquad (6-26)$$

式中 $p_0\bar{\alpha}_iz_i$ 和 $p_0\bar{\alpha}_{i-1}z_{i-1}$——$z_i$ 和 z_{i-1} 深度范围内竖向附加应力面积 A_i 和 A_{i-1} 的等代值。

因此，用式 (6-26) 计算成层地基的沉降量，关键是确定竖向平均附加应力系数 $\bar{\alpha}$。

由竖向平均附加应力系数 $\bar{\alpha}$ 的定义，均布荷载 p_0 作用于矩形 ($2a\times 2b$) 土表面，相

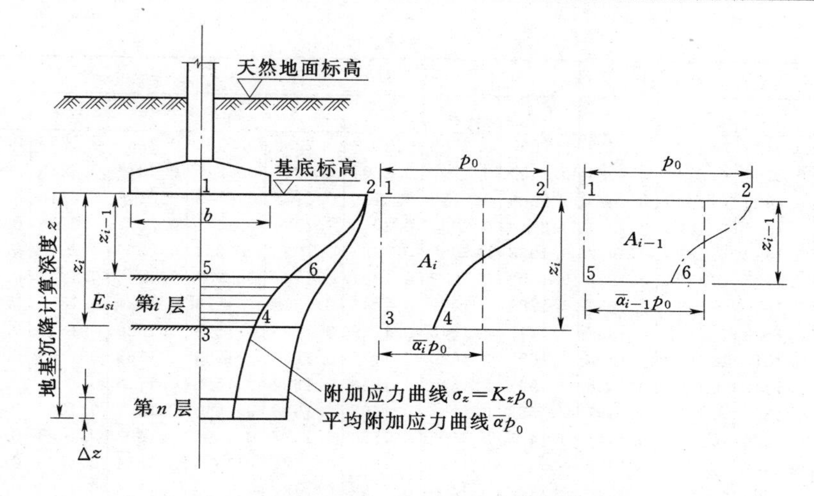

图 6-14 成层地基沉降计算的概念

对其形心，在坐标（x，y）处，从土表面到z深处，可导出$\overline{\alpha}$的解析式如下：

$$\overline{\alpha}=\frac{1}{2\pi z}\sum_{i=0}^{3}(-1)^{i+j}\left[z\arctan\frac{X_iY_i}{z\sqrt{X_i^2+Y_i^2+z^2}}\right.$$
$$+X_i\ln\frac{(\sqrt{X_i^2+Y_j^2-z^2}-Y_j)(\sqrt{X_i^2+Y_j^2}+Y_j)}{(\sqrt{X_i^2+Y_j^2+z^2}+Y_j)(X_i^2+Y_j^2-Y_j)}$$
$$\left.+Y_j\ln\frac{(\sqrt{X_i^2+Y_j^2+z^2}-X_i)(\sqrt{X_i^2+Y_j^2}+X_i)}{(\sqrt{X_i^2+Y_j^2+z^2}+X_i)(X_i^2+Y_j^2-X_i)}\right] \tag{6-27}$$

其中
$$j=\mathrm{int}\left[\frac{i}{2}\right]\text{（表示取}\frac{i}{2}\text{的整数部分）} \tag{6-28a}$$

$$\left.\begin{aligned}X_i&=x+(-1)^i a\\Y_i&=y+(-1)^j b\end{aligned}\right\} \tag{6-28b}$$

为便于计算，均布矩形荷载角点下的$\overline{\alpha}$列于表6-6；利用式（6-24）也可以求出均布三角形荷载角点、圆形面积均布荷载中心点和周边点下的$\overline{\alpha}$值，并列于表6-7～表6-9，以供查用。

表6-6 均布矩形荷载角点下的平均竖向附加应力系数α

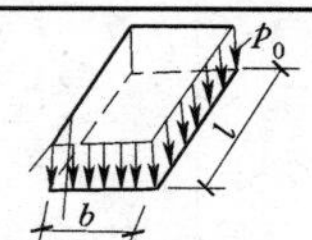

z/b	l/b												
	1.0	1.2	1.4	1.6	1.8	2.0	2.4	2.8	3.2	3.6	4.0	5.0	10.0
0.0	0.2500	0.2500	0.2500	0.2500	0.2500	0.2500	0.2500	0.2500	0.2500	0.2500	0.2500	0.2500	0.2500
0.2	0.2496	0.2497	0.2497	0.2498	0.2498	0.2498	0.2498	0.2498	0.2498	0.2498	0.2498	0.2498	0.2498
0.4	0.2474	0.2479	0.2481	0.2483	0.2483	0.2484	0.2485	0.2485	0.2485	0.2485	0.2485	0.2485	0.2485
0.6	0.2423	0.2437	0.2444	0.2448	0.2451	0.2452	0.2454	0.2455	0.2455	0.2455	0.2455	0.2455	0.2456
0.8	0.2346	0.2372	0.2387	0.2395	0.2400	0.2403	0.2407	0.2408	0.2409	0.2409	0.2410	0.2410	0.2410
1.0	0.2252	0.2291	0.2313	0.2326	0.2335	0.2340	0.2346	0.2349	0.2351	0.2352	0.2352	0.2353	0.2353

续表

z/b	l/b												
	1.0	1.2	1.4	1.6	1.8	2.0	2.4	2.8	3.2	3.6	4.0	5.0	10.0
1.2	0.2149	0.2199	0.2229	0.2248	0.2260	0.2268	0.2278	0.2282	0.2285	0.2286	0.2287	0.2288	0.2289
1.4	0.2043	0.2102	0.2140	0.2164	0.2190	0.2191	0.2204	0.2211	0.2215	0.2217	0.2218	0.2220	0.2221
1.6	0.1939	0.2006	0.2049	0.2079	0.2099	0.2113	0.2130	0.2138	0.2143	0.2146	0.2148	0.2150	0.2152
1.8	0.1840	0.1912	0.1960	0.1994	0.2018	0.2034	0.2055	0.2066	0.2073	0.2077	0.2079	0.2082	0.2084
2.0	0.1746	0.1822	0.1875	0.1912	0.1938	0.1958	0.1982	0.1996	0.2004	0.2009	0.2012	0.2015	0.2018
2.2	0.1659	0.1737	0.1793	0.1833	0.1862	0.1883	0.1911	0.1927	0.1937	0.1943	0.1947	0.1952	0.1955
2.4	0.1578	0.1657	0.1715	0.1757	0.1789	0.1812	0.1843	0.1862	0.1873	0.1880	0.1885	0.1890	0.1895
2.6	0.1503	0.1583	0.1642	0.1686	0.1719	0.1745	0.1779	0.1799	0.1812	0.1820	0.1825	0.1832	0.1838
2.8	0.1433	0.1514	0.1574	0.1619	0.1654	0.1680	0.1717	0.1739	0.1753	0.1763	0.1769	0.1777	0.1784
3.0	0.1369	0.1449	0.1510	0.1556	0.1592	0.1619	0.1658	0.1682	0.1698	0.1708	0.1715	0.1725	0.1733
3.2	0.1310	0.1390	0.1450	0.1497	0.1533	0.1562	0.1602	0.1628	0.1645	0.1657	0.1664	0.1675	0.1685
3.4	0.1256	0.1334	0.1394	0.1441	0.1478	0.1508	0.1550	0.1577	0.1595	0.1607	0.1616	0.1628	0.1639
3.6	0.1205	0.1282	0.1342	0.1389	0.1427	0.1456	0.1500	0.1528	0.1548	0.1561	0.1570	0.1583	0.1595
3.8	0.1158	0.1234	0.1293	0.1340	0.1378	0.1408	0.1452	0.1482	0.1502	0.1516	0.1526	0.1541	0.1554
4.0	0.1114	0.1189	0.1248	0.1294	0.1332	0.1362	0.1408	0.1438	0.1459	0.1474	0.1485	0.1500	0.1516
4.2	0.1073	0.1147	0.1205	0.1251	0.1289	0.1319	0.1365	0.1396	0.1418	0.1434	0.1445	0.1462	0.1479
4.4	0.1035	0.1107	0.1164	0.1210	0.1248	0.1279	0.1325	0.1357	0.1379	0.1396	0.1407	0.1425	0.1444
4.6	0.1000	0.1070	0.1127	0.1172	0.1209	0.1240	0.1287	0.1319	0.1342	0.1359	0.1371	0.1390	0.1410
4.8	0.0967	0.1036	0.1091	0.1136	0.1173	0.1204	0.1250	0.1283	0.1307	0.1324	0.1337	0.1357	0.1379
5.0	0.0935	0.1003	0.1057	0.1102	0.1139	0.1169	0.1216	0.1249	0.1273	0.1291	0.1304	0.1325	0.1348
5.2	0.0906	0.0972	0.1026	0.1070	0.1106	0.1136	0.1183	0.1217	0.1241	0.1259	0.1273	0.1295	0.1320
5.4	0.0878	0.0943	0.0996	0.1039	0.1075	0.1105	0.1152	0.1186	0.1211	0.1229	0.1243	0.1265	0.1292
5.6	0.0852	0.0916	0.0968	0.1010	0.1046	0.1076	0.1122	0.1156	0.1181	0.1200	0.1215	0.1238	0.1266
5.8	0.0828	0.0890	0.0941	0.0983	0.1018	0.1047	0.1094	0.1128	0.1153	0.1172	0.1187	0.1211	0.1240
6.0	0.0805	0.0866	0.0916	0.0957	0.0991	0.1021	0.1067	0.1101	0.1126	0.1146	0.1161	0.1185	0.1216
6.2	0.0783	0.0842	0.0891	0.0932	0.0966	0.0995	0.1041	0.1075	0.1101	0.1120	0.1136	0.1161	0.1193
6.4	0.0762	0.0820	0.0869	0.0909	0.0942	0.0971	0.1016	0.1050	0.1076	0.1096	0.1111	0.1137	0.1171
6.6	0.0742	0.0799	0.0847	0.0886	0.0919	0.0948	0.0993	0.1027	0.1053	0.1073	0.1088	0.1114	0.1149
6.8	0.0723	0.0779	0.0826	0.0865	0.0898	0.0926	0.0970	0.1004	0.1030	0.1050	0.1066	0.1092	0.1129
7.0	0.0705	0.0761	0.0806	0.0844	0.0877	0.0904	0.0949	0.0982	0.1008	0.1028	0.1044	0.1071	0.1109
7.2	0.0688	0.0742	0.0787	0.0825	0.0857	0.0884	0.0928	0.0962	0.0987	0.1008	0.1023	0.1051	0.1090
7.4	0.0672	0.0725	0.0769	0.0806	0.0838	0.0865	0.0908	0.0942	0.0967	0.0988	0.1004	0.1031	0.1071
7.6	0.0656	0.0709	0.0752	0.0789	0.0820	0.0846	0.0889	0.0922	0.0948	0.0968	0.0984	0.1012	0.1054
7.8	0.0642	0.0693	0.0736	0.0771	0.0802	0.0828	0.0871	0.0904	0.0929	0.0950	0.0966	0.0994	0.1036
8.0	0.0627	0.0678	0.0720	0.0755	0.0785	0.0811	0.0853	0.0886	0.0912	0.0932	0.0948	0.0976	0.1020
8.2	0.0614	0.0663	0.0705	0.0739	0.0769	0.0795	0.0837	0.0869	0.0894	0.0914	0.0931	0.0959	0.1004
8.4	0.0601	0.0649	0.0690	0.0724	0.0754	0.0779	0.0820	0.0852	0.0878	0.0989	0.0914	0.0943	0.0988
8.6	0.0588	0.0636	0.0676	0.0710	0.0739	0.0764	0.0805	0.0836	0.0862	0.0882	0.0898	0.0927	0.0973
8.8	0.0576	0.0623	0.0663	0.0696	0.0724	0.0749	0.0790	0.0821	0.0846	0.0866	0.0882	0.0912	0.959
9.2	0.0554	0.0599	0.09637	0.0697	0.0721	0.0761	0.0792	0.0817	0.0837	0.0853	0.0882	0.0813	0.0931
9.6	0.0533	0.0577	0.0614	0.0672	0.0696	0.0734	0.0765	0.0789	0.0809	0.0825	0.0855	0.0738	0.0905
10.0	0.0514	0.0556	0.0592	0.0649	0.0672	0.0710	0.0739	0.0763	0.0783	0.0799	0.0829	0.0719	0.0880
10.4	0.0496	0.0537	0.0572	0.0627	0.0649	0.0686	0.0716	0.0739	0.0759	0.0775	0.0804	0.0682	0.0857
10.8	0.0479	0.0519	0.0553	0.0606	0.0628	0.0664	0.0693	0.0717	0.0736	0.0751	0.0781	0.0649	0.0834
11.2	0.0463	0.0502	0.0535	0.0563	0.0587	0.0609	0.0644	0.0672	0.0695	0.0714	0.0730	0.0759	0.0813
11.6	0.0448	0.0486	0.0518	0.0545	0.0569	0.0590	0.0625	0.0652	0.0675	0.0694	0.0709	0.0738	0.0793
12.0	0.0435	0.0471	0.0502	0.0529	0.0552	0.0573	0.0606	0.0634	0.0656	0.0674	0.0690	0.0719	0.0774
12.8	0.0409	0.0444	0.0474	0.0499	0.0521	0.0541	0.0573	0.0599	0.0621	0.0639	0.0654	0.0682	0.0739
13.6	0.0387	0.0420	0.0448	0.0472	0.0493	0.0512	0.0543	0.0568	0.0589	0.0607	0.0621	0.0649	0.0707
14.4	0.0367	0.0398	0.0425	0.0448	0.0468	0.0486	0.0516	0.0540	0.0561	0.0577	0.0592	0.0619	0.0677
15.2	0.0349	0.0379	0.0404	0.0426	0.0446	0.0463	0.0492	0.0515	0.0535	0.0551	0.0565	0.0592	0.0650
16.0	0.0332	0.0361	0.0385	0.0407	0.0425	0.0442	0.0469	0.0492	0.0511	0.0527	0.0540	0.0567	0.0625
18.0	0.0297	0.0323	0.0345	0.0364	0.0381	0.0396	0.0422	0.0442	0.0460	0.0475	0.0487	0.0512	0.0570
20.0	0.0269	0.0293	0.0312	0.0330	0.0345	0.0359	0.0383	0.0402	0.0418	0.0432	0.0444	0.0468	0.0524

表 6-7　　三角形分布的矩形荷载角点下的平均竖向附加应力系数 $\bar{\alpha}$

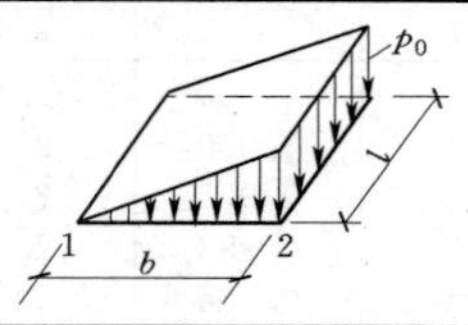

z/b	$l/b=0.2$		$l/b=0.4$		$l/b=0.6$		$l/b=0.8$		$l/b=1.0$	
	角点 1	角点 2	角点 1	角点 2	角点 1	角点 2	角点 1	角点 2	角点 1	角点 2
0.0	0.0000	0.2500	0.0000	0.2500	0.0000	0.2500	0.0000	0.2500	0.0000	0.2500
0.2	0.0112	0.2161	0.0140	0.2308	0.0148	0.2333	0.0151	0.2339	0.0152	0.2341
0.4	0.0179	0.1810	0.0245	0.2084	0.0270	0.2153	0.0280	0.2175	0.0285	0.2184
0.6	0.0207	0.1505	0.0308	0.1851	0.0355	0.1966	0.0376	0.2011	0.0388	0.2030
0.8	0.0217	0.1277	0.0340	0.1640	0.0405	0.1787	0.0440	0.1852	0.0459	0.1883
1.0	0.0217	0.1104	0.0351	0.1461	0.0430	0.1624	0.0476	0.1704	0.0502	0.1746
1.2	0.0212	0.0970	0.0351	0.1312	0.0439	0.1480	0.0492	0.1571	0.0525	0.1621
1.4	0.0204	0.0865	0.0344	0.1187	0.0436	0.1356	0.0495	0.1451	0.0534	0.1507
1.6	0.0195	0.0779	0.0333	0.1082	0.0427	0.1247	0.0490	0.1345	0.0533	0.1405
1.8	0.0186	0.0709	0.0321	0.0993	0.0415	0.1153	0.0480	0.1252	0.0525	0.1313
2.0	0.0178	0.0650	0.0308	0.0917	0.0401	0.1071	0.0467	0.1169	0.0513	0.1232
2.5	0.0157	0.0538	0.0276	0.0769	0.0365	0.0908	0.0429	0.1000	0.0478	0.1063
3.0	0.0140	0.0458	0.0248	0.0661	0.0330	0.0786	0.0392	0.0871	0.0439	0.0931
5.0	0.0097	0.0289	0.0175	0.0424	0.0236	0.0476	0.0285	0.0576	0.0324	0.0624
7.0	0.0073	0.0211	0.0133	0.0311	0.0180	0.0352	0.0219	0.0427	0.0251	0.0465
10.0	0.0053	0.0150	0.0097	0.0222	0.0133	0.0253	0.0162	0.0308	0.0186	0.0336

z/b	$l/b=1.2$		$l/b=1.4$		$l/b=1.6$		$l/b=1.8$		$l/b=2.0$	
0.0	0.0000	0.2500	0.0000	0.2500	0.0000	0.2500	0.0000	0.2500	0.0000	0.2500
0.2	0.0153	0.2342	0.0153	0.2343	0.0153	0.2343	0.0153	0.2343	0.0153	0.2343
0.4	0.0288	0.2187	0.0289	0.2189	0.0290	0.2190	0.0290	0.2190	0.0290	0.2191
0.6	0.0394	0.2039	0.0397	0.2043	0.0399	0.2046	0.0400	0.2047	0.0401	0.2048
0.8	0.0470	0.1899	0.0476	0.1907	0.0480	0.1912	0.0482	0.1915	0.0483	0.1917
1.0	0.0518	0.1769	0.0528	0.1781	0.0534	0.1789	0.0538	0.1794	0.0540	0.1797
1.2	0.0546	0.1649	0.0560	0.1666	0.0568	0.1678	0.0574	0.1684	0.0577	0.1689
1.4	0.0559	0.1541	0.0575	0.1562	0.0586	0.1576	0.0594	0.1585	0.0599	0.1591
1.6	0.0561	0.1443	0.0580	0.1467	0.0594	0.1484	0.0603	0.1494	0.0609	0.1502
1.8	0.0556	0.1354	0.0578	0.1381	0.0593	0.1400	0.0604	0.1413	0.0611	0.1422
2.0	0.0547	0.1274	0.0570	0.1303	0.0587	0.1324	0.0599	0.1338	0.0608	0.1348
2.5	0.0513	0.1107	0.0540	0.1139	0.0560	0.1163	0.0575	0.1180	0.0586	0.1193
3.0	0.0476	0.0976	0.0503	0.1008	0.0525	0.1033	0.0541	0.1052	0.0554	0.1067
5.0	0.0356	0.0661	0.0382	0.0690	0.0403	0.0714	0.0421	0.0734	0.0435	0.0749
7.0	0.0277	0.0496	0.0299	0.0520	0.0318	0.0541	0.0333	0.0558	0.0347	0.0572
10.0	0.0207	0.0359	0.0224	0.0379	0.0239	0.0395	0.0252	0.0409	0.0263	0.0403

z/b	$l/b=3.0$		$l/b=4.0$		$l/b=6.0$		$l/b=8.0$		$l/b=10.0$	
0.0	0.0000	0.2500	0.0000	0.2500	0.0000	0.2500	0.0000	0.2500	0.0000	0.2500
0.2	0.0153	0.2343	0.0153	0.2343	0.0153	0.2343	0.0153	0.2343	0.0153	0.2343
0.4	0.0290	0.2192	0.0291	0.2192	0.0291	0.2192	0.0291	0.2192	0.0291	0.2192
0.6	0.0402	0.2050	0.0402	0.2050	0.0402	0.2050	0.0402	0.2050	0.0402	0.2050
0.8	0.0436	0.1920	0.0487	0.1920	0.0437	0.1921	0.0487	0.1921	0.0487	0.1921
1.0	0.0545	0.1803	0.0546	0.1803	0.0546	0.1804	0.0546	0.1804	0.0546	0.1804
1.2	0.0584	0.1697	0.0586	0.1699	0.0587	0.1700	0.0587	0.1700	0.0587	0.1700
1.4	0.0609	0.1603	0.0612	0.1605	0.0613	0.1606	0.0613	0.1606	0.0613	0.1606
1.6	0.0623	0.1517	0.0626	0.1521	0.0628	0.1523	0.0626	0.1523	0.0628	0.1522
1.8	0.0628	0.1441	0.0633	0.1445	0.0635	0.1447	0.0635	0.1448	0.0635	0.1448
2.0	0.0629	0.1371	0.0634	0.1377	0.0637	0.1380	0.0638	0.1380	0.0638	0.1380
2.5	0.0614	0.1223	0.0623	0.1233	0.0627	0.1237	0.0628	0.1238	0.0628	0.1239
3.0	0.0589	0.1104	0.0600	0.1116	0.0607	0.1123	0.0609	0.1124	0.0609	0.1125
5.0	0.0480	0.0797	0.0500	0.0817	0.0515	0.0833	0.0519	0.0837	0.0521	0.0839
7.0	0.0391	0.0019	0.0414	0.0642	0.0435	0.0663	0.0442	0.0671	0.0445	0.0674
10.0	0.0302	0.0402	0.0325	0.0485	0.0349	0.0509	0.0359	0.0520	0.0364	0.0526

表 6-8　圆形面积均布荷载中心点下平均竖向附加应力系数 $\bar{\alpha}$

中点 0 下应力面积	z/a	$\bar{\alpha}$	z/a	$\bar{\alpha}$	z/a	$\bar{\alpha}$
	0.0	1.000	2.1	0.640	4.1	0.401
	0.1	1.000	2.2	0.623	4.2	0.439
	0.2	0.998	2.3	0.606	4.3	0.336
	0.3	0.993	2.4	0.590	4.4	0.379
	0.4	0.986	2.5	0.574	4.5	0.372
	0.5	0.974				
	0.6	0.960	2.6	0.560	4.6	0.365
均布荷载 σ_0	0.7	0.942	2.7	0.546	4.7	0.359
0 a	0.8	0.923	2.8	0.532	4.8	0.353
	0.9	0.901	2.9	0.519	4.9	0.347
	1.0	0.878	3.0	0.507	5.0	0.341
z	1.1	0.855	3.1	0.495	6.0	0.292
应力面积	1.2	0.831	3.2	0.484	7.0	0.255
	1.3	0.808	3.3	0.473	8.0	0.227
	1.4	0.784	3.4	0.463	9.0	0.206
	1.5	0.762	3.5	0.453	10.0	0.187
	1.6	0.739	3.6	0.443	12.0	0.156
	1.7	0.718	3.7	0.434	14.0	0.134
	1.8	0.697	3.8	0.425	16.0	0.117
	1.9	0.677	3.9	0.417	18.0	0.104
	2.0	0.658	4.0	0.409	20.0	0.094

表 6-9　圆形面积均布荷载的圆周点下平均竖向附加应力系数 $\bar{\alpha}$

圆周点下应力面积	z/a	$\bar{\alpha}$	z/a	$\bar{\alpha}$	z/a	$\bar{\alpha}$
均布荷载 σ_0	0.0	0.500	1.8	0.353	4.2	0.215
	0.2	0.484	2.0	0.338	4.6	0.202
0 a	0.4	0.468	2.2	0.324	5.0	0.190
	0.6	0.448	2.4	0.311	5.5	0.177
	0.8	0.434	2.6	0.299	6.0	0.166
	1.0	0.417	2.8	0.287		
z	1.2	0.400	3.0	0.276		
应力面积	1.4	0.384	3.4	0.257		
	1.6	0.368	3.8	0.239		

为了提高计算准确度，地基沉降计算深度范围内的计算沉降量 s'，尚需乘以一个沉降计算经验系数 ψ_s。《建筑地基基础设计规范》(GB 50007—2002) 规定 ψ_s 的确定方法为

$$\psi_s = s_\infty / s' \tag{6-29}$$

式中　s_∞——地基沉降观测资料推算的最终沉降量。

各地区宜按实测资料制定适合于本地区各类土的 ψ_s 值；无当地经验时，可采用《建筑地基基础设计规范》提供了一个采用表值，见表 6-10。

表 6-10　《建筑地基基础设计规范》沉降计算经验系数 ψ_s

$\bar{E}_s$(MPa) / 基底附加压力	2.5	4.0	7.0	15.0	20.0
$p_0 \geqslant f_{ak}$	1.4	1.3	1.0	0.4	0.2
$p_0 \leqslant 0.75 f_{ak}$	1.1	1.0	0.7	0.4	0.2

注　1. $\bar{E}_s$ 为沉降计算深度范围内压缩模量的当量值，应按下式计算：

$$\bar{E}_s = \sum A_i / [\sum (A_i / E_{si})]$$

其中

$$A_i = p_0 (\bar{\alpha}_i z_i - \bar{\alpha}_{i-1} z_{i-1})$$

式中　A_i——第 i 层土附加应力沿土层厚度的积分值。

2. f_{ak} 为地基承载力特征值。

综上所述，《建筑地基基础设计规范》推荐的地基最终沉降量 s 的计算公式如下：

$$s=\psi_s\sum_{i=1}^{n}p_0(\bar{\alpha}_i z_i-\bar{\alpha}_{i-1}z_{i-1})/E_{si} \tag{6-30}$$

式中 n——地基沉降计算深度范围内所划分的土层数。

（二）确定地基沉降计算深度

该方法中地基沉降计算深度 z_n 可通过试算确定，要求满足下式条件：

$$\Delta s'_n\leqslant 0.025\sum_{i=1}^{n}\Delta s'_i \tag{6-31}$$

式中 $\Delta s'_i$——在计算深度 z_n 范围内第 i 层土的计算沉降量，mm；

$\Delta s'_n$——在计算深度 z_n 处向上取厚度为 Δz 土层的计算沉降量，mm，Δz 按表6-11确定。

表6-11 **Δz 值表**

基底宽度 b（m）	$b\leqslant 2$	$2<b\leqslant 4$	$4<b\leqslant 8$	$8<b\leqslant 15$	$15<b\leqslant 30$	$b>30$
Δz（m）	0.3	0.6	0.8	1.0	1.2	1.5

按式（6-31）所确定的沉降计算深度下如有较软土层时，尚应向下继续计算，直至软弱土层中所取规定厚度 Δz 的计算沉降量满足式（6-31）的要求为止。

当沉降计算深度范围内存在基岩（不可压缩层）时，z_n 可取至基岩表面为止。

当无相邻荷载影响，基础宽度在1～50m范围内，基础中点的地基沉降计算深度 z_n（m）也可按下式估算：

$$z_n=b(2.5-0.5\ln b) \tag{6-32}$$

式中 b——基础宽度，m。

（三）考虑回弹影响的地基沉降量

当建筑物地下室基础埋置较深时，应考虑开挖基坑时地基土的回弹，建筑物施工时又产生地基土再压缩的状况。类似于式（6-30），《建筑地基基础设计规范》推荐该部分沉降量按下式计算：

$$s_c=\psi_c\sum_{i=1}^{n}p_c(\bar{\alpha}_i z_i-\bar{\alpha}_{i-1}z_{i-1})/E_{ci} \tag{6-33}$$

式中 s_c——考虑回弹影响的地基沉降量；

ψ_c——考虑回弹影响的沉降计算经验系数，无经验时可取 $\psi_c=1.0$；

p_c——基坑底面以上土的自重应力，地下水位以下应扣除浮力；

E_{ci}——土的回弹再压缩模量。

【例题6-3】 已知条件同［例题6-2］，地基承载力特征值 $f_{ak}=200$kPa。试用应力面积法计算地基最终沉降量。

解： 由［例题6-2］知，基底附加压力 $p_0=150$kPa，预取压缩层深度 $z=7.5$m，即取基底以下 $z_n=6.0$m，本例是矩形面积上的均布荷载，将矩形面积分成四个小块，计算边长 $l_1=2$m，宽度 $b_1=1$m，各分层沉降计算结果如表6-12所示。

表 6-12　　各分层沉降量计算程序

分层 i	深度 z (m)	$\frac{l_1}{b_1}$	$\frac{z}{b_1}$	$\bar{\alpha}$	$z_i\bar{\alpha}_i$	$4\times(z_i\bar{\alpha}_i-z_{i-1}\bar{\alpha}_{i-1})$	$4p_0(z_i\bar{\alpha}_i-z_{i-1}\bar{\alpha}_{i-1})$	E_s (MPa)	$s_i=4p_0(z_i\bar{\alpha}_i-z_{i-1}\bar{\alpha}_{i-1})/E_{si}$
0	0	2	0	0	0				
1	0.5	2	0.5	0.2468	0.1234	0.4936	74.04	4.5	16.45
2	4.5	2	4.5	0.1260	0.5670	1.7744	266.16	5.1	52.19
3	6.0	2	6.0	0.1021	0.6126	0.1824	27.36	5.0	5.47

因此

$$s'=\sum s_i=74.11\text{mm}$$

因为 $b=2$m，根据表 6-11 应从 $z=6.0$mm 上取 0.3m，计算 $z=5.7\sim6.0$m 土层的沉降量，以验算压缩层厚度是否满足要求。按 $l/b=2$，$z/b=5.7$ 查表 6-2，$\bar{\alpha}_{i-1}=0.1061$ 因此

$$z_{i-1}\alpha_{i-1}=5.7\times0.1061=0.6048$$

$$\Delta s'_n=4p_0(z_i\bar{\alpha}_i-z_{i-1}\bar{\alpha}_{i-1})/E_{si}=4\times150\times(0.6126-0.6048)/5.0=0.94\text{mm}$$

$$\Delta s'_n/s'=0.94/74.11=0.013<0.025$$

因此，压缩层计算深度满足要求。

确定经验系数 ψ_c：

$$\sum A_i=150\times4\times0.6126=367.56$$

$$\sum(A_i/E_{si})=74.04/4.5+266.16/5.1+27.36/5.0=74.11$$

$$\bar{E}_s=367.56/74.11=4.96\text{MPa}$$

查表 6-10，$\psi_s=0.905$，因此

$$s=\psi_s s'=0.905\times74.11=67.07\text{mm}$$

6.4　应力历史对地基沉降的影响

一、应力历史对黏性土压缩性的影响

在讨论应力历史对黏性土压缩性的影响之前，先引进固结应（压）力的概念。所谓固结应力，就是指使土体产生固结或压缩的应力。就地基土层而言，使土体产生固结或压缩的应力主要有两种：一种是土的自重应力；另一种是外荷载在地基内部引起的附加应力。对于新近沉积的土或人工吹填土，起初土粒尚处于悬浮状态，土的自重应力由孔隙水承担，有效应力为零。随着时间的推移，土在自重作用下逐渐沉降固结，最后自重应力全部转化为有效应力，故这类土的自重应力就是固结应力。但对大多数天然土，由于经历了漫长的地质年代，在自重作用下已固结，此时的自重应力已不再引起土层固结，于是能够进一步使土层产生固结的，只有外荷载引起的附加应力，故此时的固结应力仅指附加应力。如果将时间推移到土层刚沉积时算起，那么固结应力也应包括自重应力。

在本章第一节讨论土的压缩性时已注意到，试样的室内再压缩曲线比初始压缩曲线要平缓得多，这表明试样经历的应力历史不同将使它具有不同的压缩特性。为进一步讨论应力历史对土压缩性的影响，把土在历史上曾受到过的最大有效应力称为先期固结应力，以

p_c 表示；而把先期固结应力与现有有效应力 p'_0 之比定义为超固结比，以 OCR 表示，即 $OCR=p_c/p'_0$。对于天然土，当 $OCR>1$ 时，该土是超固结土；当 $OCR=1$ 时，则该土是正常固结土。OCR 愈大，该土所受到的超固结作用愈强，在其他条件相同的情况下，其压缩性愈低。此外还有所谓欠固结土，即在自重应力作用下还没有完全固结的土，尚有一部分超孔隙水压力没有消散，它的现有有效应力即为先期固结应力，按上面的定义，它的 $OCR=1$，故欠固结土的压缩特性与正常固结土相同。下面将举例说明上述概念。

图6－15为天然沉积的三个土层，目前具有相同的地面标高。其中土层 A 沉积到现在的地面后，在自重应力作用下已固结稳定。土层 B 在历史上曾经沉积到图中虚线所示的地面，并在其自重应力下已固结稳定。后来由于地质作用，上部土层被冲蚀而形成现有地面。土层 C 是近代沉积起来的，由于沉积时间不长，在自重应力作用下尚未完全固结稳定。现在来考虑这三个土层所经受的应力历史。对于土层 A，在地面下任一深度 z 处，土的现有固结应力 p_0 就是它的自重应力 $\gamma' z$，且已为土骨架所承担而转化为有效应力 p'_0，它也就是该土层曾经受到过的最大有效应力，故 $p'_0=p_c$，$OCR=1$，属正常固结土。对于土层 B，在 z 深度处，现有有效应力 $p'_0=\gamma' z$，但先期固结应力 $p_c=\gamma' h$，故 $p_c>p'_0$，$OCR>1$，属超固结土。对于土层 C，因土在自重应力作用下尚未完全固结稳定，故在深度 z 处，土的固结应力 $p_0=\gamma' z$ 尚未转化为有效应力，尚有一部分由孔隙水所承担，土的现有有效应力 p'_0 就是它的先期固结应力 p_c，因此，$p_c=p'_0<p_0$，$OCR=1$。

从以上分析可知，在 A、B、C 三个土层现地面以下同一深度 z 处，土的现有应力虽然相同，均为 $p_0=\gamma' z$，但是由于它们经历的应力历史不同，而在压缩曲线上将处于不同的位置。

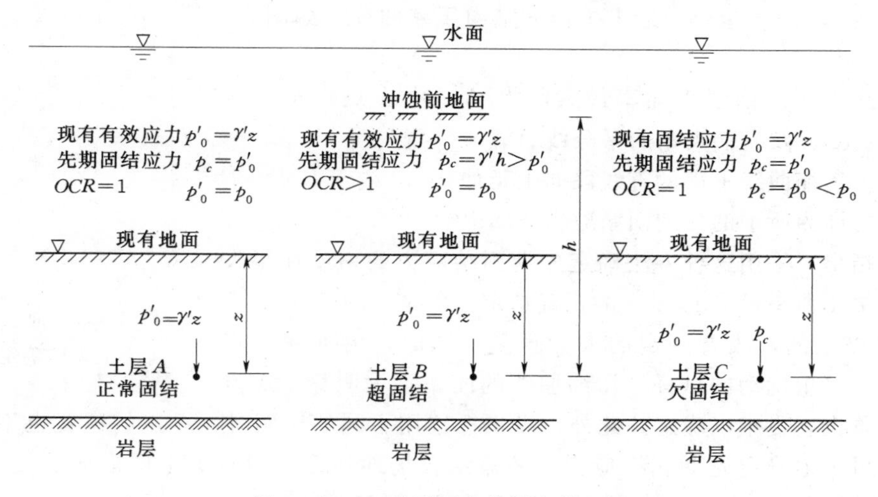

图6－15 三种不同应力历史的土层

二、现场压缩曲线的推求

要考虑三种不同应力历史对土层压缩性的影响，必须先解决下列两个问题：一是要确定该土层的先期固结压力 p_c，通过与现有固结应力 p_0 的比较，借以判别该土层是正常固结的、欠固结的，还是超固结的；二是要得到能够反映土的原位特性的现场压缩曲线资料。可是，在绝大多数情况下，土的先期固结应力和现场压缩曲线都不能直接求得，通常只能根据试样的室内压缩试验求得的 $e-\log p$ 曲线的特征近似推求。

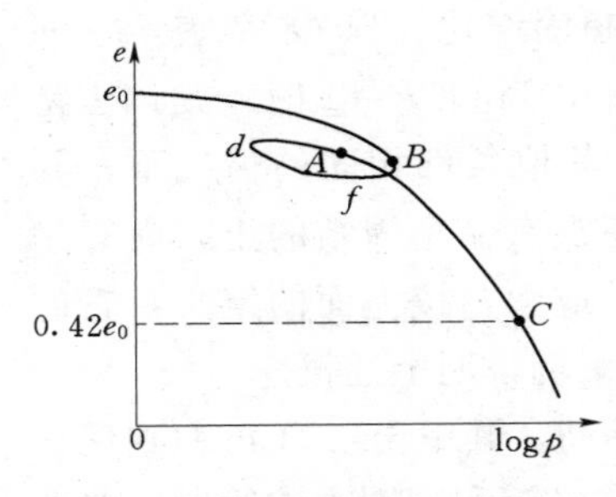

图 6-16 试样的室内压缩、回弹、再压缩曲线

（一）室内压缩曲线的特征

图 6-16 为试样的室内压缩、回弹和再压缩曲线。根据大量的室内压缩试验结果，当把压缩试验结果绘在半对数坐标纸上时，发现 $e-\log p$ 压缩试验曲线具有下列特征：

（1）室内压缩曲线开始时平缓，随着压力的增大明显地向下弯曲，继而近乎直线向下延伸。

（2）不管试样的扰动程度如何，当压力较大时，它们的压缩曲线都近乎直线，且大致交于一点 C，C 点的纵坐标约为 $0.42e_0$，e_0 为试样的初始孔隙比。

（3）扰动愈剧烈，压缩曲线愈低，曲率也就愈不明显。

（4）卸荷点 B 在再压缩曲线曲率最大的 A 点右下侧。

由于土样取自地下，一个优质原状土样尽管能保持土的原位孔隙比不变，但应力释放是无法完全避免的。因此，室内压缩曲线实质上已是一条再压缩曲线（对现场压缩曲线而言）。而取样和试验操作中试样的扰动又导致室内压缩曲线的直线部分偏离现场压缩曲线，试样扰动愈严重，偏离也愈大。

（二）先期固结应力的确定

为了判断地基土的应力历史，首先要确定它的先期固结应力 p_c，最常用的方法是卡萨格兰德（A. Casagrande）依据上述室内压缩曲线特征所建议的经验图解法，其作图方法和步骤如下：

（1）在 $e-\log p$ 坐标上绘出试样的室内压缩曲线，如图 6-17 所示。

（2）找出压缩曲线上曲率最大的点 A，过 A 点作水平线 $A1$，切线 $A2$ 以及它们夹角的平分线 $A3$。

（3）把压缩曲线下部的直线段向上延伸交 $A3$ 线于 B 点，B 点的横坐标即为所求的先期固结应力 p_c。

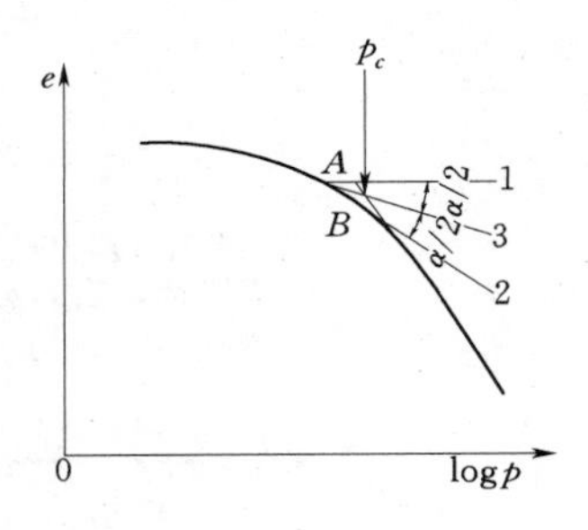

图 6-17 前期固结应力的确定

应该指出，采用这种方法确定先期固结应力的精度在很大程度上取决于曲率最大的 A 点的正确选定。但是，通常 A 点是凭借目测决定的，故有一定的人为误差。同时，由上述特点（3）可知，严重扰动的试样，压缩曲线的曲率不大明显，A 点的正确位置也就更难以确定。此外，纵坐标选用不同的比例时，A 点的位置也不尽相同。因此，要可靠地确定先期固结应力，还需结合场地地形、地貌等土层形成历史的调查资料，加以综合分析。关于这方面的问题有待进一步研究。

（三）现场压缩曲线的推求

试样的先期固结应力一旦确定，就可通过它与试样现有固结应力 p_0 的比较，来判定它是正常固结的、超固结的、还是欠固结的。然后，再依据室内压缩曲线的特征，来推求现场压缩曲线。

若 $p_c=p_0$，则试样是正常固结的，它的现场压缩曲线可推求如下：

一般可假定取样过程中试样不发生体积变化，即试样的初始孔隙比 e_0 就是它的原位孔隙比，再由 e_0 和 p_c 值，在 $e-\log p$ 坐标上定出 b 点，此即试样在现场压缩的起点，然后由上述特征（2）的推论，从纵坐标 $0.42e_0$ 处作一水平线交室内压缩曲线于 c 点，作 b 点和 c 点的连线即为所求的现场压缩曲线，如图 6-18 所示。

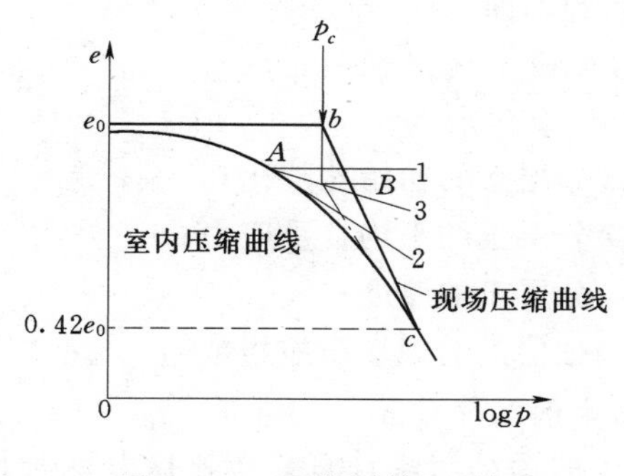

图 6-18 正常固结土现场压缩曲线的推求

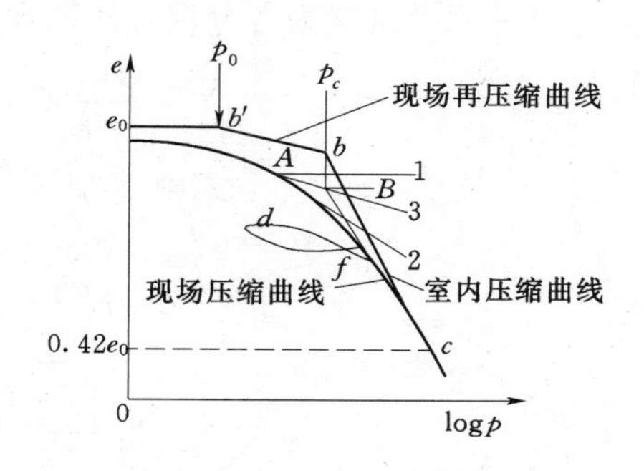

图 6-19 超固结土现场压缩曲线的推求

若 $p_c>p_0$（$p_0=p_0'$），则试样是超固结的。由于超固结土由先期固结应力 p_c 减至现有有效应力 p_0' 期间曾在原位经历了回弹。因此，当超固结土后来受到外荷引起的附加应力 Δp 时，它开始将沿着现场再压缩曲线压缩。如果 Δp 较大，超过 p_c-p_0，它才会沿现场压缩曲线压缩。为了推求这条现场压缩曲线，应改变压缩试验的程序，并在试验过程中随时绘制 $e-\log p$ 曲线，待压缩曲线出现急剧转折之后，立即逐级卸荷至 p_0，让回弹稳定，再分级加荷。于是可求得图 6-19 中的曲线 $Adfc$，以备推求超固结土的现场压缩曲线之用。步骤如下：

（1）按上述方法确定先期固结应力 p_c 的位置线和 c 点的位置。

（2）按试样在原位的现有有效应力 p_0'（即现有自重应力 p_0）和孔隙比 e_0 定出 b' 点，此即试样在原位压缩的起点。

（3）假定现场再压缩曲线与室内回弹-再压缩曲线构成的滞回环的割线 df 相平行，过 b' 点作 df 线的平行线交 p_c 位置的竖直线于 b 点，$b'b$ 线即为现场再压缩曲线。

（4）作 b 点和 c 点的连线，即得现场压缩曲线。

若 $p_c<p_0$，则试样是欠固结的。如前所述，欠固结土实质上属于正常固结土一类，所以它的现场压缩曲线的推求方法与正常固结土完全一样。

三、地基固结沉降的计算

按照 $e-\log p$ 曲线法来计算地基的固结沉降与 $e-p$ 曲线法一样，都是以无侧向变形条件下压缩量的基本公式和分层总和法为前提的，即每一分层土压缩量计算公式仍为式（6-18），所不同的是 Δe 应由现场压缩曲线来获得，初始孔隙比应取 e_0，压缩指数也应由现场压缩曲线求得。下面将分别介绍正常固结土、超固结土和欠固结土的计算方法。

（一）正常固结土的沉降计算

设图 6-20 为第 i 分层土由室内压缩试验曲线推得的现场压缩曲线。因此，当第 i 分层土在平均固结应力（即附加应力）Δp_i 作用下达到完全固结时，其孔隙比的改变量应为

$$\Delta e_i=-C_{ci}[\log(p_{0i}+\Delta p_i)-\log p_{0i}]=-C_{ci}\log\left(\frac{p_{0i}+\Delta p_i}{p_{0i}}\right) \tag{6-34}$$

将式（6-34）代入式（6-18）中，即可得到第 i 分层土的压缩量为

$$s_i=\frac{H_i}{1+e_{0i}}C_{ci}\log\left(\frac{p_{0i}+\Delta p_i}{p_{0i}}\right) \tag{6-35}$$

于是，地基的固结沉降为各分层土压缩量之总和，即

$$s=\sum_{i=1}^{n}\frac{H_i}{1+e_{0i}}C_{ci}\log\left(\frac{p_{0i}+\Delta p_i}{p_{0i}}\right) \tag{6-36}$$

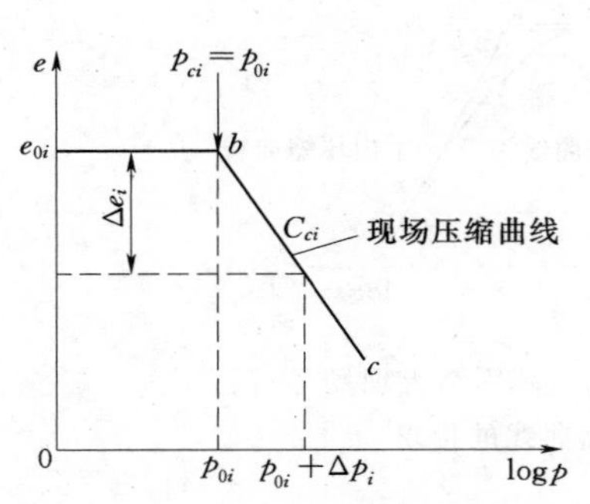

图 6-20 正常固结土沉降计算

式中 e_{0i}——第 i 分层土的初始孔隙比；

p_{0i}——第 i 分层土的平均自重应力；

H_i——第 i 分层土的厚度；

C_{ci}——第 i 分层土的现场压缩指数。

（二）超固结土的沉降计算

对于超固结土的固结沉降计算，应该区分两种情况：第一种情况是各分层土的平均固结应力 $\Delta p>p_c-p_0$；第二种情况是各分层的平均固结应力 $\Delta p<p_c-p_0$。

对于第一种情况，第 i 分层土在 Δp_i 作用下，孔隙比将先沿着现场再压缩曲线 $b'b$ 减小 $\Delta e_i'$，然后再沿着现场压缩曲线 bc 减小 $\Delta e''_i$，如图 6-21（a）所示。

其中

$$\Delta e_i'=-C_{si}(\log p_{ci}-\log p_{0i})=-C_{si}\log\left(\frac{p_{ci}}{p_{0i}}\right)$$

$$\Delta e''_i=-C_{ci}\log\left(\frac{p_{0i}+\Delta p_i}{p_{ci}}\right)$$

于是，孔隙比的总改变量为

$$\Delta e_i=\Delta e_i'+\Delta e''_i=-\left[C_{si}\log\left(\frac{p_{ci}}{p_{0i}}\right)+C_{ci}\log\left(\frac{p_{0i}+\Delta p_i}{p_{ci}}\right)\right]$$

将上式代入式（6-18），即可得到第 i 分层土的压缩量为

$$s_i=\frac{H_i}{1+e_{0i}}\left[C_{si}\log\left(\frac{p_{ci}}{p_{0i}}\right)+C_{ci}\log\left(\frac{p_{0i}+\Delta p_i}{p_{ci}}\right)\right]$$

式中 C_{si}——第 i 分层土的现场回弹指数；

p_{ci}——第 i 分层土的先期固结应力；

其他符号意义同前。

于是，地基的固结沉降量为各分层土压缩量之和，即

$$s=\sum_{i=1}^{n}\frac{H_i}{1+e_{0i}}\left[C_{si}\log\left(\frac{p_{ci}}{p_{0i}}\right)+C_{ci}\log\left(\frac{p_{0i}+\Delta p_i}{p_{ci}}\right)\right] \tag{6-37}$$

对于第二种情况，第 i 分层土在 Δp_i 作用下，孔隙比的改变将只沿着再压缩曲线 $b'b$ 发生，如图 6-21（b）所示，其值为

$$\Delta e_i=-C_{si}\left[\log(p_{0i}+\Delta p_i)-\log p_{0i}\right]=-C_{si}\log\left(\frac{p_{0i}+\Delta p_i}{p_{0i}}\right)$$

第 i 层土的压缩量应为

$$s_i=\frac{H_i}{1+e_{0i}}C_{si}\log\left(\frac{p_{0i}+\Delta p_i}{p_{0i}}\right)$$

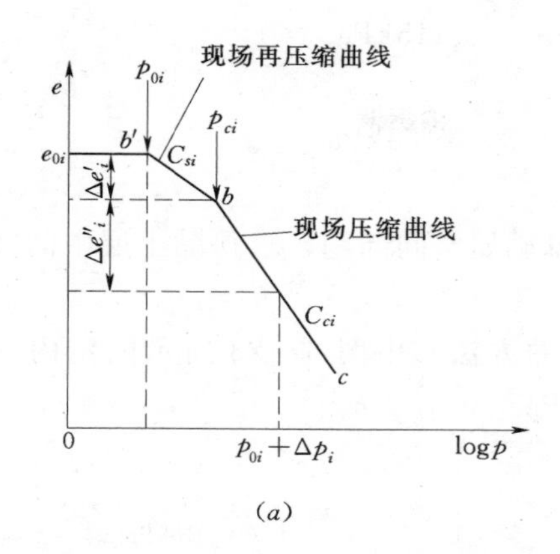

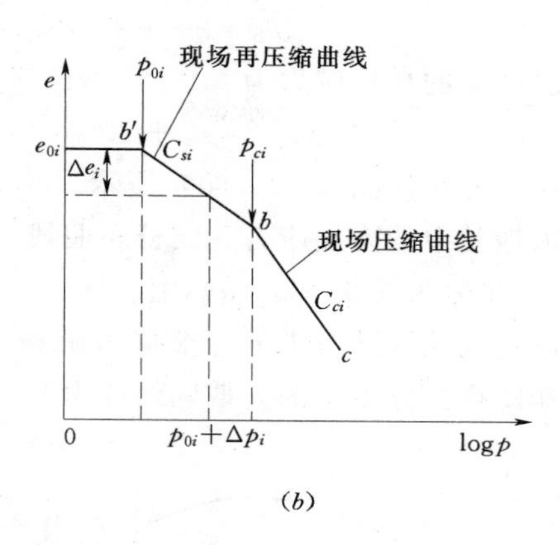

图 6-21 超固结土沉降计算

于是，地基的固结沉降为

$$s=\sum_{i=1}^{n}\frac{H_i}{1+e_{0i}}C_{si}\log\left(\frac{p_{0i}+\Delta p_i}{p_{0i}}\right) \tag{6-38}$$

如果超固结土层中，既有 $\Delta p > p_c - p_0$，又有 $\Delta p < p_c - p_0$ 的分层时，其沉降量应分别按式（6-37）和式（6-38）计算，最后将两部分叠加即可。

（三）欠固结土的沉降计算

对于欠固结土，由于在自重应力作用下还没有达到固结稳定，其土层已经受到的有效应力（即先期固结应力）小于现有固结应力（即自重应力 p_0）。因此，在这样的土层上施加荷载，基础的沉降量应包括自重下继续固结所引起的沉降量与新增固结应力 Δp 所引起的沉降量两部分。图 6-22 为欠固结土第 i 分层的现场压缩曲线。由土的自重应力继续固结所引起的孔隙比的改变 $\Delta e'_i$ 和新增固结应力所引起的孔隙比的改变 $\Delta e''_i$ 之和为

$$\Delta e_i=\Delta e'_i+\Delta e''_i=-C_{ci}\log\left(\frac{p_{0i}+\Delta p_i}{p_{ci}}\right) \tag{6-39}$$

将上式代入式（6-18），即可得到第 i 分层的压缩量为

$$s_i=\frac{H_i}{1+e_{0i}}C_{ci}\log\left(\frac{p_{0i}+\Delta p_i}{p_{ci}}\right) \tag{6-40}$$

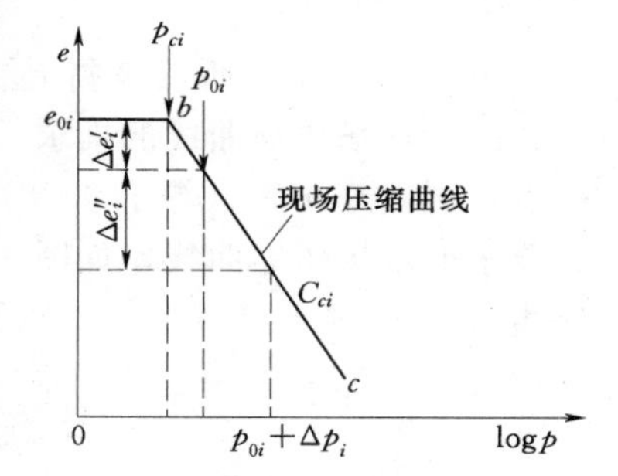

图 6-22 欠固结土沉降计算

于是，地基的固结沉降量为

$$s=\sum_{i=1}^{n}\frac{H_i}{1+e_{0i}}C_{ci}\log\left(\frac{p_{0i}+\Delta p_i}{p_{ci}}\right) \tag{6-41}$$

【例题 6-4】 某仓库，面积为 12.5m×12.5m，均布堆载 100kPa，地基剖面如图 6-23（*a*）所示。从黏土层中心部位取样做室内压缩试验得到压缩曲线如图 6-23（*b*）所示。土样的初始孔隙比 e_0 为 0.67。试求由均布堆载引起的沉降量（砂土层沉降量不计）。

解：（1）计算自重应力并绘分布曲线。

黏土层顶面的自重应力为

$$\sigma_{c1}=2\times19+3\times9=65\text{kPa}$$

黏土层中心处的自重应力为

$$\sigma_{c2}=\sigma_{c1}+10\times5=65+50=115\text{kPa}$$

黏土层底面的自重应力为

$$\sigma_{c3}=\sigma_{c2}+10\times5=115+50=165\text{kPa}$$

自重应力分布如图 6-23（a）所示。

（2）求地基中的附加应力并绘分布曲线。该基础属空间问题，求得黏土层中的竖直附加应力 σ_z，并标在图 6-23（a）上。

（3）确定先期固结应力值。根据卡萨格兰德的方法，由图 6-23 所示的室内压缩曲线，通过作图得到黏土层的先期固结应力为 115kPa。

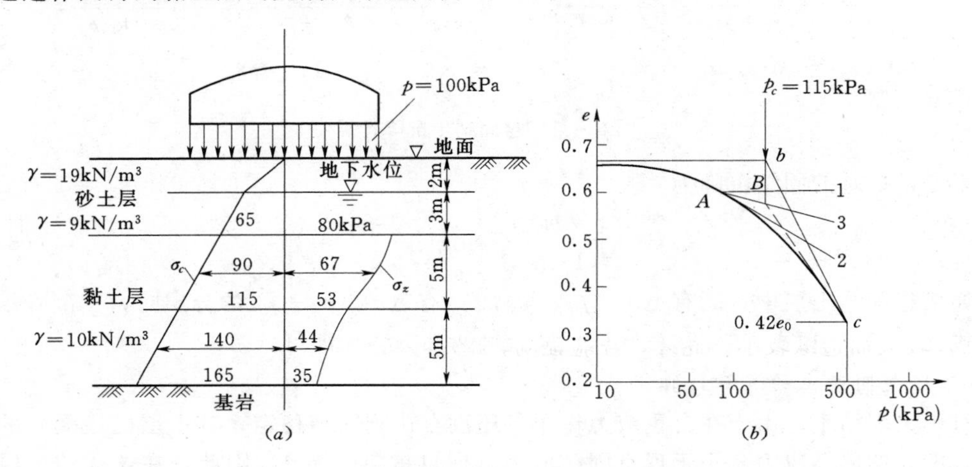

图 6-23 ［例题 6-4］附图

（a）地基剖面；（b）压缩曲线

由于 $p_0=p_c$，所以该黏土层为正常固结的。

（4）现场压缩曲线的推求。由 e_0 与先期固结应力得交点 b，b 点即为现场压缩曲线的起点；再由 $0.42e_0$（等于 0.28）在室内压缩曲线上得到交点 c，作 b 点和 c 点的连线，即为要求的现场压缩曲线，如图 6-23（b）所示。由图可得 c 点的横坐标为 630kPa，所以压缩指数为

$$C_c=\frac{0.67-0.28}{\log(630/115)}=0.53$$

（5）将黏土层分为两层，每层的厚度 H_i 为 5m，平均自重应力分别为 90kPa、140kPa，分别求出其相应的初始孔隙比。

$$e_{0i}=e_0-C_c\log\left(\frac{p_{0i}}{p_0}\right)$$

$$e_{01}=0.67-0.53\log\left(\frac{90}{115}\right)=0.726$$

$$e_{02}=0.67-0.53\log\left(\frac{140}{115}\right)=0.625$$

（6）计算沉降量。根据式（6-36），堆场中心处的沉降量为

$$S=\sum\frac{H_i}{1+e_{0i}}C_c\log\left(\frac{p_{0i}+\Delta p_i}{p_{0i}}\right)$$

$$=\frac{500}{1+0.726}\times 0.53\log\left(\frac{90+67}{90}\right)+\frac{500}{1+0.625}\times 0.53\log\left(\frac{140+44}{140}\right)$$
$$=37.1+19.4$$
$$=56.5\text{cm}$$

6.5　关于地基最终沉降量计算方法的讨论

在地基最终沉降量计算中，尚存在几个问题需要讨论。下面分别予以简要论述：

（1）假定在中心荷载下基础底面的压力均匀分布，计算求得的沉降就是基础中点的沉降；这是与刚性基础的假设不相适应的。对于一般不太大的基础，可以认为这一问题已因《建筑地基基础设计规范》引入经验系数 ψ_s 而加以考虑了。当基础底面积较大时，可计算基础平面内不同点的沉降，再计算平均沉降，作为刚性基础的沉降。

（2）在地基最终沉降量计算中采用的土层附加应力 σ_z，是以基础底面附加压力 p_0 为依据，乘以附加应力系数 K_z，即取 $\sigma_z=K_zP_0$。这意味着在计算中假定了基坑开挖时，地基土并不因为暂时卸荷而回弹。当基础埋深较小和平面尺寸不大时，这样的假定是正确的。但当基坑平面尺寸及深度较大时，工程实践中的许多经验证明回弹是存在的，基坑中点的回弹较大而边缘较小。此外，经验证明，对于粉砂、粉质黏土的地基，假如在施工时采用人工降低地下水位措施，就不会有显著的回弹。因此，可以认为开挖时的基坑回弹不仅与卸荷、解除应力有关，也和地下水向上涌有关。为此，在土的原位试验和室内压缩试验时，应进行卸载和重复加载，以模拟基坑下地基土的卸载、回弹以及重加载、重复压缩。根据这样的试验结果进行沉降计算。《建筑地基基础设计规范》建议的式（6-33）是计算地基回弹的简便实用方法。

（3）地基沉降计算的 $e-\log p$ 曲线法与 $e-p$ 曲线法的本质区别在于前者能推求现场压缩曲线，从而使压缩曲线或压缩指数能较真实地反映地基土层的受力压缩情况。如果仅把室内压缩试验资料绘成的 $e-\log p$ 曲线直接用来进行地基沉降计算，则上述两种方法就没有本质区别了，而计算出的沉降量差异是由它们对原位孔隙比的假定不一样产生的。在 $e-\log p$ 曲线法中假定试样的初始孔隙比即为它的原位孔隙比；$e-p$ 曲线法中假定试样在自重应力下再压缩后的孔隙比为它的原位孔隙比。$e-\log p$ 曲线法的优点是可考虑应力历史的影响，而应力历史的影响只有通过现场压缩曲线的推求才能得到反映；$e-p$ 曲线法却无法做到这一点。

（4）上述两种方法计算地基土的各个分层压缩变形量，都是以室内无侧向变形条件下的压缩试验为依据的，它的受力状态接近于大面积荷载和条形基础中心位置下地基土的受力情况及深层土的受力情况。在建筑物边缘处的地基浅层，往往会有明显的侧向变形，这会使此处的计算结果较实际沉降偏小。另外，扰动越大的土，试样得出的压缩指数越偏小。因此，要求在做地基土的压缩试验时，从取土样、试样运输、试样制备及加荷试验的各个环节应尽可能避免试样扰动，以便提高压缩试验成果的可靠性。

（5）按地基土在荷载作用下发生变形的过程，可以认为地基最终沉降量是由机理不同的三部分沉降组成，即

$$s=s_d+s_c+s_s \tag{6-42}$$

式中 s_d——瞬时沉降（又称为不排水沉降）；

s_c——固结沉降（又称为主固结沉降）；

s_s——次固结沉降（又称为蠕变沉降）。

瞬时沉降是指加载后地基瞬时发生的沉降。由于基础加载面积为有限尺寸，加载后地基中会有剪应变产生，特别是在靠近基础边缘应力集中部位。对于饱和或接近饱和的黏性土，加载瞬间土中水来不及排出，在不排水和体积不变条件下，剪应变引起侧向变形而造成瞬时沉降。因此，瞬时沉降可用式（6－15）或式（6－17）计算，但应取泊松比 $\mu=0.5$，变形模量 E_0 应取不排水模量 E_u。固结沉降 s_c 是指加载后地基土随着孔隙中水分的逐渐挤出，超静孔隙水压力的消散，孔隙体积相应减少，土骨架产生变形所造成的沉降。固结沉降速率取决于孔隙水的排出速率。固结沉降量 s_c 可以用前述分层总和法计算。次固结沉降 s_s 是指主固结过程（超静孔隙压力消散过程）结束后，在有效应力不变的情况下，土的骨架仍随时间继续发生变形（称为蠕变）。这种变形的速率已与孔隙水排出的速率无关，而是取决于土骨架本身的蠕变性质。对一般黏性土，s_s 值不大；但塑性指数较大的、正常固结的软黏土，尤其是有机土，s_s 值有可能较大。目前，在工程中主要用经验的方法估算土层的次固结沉降。

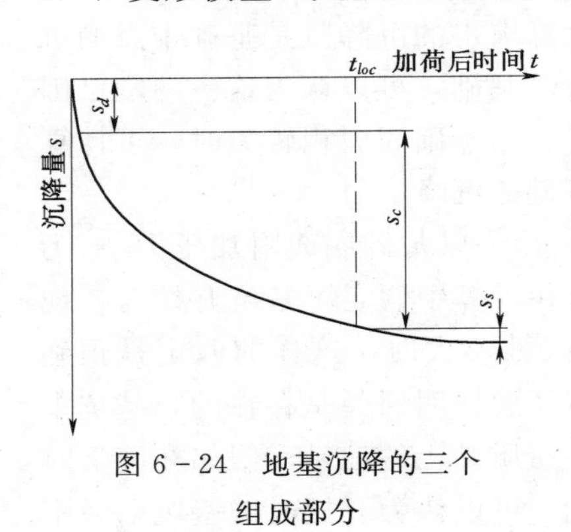

图 6－24 地基沉降的三个组成部分

图 6－24 所示的地基最终沉降的三个组成部分的相对大小和时间过程，是随土的类型而变。对碎石土和砂土地基，可以认为外荷施加完毕时，其固结变形已基本完成；对黏性土和粉土，完全固结所需时间就比较长，例如，厚的饱和软黏土层，其固结变形需要几年甚至几十年时间才能完成。

6.6 饱和土体渗流固结理论

前面讨论了地基最终沉降量的计算问题。实际上，地基的变形不是瞬时完成的，地基在建筑物荷载作用下要经过相当长的时间才能达到最终沉降量。正如第 6.5 节已提及的，饱和土体的压缩完全是由于孔隙中的水逐渐向外排出，孔隙体积减小引起的。因此，排水速率将影响到土体压缩稳定所需的时间。而排水速率又直接与土的透水性有关，透水性愈强，孔隙水排出愈快，完成压缩所需时间愈短。在工程设计中，除了要知道地基最终沉降量外，往往还需要知道沉降随时间的变化过程即沉降与时间的关系。此外，在研究地基或土体的稳定性时，还需要知道土体中孔隙水压力有多大，特别是超静孔隙水压力。这两个问题需依赖于有效应力原理和土体渗流固结理论方能得以解决。下面将介绍有效应力原理和渗流固结理论。

一、饱和土的有效应力原理

在研究土中自重应力分布时，只考虑了土中某单位面积上的平均应力。实际上，如图 6－25所示，对完全饱和土体，土中任意波状面（XX 面通过该位置所有土颗粒接触点）上都包括有土粒和粒间孔隙的面积在内，只有通过土粒接触点传递的粒间应力，才能使土粒彼此挤紧，从而引起土体的变形，而且粒间应力又是影响土体强度的一个重要因素，因此称粒间应力在截面积 A 上的平均应力为有效应力。同时，通过土中孔隙传递的压应力，称为孔隙压力，孔隙压力包括孔隙中的水压力和气压力。产生于土中孔隙水传递的压力，称为孔隙水压力。饱和土中的孔隙水压力有静止孔隙水压力和超静孔隙水压力之分。

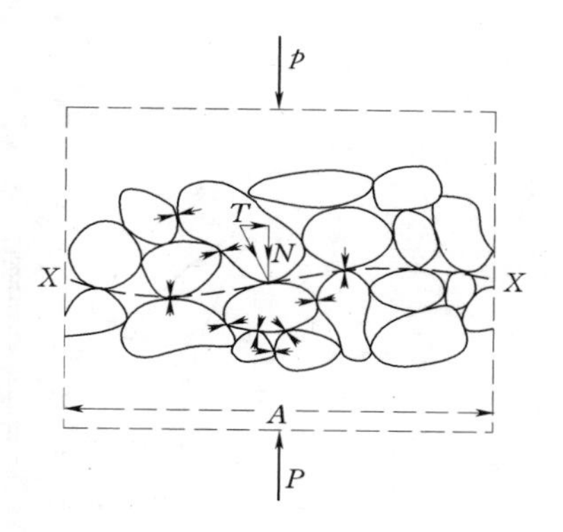

图 6-25　土中平均应力和有效应力

设施加在面积 A 上的法向力为 P，总应力 $\sigma=P/A$，一部分由 XX 面上土粒接触点传递的粒间应力分担，一部分由孔隙水压力分担。对整个土体而言，粒间应力的大小和方向是非常随机的；但对波状面 XX 每个接触点而言，粒间应力可以分解成近似代表波状面 XX 的真实面上的法向应力 σ_i 和切向应力 τ_i，相应的颗粒接触面积为 a_i，孔隙水压力 u 作用于粒间整个平面上，于是得出平衡方程：

$$(\sum\sigma_i a_i)/A+u(1-\sum a_i/A)=\sigma \tag{6-43}$$

或

$$\sigma'+u(1-\sum a_i/A)=\sigma \tag{6-44}$$

式中，令 $\sigma'=(\sum\sigma_i a_i)/A$，$\sum a_i=a$，它是土粒接触面积之和，通常仅占整个横截面积 A 的1%～3%，因此，将式（6-44）换成下式，不会产生大的误差：

$$\sigma'+u=\sigma \tag{6-45}$$

$$\sigma'=\sigma-u \tag{6-46}$$

因此得出结论：饱和土体中任意点的总应力 σ 等于有效应力 σ' 与孔隙水压力 u 之和，或土中任意点的有效应力 σ' 等于总应力 σ 减去孔隙水压力 u。由于任意点孔隙水压力（静止或超静）u 在各个方向上的作用是相等的，它只能使土颗粒受到各个方向的压缩，因为土粒的变形模量很大，在土力学问题中这个压缩量可以略去不计。上述有效应力与总应力的关系，是由太沙基（1936年）首次提出的。

二、一维渗流固结理论

（一）一维固结的力学模型

土体的固结是指土体在某一压力作用下与时间有关的压缩过程。就饱和土体而言，这是由于孔隙水的逐渐向外排出引起的。如果孔隙水只朝一个方向向外排出，土体的压缩也只有一个方向发生（一般均指竖直方向）。那么，这种压缩过程就称为一维固结。在压力作用下，土体内孔隙水向外排出，体积减小只是一种现象，而它的本质是什么呢？下面我们以土的固结力学模型来说明土体固结的力学机理。

土的一维固结力学模型是一个侧壁和底面均不能透水，其内部装置着多层活塞和弹簧的充水容器，如图 6-26 所示，其中，弹簧模拟土的骨架，容器中水模拟土体孔隙中的水，活塞上的小孔模拟排水条件，容器侧面的测压管用来说明模型中各分层孔隙水压力的变化，实际上测压管是不允许容器中的水排出的。

现在我们来分析当模型顶面受到均布压力 p 作用时，其内部的压力变化及弹簧的压缩过程，亦即土体的固结过程。

设模型在受压之前，活塞的重量已由弹簧承担。因此，各测压管中的水位与容器中的静水位齐平。此时每一分层中的弹簧均承受一定的应力，容器中的水也承受一定的孔隙水

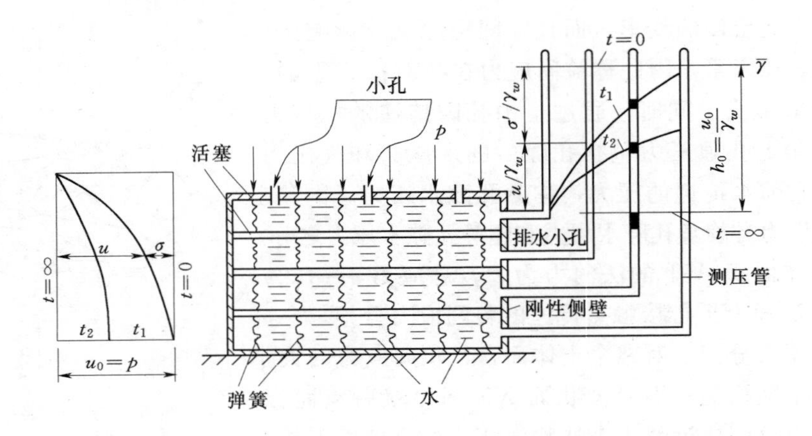

图 6-26　饱和土体的一维固结力学模型

压力（即静水应力），但它们对今后的压缩变形并没有影响。当模型受到外界压力 p 作用时，由弹簧承担的压力将增加，它相当于土骨架所承担的附加有效应力 σ'。而由容器中水来承担的压力亦将在静水压力的基础上有所增加，这部分应力即相当于土体内孔隙水所承担的超孔隙水压力 u。假定活塞与容器侧壁的摩擦力忽略不计，那么，当模型顶层活塞上受到压力 p 作用时，各分层的附加压力亦即固结应力将是相同的。在施加压力的瞬间，即 $t=0$ 时，由于容器中的水还来不及向外排出，加之水本身认为是不可压缩的，因而各分层的弹簧都没有压缩，附加有效应力 $\sigma'=0$。固结应力全部由水来承担，故超静孔隙水压力 $u_0=p_0$。此时，各测压管中的水位均将高出容器中的静水位，所高出的水柱高度为 $h_0=p/\gamma_w$。

经过时间 t，容器中的水在水位差作用下，由下而上逐渐从顶层活塞的排水孔向外排出，各分层的孔隙水压力将减小，测压管的水位相继下降，超孔隙水压力 $u<p_0$，与此同时，各分层弹簧相应压缩，而承担部分压力，即附加有效应力 $\sigma'>0$。最后，当 $t\to\infty$ 时，测压管中的水位都恢复到与容器中静水位齐平的位置。这时，超静孔隙水压力全部消散，即 $u=0$，仅剩静水压力，容器中的水不再向外排出，弹簧均压缩稳定，固结应力全部由弹簧承担而转化为有效应力，即 $\sigma'=p_0$，这就是土的固结力学模型在某一压力作用下，其内部应力变化和弹簧压缩的全过程。从这一过程中我们可得出结论：在某一压力作用下，饱和土的固结过程，也就是土体中各点的超静孔隙水压力不断消散、附加有效应力 σ' 相应增加的过程，或者说是超静孔隙水压力逐渐转化为附加有效应力的过程，而在这种转化过程中，任一时刻任一深度上的应力始终遵循着有效应力原理，即 $p=\sigma'+u$。因此，关于求解地基沉降与时间关系的问题，实际上就变成求解在附加应力作用下，地基中各点的超静孔隙水压力（或附加有效应力）随时间变化的问题。

应当指出，在不会引起误解的情况下，以后提到的由固结应力引起的孔隙水压力和有效应力，都是指超静孔隙水压力和附加有效应力而言的。它们所表示的是土层中的孔隙水压力和有效应力的增量，只与附加应力有关，而土层中实际作用着的孔隙水压力和有效应力则应包含原有孔隙水压力和有效应力，这点应加以注意。

（二）一维渗流固结理论

下面将利用上述固结力学模型所得到的关于饱和土体固结的力学机理，来求解在附加应力作用下地基内的孔隙水压力问题。通常采用太沙基（1925 年）提出的一维渗流固结理论进行计算。

一维渗流固结理论有下列一些基本假定：

(1) 土是均质、各向同性且完全饱和的。

(2) 土的压缩完全由孔隙体积的减小所引起，土粒和孔隙水都是不可压缩的。

(3) 土中附加应力沿水平面是无限均匀分布的，土的压缩和渗流仅在竖直方向发生。

(4) 孔隙水的渗流符合达西定律。

(5) 在整个渗透固结过程中，土的渗透系数 k、压缩系数 α 均视为常数。

(6) 地面上作用着无限连续均布荷载并且是一次施加的。

图 6-27 为均质、各向同性的饱和黏土层，位于不透水的岩层上，黏土层的厚度为 H，在自重应力作用下已固结稳定，仅考虑外加荷载引起的固结。若在水平地面上施加无限连续均布压力，则在土层内部引起的竖向附加应力（即固结应力）沿高度的分布将是均匀的，且等于外加均布压力，即 $\sigma_z=p$。为了找出黏土层在固结过程中孔隙水压力的变化规律，我们考察黏土层层面以下 z 深度处厚度 $\mathrm{d}z$、面积 1×1 的单元体的水量变化和孔隙体积压缩的情况（坐标取重力方向为正，先不考虑边界条件）。在地面加荷之前，单元体顶面和底面的测压管中水位均与地下水位齐平。而在加荷瞬间，即 t 等于零时，根据前述的固结模型，测压管中的水位都将升高 $h_0=u_0/\gamma_w$。在固结过程中某一时刻 t，测压管中的水位将下降，设此时单元体顶面测压管中水位高出地下水位 $h=u/\gamma_w$。而顶面测压管中水位又比底面测压管中水位低 $\mathrm{d}h$，如图 6-27 所示。由于单元体顶面与底面存在着水位差 $\mathrm{d}h$，因此单元体中将发生渗流并引起水量变化和孔隙体积的改变。

设在固结过程中的某一时刻 t，从单元顶面流出的流量为 q，从底面流入的流量将为 $q+\dfrac{\partial q}{\partial z}\mathrm{d}z$。于是，在时间增量 $\mathrm{d}t$ 内，流出与流入该单元体中的水量之差，即净流出的水量为

$$\mathrm{d}Q=q\mathrm{d}t-\left(q+\frac{\partial q}{\partial z}\mathrm{d}z\right)\mathrm{d}t=-\frac{\partial q}{\partial z}\mathrm{d}z\mathrm{d}t \tag{6-47}$$

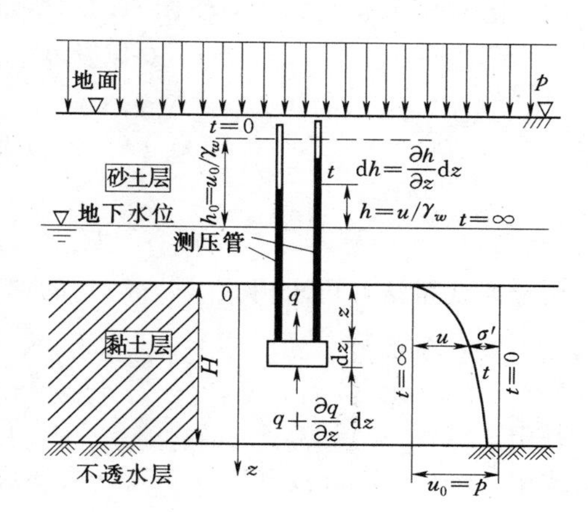

图 6-27　饱和黏土的固结过程

设在同一时间增量 $\mathrm{d}t$ 内单元体上的有效应力增量为 $\mathrm{d}\sigma'$，则单元体体积的减小为

$$\mathrm{d}V=-m_v\mathrm{d}\sigma'\mathrm{d}z \tag{6-48}$$

其中 $$m_v=a/(1+e_0)$$

式中　m_v——土的体积压缩系数；

a——土的压缩系数；

e_0——土的天然孔隙比。

由于在固结过程中外荷保持不变，因而在 z 深度处的附加应力 $\sigma_z=p$，也为常数，则有效应力的增加将等于孔隙水压力的减小，即

$$\mathrm{d}\sigma'=\mathrm{d}(p-u)=-\mathrm{d}u=-\frac{\partial u}{\partial t}\mathrm{d}t \tag{6-49}$$

将式 (6-49) 代入式 (6-48) 得

$$dV = m_v \frac{\partial u}{\partial t} dz dt \tag{6-50}$$

对于完全饱和的土体而言，由于孔隙被水充满，因此，在 dt 时间内单元体体积的减小应等于净流出的水量，即

$$-dV = dQ$$

将式（6-47）和式（6-50）代入上式两边，可得

$$\frac{\partial q}{\partial z} = m_v \frac{\partial u}{\partial t} \tag{6-51}$$

根据达西定律，在 t 时刻通过单元体的流量可表示为

$$q = ki = k\frac{\partial h}{\partial z} = \frac{k}{\gamma_w}\frac{\partial u}{\partial z} \tag{6-52}$$

将式（6-52）代入式（6-51）左边，即可得到一维固结微分方程式为

$$\frac{\partial u}{\partial t} = C_v \frac{\partial^2 u}{\partial^2 z} \tag{6-53}$$

其中
$$C_v = k/m_v\gamma_w$$

式中 C_v——土的固结系数，cm^2/a；

k——土的渗透系数，cm/a；

γ_w——水的重度。

在一定的初始条件和边界条件下，按式（6-53），可以解得任一深度 z 在任一时刻 t 的孔隙水压力表达式。对于图 6-27 所示的土层和受荷情况，其初始条件和边界条件为

$$t=0 \text{ 以及 } 0 \leqslant z \leqslant H \text{ 时}, \quad u = u_0 = p$$

$$0 < t < \infty \text{ 以及} \begin{cases} z = H \text{ 时}, & \dfrac{\partial u}{\partial z} = 0 \\ z = 0 \text{ 时}, & u = 0 \end{cases}$$

$$t = \infty \text{ 以及 } 0 \leqslant z \leqslant H \text{ 时}, \quad u = 0$$

用分离变量法，可求得式（6-53）的解答为

$$u = \frac{4}{\pi} p \sum_{m=1}^{\infty} \frac{1}{m} \sin\left(\frac{m\pi z}{2H}\right) e^{-m^2 \frac{\pi^2}{4} T_v} \tag{6-54}$$

其中
$$T_v = C_v t / H^2$$

式中 m——正奇数（1、3、5、…、n）；

T_v——时间因数，无因次；

H——最大排水距离，cm，在单面排水条件下即为土层厚度，在双面排水条件下为土层厚度的一半；

t——固结历时，a；

C_v——土层的固结系数，cm^2/a。

（三）固结度及其应用

理论上可以根据式（6-54）求出土层中任意时刻孔隙水压力及相应的有效应力的大小和分布，再利用压缩量基本公式算出任意时刻的地基沉降量 s_t。但是这样求解甚感不便，下面将引入固结度的概念，使问题得到简化。

所谓固结度，就是指在某一固结应力作用下，经某一时间 t 后，土体发生固结或孔隙水压力消散的程度。对于任一深度 z 处土层经时间 t 后的固结度，可按下式表示：

$$U_{zt}=\frac{u_0-u}{u_0}=1-\frac{u}{u_0} \tag{6-55}$$

式中 u_0——初始孔隙水压力，其大小即等于该点的固结应力；

u——t 时刻的孔隙水压力。

某一点的固结度对于解决工程实际问题来说并不重要，为此，又常常引入土层平均固结度的概念。土层的平均固结度定义为 t 时刻土骨架承担的全部有效应力与全部附加应力之比值。因此，t 时刻土层的平均固结度 U_t 可表示为

$$U_t=1-\frac{\int_0^H u\mathrm{d}z}{\int_0^H u_0\mathrm{d}z} \tag{6-56}$$

将式（6-54）代入式（6-56），积分后，即可得到土层平均固结度的表达式为

$$U_t=1-\frac{8}{\pi^2}\sum_{m=1}^{m=\infty}\frac{1}{m^2}\exp\left(-\frac{m^2\pi^2}{4}T_v\right) \tag{6-57}$$

式中 m——正奇数（1、3、5、…、n）。

从上式可以看出，土层的平均固结度是时间因数 T_v 的单值函数，它与所加固结应力的大小无关，但与土层中固结应力的分布有关。

式（6-57）括号中的级数收敛很快，当 $U_t>30\%$ 时可近似地取其中的第一项：

$$U_t=1-\frac{8}{\pi^2}\exp\left(-\frac{\pi^2}{4}T_v\right)=1-0.81057\exp\left(-\frac{\pi^2}{4}T_v\right) \tag{6-58}$$

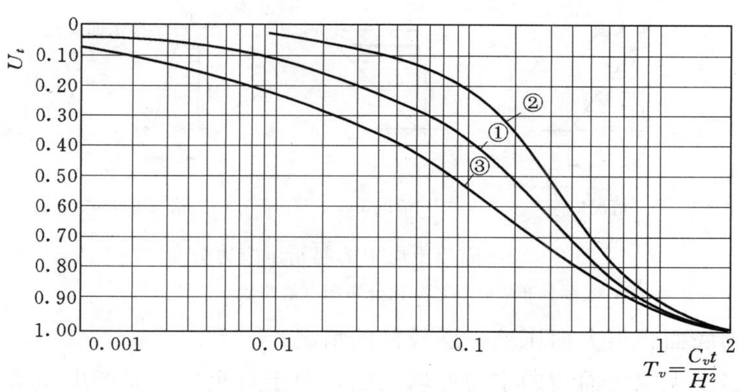

图6-28 U_t-T_v 关系曲线

式（6-58）给出的 U_t 和 T_v 之间的关系曲线，可用图6-28中的曲线①表示。为了便于实际应用，式（6-58）或曲线①也可用下列公式很好地近似：

$$T_v=0.7854U_t^2 \quad (U_t<0.60) \tag{6-59a}$$

$$T_v=-0.9332\log(1-U_t)-0.08512 \quad (U_t>0.60) \tag{6-59b}$$

$$T_v\approx 3.6U_t \quad (U_t=1.0) \tag{6-59c}$$

对于起始超静水压力 u_0 沿土层深度为线性变化的情况（见图6-29中的情况2和情况3），可根据此时的边界条件，解微分方程式（6-53），并积分式（6-56），分别可得

情况 2：

$$U_{t2}=1-\frac{32}{\pi^3}\sum_{m=1}^{m=\infty}(-1)^k\frac{1}{m^3}\exp\left(-\frac{m^2\pi^2}{4}T_v\right) \tag{6-60}$$

其中　$k=\text{int}(m/2)$　（表示取 $m/2$ 的整数部分）

式中　m——正奇数（1、3、5、…、n）。

情况 3：

$$U_{t3}=2U_{t1}-U_{t2} \tag{6-61}$$

这两种情况的 U_t 和 T_v 的关系曲线分别如图 6-28 中的曲线②和曲线③所示。

在实际工程中，作用于饱和土层中的起始超静水压力分布要比图 6-29 所示的三种情况复杂，但实用上可以足够精确地把实际上可能遇到的起始超静水压力分布近似地分为以下五种情况处理（见图 6-30）：

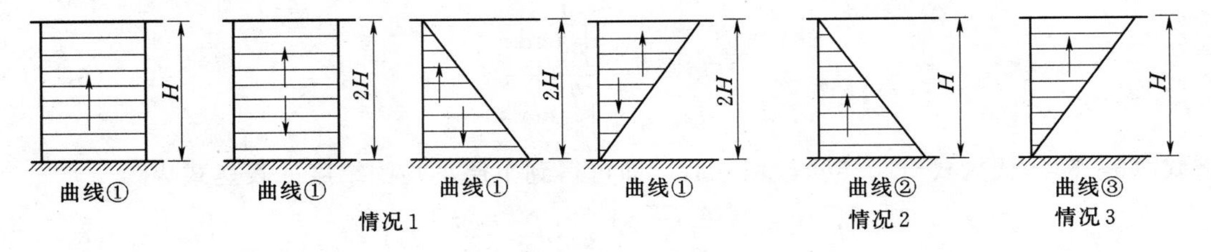

图 6-29　一维渗流固结的三种基本情况

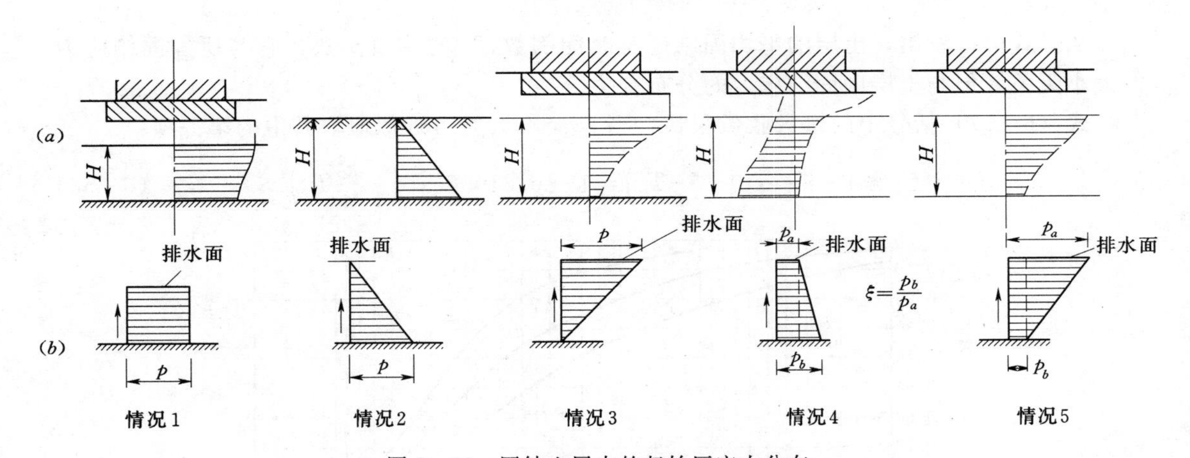

图 6-30　固结土层中的起始压应力分布

（a）实际分布图；（b）简化分布图（箭头表示水流方向）

情况 1：基础底面积很大而压缩土层较薄的情况。

情况 2：相当于无限大面积的水力冲填土层，由于自重应力而产生固结的情况。

情况 3：相当于基础底面积较小，在压缩土层底面的附加应力已接近于零的情况。

情况 4：相当于地基在自重作用下尚未固结完毕就在上面修建建筑物基础的情况。

情况 5：与情况 3 相类似，但相当于压缩土层底面的附加应力还不接近于零的情况。

情况 4 和 5 的固结度 U_{t4} 和 U_{t5}，可以根据土层平均固结度的物理概念，利用情况 1～情况 3 的 U_t-T_v 关系式推算。按式（6-56）的意义，土层在某一时刻 t 的固结度等于该时刻土层中有效应力分布图的面积与总应力分布图的面积之比。

用虚线将图 6-31（a）情况 4 的总应力分布图（亦即起始超静孔隙水压力分布图）分成两部分，第一部分为情况 1，第二部分为情况 2。在 t 时刻，第一部分的固结度 U_{t1} 可用式（6－57）计算，该时刻土层中的有效应力分布图面积为 $A_1 = U_{t1} p_a H$。

同一时刻，第二部分即情况 2 的固结度 U_{t2} 可用式（6－60）计算，该时刻土层中的有效应力分布图面积为

$$A_2 = U_{t2} \cdot \frac{1}{2} H (p_b - p_a)$$

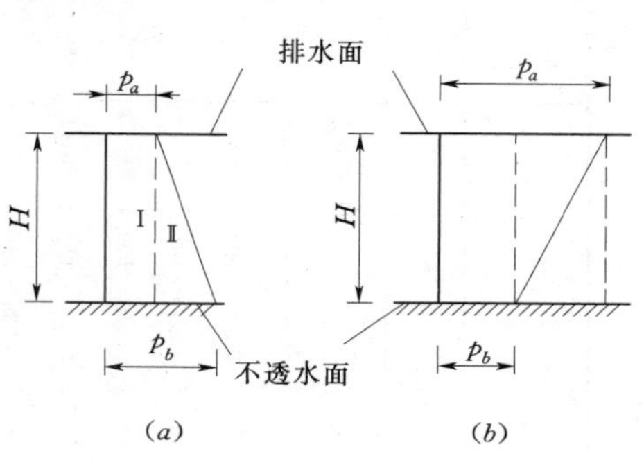

图 6－31　固结度的合成计算方法
(a) 情况 4；(b) 情况 5

因而 t 时刻土层中有效应力分布图面积之和为 $A_1 + A_2$；而土层中总应力分布面积为

$$A_0 = \frac{1}{2} H (p_b + p_a)$$

因此，按上述土层平均固结度定义，这时情况 4 的平均固结度 U_{t4} 为

$$U_{t4} = \frac{A_1 + A_2}{A_0} = \frac{2U_{t1} + U_{t2}(\xi - 1)}{1 + \xi} \tag{6-62}$$

其中

$$\xi = p_b / p_a$$

同样方法可以推导出情况 5 的平均固结度 U_{t5} 为

$$U_{t5} = \frac{2U_{t1} - (1 - \xi) U_{t2}}{1 + \xi} \tag{6-63}$$

或

$$U_{t5} = \frac{2\xi U_{t1} + (1 - \xi) U_{t3}}{1 + \xi} \tag{6-64}$$

特别地，当 $\xi = 0$ 时即为情况 3；当 $\xi = \infty$ 时即为情况 2。

由此可见，式（6－62）是适用于不同起始超静孔隙水压力分布的普遍性公式。为便于计算，把不同 ξ 值时的 $U_t - T_v$ 关系列于表 6－13。

注意： 式（6－62）～式（6－64）中，p_a 恒表示排水面的应力，p_b 恒表示不透水面的应力。

如果压缩土层上下两面均为排水面，则无论压力分布为哪种情况，均可取情况 1 计算，只要以 $H/2$ 代替 H，就可用式（6－58）计算土层平均固结度。

（四）沉降与时间关系的计算

以时间 t 为横坐标、沉降 s_t 为纵坐标，可以绘出沉降与时间关系曲线。比较建筑物不同点的沉降与时间关系曲线，就可以求出建筑物各点在任一时刻 t 的沉降差。

1. 单层土地基的沉降与时间关系的计算

按土层平均固结度的定义，有

$$\begin{aligned} U_t &= \frac{\text{有效应力分布图面积}}{\text{总附加应力分布图面积}} \\ &= \frac{\text{有效应力分布图面积} / \text{土层压缩模量}}{\text{总附加应力分布图面积} / \text{土层压缩模量}} \\ &= \frac{t\ \text{时刻土层的沉降量}}{\text{土层的最终沉降量}} \\ &= \frac{s_t}{s_\infty} \end{aligned}$$

表 6-13　各种 ξ 值下平均固结度 U_t 与时间因数 T_v（$\times 10^{-2}$）的对照表

ξ \ U(%)	0	5	10	15	20	25	30	35	40	45	50	55	60	65	70	75	80	85	90	95	99.99	情况序号
0	0	0.0324	0.2105	0.5021	0.9400	1.551	2.370	3.446	4.849	6.681	9.087	12.24	16.29	21.32	27.42	34.76	43.79	55.44	71.87	99.97	351.8	3
0.1	0	0.0461	0.2561	0.6071	1.135	1.871	2.856	4.149	5.828	8.001	10.80	14.34	18.69	23.90	30.07	37.43	46.47	58.12	74.56	102.64	354.6	
0.2	0	0.0605	0.3048	0.7198	1.343	2.208	3.362	4.867	6.803	9.267	12.36	16.15	20.66	25.96	32.16	39.53	48.57	60.23	76.66	104.8	356.6	
0.3	0	0.0754	0.3569	0.8390	1.560	2.556	3.876	5.579	7.743	10.45	13.75	17.69	22.29	27.63	33.85	41.23	50.27	61.93	78.36	106.5	358.3	
0.4	0	0.0908	0.4118	0.9638	1.784	2.909	4.386	6.271	8.628	11.51	14.96	19.00	23.66	29.02	35.25	42.63	51.67	63.33	79.79	107.9	359.7	
0.5	0	0.1068	0.4694	1.093	2.013	3.263	4.887	6.932	9.446	12.47	16.02	20.12	24.81	30.19	36.42	43.81	52.85	64.51	80.94	109.1	360.9	5
0.6	0	0.1233	0.5293	1.226	2.243	3.612	5.369	7.553	10.20	13.32	16.95	21.09	25.79	31.19	37.42	44.81	53.85	65.51	81.94	110.1	361.9	
0.7	0	0.1403	0.5912	1.359	2.473	3.954	5.831	8.132	10.88	14.08	17.76	21.93	26.65	32.04	38.29	45.67	54.71	66.37	82.81	110.9	362.8	
0.8	0	0.1578	0.6547	1.496	2.700	4.285	6.269	8.669	11.50	14.76	18.47	22.67	27.40	32.79	39.04	46.42	55.47	67.13	83.56	111.7	363.5	
0.9	0	0.1759	0.7196	1.632	2.923	4.604	6.682	9.164	12.06	15.37	19.11	23.11	28.08	33.46	39.70	47.09	56.13	67.79	84.22	112.3	364.2	
1.0	0	0.1950	0.7854	1.767	3.142	4.909	7.069	9.621	12.57	15.91	19.67	23.89	28.64	34.04	40.28	47.67	56.72	68.38	84.81	112.9	364.7	1
1.5	0	0.2926	1.120	2.417	4.131	6.221	8.657	11.42	14.53	17.96	21.78	26.03	30.79	36.20	42.44	49.83	58.88	70.53	86.97	115.1	367.0	
2.0	0	0.3971	1.444	2.990	4.935	7.214	9.792	12.66	15.82	19.30	23.14	27.39	32.16	37.57	43.82	51.21	60.25	71.91	88.34	116.5	368.4	
3.0	0	0.6075	2.008	3.883	6.088	8.553	11.26	14.21	17.42	20.93	24.78	29.05	33.82	39.23	45.47	52.86	61.91	73.57	90.00	118.1	370.0	
4.0	0	0.8018	2.449	4.512	6.844	9.391	12.15	15.13	18.36	21.88	25.74	30.01	34.78	40.19	46.44	53.83	62.87	74.53	90.96	119.1	371.0	
5.0	0	0.9714	2.789	4.966	7.368	9.959	12.74	15.74	18.98	22.50	26.36	30.63	35.41	40.82	47.07	54.45	63.50	75.16	91.60	119.7	371.6	4
6.0	0	1.117	3.056	5.305	7.750	10.37	13.17	16.17	19.42	22.94	26.81	31.08	35.85	41.26	47.51	54.90	63.94	75.60	92.04	120.1	372.0	
8.0	0	1.346	3.440	5.755	8.268	10.91	13.73	16.74	19.99	23.52	27.39	31.66	36.43	41.85	48.09	55.48	64.53	76.19	92.62	120.7	372.6	
10.0	0	1.514	3.700	6.083	8.601	11.26	14.08	17.10	20.36	23.89	27.76	32.03	36.80	42.21	48.46	55.85	64.89	76.55	92.99	121.1	373.0	
20.0	0	1.937	4.297	6.761	9.321	12.00	14.84	17.87	21.13	24.66	28.53	32.80	37.58	42.99	49.24	56.63	65.67	77.37	93.77	121.9	373.7	
∞	0	2.507	5.003	7.528	10.12	12.82	15.67	18.70	21.96	25.50	29.37	33.64	38.42	43.83	50.08	57.47	66.51	78.17	94.60	122.7	374.6	2

因此 $$s_t = U_t s_\infty \tag{6-65}$$

即知道土层的最终沉降量 s_∞ 和平均固结度 U_t，即求得地基在时间 t 达到的沉降量 s_t。

2. 成层土地基的沉降与时间关系的计算

上述讨论仅限于地基为均匀土层或地基中只有一层透水性很小的压缩土层的情况。砂层、砾石层等无黏性土层由于透水性大，渗流固结过程迅速，在建筑物修建完毕时即已稳定，因此，计算地基的沉降与时间关系一般只考虑黏性土层。如果在成层地基中压缩层范围以内有多层黏性土地基，而两层黏性土中间隔有一层连续分布的透水层（砂层），则可以按照上述方法分别计算每一层土的沉降与时间关系曲线，最后叠加起来即可。但在不少实际工程问题中，可能遇到两层或两层以上黏性土层直接上下叠在一起的情况，这时，应用上述方法就有困难。因为底下一层对于上一层来说，既不是不透水层，也不是完全透水层。对于这个问题，目前一般采用近似解法。如果采用各分层土的平均指标，仍按均匀土层的情况计算，则可以求得相当近似的结果。等效土层的平均指标可按下列公式计算：

$$k_e = \frac{\sum h_i}{\sum h_i / k_i} \tag{6-66}$$

$$m_{ve} = \frac{\sum m_{vi} h_i}{\sum h_i} \tag{6-67}$$

$$C_{ve} = \frac{k_e}{m_{ve}\gamma_w} \tag{6-68}$$

式中 h_i、k_i 和 m_{vi}——各分层土的厚度、渗透系数和体积压缩系数；

k_e、m_{ve} 和 C_{ve}——等效均匀土层的渗透系数、体积压缩系数和固结系数。

【例题 6-5】 设饱和黏土层的厚度为 10m，位于不透水坚硬岩层上，由于基底上作用着竖向均布荷载，在土层中引起的附加应力的大小和分布如图 6-32 所示。若土层的初始孔隙比 $e_0 = 0.8$，压缩系数 $a_v = 2.5 \times 10^{-4}\text{kPa}^{-1}$，渗透系数 $k = 0.02\text{m/a}$，试问：①加荷一年后，基础中心点的沉降量为多少？②当基础的沉降量达到 20cm 时需要多少时间？

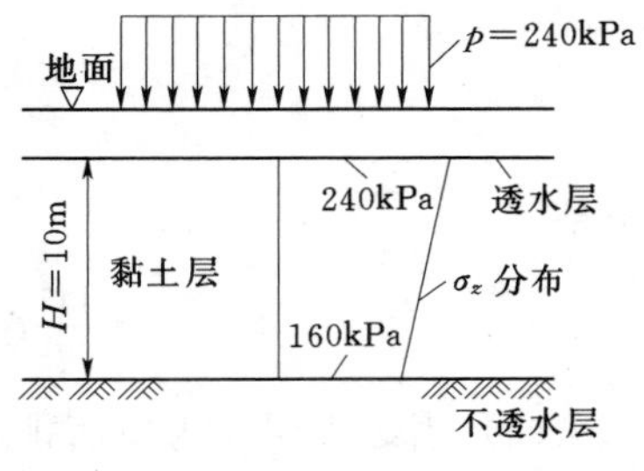

图 6-32 ［例题 6-5］附图

解：（1）该土层的平均附加（固结）应力为

$$\sigma_z = \frac{240 + 160}{2} = 200\text{kPa}$$

则基础的最终沉降量为

$$s = \frac{a_v}{1 + e_0}\sigma_z H = \frac{2.5}{1 + 0.8} \times 10^{-4} \times 200 \times 1000 = 27.8\text{cm}$$

该土层的固结系数为

$$C_v = \frac{k(1 + e_0)}{a_v \gamma_w} = \frac{0.02 \times (1 + 0.8)}{2.5 \times 10^{-4} \times 10} = 14.4\text{m}^2/\text{a}$$

时间因数为

$$T_v = \frac{C_v t}{H^2} = \frac{14.4 \times 1}{10^2} = 0.144$$

土层的固结应力为梯形分布，其参数为

$$\xi=\frac{160}{240}=0.667$$

由 T_v 和 ξ 值从表 6-13 中查得土层的平均固结度为 $U_t=0.458$，则加荷一年后的沉降量为

$$s_t=U_t s=0.458\times 27.8=12.73\text{cm}$$

(2) 已知基础的 $s_t=20\text{cm}$，最终沉降量 $s=27.8\text{cm}$。

则土层的平均固结度为

$$U=\frac{s_t}{s}=\frac{20}{27.8}=0.72$$

由 U 和 ξ 值，从表 6-13 中查得时间因数为 0.4095，则沉降量达到 20cm 所需的时间为

$$t=\frac{T_v H^2}{C_v}=\frac{0.4095\times 10^2}{14.4}=2.844\text{a}$$

【例题 6-6】 若有一黏土层，厚为 10m，上下两面均可排水。现从黏土层中心取样后切取一厚为 2cm 的试样，放入固结仪做固结试验（上下均有透水石），在某一级固结应力作用下，测得其固结度达到 80%时所需的时间为 10min，问：①该黏土层在现场受到与试验室固结应力同样大小的压力作用下，达到同一固结度所需的时间为多少？②若黏土层改为单面排水，所需时间又为多少？

解：(1) 已知黏土层的厚度 H_1 为 10m，试样厚度 H_2 为 2cm，达到固结度 80%所需的时间 t_2 为 10min。若设黏土层达到固结度 80%时所需的时间为 t_1，由于土的性质和固结度均相同，因而由 $C_{v1}=C_{v2}$ 和 $T_{v1}=T_{v2}$ 的条件可得

$$\frac{t_1}{\left(\frac{H_1}{2}\right)^2}=\frac{t_2}{\left(\frac{H_2}{2}\right)^2}$$

于是

$$t_1=\frac{H_1^2}{H_2^2}t_2=\frac{1000^2}{2^2}\times 10=2500000\,\text{min}=4.756\text{a}$$

(2) 当黏土层改为单面排水时，其所需时间为 t_3，则由 T_v 相同的条件可得

$$\frac{t_3}{H_1^2}=\frac{t_1}{\left(\frac{H_1}{2}\right)^2}$$

于是

$$t_3=4t_1=4\times 4.756=19.024\text{a}$$

从以上可知，在其他条件都相同的情况下，单面排水所需的时间为双面排水的 4 倍。

（五）考虑施工期的地基沉降与时间关系的修正

在上述讨论中，均假定基础荷载是一次全部加到地基土上去的，而实际上，建筑物荷载是在整个修建期间逐步加上去的。因此，按上述方法求得的沉降与时间关系曲线需作相应修正。图 6-33 (*a*) 为加载曲线，通常用图 6-33 (*b*) 代替，即假设加载期间 t_c 内荷载线性增长，并忽略 o' 以前基坑开挖引起的土的变形。太沙基提出了考虑施工期影响的沉

降-时间关系曲线的经验修正方法。

修正方法假定：

（1）在加载期间 t_c 终了时达到的沉降量等于荷载一次性加上去经过 $t_c/2$ 时间所达到的沉降量，根据这个假定，得点 m［见图 6－33（c）］。

（2）加载期间内某一时间 t_1 达到的沉降量（这时荷载为 p）等于全部荷载 p' 一次加上去经过 $t_1/2$ 时间达到的沉降量乘以 p/p' 值，在图 6－33（c）中，沉降量 $(s_{t1})_n=(s_{t1/2})_{n1}p/p'$。

（3）在加载期间以后任一时间 t 达到的沉降量等于荷载一次加上去经过 $(t-t_c/2)$ 时间达到的沉降量。

可以看出，随着时间的增长，荷载逐步加上去（施工期间）对沉降值的影响逐渐减小。这种修正方法虽是近似的，但与实际观测结果比较，可以认为在实用上已够准确。

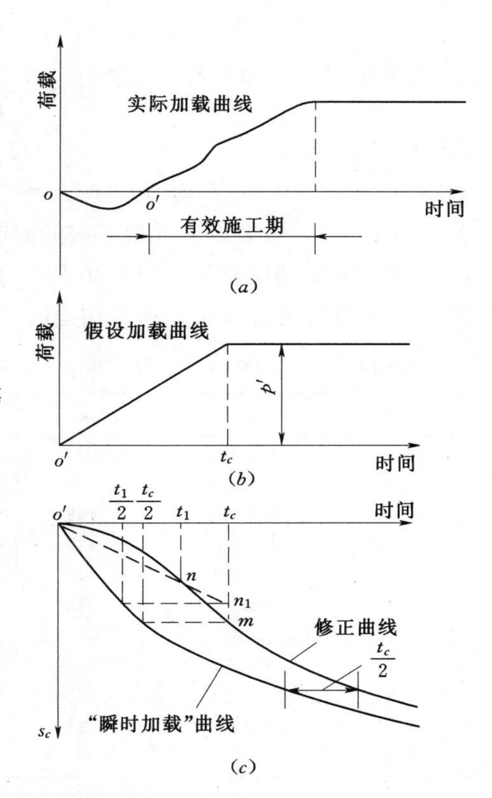

图 6－33　沉降-时间关系曲线的修正

【例题 6－7】　某 8m 厚黏土层位于两层砂土层之间，上层砂土位于从地表至 4m 深处，下层砂土位于承压水层以下，承压水压力水头高出地表 6m，如图 6－34 所示。黏土层的体积压缩系数 $m_v=0.94\text{MPa}^{-1}$，固结系数 $C_v=1.4\text{m}^2/\text{a}$。由于抽水，在 2 年内承压水压力水头下降了 3m。试绘制抽水开始后黏土层的固结沉降-时间曲线。

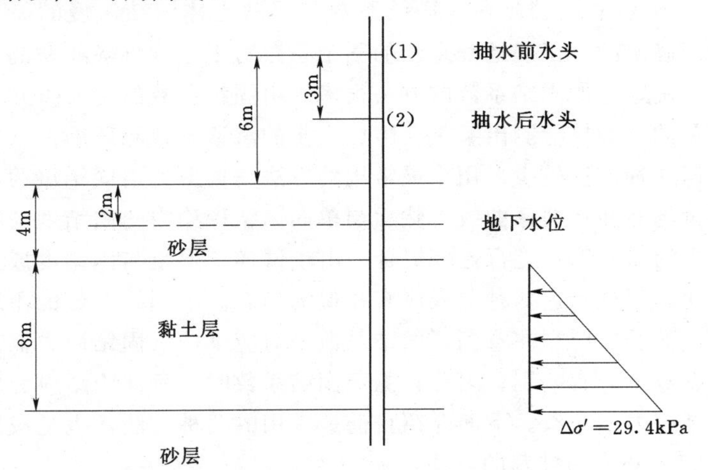

图 6－34　［例题 6－7］的已知条件示意图

解： 在本例题中，黏土层固结是由于黏土层下边界孔隙水压力的改变所引起的。黏土层顶面，有效应力的增量为零，黏土层的底面，有效应力增量 $\Delta\sigma'=3\gamma_w=3\times9.8=29.4\text{kPa}$。这个问题是由于有效应力增加所引起的一维固结问题，因为双面排水，可视情况 1 处理。黏土层中点的有效应力增量 $\Delta\sigma'=1.5\gamma_w=1.5\times9.8=14.7\text{kPa}$，因此最终固结沉降量 s_∞ 为

$$s_{\infty}=m_v\Delta\sigma'H=0.94\times14.7\times8=110.54\text{mm}$$

当 $t=5$ 年时，时间因数 T_v 为

$$T_v=\frac{C_vt}{H^2}=\frac{1.4\times5}{(8/2)^2}=0.4375$$

查表 6－13，相应的平均固结度 $U_t=72.35\%$。为绘制沉降-时间关系曲线，对其他一系列给定的 U_t 值，查表 6－13 得相应的时间因数 T_v，进而由 $t=T_vH^2/C_v$ 求得时间 t，由 $s_t=U_ts_{\infty}$ 求得相应的沉降 s_t，结果如表 6－14 所示，再对这样计算得到的沉降-时间曲线按太沙基经验方法进行修正，得到相应的沉降-时间关系修正曲线，如图 6－35 所示。

表 6－14　　例题 6－7 计算结果表

U	T_v	t (a)	S_t (mm)
0.10	0.007854	0.0898	11.05
0.20	0.03142	0.3570	22.11
0.30	0.07069	0.808	33.16
0.40	0.1257	1.437	44.22
0.50	0.1976	2.248	55.27
0.60	0.2864	3.273	66.32
0.70	0.4028	4.603	77.38
0.7235	0.4375	5.000	79.98
0.80	0.5672	6.482	88.43
0.90	0.8481	9.693	99.49
0.95	1.129	12.903	105.01

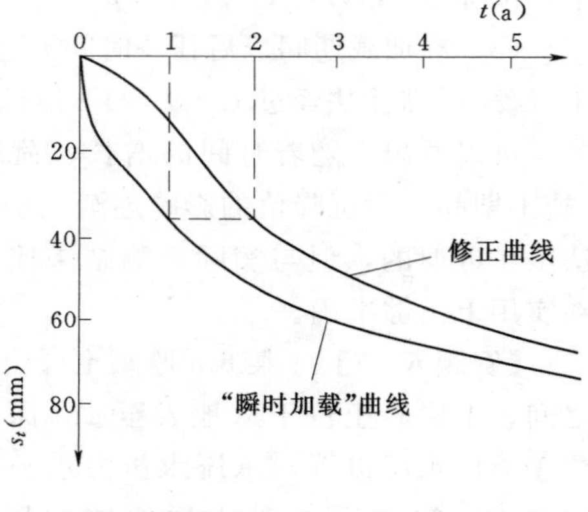

图 6－35　［例题 6－7］沉降-时间关系曲线

（六）固结系数的测定

前已述及，土层的平均固结度 U 是时间因数 T_v 的单值函数，而 T_v 又与固结系数 C_v 成正比，C_v 越大，土层的固结越快。固结系数是反映土体固结快慢的一个重要指标，它是需要通过试验来确定的。正确地确定土的固结系数对于基础沉降速率的计算有着十分重要的意义。目前，确定土的固结系数的方法很多。由固结系数的定义可知，它是与渗透系数和压缩系数有关的。如果能测出某一孔隙比下土的渗透系数和压缩系数，就可计算出相应的固结系数，但这种方法较少采用。最常用的方法是根据室内固结试验，得到某一级荷载下的试样变形量与时间的关系曲线，然后与单向固结理论中的固结度与时间因数关系曲线（即图 6－28 中的曲线①）进行比较拟合。由于试样变形量与固结度成正比，而时间又与时间因数成正比，因此，这两种曲线应有相似的形态。求固结系数的不同方法，实质上是不同的拟合方法而已。应当注意到，固结系数是对应某一级固结应力而言的。固结应力不同得出的固结系数也会有差别。因此，测定固结系数时，所加固结应力应尽可能与实际工程中产生的固结应力相一致。下面介绍目前最常用的两种方法，也是我国《土工试验方法标准》(GBJ 123—88）中推荐的方法。

（1）时间对数法（Casagrande 法）。将平均固结度的理论曲线和固结试验结果绘在半对数坐标纸上，如图 6－36 所示。理论曲线由三部分组成；起始部分接近于抛物线，中间部分接近于直线，水平轴线为末段曲线的渐近线（$U=100\%$）。在试验曲线上，相应于固结度 $U=0$ 的点可由压缩量与时间关系曲线的起始部分近似为抛物线的特征来确定。在曲线上选取两点 A 和 B（见图 6－36），两点的时间比 $t_B:t_A=4:1$（可取 $t_A=1\text{min}$、$t_B=$

4min)，量得两点的纵坐标差为 ΔS，在 A 点竖直向上量取同一距离 ΔS，并作水平线，它与纵坐标的交点 a_s 即为 $U=0$ 的理论零点。作为校核，在起始部分可选取若干不同的点重复上述步骤。相应于 $U=0$ 的点 a_s 一般与初始读数点 a_0 是不一致的，两者的差值主要是由于土中空气的压缩所引起的（土样饱和度略小于100%），这部分压缩称为初始压缩。试验曲线的末段是直线，但不是水平线。点 a_{100} 相应于固结度 $U=100\%$，取为两条直线交点的纵坐标值；a_s 和 a_{100} 之间的压缩称为主固结，代表太沙基理论固结过程部分。过了上述交点后，土样继续以缓慢的速率压缩，直至无限时间，这部分压缩称为次固结。相应于固结度 $U=50\%$ 的点 a_{50}，其纵坐标为点 a_s 和点 a_{100} 纵坐标的中点，相应的横坐标为时间 t_{50}。相应于 $U=50\%$ 的时间因数 $T_v=0.1967$，因此，固结系数 C_v 可按下式求得：

$$C_v=\frac{0.1967H^2}{t_{50}} \tag{6-69}$$

式中　H——取为土样在一定压力增量范围内平均高度的一半（双面排水）。

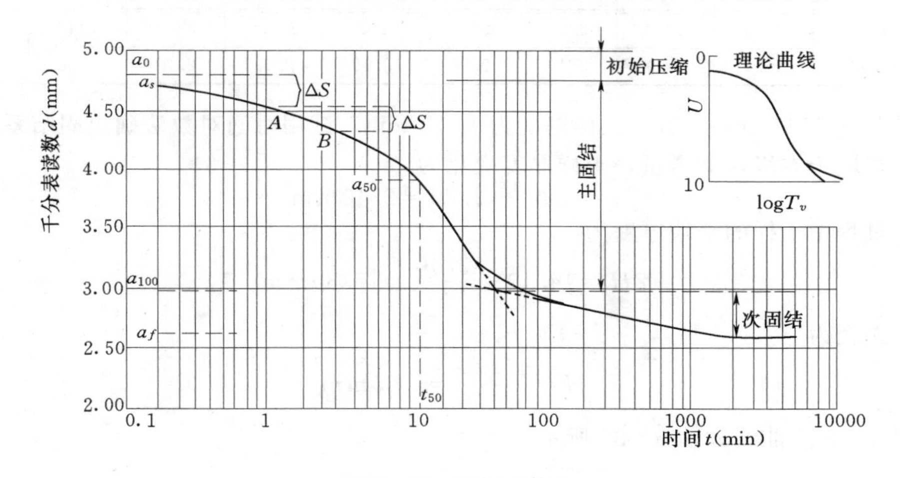

图6-36　时间对数法

(2) 时间平方根法（Taylor 法）。图6-37为平均固结度理论曲线和固结试验曲线，横坐标为时间平方根 $\sqrt{t}$。平均固结度 $U<60\%$ 时理论曲线为一条直线，平均固结度 $U=90\%$ 所对应的横坐标（AC）为理论曲线的直线部分延伸线 B 点的横坐标（AB）的1.15倍。这个特征可用来确定试验曲线上相应于 $U=90\%$ 的点。

试验曲线由三部分组成：起始部分和末段为曲线，中间部分为直线。起始较短的曲线部分代表初始压缩。相应于 $U=0$ 的点 D 可取为过直线段向上延伸，与纵坐标轴的交点（$t=0$），直线 DE 的横坐标取为试验曲线直线部分横坐标的1.15倍，直线 DE 与试验曲线的交点对应于 $U=90\%$ 相应的坐标（a_{90}，$\sqrt{t_{90}}$）就可以得到。对应于 $U=90\%$ 的时间因数 $T_v=0.8481$，因此，固结系数 C_v 可按下式计算：

$$C_v=\frac{0.848H^2}{t_{90}} \tag{6-70}$$

(3) 压缩比。初始压缩、主固结压缩和次固结压缩的相对大小可以通下列压缩比来表示（见图6-36和图6-37）：

初始压缩比 $r_0=\dfrac{a_0-a_s}{a_0-a_f}$ (6-71a)

主固结压缩比 $r_p=\dfrac{a_s-a_{100}}{a_0-a_f}$ (时间对数法) (6-71b)

$r_p=\dfrac{10(a_s-a_{90})}{9(a_0-a_f)}$ (时间平方根法) (6-71c)

次固结压缩比 $r_s=1-(r_0+r_p)$ (6-71d)

【例题 6-8】 饱和土样做侧限压缩试验，当压力从 200kN/m² 增加到 400kN/m² 时，测得的千分表读数如表 6-15 所示：

表 6-15 千分表读数

时间 (min)	0	0.25	0.5	1.0	2.0	4.0	9.0	16.0	25.0
读数 (mm)	5.00	4.82	4.77	4.64	4.51	4.32	4.00	3.72	3.49
时间 (min)	36.0	49.0	60.0	90.0	120.0	210.0	300.0	1440	
读数 (mm)	3.31	3.19	3.10	2.98	2.89	2.78	2.72	2.60	

经过 24h (1440min) 后，土样厚度为 14.10mm。试用时间对数法确定固结系数 C_v。

解： 相应于本级荷载增量，土样厚度变化为

$$s=5.00-2.60=2.40\text{mm}$$

固结过程中土样的平均厚度为

$$2H=14.10+\frac{2.40}{2}=15.30\text{mm}$$

最长渗径为

$$H=\frac{15.30}{2}=7.65\text{mm}$$

绘制 $d-\log t$ 曲线如图 6-38 所示。

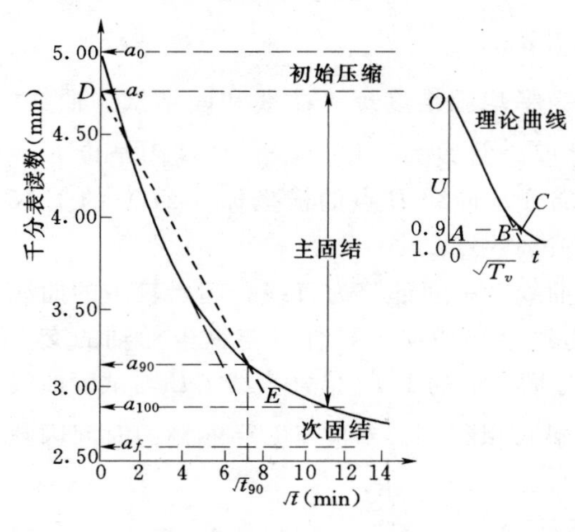

图 6-37 时间平方根法

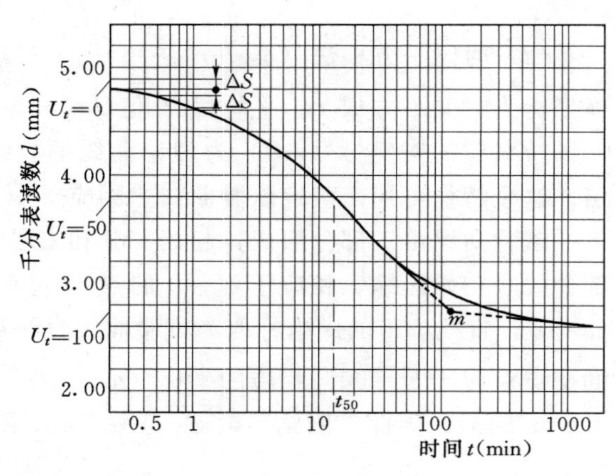

图 6-38 例题 6-8 的 $d-\log t$ 曲线

从曲线上求得 $t_{50}=13.0\text{min}$

$$C_v=\frac{0.1967(0.765)^2}{13\times60}=1.478\times10^{-4}\text{cm}^2/\text{s}$$

三、二维和三维渗流固结理论简介

上述一维渗流固结课题应用很广，但严格说来，在工程实际中遇到的许多问题是二维或三维问题。在比较厚的土层上面作用局部基础荷载时，土层中的应力为非均匀分布，同时有竖向和水平方向的变形和孔隙水渗流，属三维问题。如果荷载是长条形分布，如堤坝荷载，则属二维固结平面应变问题。此外，在地基处理时，为加速较厚黏土层的固结过程而在土层中设置排水砂井时，除竖向渗流外还有水平方向的轴对称渗流，属三维固结轴对称问题。

对于这些二维、三维渗流固结问题，同样可以推导得出渗流固结微分方程，但公式比较复杂，参数较难测定，应用比较麻烦，大多数情况下只有数值解。

（一）拟三维固结理论

考虑饱和土层中的微元体 $dxdydz$（见图 6-39）。根据连续性原理（假设土是完全饱和的，土粒和水都是不可压缩的），dt 时间内微元体的体积变化必等于同一时间内流出微元体的水量，亦即

$$\frac{\partial \varepsilon_v}{\partial t}=\frac{\partial q_x}{\partial x}+\frac{\partial q_y}{\partial y}+\frac{\partial q_z}{\partial z} \tag{6-72a}$$

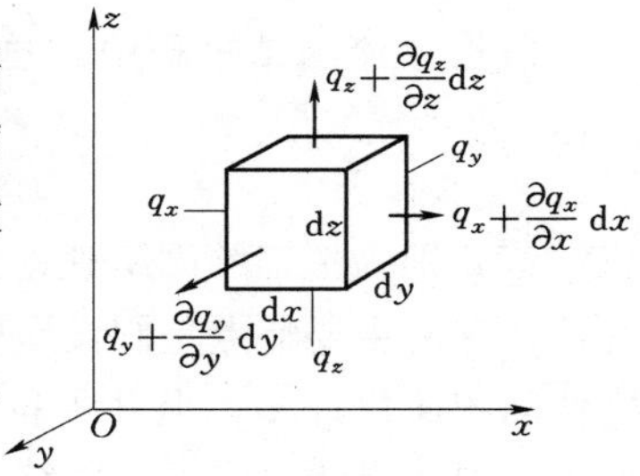

图 6-39　三维渗流固结

式中　ε_v——体积应变；

q——单位时间内流过单位横截面积的水量。

根据达西定律（假定水的渗流符合达西定律），在 t 时刻通过单元体的流量可表示为

$$\left.\begin{aligned}q_x&=k_x i_x=-\frac{k_x}{\gamma_w}\frac{\partial u}{\partial x}\\ q_y&=k_y i_y=-\frac{k_y}{\gamma_w}\frac{\partial u}{\partial y}\\ q_z&=k_z i_z=-\frac{k_z}{\gamma_w}\frac{\partial u}{\partial z}\end{aligned}\right\} \tag{6-72b}$$

式中　k_x、k_y 和 k_z——x、y、z 方向土的渗透系数。

若流量 q 随坐标正方向递增，则孔隙水压力 u 随坐标正方向而递减，故取负值。

将式（6-72b）代入式（6-72a），如果 $k_x=k_y=k_z=k$，则

$$\frac{\partial \varepsilon_v}{\partial t}=-\frac{k}{\gamma_w}\nabla^2 u \tag{6-73}$$

根据广义虎克定律（假设土是完全弹性体），可写为

$$\varepsilon_v=\varepsilon_x+\varepsilon_y+\varepsilon_z=\frac{1-2\mu}{E}(\sigma'_x+\sigma'_y+\sigma'_z) \tag{6-74}$$

式中　ε_x、ε_y 和 ε_z——土单元在 x、y 和 z 方向的应变；

σ'_x、σ'_y 和 σ'_z——土单元在 x、y 和 z 方向的有效应力；

E——土的变形模量；

μ——土的泊松比。

根据有效应力原理，式（6-74）可写为

$$\varepsilon_v=\frac{1-2\mu}{E}(\theta-3u)=\frac{-3(1-2\mu)}{E}\left(u-\frac{\theta}{3}\right) \tag{6-75}$$

式中，$\theta=\sigma_x+\sigma_y+\sigma_z$，为总应力之和。从而

$$\frac{\partial \varepsilon_v}{\partial t}=\frac{-3(1-2\mu)}{E}\left(\frac{\partial u}{\partial t}-\frac{1}{3}\frac{\partial \theta}{\partial t}\right) \tag{6-76}$$

将式（6-76）代入式（6-73），得

$$\frac{1}{C_{v3}}\left(\frac{\partial u}{\partial t}-\frac{1}{3}\frac{\partial \theta}{\partial t}\right)=\nabla^2 u \tag{6-77}$$

$$C_{v3}=\frac{Ek}{3\gamma_w(1-2\mu)} \tag{6-78}$$

式中 C_{v3}——三维固结系数；

∇^2——拉普拉斯算子。

假设渗流固结过程中，总应力之和保持不变（$\theta=\text{const}$），则式（6-77）为

$$\frac{1}{C_{v3}}\frac{\partial u}{\partial t}=\nabla^2 u \tag{6-79}$$

该式即为拟三维固结理论公式，称为太沙基-伦杜立克（K. Terzaghi&L. Rendulic）固结理论，它的主要特点是假设作用于土层中任意点的总应力之和 θ 在固结过程中不变。这个假定使问题简化许多，但并不符合三维中的实际情况，因为在三维情况下，即使外载恒定不变，土中各点的总应力在固结过程中是变化的。原因在于，三维情况下外载在土中各点引起的总应力是不一样的，土单元体表面除了附加正应力之外，还有附加剪应力的作用。在这种情况下，土中各点的起始超静水压力不一样，固结过程中各点的变形或位移也不一样，某点的变形或位移与该点的有效正应力、剪应力有关，同时又与该点的超静孔隙水压力 u 消散多少有关，而各点的变形或位移必须满足连续性条件即，土骨架与孔隙水间有相互影响。这就造成固结过程中土有一个“变形相互制约、应力自动调整”的过程，要求某些点的总应力暂时部分转移给周围一些点，以保证 σ'、u 和变形或位移之间的相互一致。所以，对土中任意点来说，$\frac{\partial \theta}{\partial t}\neq 0$。假设 $\frac{\partial \theta}{\partial t}=0$，不符三维实际情况，故称为“拟”三维固结理论。

对于二维情况，类似可得

$$\frac{1}{C_{v2}}\frac{\partial u}{\partial t}=\frac{\partial^2 u}{\partial x^2}+\frac{\partial^2 u}{\partial z^2} \tag{6-80}$$

$$C_{v2}=\frac{Ek}{2\gamma_w(1+\mu)(1-2\mu)} \tag{6-81}$$

式中 C_{v2}——二维固结系数。

式（6-80）可用于平面应变条件，亦可推广用于轴对称三维情况。不难证明，C_{v2}、C_{v3} 与土的一维固结系数 C_v 之间存在如下关系：

$$C_{v2}=\frac{1}{2(1-\mu)}C_v \tag{6-82}$$

$$C_{v3}=\frac{1+\mu}{3(1-\mu)}C_v \tag{6-83}$$

（二）比奥三维固结理论

比奥（Biot，M. A.）三维固结理论与拟三维固结理论的本质差别在于它不作 $\frac{\partial \theta}{\partial t}=0$ 的假设，则式（6-77）中孔隙水压力 u 以及正应力 σ_x、σ_y、σ_z 都是变量。因此，仅有式（6-77）一个固结方程，无法求解四个变量。比奥提出考虑骨架与孔隙水之间的耦合作用，取正应力

σ_x、σ_y、σ_z 和剪应力 τ_{xy}、τ_{yz}、τ_{zx} 及超静水压力 u 均为未知数，建立平衡方程和连续方程。然后与固结方程一起，根据初始条件和边界条件求解这些方程组，即可得出随时间及坐标位置而异的总应力、孔隙水应力和位移。有关比奥理论的详细介绍，可参阅文献 [6]。

拟三维固结理论，除轴对称问题有解析解外，一般可用差分法，也可用有限元法求解。比奥固结理论则必须用有限元法求解。需要指出的是，应用式（6-82)、式（6-83）计算 C_{v2}、C_{v3} 值是不准确的，因为土不是完全弹性体，μ 值随应力状态而异，而且在固结过程中是变化的，最好做有效应力路径三轴排水试验来直接测定 C_{v2}、C_{v3}，但难度较大。

习 题

6-1 某饱和土样的原始高度为20mm，试样面积为 $3\times10^3\text{mm}^2$，在固结仪中做压缩试验。土样与环刀的总重为 175.6×10^{-2}N，环刀重 58.6×10^{-2}N。当压力由 $p_1=100$kPa 增加到 $p_2=200$kPa 时，土样变形稳定后的高度相应地由 19.31mm 减小到 18.76mm。试验结束后烘干土样，称得干土重为 94.8×10^{-2}N。试计算及回答：①与 p_1 及 p_2 相对应的孔隙比 e_1 和 e_2；②该土的压缩系数；③评价该土的压缩性大小。

（答案：$e_1=0.532$，$e_2=0.489$，$a_{1-2}=0.43\text{MPa}^{-1}$，中等压缩性）

6-2 某矩形基础尺寸为 $2.5\times4.0\text{m}^2$，上部结构传到地面的荷载 $p=1500$kN，土层厚度、地下水位如图 6-40 所示。各土层的压缩试验数据如表 6-16 所示，试用分层总和法和应力面积法计算基础的最终沉降量。

表 6-16 习题 6-2 表

土层 \ p (kPa)	各级荷载下的孔隙比 e				
	0	50	100	200	300
黏土	0.810	0.780	0.760	0.725	0.690
粉质黏土	0.745	0.720	0.690	0.660	0.630
粉砂	0.892	0.870	0.840	0.805	0.775
粉土	0.848	0.820	0.780	0.740	0.710

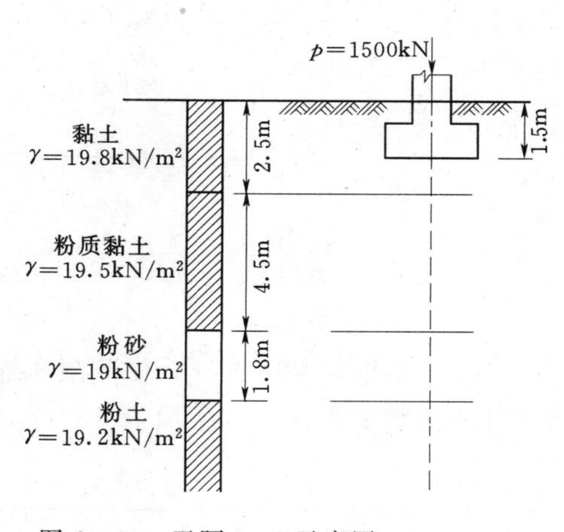

图 6-40 习题 6-2 示意图

6-3 某基础底面尺寸为 $4.0\times2.5\text{m}^2$，基底附加压力 $p_0=150.0$kPa，土层的平均变形模量 $E_0=4$MPa，泊松比 $\mu=0.3$。试按弹性力学公式计算基础为刚性和柔性时基础中点的沉降量。

（答案：$s_r=94.7$mm；$s_0=118.93$mm）

6-4 某饱和黏土试样，室内固结试验的结果如表 6-17 所示：

表 6-17 习 题 6-4 表

压力 (kPa)	0	54	107	214	429	858	1716	3432	0
24h 后千分表读数 (mm)	5.000	4.747	4.493	4.108	3.449	2.608	1.676	0.737	1.480

假设土粒相对密度 $d_s=2.73$，试样原始高度为 19.0mm，试验结束时土样的含水量为 19.8%。试绘制 e-$\log p$曲线并确定先期固结压力 p_c；计算固结压力增量区间 100～200kPa 和 1000～1500kPa 的体积压缩系数 m_v，并确定后一压力增量区间的压缩指数 C_c。

（答案：$e_0=0.891$；$p_c=325$kPa；对 $p=100\sim200$kPa，$m_v=0.20\text{MPa}^{-1}$，对 $p=1000\sim1500$kPa，$m_v=0.067\text{MPa}^{-1}$，$C_c=0.31$）

6-5　地表 8m 厚的砂层覆盖在 6m 的黏土层上，其下为不透水层（见图 6-41）；地下水位在表层砂 2m 深处。由于大面积抽水，1 年内水位下降了 3m。砂土的饱和重度 $\gamma_{sat}=19\text{kN/m}^3$，水位以上砂的天然重度 $\gamma=17\text{kN/m}^2$，黏土的饱和重度 $\gamma_{sat}=20\text{kN/m}^3$。黏土的孔隙比和有效应力的关系可表示为

$$e=0.88-0.32\log(p'/100)$$

其中固结系数 $C_v=1.26\text{m}^2/\text{a}$。试问：①黏土层的最终固结沉降量和从抽水开始起算 3 年后的沉降（考虑加载时间修正）；②假如存在一层能自由排水的很薄的砂层，位于不透水层以上黏土层 1.5m 处，则黏土层的最终沉降量和从抽水开始起算 3 年的沉降量又是多大？

（答案：$s_\infty=182.51$mm，$s_t=60.78$mm；$s_\infty=182.51$mm，$s_t=157.18$mm）

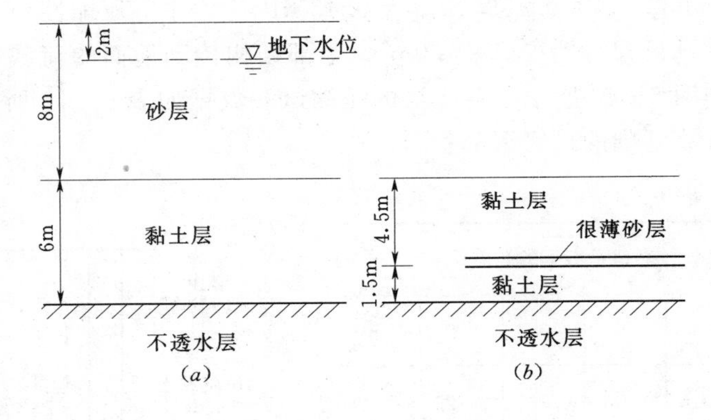

图 6-41　习题 6-5 示意图

6-6　某饱和黏土试样，做侧限压缩试验，当压力从 214kPa 增加到 429kPa 时，测得的千分表读数如表 6-18 所示：

表 6-18　　习　题　6-6　表

时间（min）	0	0.25	0.50	1.0	2.25	4.0	9.0	16.0	25.0
读数（mm）	5.00	4.67	4.62	4.53	4.41	4.28	4.01	3.75	3.49
时间（min）	36.0	49.0	64.0	81.0	100.0	200.0	400.0	1440.0	
读数（mm）	3.28	3.15	3.06	3.00	2.96	2.84	2.76	2.61	

经过 1440min（24h）后，土样的厚度为 13.60mm，含水量为 35.9%。试用时间对数法和时间平方根法确定固结系数 C_v 和三个压缩比的大小，并确定体积压缩模量 m_v 和渗透系数 k 的大小。

（答案：时间对数法：$C_v=0.45\text{m}^2/\text{a}$，$r_0=0.088$，$r_p=0.757$，$r_s=0.155$；时间平方根法：$C_v=0.46\text{m}^2/\text{a}$，$r_0=0.080$，$r_p=0.785$，$r_s=0.135$；$m_v=0.70\text{MPa}^{-1}$，$k=1.0\times10^{-10}$m/s）

第7章 土的抗剪强度

7.1 概 述

在外荷载和土的自重应力作用下，土体内部将产生剪应力和剪切变形，当剪应力达到土体的极限抵抗力时，土就会发生剪切破坏。土的这种抵抗剪应力的极限能力称为抗剪强度。

抗剪强度是土的重要力学性质之一。工程中土坡（包括天然土坡、人工挖方、路堤和土坝等）稳定性、挡土墙和地下结构物上的土压力以及建筑物地基承载力与地基稳定性等，都涉及一部分土体沿着某一个面相对于另一部分土体的滑动问题，亦即土体的抗滑动能力或抗剪强度。图7-1（*a*）所示边坡稳定性问题，从图中可以看出，当某一个面上的剪应力超过土的抗剪强度时，边坡就会沿着这个面产生向下的滑动，从而导致边坡失去稳定性而坍塌；图7-1（*b*）所示土作为工程构筑物的环境问题即土压力问题，当挡土结构物后的土体产生剪切破坏时，将造成过大的对墙体的侧向土压力，这些过大的侧向土压力将有可能导致挡土结构物发生滑动、倾覆等工程事故；图7-1（*c*）所示为建筑物地基破坏的剪切滑动面，当建筑物荷载达到某一值时，地基中某些点的剪应力达到土的抗剪强度，这些点即为强度破坏点，随着建筑物荷载的增加，这些强度破坏点将越来越多，最终将连成一个连续的剪切滑动面，此时整个地基就失去稳定性而发生破坏。

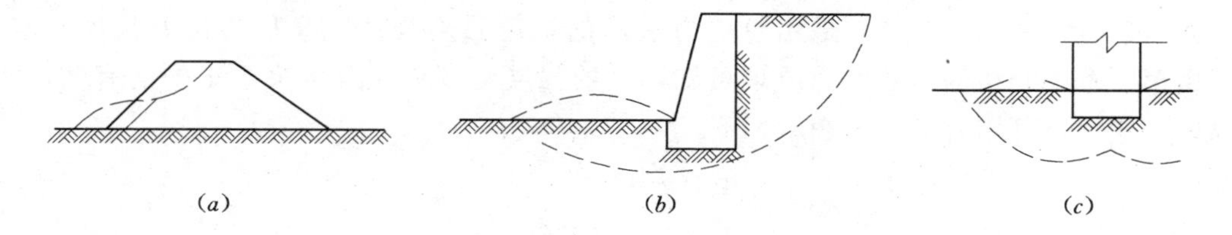

图7-1 与强度破坏有关的工程问题

（*a*）边坡稳定；（*b*）挡土墙土压力；（*c*）地基承载力

本章主要介绍土的抗剪强度的基本概念和土的极限平衡条件（莫尔-库仑强度破坏准则）、抗剪强度指标的测定方法、抗剪强度性状，简要介绍孔隙水压力系数、土的抗剪强度影响因素（包括应力历史、应力路径）和软土地基在荷载作用下强度的变化规律等问题。

7.2 土的抗剪强度理论

法国学者库仑（C. A. Coulomb）通过对砂土的一系列试验研究，于1776年首先提出了砂土的抗剪强度规律，其数学表达式如下：

$$\tau_f = \sigma \tan\varphi \tag{7-1}$$

后来为适应不同的土类，又提出了适合黏性土的更为普遍的表达式，即

$$\tau_f = c + \sigma \tan\varphi \tag{7-2}$$

式中 τ_f——土的抗剪强度；

σ——剪切滑动面上的法向总应力；

c——土的黏聚力；

φ——土的内摩擦角。

式（7-1）和式（7-2）统称为库仑定律。根据试验证明，抗剪强度线在 $\tau-\sigma$ 坐标上为一曲线，但在一般荷载范围内土的法向应力和抗剪强度之间可简化为直线关系，如图7-2所示。图中直线在纵坐标上的截距即为土的黏聚力 c，直线倾角即为土的内摩擦角 φ。

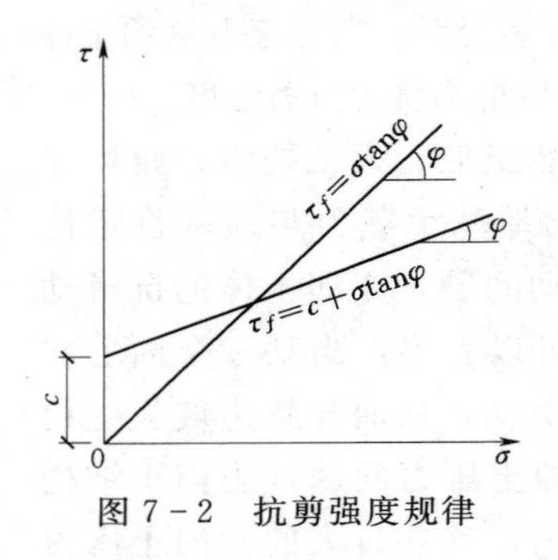

图 7-2 抗剪强度规律

库仑定律表明，影响抗剪强度的外在因素是剪切面上的法向应力，而当法向应力一定时，抗剪强度则取决于土的黏聚力 c 和内摩擦角 φ。因此，c 和 φ 是影响土的抗剪强度的内在因素，它反映了土抗剪强度变化的规律性，称为土的（抗剪）强度指标。

土的抗剪强度指标可通过室内抗剪强度试验测定。无黏土性（如砂土）的黏聚力 c 为零，其抗剪强度主要来源于土粒间的内摩擦力，即 φ 角的大小，而内摩擦角 φ 则由粗糙的土粒间表面滑动摩擦和土粒凹凸面间的相嵌、连锁作用所产生的咬合而引起。颗粒小而圆、均匀且密度小的无黏性土内摩擦角较小，反之则较大。中砂、粗砂和砾砂的 φ 值约为 32°～40°；粉砂和细砂的 φ 值约为 28°～36°。黏性土的抗剪强度除来源于土粒间的内摩擦力外，还来源于土粒间的黏结力，黏结力主要由土粒间的分子引力（静电引力）和土中天然胶结物质（如硅、铁以及碳酸盐等）对土粒的胶结作用所引起。

式（7-1）和式（7-2）是用总应力表示的抗剪强度规律，又称为抗剪强度总应力法。由第6章中介绍的有效应力原理可知，土的强度与变形主要取决于土中的有效应力，所以库仑定律也可用有效应力表示如下：

$$\tau_f=\sigma'\tan\varphi' \tag{7-3}$$

$$\tau_f=c'+\sigma'\tan\varphi' \tag{7-4}$$

式中 σ'——剪切滑动面上的法向有效应力；

c'——土的有效黏聚力；

φ'——土的有效内摩擦角。

式（7-3）和式（7-4）为抗剪强度的另一种表达方式，即抗剪强度有效应力法。式中 c' 和 φ' 称为土的有效应力抗剪强度指标。因此，抗剪强度通常有两种表示方法。试验研究表明，土的抗剪强度取决于土粒间的有效应力，用有效应力表示抗剪强度在概念上是合理的，但在实际工程应用中，需要测定出土体的孔隙水压力，而并非所有工程都能做到，所以有效应力在实际工程中的应用仍不是很多。而以总应力表示抗剪强度，尽管不是十分合理，但由于其简单方便，故在工程中还是得到了广泛的应用。

通过对土中某一点的剪应力 τ 与其抗剪强度 τ_f 进行比较，可以判断该点是否达到强度破坏，即

$\tau<\tau_f$　　弹性平衡，安全

$\tau=\tau_f$　　极限平衡，临界状态

$\tau > \tau_f$　塑性破坏

但通过一点有无数个平面，所以，要全面判断该点的剪应力状态，必须求出无数个面上的剪应力后再与抗剪强度比较，方能做出判别，这在实际工作中是不可能做到的。因此，就需要用其他的标准（准则）去判断。

7.3 土的极限平衡条件

一、土体中任一点的应力状态

对于空间问题，土体中某点的主应力状态，可用一个正六面体单元上主应力表示，作用在单元体上的三个主应力分量分别为 σ_1、σ_2 和 σ_3，如图 7-3（*a*）所示。由于 σ_2 对强度的影响较小，为简化计算，下面考虑平面问题中土体任一点的应力状态。如图 7-3（*b*）所示，设土体中某一土体单元上作用着大小主应力分别为 σ_1 和 σ_3，在与大主应力面成夹角为 α 的某一平面上的法向应力为 σ，剪应力为 τ，由微棱柱隔离体［见图 7-3（*c*）］的静力平衡条件（每个力分别在水平与竖直方向投影）可得

$$\sigma_3 \mathrm{d}l\sin\alpha - \sigma \mathrm{d}l\sin\alpha + \tau \mathrm{d}l\cos\alpha = 0$$

$$\sigma_1 \mathrm{d}l\cos\alpha - \sigma \mathrm{d}l\cos\alpha - \tau \mathrm{d}l\sin\alpha = 0$$

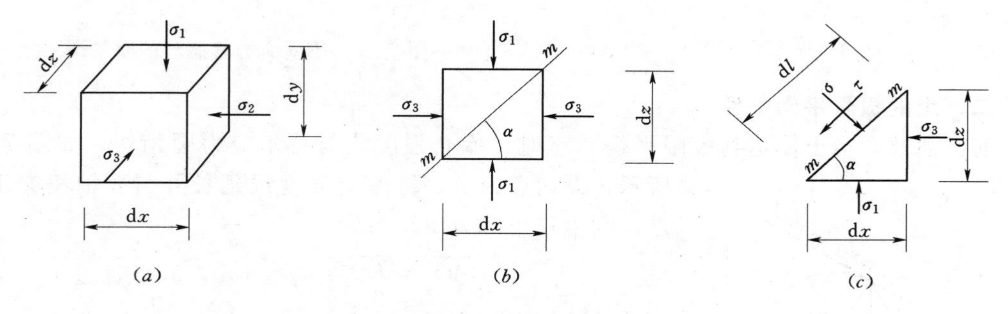

图 7-3　土体中任一点应力状态

（*a*）空间问题；（*b*）平面问题；（*c*）微棱柱隔离体

解上述方程组，可以得到 *m*-*m* 平面上的应力为

$$\sigma = \frac{\sigma_1 + \sigma_3}{2} + \frac{\sigma_1 - \sigma_3}{2}\cos 2\alpha \tag{7-5a}$$

$$\tau = \frac{\sigma_1 - \sigma_3}{2}\sin 2\alpha \tag{7-5b}$$

将式（7-5*a*）和式（7-5*b*）作如下变换：

$$\left(\sigma - \frac{\sigma_1 + \sigma_3}{2}\right)^2 = \left(\frac{\sigma_1 - \sigma_3}{2}\right)^2 \cos^2 2\alpha \tag{7-6a}$$

$$\tau^2 = \left(\frac{\sigma_1 - \sigma_3}{2}\right)^2 \sin^2 2\alpha \tag{7-6b}$$

然后再将式（7-6*a*）和式（7-6*b*）相加，则可得

$$\left(\sigma - \frac{\sigma_1 + \sigma_3}{2}\right)^2 + \tau^2 = \left(\frac{\sigma_1 - \sigma_3}{2}\right)^2 \tag{7-7}$$

式（7－7）为圆的方程，将其绘在 $\tau-\sigma$ 坐标图中，可得到圆心坐标为 $[(\sigma_1+\sigma_3)/2, 0]$，半径为 $(\sigma_1-\sigma_3)/2$ 的圆，该圆即为莫尔应力圆，如图 7－4 所示。通过某点的任一平面上的法向应力 σ 与剪应力 τ，均可用相应莫尔应力圆周上某一点的横、纵坐标值表示。如果把库仑强度线也画在同一个 $\tau-\sigma$ 坐标图中，则单元体的应力圆与强度破坏线的相互位置必然处于下列三种情况中的一种：不相交、相切和相割。如果库仑强度线与应力圆不相交，表明通过该点的任一个平面上的剪应力都小于土的抗剪强度，该点不会发生剪切破坏，土体处于弹性状态（见图 7－5 中的 c 圆）；如果库仑强度线与应力圆相切，则通过该点某一平面上的剪应力等于抗剪强度，此时，该点处在濒于剪切破坏的极限状态，称为极限平衡状态（见图 7－5 中 b 圆）；如果库仑强度线与应力圆相割，表示该点已经破坏（见图 7－5 中 a 圆），实际上这种应力状态并不存在，因为在此之前，土单元早已沿着某一个平面剪切破坏了。

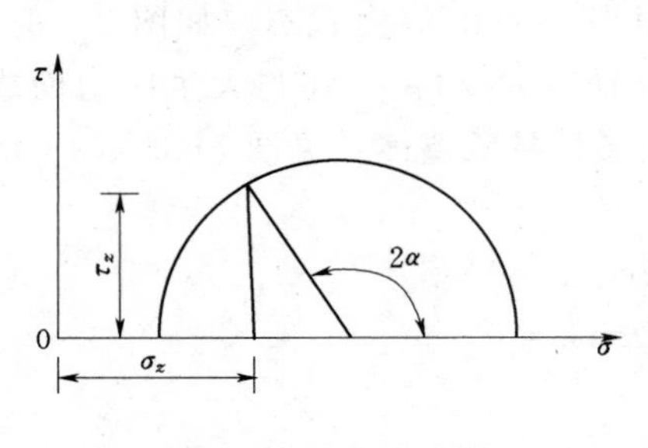

图 7－4　摩尔应力圆

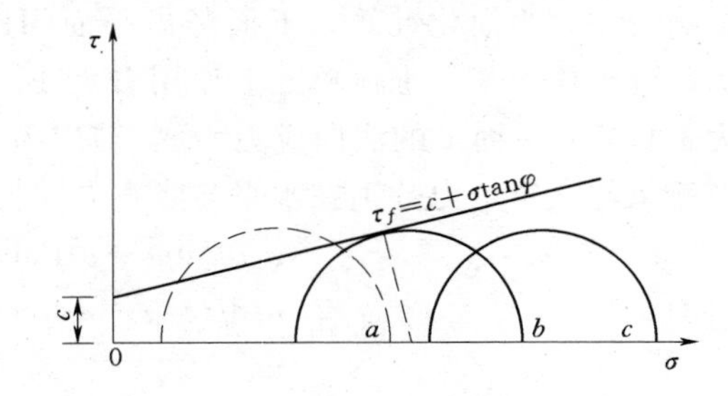

图 7－5　不同应力状态时的摩尔圆

二、土的极限平衡条件

前已述及，当土体达到极限平衡状态时，库仑强度线与莫尔应力圆相切，如图 7－6 所示，设切点为 A，将库仑强度线延长并与 σ 轴相交于 B 点，则由三角形 ABO_1 可知：

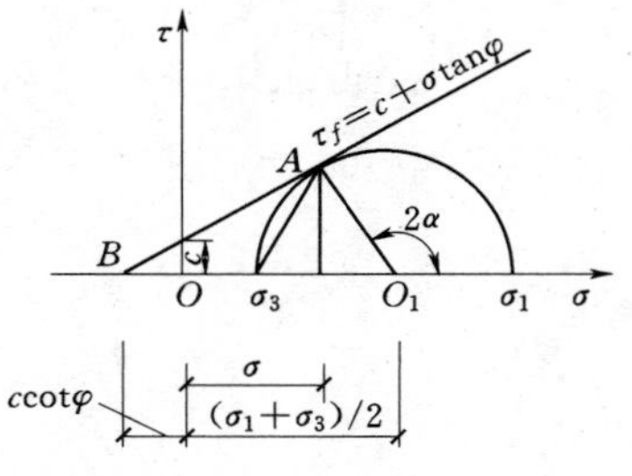

$$\overline{AO_1}=\overline{BO_1}\sin\varphi=(\sigma_1-\sigma_3)/2$$

$$\overline{BO_1}=c\cot\varphi+(\sigma_1+\sigma_3)/2$$

$$(\sigma_1-\sigma_3)/2=[c\cot\varphi+(\sigma_1+\sigma_3)/2]\sin\varphi \qquad (7-8)$$

图 7－6　极限平衡应力圆

式（7－8）化简后得

$$\sigma_1=\sigma_3\frac{1+\sin\varphi}{1-\sin\varphi}+2c\frac{\cos\varphi}{1-\sin\varphi}$$

再通过三角函数间的变换关系，最后可以得到土中某点处于极限平衡状态时主应力之间的关系式，即极限平衡条件：

$$\sigma_1=\sigma_3\tan^2(45°+\varphi/2)+2c\tan(45°+\varphi/2) \qquad (7-9a)$$

或

$$\sigma_3=\sigma_1\tan^2(45°-\varphi/2)-2c\tan(45°-\varphi/2) \qquad (7-9b)$$

以上是基于黏性土推导得到的极限平衡条件，对于无黏性土，由于 $c=0$，则其极限平衡条件为

$$\sigma_1=\sigma_3\tan^2(45°+\varphi/2) \qquad (7-10a)$$

或

$$\sigma_3=\sigma_1\tan^2(45°-\varphi/2) \qquad (7-10b)$$

分析图 7－6 中三角形 ABO_1 的几何图形可知，剪切破坏面与主应力面之间的夹角 α 为

$$2\alpha=90°+\varphi$$

$$\alpha = 45° + \varphi/2 \quad (7-11)$$

说明剪切破坏发生在与大主应力面成 $45°+\varphi/2$ 夹角（由于大、小主应力面相互垂直，故与小主应力面成 $45°-\varphi/2$ 夹角）的平面上，一般不发生在剪应力最大的平面（与大主应力面成45°夹角）上，只有当 $\varphi=0$ 时，剪切破坏面才与最大剪应力面一致。

根据极限平衡条件，可以很方便地判断土体中某一点是否达到剪切破坏。其方法是：在已知土中某一点的主应力及抗剪强度指标分别为 σ_1、σ_3、c 和 φ 条件下，如果用式(7-9*a*)或式（7-10*a*）来判断，可将已知的参数代入公式右边，求得 $\sigma_{1计}$，若 $\sigma_1<\sigma_{1计}$ 时该点处于弹性状态，若 $\sigma_1=\sigma_{1计}$ 时该点处于极限平衡状态，而 $\sigma_1>\sigma_{1计}$ 时该点则已经破坏；如果用式（7-9*b*）或式（7-10*b*）来判断，同样将已知的参数代入公式右边，若 $\sigma_3>\sigma_{3计}$ 时该点处于弹性状态，$\sigma_3=\sigma_{3计}$ 时该点处于极限平衡状态，$\sigma_3<\sigma_{3计}$ 时该点已经破坏。

【例题7-1】 某土样 $\varphi=26°$，$c=20\text{kPa}$，承受 $\sigma_1=480\text{kPa}$，$\sigma_3=150\text{kPa}$ 的应力。试根据极限平衡条件判断该土样所处的状态。

解：根据极限平衡条件，由已知 σ_1 求 $\sigma_{3计}$：

$$\begin{aligned}\sigma_{3计} &= \sigma_1\tan^2(45°-\varphi/2)-2c\tan(45°-\varphi/2)\\ &= 480\times\tan^2(45°-26°/2)-2\times20\times\tan(45°-26°/2)\\ &= 187.42-24.99\\ &= 162.43\text{kPa}\end{aligned}$$

$$\sigma_3=150\text{kPa}<\sigma_{3计}=162.43\text{kPa}$$

因此，该土样已破坏。

7.4　抗剪强度指标的测定方法

土的抗剪强度指标可由多种方法测定，包括室内试验和原位测试。室内试验有直接剪切试验、三轴压缩试验和无侧限抗压强度试验等；原位测试有十字板剪切试验等。

一、直接剪切试验

直接剪切试验简称直剪试验。直剪仪分为应变控制式和应力控制式两种。目前我国普遍采用的是应变控制式直剪仪。如图7-7所示，该仪器主要由剪切盒（分上、下盒）、垂直加压设备、剪切传动装置和测力计等部件组成。

直剪试验的试样一般呈扁圆柱形，高度为2cm，面积30cm²。在应变式直剪试验中，首先由杠杆系统通过传压板和透水石（如试验中不允许排水，则用不透水垫块代替）对试件施加某一垂直压力，然后以规定的剪切速率等速转动手轮对下盒施加水平推力，使试样在上、下盒的水平接触面上产生剪

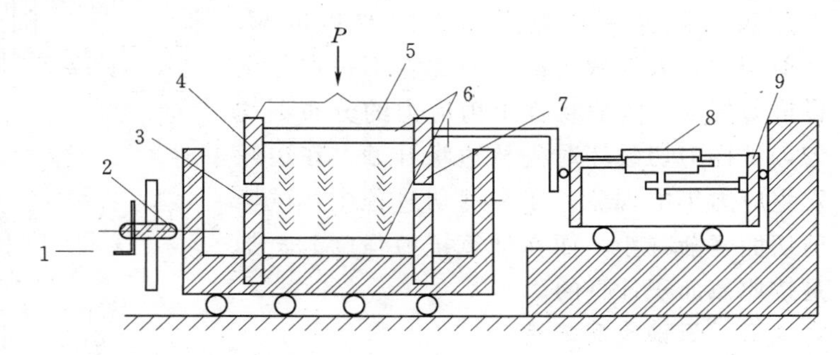

图7-7　应变控制式直剪仪示意图

1—手轮；2—螺杆；3—下盒；4—上盒；5—传压板；6—透水石；7—开缝；8—测微计；9—量力环

切变形，直至破坏，剪应力的大小可由量力环的变形值计算确定。在剪切过程中，随上、下盒相对剪切变形的发展，土中的抗剪强度逐渐发挥出来，直到剪应力等于土的抗剪强度时，土样剪切破坏，所以土的抗剪强度可用剪切破坏时的剪应力来量度。

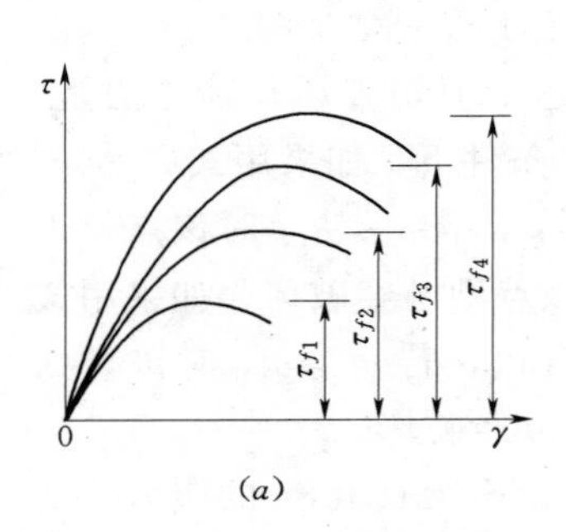

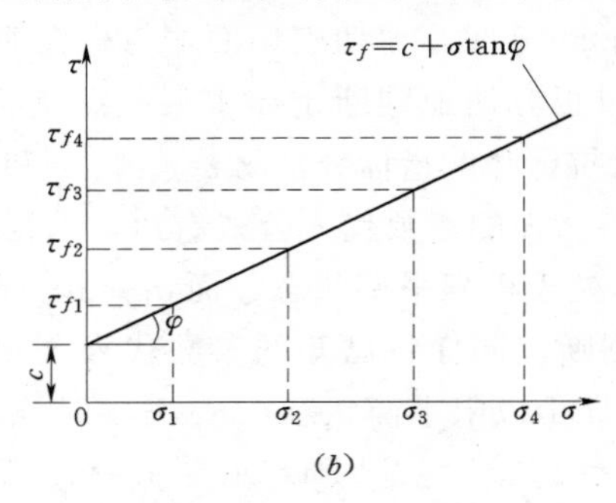

图 7-8 直剪试验曲线

(*a*) 剪应力-剪应变关系；(*b*) 抗剪强度-法向应力关系

同一种土的几个受不同垂直压力 σ 的试样（通常为 4 个），都可以得到相应的剪应力 τ-剪应变 γ 关系曲线，如图 7-8（*a*）所示，同时法向应力 σ 和抗剪强度 τ_f（破坏时剪切面上的平均剪应力）关系近似为线性关系，其直线方程为 $\tau_f=c+\sigma\tan\varphi$ 即前述库仑定律，如图 7-8（*b*）所示。

根据试验时土样的排水条件，直剪试验可分为快剪、固结快剪和慢剪三种方法。快剪试验时，试样上、下面放上蜡纸或塑料薄膜，同时用不透水垫块，在施加竖向应力 σ 后，立即快速施加水平剪应力，并以很快的速率使土样剪切破坏，此时可近似认为土样在较短的试验时间内没有排水固结，得到的抗剪强度指标用 c_q、φ_q 表示；固结快剪是试样在施加竖向应力 σ 后充分排水固结，待固结稳定，再快速施加水平剪应力并快速使土样剪切破坏，得到的抗剪强度指标用 c_{cq}、φ_{cq} 表示；慢剪是试样在施加竖向应力 σ 后，让土样充分排水固结，固结后慢速施加水平剪应力，试样缓慢剪切破坏，使试样在受剪过程中一直有时间充分排水固结和产生体积变形，得到的指标用 c_s、φ_s 表示（固结快剪和慢剪试验时，试样上、下面放滤纸和透水石）。

直剪试验的优点是仪器构造简单，操作方便。它的主要缺点是：①不能严格控制试验时试样的排水条件，前面所述的三种不同排水条件均是以试验速率来控制的，而这种控制不是十分严格的，同时，试验过程中也无法测定试样中孔隙水压力的变化情况；②剪切面是人为假定的，因此它不一定是试样最薄弱面；③剪切面上剪应力的分布不均匀，试样剪切破坏时先从边缘开始，在边缘发生应力集中现象；④在剪切过程中，试样剪切面逐渐减小，而在计算抗剪强度时，却是按原截面积计算的。

二、三轴压缩试验

三轴压缩仪由三个主要部分组成：压力室、轴向加荷系统、施加周围压力系统和孔隙水压力量测系统等组成。如图 7-9 所示。

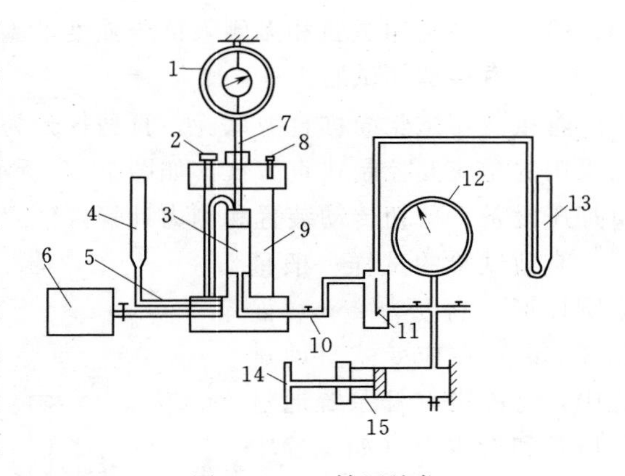

图 7-9 三轴压缩仪

1—量力环；2—注水孔；3—试样；4—排水管；5—排水阀；6—围压系统；7—传力杆；8—排气孔；9—压力室；10—孔隙水压力阀；11—零位指示器；12—孔隙水压力表；13—量管；14—手轮；15—调压筒

（一）三轴压缩试验方法、步骤及其原理

常规三轴压缩试验的主要方法步骤如下：将切好的圆柱体试样套在橡胶薄膜内，并放入密闭的压力室中，向压力室内压入液体（水），使试件受到周围压力 σ_3，保持 σ_3 在试验过程中不变，这时试件各向的三个主应力都相等，因此试件内不发生剪应力［见图 7－10（a）］，然后在压力室上端的传力杆上施加垂直压力，这样竖向主应力就大于水平向主应力，当水平向主应力不变而竖向主应力逐渐增大时试件不断受剪直至剪切破坏，如图 7－10（b）所示。

设剪切破坏时由传力杆加在试样上的竖向压应力为 $\Delta\sigma_1$，则试样上的大主应力为 $\sigma_1=\sigma_3+\Delta\sigma_1$，而小主应力为 σ_3。由 σ_1 和 σ_3 可画出一个极限莫尔应力圆，如图 7－10（c）中Ⅰ圆。用同一种土的若干个试样（通常 3～4 个）按上述方法分别在不同的 σ_3 条件下进行试验，则可分别得到剪切破坏时的大主应力 σ_1，这些结果可绘成一组极限莫尔应力圆，如图 7－10（c）中的圆Ⅰ、Ⅱ、Ⅲ、Ⅳ。根据土的极限平衡条件可知，通过这些极限莫尔应力圆的公切线就是土的抗剪强度包线，通常该线可近似取为一条直线，其与水平线的夹角即为土的内摩擦角 φ，在纵坐标上的截距即为土的黏聚力 c，如图 7－10（c）所示。

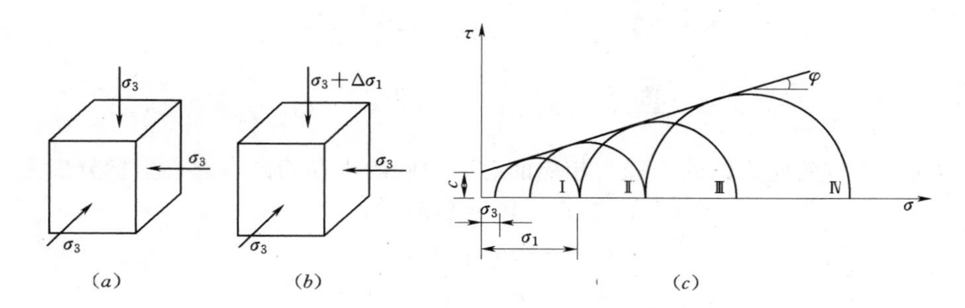

图 7－10　三轴压缩试验原理

（a）等向压力状态；（b）偏应力状态；（c）摩尔应力圆强度包线

由于三轴不排水剪试验中可测得试样的孔隙水压力，于是就可算出试验过程中的有效大、小主应力 σ_1' 和 σ_3'。剪切破坏时的有效主应力可按下式计算：

$$\sigma_1'=\sigma_1-\mu_f \tag{7-12a}$$

$$\sigma_3'=\sigma_3-\mu_f \tag{7-12b}$$

式中　σ_1'——试样剪切破坏时的有效大主应力；

σ_3'——试样剪切破坏时的有效小主应力；

μ_f——试样剪切破坏时的孔隙水压力。

根据 σ_1' 和 σ_3' 可以绘制试样剪切破坏时的有效应力圆。显然，有效应力圆的直径（$\sigma_1'-\sigma_3'$）就等于总应力圆的直径（$\sigma_1-\sigma_3$）。这意味着有效应力圆与总应力圆的大小相同，只是当试样剪切破坏时的孔隙水压力 μ_f 为正值时，有效应力圆在总应力圆的左边（见图 7－11）；而试样剪切破坏时的孔隙水压力为负值时，有效应力圆则总是在总应力圆的右边。不管孔隙水压力是正与否，有效应力圆与总应力圆的圆心坐标（横坐标值）值总是相差 $|\mu_f|$。

对一组三轴压缩试验结果进行整理分析后，以轴向应变 ε 为横坐标，以大小主应力差（$\sigma_1-\sigma_3$）为纵坐标，即可绘制出如图 7－12 所示的 ε－（$\sigma_1-\sigma_3$）关系曲线。

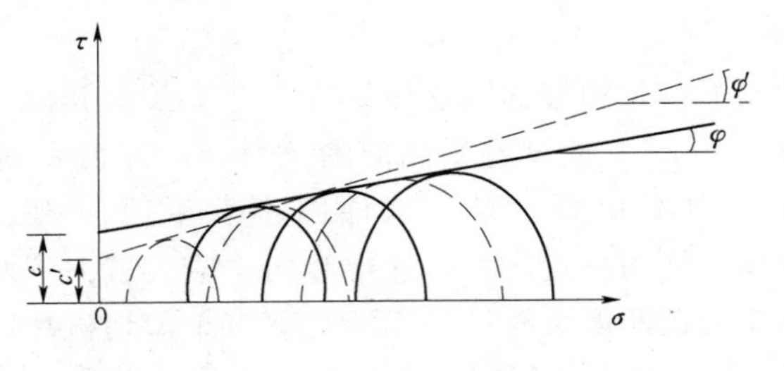

图 7-11 总应力圆与有效应力圆

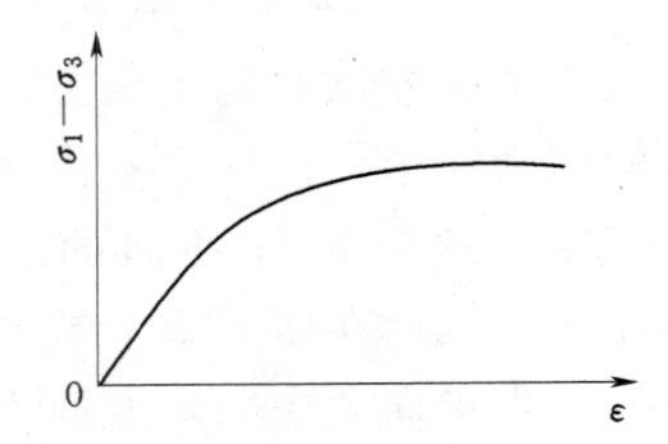

图 7-12 主应力差与轴向应变关系曲线

【例题 7-2】 一组 3 个饱和黏性土样的三轴固结不排水剪试验。3 个土样分别在 $\sigma_3=100\text{kPa}$、200kPa 和 300kPa 下固结，剪切破坏时 3 个土样的大主应力分别为 $\sigma_1=210\text{kPa}$、390kPa 和 576kPa，剪切破坏时的孔隙水压力依次为 40kPa、95kPa 和 145kPa。试用作图法求该饱和黏性土的总应力强度指标 c_{cu}、φ_{cu} 和有效强度指标 c'、φ'。

解： 3 个总应力圆的半径和圆心坐标分别为

$$\frac{210-100}{2}=55,\quad \left(\frac{210+100}{2}=155,\ 0\right)$$

$$\frac{390-200}{2}=95,\quad \left(\frac{390+200}{2}=295,\ 0\right)$$

$$\frac{576-300}{2}=138,\quad \left(\frac{576+300}{2}=438,\ 0\right)$$

对应的 3 个有效应力圆的半径与相应的总应力圆的半径相同，圆心坐标分别为

$$(155-40=115,\ 0)$$

$$(295-95=200,\ 0)$$

$$(438-145=293,\ 0)$$

将上述 3 个总应力圆和有效应力圆分别画在 $\tau-\sigma$ 坐标系中，连接其各自 3 个圆的公切线，由图 7-13 中公切线在纵坐标上的截距大小及公切线与水平线夹角 c_{cu}、φ_{cu} 和 c'、φ' 分别为

$$c_{cu}=14.5\text{kPa},\quad \varphi_{cu}=18°$$

$$c'=5\text{kPa},\quad \varphi'=27°48'$$

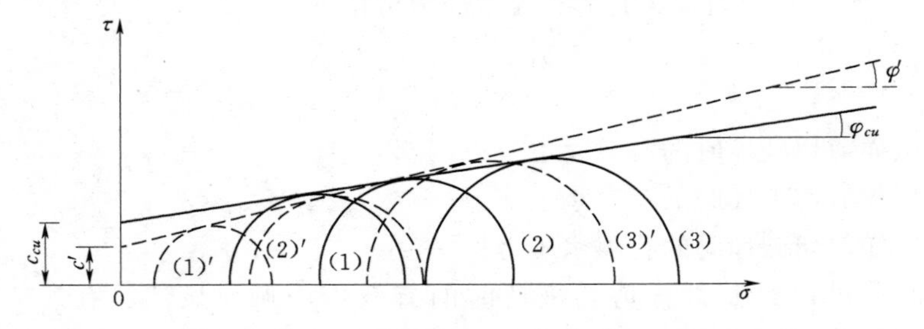

图 7-13 例题 7-2 结果图示

（二）不同排水条件下的三轴试验方法

对应于直剪试验的快剪、固结快剪和慢剪试验，根据三轴压缩试验剪切前的固结程度和剪切时的排水条件，三轴压缩试验可分为如下三种试验方法。

1. 不固结不排水剪（UU）试验

不固结不排水剪试验，试样在施加周围压力 σ_3 后，随后立即施加竖向压力（偏应力

$\sigma_1-\sigma_3$）直至剪切破坏。在施加 σ_3 和 $\sigma_1-\sigma_3$ 的过程中，自始至终关闭排水阀，使试样在整个试验过程中均不允许水排出。这种试验所对应的实际工程条件相当于饱和软土中快速加荷时的应力情况。

2. 固结不排水剪（CU）试验

固结不排水剪试验，试样在施加周围压力 σ_3 时打开排水阀门，让其充分排水固结，待确认固结稳定后，再关闭排水阀门，同时施加竖向压力，使土样在不能向外排水的条件下受剪直至剪切破坏。它适用的实际工程条件常常是一般正常固结土层在工程竣工时或以后受到大量、快速的活荷载或新增荷载的作用时所对应的受力情况。

3. 固结排水剪（CD）试验

固结排水剪试验，试样在施加周围压力 σ_3 时，允许排水固结，待固结稳定后再在排水条件下施加竖向压力直至试样剪切破坏，即试样在整个试验过程中是向土体外排水的，因此排水阀始终是开启的。

4. 三轴压缩试验的三种试验的比较

三种不同排水条件下的三轴试验方法，在总应力方法中，它们相应的强度指标分别用下列符号表示，对于UU试验为 c_u、φ_u；对于CU试验为 c_{cu}、φ_{cu}；对于CD试验为 c_d、φ_d。就同一种土而言，若以总应力法表示，三种不同的三轴试验所得的抗剪强度包线性状及其相应的强度指标是不一样的，如图7-14所示，若以有效应力法表示，则无论采用哪种试验方法，所得的有效应力抗剪强度指标是相同的，换句话说，理论上土的抗剪强度与有效应力应有对应的关系，这已为很多试验所证实。

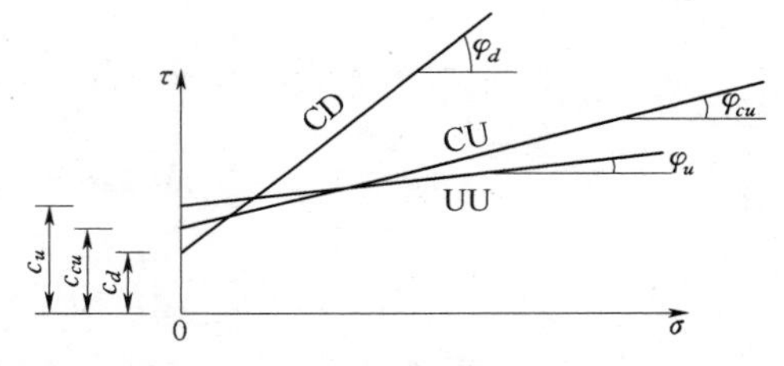

图7-14　不同排水条件下的强度包线与强度指标

与直剪试验相比，三轴压缩试验具有以下的特点：①可以严格控制试验过程中试样的排水条件并能量测试样中孔隙水压力的变化；②试样中应力状态明确；③破裂面并非人为假定，而是试样的最薄弱面；④试样的主应力 $\sigma_2=\sigma_3$，实际的土体受力状态不是都属于这种轴对称情况；⑤三轴压缩仪的构造、操作均较复杂。

（三）孔隙水压力系数 A 和 B

根据有效应力原理，完全饱和土的孔隙水压力等于总应力减去有效应力。有效应力原理在早期被广泛用于单向应力状态。后来通过深入的试验研究，英国学者斯开普顿等人认为，土中的孔隙水压力不仅是由于法向应力所产生，而且剪应力的作用也会产生新的孔隙水压力增量，并根据三轴压缩试验的结果，提出了用孔隙水压力系数表示土中孔隙水压力大小的方法。

假设土体为各向同性弹性体，在地基表面局部荷载作用下，土中某点的应力状态如图7-15（a）所示（微分六面体上的应力状态）。由于局部荷载 p 的作用，将在土中引起孔隙水压力增量 Δu。若取荷载截面对称轴上的一点进行分析，由于对称，单元体各个面（水平面和竖直面）均为主应力面，各方向应力增量分别为 $\Delta\sigma_Z=\Delta\sigma_1$、$\Delta\sigma_y=\Delta\sigma_2$、$\Delta\sigma_x=\Delta\sigma_3$。对于假设的弹性体的这种不等向应力条件，我们可以分解为等向应力和不等向应力分别予以叠加，孔隙水压力的增量分别为 $\Delta\mu_1$ 和 $\Delta\mu_2$。上述这种复杂应力条件下的孔隙水压力的测定，目前常用室内三轴压缩试验来实现。在轴对称（$\sigma_2=\sigma_3$）三轴试验中，试样在各向相等的固结压力 σ_3 下固结稳定。这时土中的起始孔隙水压力（超孔隙水压力）$\mu_0=0$，如果试样各向受到相等的 $\Delta\sigma_3$（小主应力增量）和竖直向的 $\Delta\sigma_1$（大主应力增量），同时试验是在不排水条件下进行的，则 $\Delta\sigma_3$ 和（$\Delta\sigma_1-\Delta\sigma_3$）的施加必将分别引起孔隙水压力增量，如图 7-15（b）所示。孔隙水压力的总增量则为上述两者之和，即

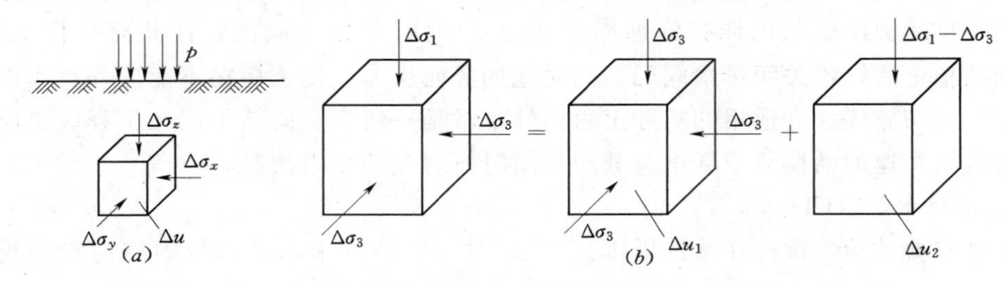

图 7-15　一点应力分解图

（a）局部荷载下地基中一点应力状态；（b）应力分解图

$$\Delta\mu=\Delta\mu_1+\Delta\mu_2 \tag{7-13}$$

若令孔隙水压力系数分别为 $B=\dfrac{\Delta\mu_1}{\Delta\sigma_3}$，$\overline{A}=\dfrac{\Delta\mu_2}{\Delta\sigma_1-\Delta\sigma_3}$，并代入式（7-13），则有

$$\Delta u=B\Delta\sigma_3+\overline{A}(\Delta\sigma_1-\Delta\sigma_3)=B[\Delta\sigma_3+\overline{A}/B(\Delta\sigma_1-\Delta\sigma_3)]$$

再令 $A=\overline{A}/B$，则

$$\Delta\mu=B[\Delta\sigma_3+A(\Delta\sigma_1-\Delta\sigma_3)] \tag{7-14}$$

式中　A——孔隙水压力系数，对于理想弹性体，$A=1/3$。

由上述可知，孔隙水压力系数 B 反映了试样在周围压力增量 $\Delta\sigma_3$ 作用下引起的孔隙水压力的变化情况，对不固结不排水剪试验中的饱和土，由于周围压力增量 $\Delta\sigma_3$ 完全由孔隙水承担，则 $B=1$，而不固结不排水剪试验中的干土，由于周围压力增量全部由土骨架承担，于是 $B=0$；对于非饱和土，B 介于 0～1。孔隙水压力系数 $\overline{A}$ 反映试样在偏应力（$\Delta\sigma_1-\Delta\sigma_3$）作用下受剪时的孔隙水压力变化程度。

对于饱和土，在不固结不排水剪试验中，由于 $B=1$，则 $A=\overline{A}$，于是

$$\Delta\mu=\Delta\sigma_3+A(\Delta\sigma_1-\Delta\sigma_3) \tag{7-15}$$

在固结不排水剪试验中，由于试样在 $\Delta\sigma_3$ 作用下已固结稳定，故 $\Delta\mu_1=0$，于是

$$\Delta\mu=A(\Delta\sigma_1-\Delta\sigma_3) \tag{7-16}$$

在固结排水剪试验中，由于自始至终让试样中的水排出，所以剪切破坏时孔隙水压力已全部消散，即 $\Delta\mu=0$。

表 7-1　孔隙水压力系数的参考值

土　类	A 值
很松的细砂	2～3
高灵敏度软黏土	0.75～1.5
正常固结黏土	0.5～1.0
压实砂质黏土	0.25～0.75
微超固结黏土	0.2～0.5
一般超固结黏土	0～0.2
强超固结黏土	−0.5～0

孔隙水压力系数 A 的数值取决于偏应力所引起的体积变化。高压缩性黏土的 A 值较大，严重超固结黏土在剪应力作用下会发生体积膨胀，产生负的孔隙水压力，此时 A 为负值。就是同一种土，A 也不是常数，它还受到应变大小、初始应力状态和应力历史等因素影响。各类土的孔隙压力系数 A 值可参考表 7-1。若在工程实践中精确计算孔隙水压力时，应按实际可能遇到的应力应变条件进行三轴压缩试验直接测定。

三、无侧限抗压强度试验

图 7-16 所示为无侧限抗压强度仪。试验时将圆柱形试样放入无侧限抗压强度仪中，在不施加任何侧向压力的情况下施加垂直压力，直至使试件破坏为止，剪切破坏时试样所能承受的最大轴向压力 q_u 称为无侧限抗压强度。试样的无侧限抗压强度试验相当于三轴压缩试验中周围压力 $\sigma_3=0$ 时的不排水剪试验，适用于饱和黏性土。

根据三轴不固结不排水剪试验结果，对于饱和黏性土，其强度破坏包线近似于一条水平线，即 $\varphi=0$。所以，无侧限抗压强度的莫尔破坏应力圆为：$\sigma_3=0$，$\sigma_1=q_u$，$\varphi_u=0$，其强度包线在纵坐标上的截距，即为土的黏聚力 c_u（见图 7-17）。c_u 的数值为

$$\tau_f=c_u=q_u/2 \tag{7-17}$$

式中　c_u——土的不排水抗剪强度；

q_u——无侧限抗压强度。

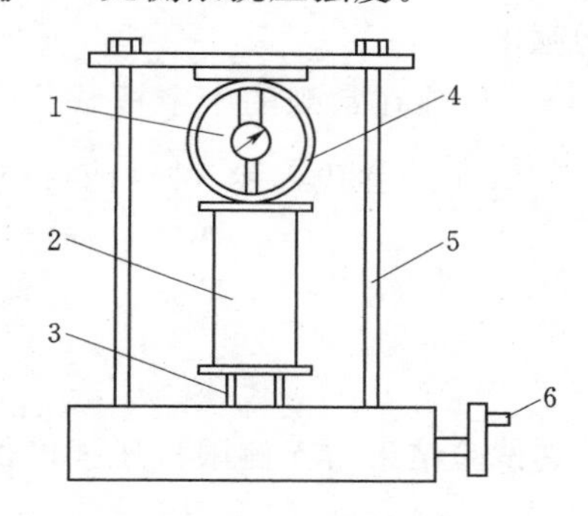

图 7-16　无侧限抗压强度仪

1—百分表；2—试样；3—升降螺杆；4—量力环；5—加压框架；6—手轮

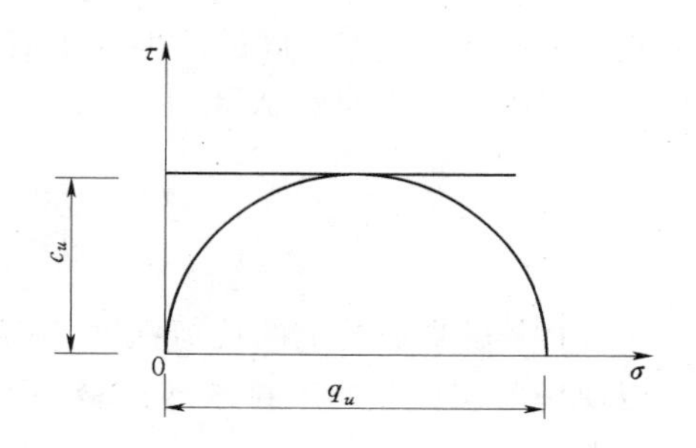

图 7-17　无侧限抗压强度

土的灵敏度为同一种土的原状与重塑试样无侧限抗压强度的比值，表示为

$$S_t=q_u/q'_u \tag{7-18}$$

式中　S_t——土的灵敏度；

q_u——土的原状试样无侧限抗压强度值；

q'_u——土的重塑试样无侧限抗压强度值。

土的灵敏度的大小反映了土的结构对强度的影响。灵敏度越大，土的结构对强度的影响也越大。因此，无侧限抗压强度还可以用来测定土的灵敏度。

四、十字板剪切试验

十字板剪切试验是在工地现场直接测试地基土抗剪强度的一种原位测试方法。由于室内抗剪强度试验要求取得原状土样，这些原状土样特别是高灵敏度的软黏土样不可避免地在取样、运送及制备过程中受到扰动，含水量也难以保持，同时有些原状土样的获取也比较困难。因此，采用原位测定土的抗剪强度试验具有重要的意义。由于十字板剪切仪构造简单（见图 7-18），操作方便，试验时对土的结构扰动小，因此是目前国内广泛采用的一种抗剪强度原位测试方法。它适用于饱和软黏土。

试验时先将套管打入测定点以上 750mm，并清除管内的残留土。将十字板装在轴杆底端，插入套管并向下压至套管底端以下 750mm，或套管直径的 3～5 倍以下深度。然后由地面上的扭力设备对钻杆施加扭矩，使埋在土中的十字板扭转，直到十字板旋转土体破

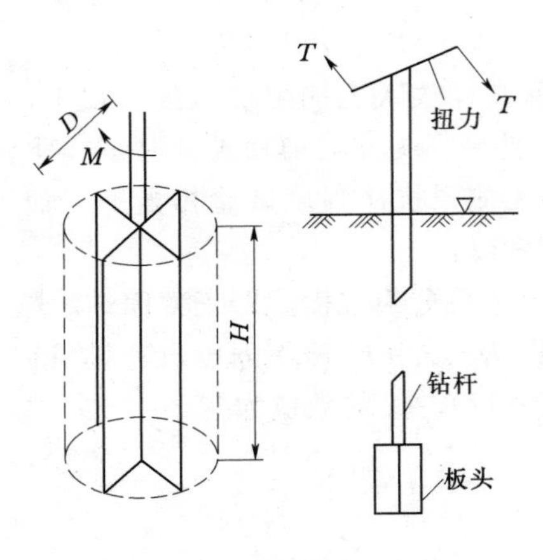

图 7-18 十字板剪切仪

坏为止。土体的破坏面为十字板旋转所形成的圆柱面（包括侧面和顶、底面）。剪切速率控制在 2min 内测得峰值强度。

设剪切破坏时所施加的扭矩为 M，则 M 应与破坏面上土的抗剪强度所产生的抵抗力矩相等，即

$$M=\pi DH\frac{D}{2}\tau_V+2\frac{\pi D^2}{4}\frac{D}{3}\tau_H \tag{7-19}$$

式中 M——剪切破坏时的扭矩；

D——十字板的直径；

H——十字板的高度；

τ_V、τ_H——剪切破坏时圆柱土体侧面和上、下面的抗剪强度。

严格地说，τ_V 与 τ_H 是不同的。但为了简化计算，目前在常规的十字板试验中仍可假设 $\tau_V=\tau_H=\tau_f$，将这一条件代入式（7-19）可得

$$\tau_f=\frac{2M}{\pi D^2\left(H+\dfrac{D}{3}\right)} \tag{7-20}$$

式中 τ_f——十字板测定的土的抗剪强度。

十字板现场剪切试验为不排水剪试验，因此，其试验结果与无侧限抗压强度试验结果比较接近，即

$$\tau_f=\frac{q_u}{2} \tag{7-21}$$

五、抗剪强度指标的选用

试验和工程实践都表明，土的抗剪强度随土体受力后的排水固结状况的不同而变化。不同性质的土层和加荷速率，引起的土体排水固结状态是不一样的。例如，软土地基上快速修建建筑物，由于加荷速度快，土的渗透性差，则这种情况下土的强度和稳定性问题分析是基于不排水条件进行的，再如地基为粉土和粉质黏土薄层，上下都存在透水层（如砂土层）形成两面排水，在此条件下若施工周期较长的话，地基土能充分排水固结，则这种情况下的强度和稳定性问题分析是基于排水条件进行的。因此，在确定土的抗剪强度指标时，要求室内的试验条件能模拟实际工程中土体的排水固结状况。为了模拟土体在现场受剪时的排水固结条件，三轴压缩试验和直剪试验分别有三种不同的试验方法，而且在理论上它们是两两相对应的。例如，当黏土层较厚，渗透性较差，施工速度较快的工程的施工期和竣工期可采用不固结不排水剪试验（或快剪试验）的强度指标；当黏土层较薄，渗透性较大，施工速度较慢的工程的竣工期可采用固结不排水剪试验（固结快剪试验）的强度指标等。需要强调的是直剪试验中的“快”与“慢”仅是“不排水”与“排水”的同义词，是为了通过快和慢的剪切速率来解决土样的排水条件问题，而并不是解决剪切速率对强度的影响。

由于采用有效应力法及相应指标进行工程设计与计算，概念明确，指标稳定，该法是一种比较合理的方法。当用有效应力法进行工程设计时，应选用有效强度指标。有效强度指标可用直剪试验的慢剪、三轴压缩试验的固结排水剪和固结不排水剪等方法测定。

由于前述直剪和三轴压缩试验的优缺点，在实际工程中，直剪试验通常应用于一般工程，而三轴压缩试验则大多在重要工程中应用。

7.5　饱和黏性土的抗剪强度

第6章已述及，根据前期固结压力沉积土层的固结状态可分为三类，即正常固结、超固结和欠固结。在三轴压缩试验中，如果给试样所加的固结压力 σ_3（即周围压力）就是它受到过的最大固结压力（前期固结压力）σ_c，则试样处于正常固结状态；如果给试样所加的 σ_3 小于 σ_c，试样就处于超固结状态。饱和黏性土的抗剪强度不仅受固结程度、排水条件的影响，而且还受到应力历史的影响。试验证明，对于正常固结试样或弱超固结试样，在受剪过程中若允许排水，试样体积会缩小，即产生剪缩，剪切破坏时试样的孔隙水压力增大（为正值），应力应变关系曲线呈硬化型，如图7-19（a）所示；对于强超固结试样，在受剪过程中若允许排水，则试样体积会膨胀，即产生剪胀，剪切破坏时试样的孔隙水压力减小（为负值），应力应变关系曲线呈软化型，如图7-19（b）所示。

一、不固结不排水抗剪强度

饱和黏性土的不固结不排水抗剪强度试验结果如图7-20所示。图中三个实线半圆 A、B、C 分别表示三个试件在不同 σ_3 的作用下，破坏时的总应力圆，虚线表示有效应力圆。试验结果表明，由于不固结不排水，试验过程中试样的含水量始终不变，体积不变，饱和黏性土的孔隙压力系数 $B=1$，因而 σ_3 的施加仅能引起孔隙水压力的变化，即使孔隙水压力等量增加，并不改变试样的有效应力，所有试样中的有效应力在剪切前都是相等的。而剪切破坏时的孔隙比等于剪切前的孔隙比，因此三个具有不同周围压力 σ_3 的试样，破坏时的主应力差相同，亦即三个总应力圆直径相等，于是强度包线就为一条水平线，即

$$\varphi_u=0$$

$$\tau_f=c_u=(\Delta\sigma_1-\Delta\sigma_3)/2 \tag{7-22}$$

式中　φ_u——不排水内摩擦角；

c_u——不排水抗剪强度。

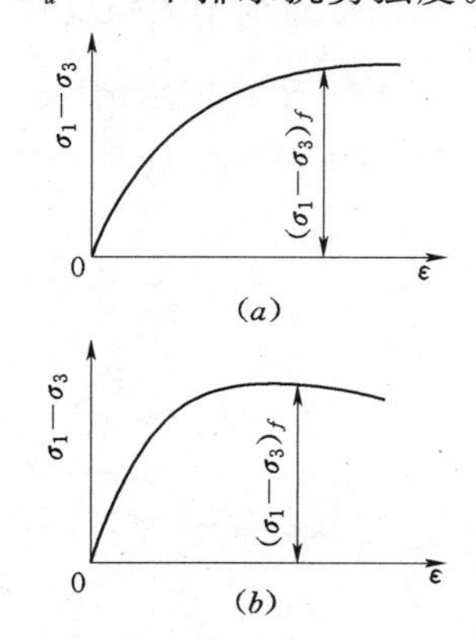

图7-19　饱和黏性土的应力应变关系
（a）正常固结土；（b）超固结土

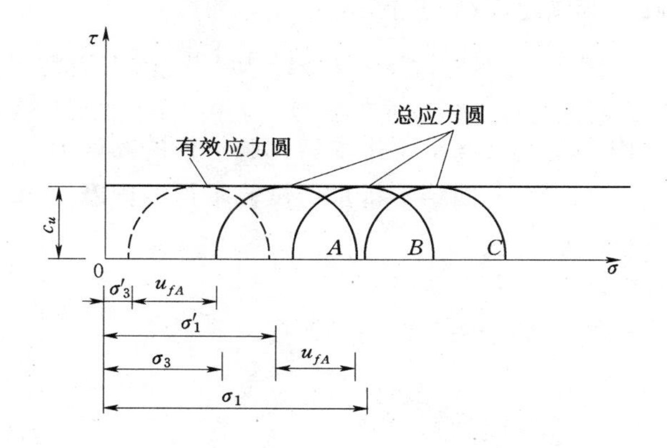

图7-20　饱和黏性土的不固结不排水剪切试验结果

此外，三个试样只能得到一个有效应力圆，并且它的直径与三个总应力圆的直径相等

（见图 7－20）。所以，不固结不排水剪试验，不能得到有效应力强度包线，当然也就得不到有效抗剪强度指标 c'、φ'。一般它只用来测定饱和土的不排水剪强度。

在不同深度的土层中取出的试样，其有效固结压力是不一样的，土层埋藏越深，则有效固结压力越大。若在不固结不排水剪试验中，提高试样剪切前的有效固结压力，则由于有效的固结压力大，剪切前孔隙比小，不排水抗剪强度就高。均质的正常固结土的不排水抗剪强度大致随有效固结压力成线性增大。由于超固结土的前期固结压力的影响，其剪切前孔隙比要比正常固结土的剪切前孔隙比小，因此，超固结土的抗剪强度比正常固结土的抗剪强度大。由于取样过程中引起的应力释放，即使原来是正常固结土也将是超固结的。因此，要求在正常固结土的固结不排水剪切试验时，固结压力原则上至少应大于该试样的自重应力。

二、固结不排水抗剪强度

饱和黏性土固结不排水剪试验时，试样在周围压力 σ_3 作用下充分排水固结稳定。此时，试样中超孔隙水压力（孔隙水压力增量）为零。然后在不排水条件下逐渐施加轴向压力直至剪切破坏。图 7－21 为正常固结的饱和黏性土的固结不排水剪试验结果。由图可知，正常固结的饱和黏性土的总应力强度包线通过坐标原点，这说明未受任何固结压力的土（如泥浆状土）不具有抗剪强度。由于正常固结饱和黏性土试验时产生剪缩现象，故剪切破坏时试样中的孔隙水压力为正值。因此，如果试验中量测了孔隙水压力，则可画出有效应力圆，有效应力圆的直径同总应力圆的直径相等，但位置不同，有效应力圆在总应力圆的左边，两者之间的距离为 μ_f（剪切破坏时的孔隙水压力），有效应力强度包线也通过坐标原点（见图 7－21 中虚线）。

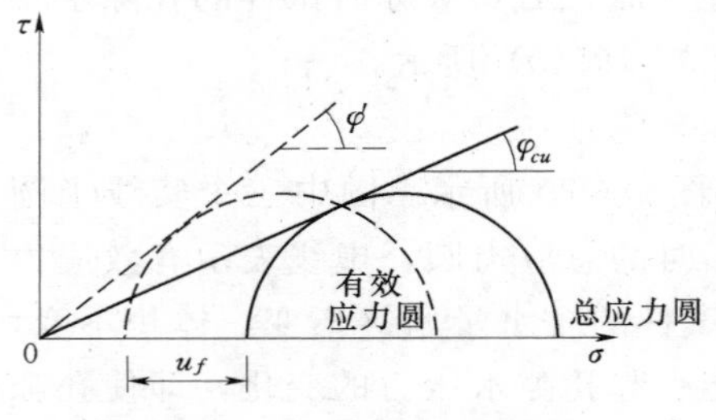

图 7－21 正常固结饱和黏性土固结不排水剪切试验结果

在相同的周围压力 σ_3 条件下，超固结土的剪前孔隙比比正常固结土的剪前孔隙比小，剪切破坏时就有较小的孔隙水压力，甚至产生负孔隙水压力，因此也就有较大的总应力圆。所以超固结土的强度包线，如图 7－22（a）所示，要高于正常固结土的强度包线，是一条略平缓的曲线，于是超固结土的固结不排水的总应力抗剪强度包线可表示为

$$\tau_f = c_{cu} + \sigma\tan\varphi_{cu} \tag{7-23}$$

式中 c_{cu}——固结不排水剪试验求得的黏聚力；

φ_{cu}——固结不排水剪试验求得的内摩擦角。

τ
超固结
正常固结
c_{cu}
0
σ
(a)

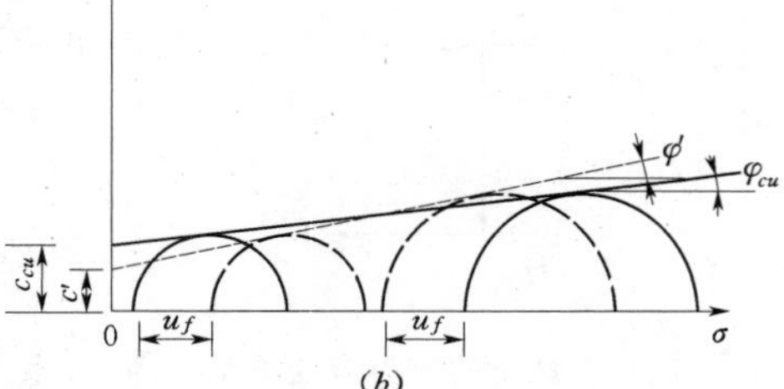

图 7－22 超固结饱和黏性土固结不排水

若超固结土的固结不排水剪试验中量测孔隙水压力，则试验结果也可用有效应力表达。由于强超固结土剪切破坏时孔隙水压力为负值，所以有效应力圆位于总应力圆的右侧。有效应力抗剪强度包线为一条不通过原点的微弯曲线，同样，在一定应力范围内，也可近似以直线代替与正常固结的有效应力强度包线共同形成一条直线，如图 7-22（*b*）所示。有效应力抗剪强度包线可表示为

$$\tau_f = c' + \sigma' \tan\varphi' \tag{7-24}$$

式中　c'——固结不排水剪试验求得的有效黏聚力；

φ'——固结不排水剪试验求得的有效内摩擦角。一般地，$c' < c_{cu}$，$\varphi' > \varphi_{cu}$。

三、固结排水抗剪强度

固结排水剪试验允许试样自始至终充分排水，因此孔隙水压力始终为零，总应力最后全部转化为有效应力，总应力圆就是有效应力圆，总应力强度包线就是有效应力强度包线。

饱和黏性土的固结排水强度变化趋势与固结不排水强度相似，正常固结土的强度包线也是通过坐标原点的直线，如图 7-23（*a*）所示；超固结土的强度包线为微弯曲线，也可近似用直线代替，如图 7-23（*b*）所示。

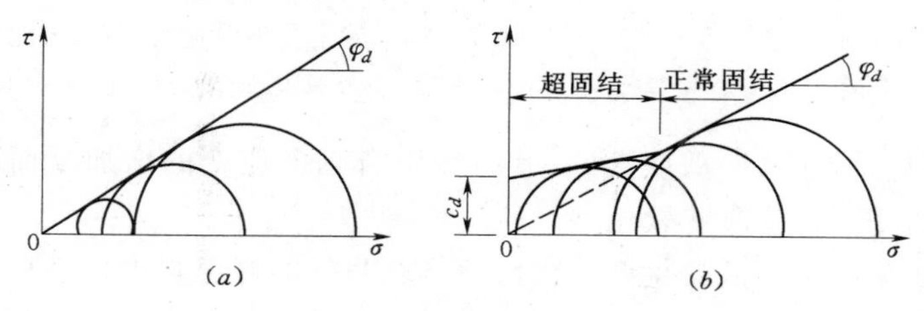

图 7-23　饱和黏性土固结排水剪切试验结果

（*a*）正常固结；（*b*）超固结

固结排水的抗剪强度包线可表达为

$$\tau_f = c_d + \sigma \tan\varphi_d \tag{7-25}$$

式中　c_d——固结排水剪试验求得的有效黏聚力；

φ_d——固结排水剪试验求得的有效内摩擦角。

7.6　无黏性土的抗剪强度

无黏性土的初始孔隙比不同，在受剪过程中将显示出不同的性状。图 7-24 表示松砂和密砂在剪切过程中其体积变化的示意图。由图可知，松砂受剪时出现体积缩小，这一特性称为剪缩性；而密砂受剪时，出现体积显著膨胀，这一特性则称为剪胀性。

应该说明的是，同一种砂土在相同应力作用下，其初始孔隙比（松密状态）虽然不同，但通过剪切变形最后趋于一固定的孔隙比，该孔隙比称为临界孔隙比，以 e_{cr} 表示。如果土样的初始孔隙比 $e_0 > e_{cr}$，则剪切过程中出现剪缩现象；反之，初始土样的孔隙比 $e_0 < e_{cr}$，在剪切过程中将发生剪胀，如图 7-25 所示。

对于同一种砂土，其初始孔隙不同时，在相同周围压力 σ_3 作用下，所表现出的应力应变关系曲线形态是不一样的。如图 7-26 所示，松砂由于在剪切过程中出现剪缩性，故其强度随轴向应变的增加而增大，应力应变关系曲线没有峰值，随应变呈硬化型；而密砂

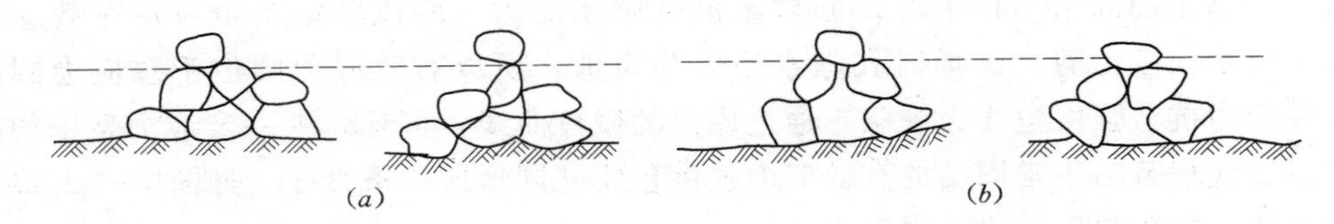

图 7-24 砂土胀缩性示意图

(a) 密砂，剪胀；(b) 松砂，剪缩

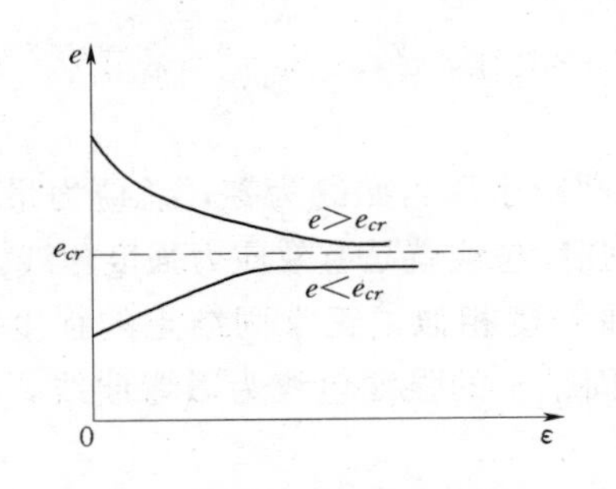

图 7-25 砂土孔隙比随剪切变形的变化图

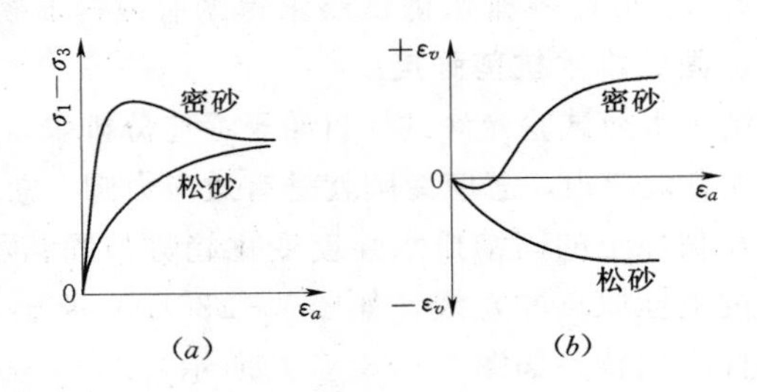

图 7-26 砂土受剪时应力-应变-体变关系曲线

(a) 应力-应变；(b) 体变-应变

在剪切过程中体积会增加（即剪胀性），其强度随着轴向应变的增加反而减小，应力应变关系曲线有明显的峰值，呈应变软化型。

密砂应力应变关系曲线呈软化型曲线，即具有明显的峰值强度。然而，密砂在达到峰值强度之后，如果剪切位移继续增加，则强度减小，最后稳定在某一数值保持不变，并趋于松砂的强度。这一不变的强度称为残余强度，以 τ_r 表示，如图 7-26（a）所示。密砂的强度减小被认为是剪切位移克服了土粒之间的咬合作用后，砂土结构崩解变松的结果。

7.7 影响抗剪强度的主要因素

由库仑定律可知，土的抗剪强度取决于抗剪强度指标 c 和 φ 以及法向应力 σ。

一、影响抗剪强度指标的因素

c 和 φ 主要来源于土粒间的分子引力、土中化合物的胶结作用和土粒间的摩擦力和嵌合作用。而上述这些都受到土的物理化学性质、孔隙水压力等因素的影响。如砂土中的石英含量多，内摩擦角 φ 就大，而云母矿物含量多，则内摩擦角 φ 就小；黏性土的矿物成分不同，黏土表面的电分子引力不同，其黏聚力也不一样，土中含有的各种胶结物质可使 c 增大；土颗粒表面越粗糙、粒径越大，其内摩擦角 φ 也越大，土颗粒间接触点多且紧密，则土粒之间的表面摩擦力及土粒咬合力越大（即内摩擦角 φ 越大），黏聚力也越大；当土中含水量增加时，土的内摩擦角 φ 将减小；当黏性土尤其是软黏土的天然结构遭到破坏后，则其黏聚力 c 会降低。

二、土的应力及应力历史对抗剪强度的影响

土的抗剪强度随剪切面上的有效法向应力 σ' 的变化而变化。σ' 越大，抗剪强度越大；反之，则越小。

不同应力历史状态下的土体，因其所受到的固结压力不一样，造成土的剪前孔隙比也不一样，这将对土的抗剪强度产生影响。图7-27（a）为剪前固结压力与剪前孔隙比之间的关系曲线。图中$a \to b \to c \to d$线表示正常固结过程，当试样落在该线上时，说明它的现有固结压力等于它曾受到过的最大固结压力（即前期固结压力），属正常固结试样。图中$c-e$线表示卸荷回弹或膨胀曲线，当试样落在该线上时，则表示它的固结压力小于前期固结压力，属超固结试样。图7-27（b）给出了不同固结压力下三轴压缩试验（固结不排水剪试验方法）求得的极限总应力圆及抗剪强度包线，从图中可以看出，在相同的剪前固结压力作用下（如图中的a点和e点），由于试样所受的应力历史不同，超固结土比正常固结土有较小的剪前孔隙比，因而剪切破坏时的孔隙水压力比正常固结土的小，甚至可能出现负值，所以，根据有效应力原理，土中有效应力就大，土的抗剪强度也大。因此，在图中也反映出前者的抗剪强度大于后者的抗剪强度，即e点比a点高。所以，应力历史对土的抗剪强度会产生一定的影响。若考虑应力历史的影响，试样的强度包线实际上应是两条直线组成的折线，如图7-27（b）中折线$ebcd$和图7-27（c）中1线，该折线可近似以直线表示，如图7-27（c）中2线，这也说明通常用直线来表示的库仑强度包线只是一种近似的结果。

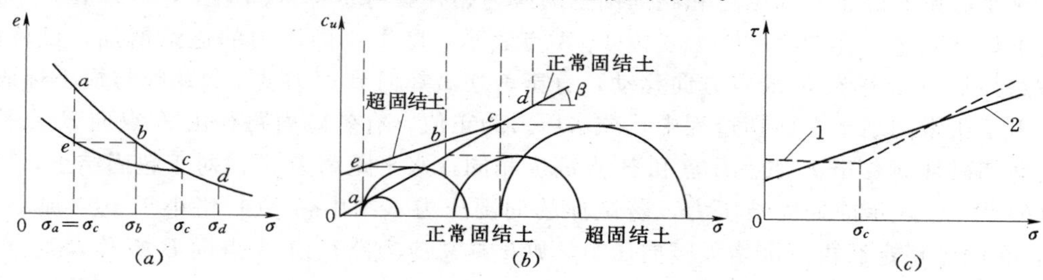

图7-27 应力历史对强度的影响

（a）$e-\sigma$曲线；（b）$c_u-\sigma$曲线；（c）实际与简化的强度曲线

三、应力路径

试样在剪切过程中应力状态的变化，可用其某些特定平面上的应力状态的轨迹来反映。特定平面上的应力状态的轨迹即应力路径。采用不同的试验方法或不同的加荷方式对同一种土进行剪切试验，从试样开始剪切直至破坏的整个过程中，其应力变化过程是不一样的。这种不同的应力变化过程对土的力学性质将产生影响。

图7-28为直剪试验的应力路径。从图中可以看出，由于直剪试验是先施加法向应力，然后在σ不变的条件下逐渐施加并增大剪应力直至试样剪切破坏的，所以受剪面上的应力路径先是一条水平线，到达σ以后开始变为一条竖直线，直至强度破坏而终止。

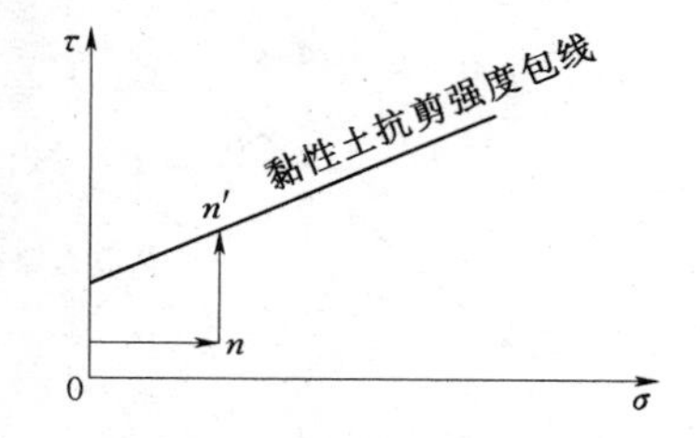

图7-28 直剪试验的应力路径

图7-29（a）表示了常规三轴压缩试验中，在周围压力σ_3不变，增加竖向压力σ_1时，试样剪切破坏面（与大主应力面呈$45°+\varphi/2$的平面）和最大剪应力面（与大主应力面成45°的平面）上的应力路径，即应力路径分别从A点到B点和A点到C点。若改变加荷方式，即保持周围压力不变，而减小竖向压力，则如图7-29（b）所示，剪切破坏面上和最大剪应力面上的应力路径分别从D点到E点和D点到F点。

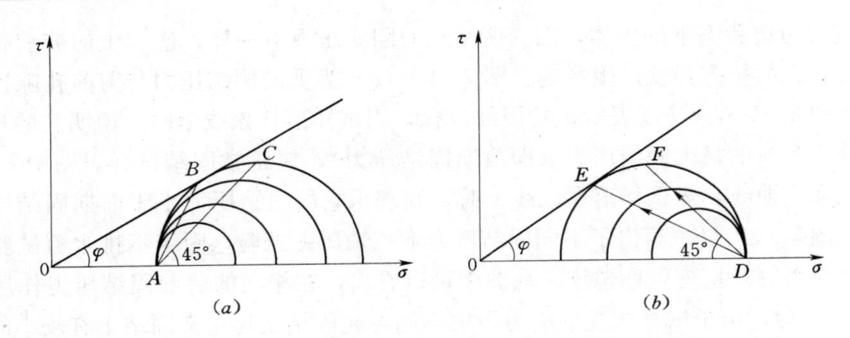

图 7-29 剪切破坏面和最大剪应力面上的总应力路径

(a) σ_3 不变，增大 σ_1；(b) σ_1 不变，减小 σ_3

土的强度可用总应力和有效应力表示，应力路径也有总应力路径（Total Stress Path，简写 TSP）和有效应力路径（Effective Stress Path，简写 ESP）两类。图 7-30（a）和图 7-30（b）分别表示在 $p=(\sigma_1+\sigma_3)/2$ 或 $p'=(\sigma_1'+\sigma_3')/2$ 与 $q=(\sigma_1-\sigma_3)/2$ 坐标系中，固结不排水剪试验的正常固结土和超固结土的应力路径。对于正常固结土，试样在某一周围压力下固结稳定，在图 7-30（a）中以 A 点表示，随着竖向压力的逐渐增加，试样的总应力路径从 A 点逐渐向 B 点方向移动，直至剪切破坏时到达 B 点，AB 线与横坐标成 45°角。由于正常固结土在剪切过程中孔隙水压力为正值，有效应力路径由 A 点向 B′点移动，直至剪切破坏时移至 B′点。B 点和 B′点高度相同，水平距离为 μ_f。对于超固结土，图 7-30（b）中 p_c 表示前期固结压力，若试样的周围压力（图中 A 点）略小于 p_c（属弱超固结），在固结稳定后再逐渐增大竖向压力，则试样总应力路径由 A 点向 B 点移，直至剪切破坏移至 B 点，有效应力路径由 A 点向 B′点移动，直至剪切破坏移至 B′点。若试样的周围压力（图中 C 点）远小于 p_c，此时试样属强超固结，在固结稳定后再逐渐加大竖向压力，试样总应力路径就会从 C 点向 D 点移动，直至试样破坏时移至 D 点，由于强超固结土接近剪切破坏时孔隙压力为负值，则有效应力路径由 C 点移向 D′，点（D′点在 D 点右侧），直至试样破坏时移至 D′点。

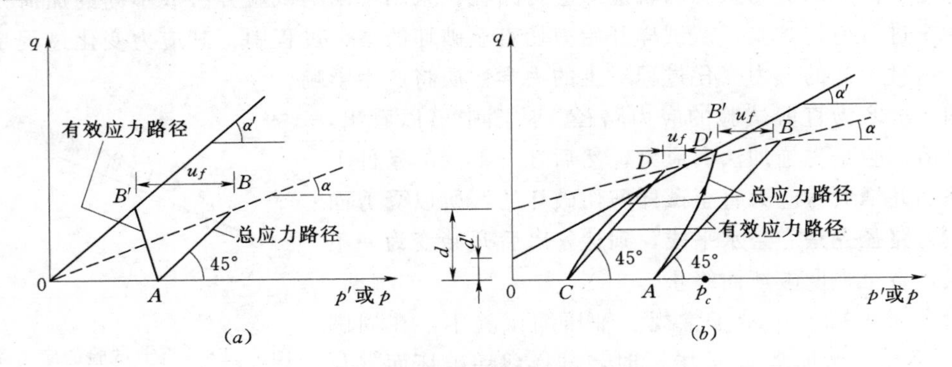

图 7-30 三轴压缩固结不排水剪中的应力路径

(a) 正常固结土；(b) 超固结土

总应力圆顶点的连线称 K_f 线，有效应力圆顶点连线称 K_f' 线。根据图 7-31 可推导出 K_f 线与总应力强度包线 τ_f 线的关系如下：

$$\sin\varphi=\tan\alpha \tag{7-26a}$$

$$c\cos\varphi = d \qquad (7-26b)$$

式中　α——K_f 线与横坐标的夹角；

d——K_f 线在纵坐标上的截距。

若以有效应力表示，则

$$\sin\varphi' = \tan\alpha' \qquad (7-27a)$$

$$c'\cos\varphi' = d' \qquad (7-27b)$$

式中　α'——K'_f 线与横坐标的夹角；

d'——K'_f 线在纵坐标上的截距。

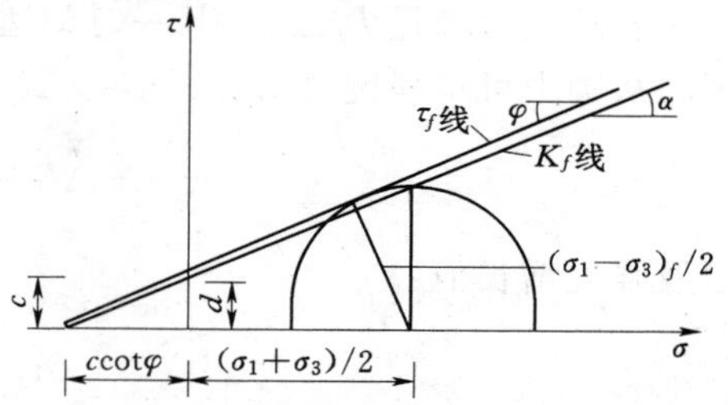

图7-31　K_f 线与 τ_f 线的关系

这样，如果已知 K_f（或 K'_f）线，便可通过式（7-26）或式（7-27）反算土的抗剪强度指标。

四、软土地基在荷载作用下的强度变化规律

外荷载作用下的软土地基，随着加荷时间的推移，软土中孔隙水逐渐被挤出，孔隙水压力不断消散，有效应力不断增加，软土的抗剪强度也随之而增加。图7-32表示正常固结土在自重应力 σ_0 作用下固结后，再受到附加应力作用时的抗剪强度变化规律。

若假设软土的天然强度（即软土的结构、含水量以及土中应力历史等都保持天然原有状态的强度）为 τ_{f0}，在外荷载作用 t 时间后，其抗剪强度的增量为 $\Delta\tau_f$，则此时软土实际的抗剪强度为

$$\tau_{ft} = \tau_{f0} + \Delta\tau_f \qquad (7-28)$$

若荷载作用时间足够长，软土达到完全固结，则

$$\Delta\tau_f = \Delta\sigma\tan\varphi_{cu} \qquad (7-29)$$

若 t 时刻软土的固结度为 U，则

$$\tau_f = \Delta\sigma'\tan\varphi_{cu} = \frac{\Delta\sigma'}{\Delta\sigma}\Delta\sigma\tan\varphi_{cu} = U\Delta\sigma\tan\varphi_{cu} \qquad (7-30)$$

式中　$\Delta\sigma'$——t 时刻软土中有效附加应力；

U——t 时刻土的固结度。

将式（7-30）代入式（7-28）便可得到 t 时刻软土中实际的抗剪强度的另一种表达式，即

$$\tau_{ft} = \tau_{f0} + \Delta\tau_f = c_u + \sigma_0\tan\varphi_u + U\Delta\sigma\tan\varphi_{cu} \qquad (7-31)$$

式中　c_u、φ_u——不固结不排水剪抗剪强度指标；

φ_{cu}——固结不排水剪抗剪强度指标。

应当指出，式（7-31）中所用指标为总应力指标，只是一种近似的估算公式。若考虑到固结度的修正，比较正确的方法是应用有效强度指标估算强度的增长。以图7-33中的 O_1 圆表示天然状态下可能发挥的莫尔圆，则强度 τ_{f0} 与半径 R_1 及大主应力 σ_1' 的关系为

$$\tau_{f0} = R_1\cos\varphi' = \overline{OO_1}\sin\varphi'\cos\varphi'$$

$$\sigma_1' = R_1 + \overline{OO_1} = \frac{\tau_{f0}}{\cos\varphi'}\left(1 + \frac{1}{\sin\varphi'}\right)$$

因此

$$\tau_{f0} = \sigma_1'\frac{\sin\varphi'\cos\varphi'}{1+\sin\varphi'} \qquad (7-32)$$

若总应力增量为 $\Delta\sigma_1$，某一时刻达到的固结度为 U，则有效应力圆为图 7-33 中的 O_2 圆。从圆中可得强度总值：

$$\tau_{f0}+\Delta\tau_f=(\sigma_1'+U\Delta\sigma_1)\frac{\sin\varphi'\cos\varphi'}{1+\sin\varphi'} \tag{7-33}$$

以及强度增长值：

$$\Delta\tau_f=U\Delta\sigma_1\frac{\sin\varphi'\cos\varphi'}{1+\sin\varphi'} \tag{7-34}$$

实际工程中，如能通过实测得到土中孔隙水压力，然后运用有效强度指标计算强度增长，是比较可靠的方法。

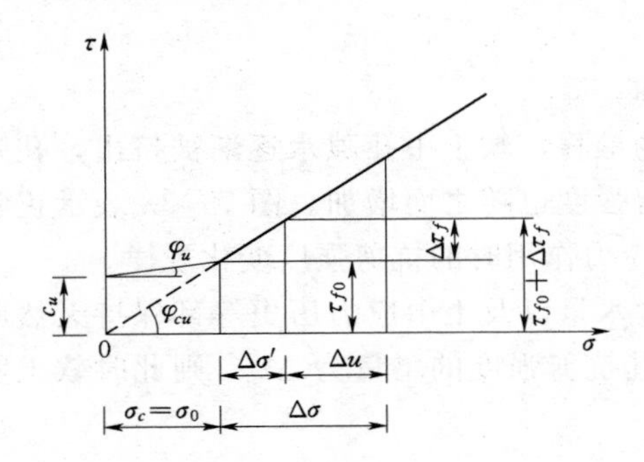

图 7-32 正常固结土的强度变化曲线

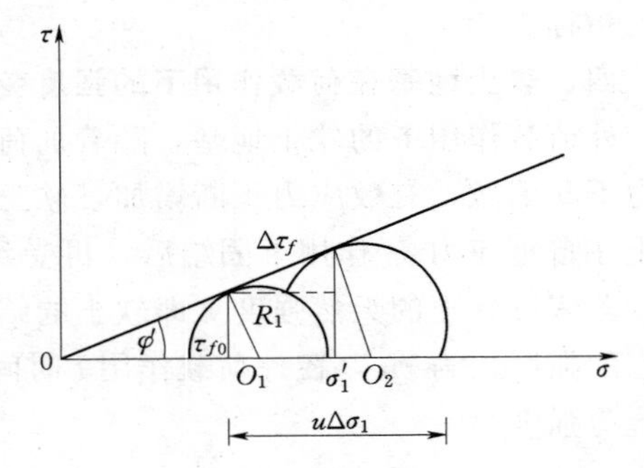

图 7-33 强度增长与固结度的关系

习 题

7-1 土的抗剪强度指标有哪些？抗剪强度指标受哪些因素的影响？

7-2 土的极限平衡条件为何？

7-3 直剪试验和三轴压缩试验各有什么优缺点？

7-4 根据土样的排水条件，直剪试验和三轴压缩试验分别可分为哪几种？这几种试验方法如何在工程中运用？

7-5 饱和黏性土的抗剪强度包线有什么特点？正常固结和超固结饱和黏性土的固结不排水抗剪强度包线有什么特点？

7-6 孔隙水压力系数 B 和 A 分别由什么引起？正常固结和超固结黏性土的孔隙水压力系数 A 有什么不同？

7-7 对于同一种土，根据三种不同的三轴压缩试验所得到的总应力抗剪强度指标是否一样？

7-8 何谓应力路径？

7-9 对某土样进行直接剪切试验，在法向应力分别为 100kPa、200kPa、300kPa 和 400kPa 时，分别测得其破坏时土样的最大剪切应力 τ_f 为 90kPa、122kPa、147kPa 和 180kPa。试问该土样的抗剪强度指标 c、φ 为多少？

（答案：$c=60$kPa，$\varphi=17.9°$）

7-10 某土样的抗剪强度指标 $c=20$kPa，$\varphi=18°$。试确定该土样的剪切破坏面及最大剪应力面。

（答案：剪切破坏面与大主应力面夹角为54°；最大剪应力面与大主应力面夹角为45°）

7-11　某一组四个饱和黏性土土样的三轴固结不排水剪试验，它们分别在$\sigma_3=$60kPa、118kPa、182kPa、270kPa下固结，剪切破坏时的大主应力分别为$\sigma_{1f}=192$kPa、283kPa、385kPa、535kPa，剪切破坏时的孔隙水压力分别为$\mu_f=23$kPa、56kPa、73kPa、114kPa。求该饱和土样的总应力强度指标c_{cu}、φ_{cu}和有效强度指标c'、φ'。

（答案：$c_{cu}=47$kPa，$\varphi_{cu}=15.1°$；$c'=30$kPa，$\varphi'=22.3°$）

7-12　土样内摩擦角$\varphi=26°$，黏聚力$c=40$kPa，若土样所受小主应力$\sigma_3=120$kPa，则土样剪切破坏时的大主应力为多少？

（答案：$\sigma_1=435.4$kPa）

7-13　已知土中某一点$\sigma_1=380$kPa，$\sigma_3=210$kPa，土的内摩擦角$\varphi=25°$，黏聚力$c=$36kPa。试问该点处在什么状态？

（答案：弹性状态，即安全状态）

7-14　对某饱和黏性土进行无侧限抗压强度试验，测得该土样无侧限抗压强度为$q_u=82$kPa。试求该土样的抗剪强度τ_f以及抗剪强度指标c和φ。

（答案：$\tau_f=41$kPa，$c=41$kPa，$\varphi=0°$）

7-15　已知土中某一点的大小主应力分别为$\sigma_1=300$kPa和$\sigma_3=100$kPa，土的内摩擦角$\varphi=30°$，黏聚力$c=10$kPa。试问通过该点并与大主应力面成$\alpha=35°$的平面上会不会发生剪切破坏？

（答案：不会）

7-16　某饱和正常固结黏性土土样，在$\sigma_3=120$kPa下固结稳定，然后在不排水条件下施加附加轴向压力至剪切破坏，测得不排水强度$c_u=80$kPa。若土样剪切破坏时孔隙水压力$\mu_f=100$kPa。试求：①该土的固结不排水剪强度指标c_{cu}、φ_{cu}；②土样的孔隙水压力系数B和破坏时的孔隙水压力系数A。

（答案：$c_{cu}=0$，$\varphi_{cu}=32.2°$；$B=0$，$A=0.63$）

7-17　某正常固结黏性土土样在三轴仪中进行固结不排水剪试验，试验结果如下：

试件Ⅰ：$\sigma_1=220$kPa、$\sigma_3=50$kPa；

试件Ⅱ：$\sigma_1=340$kPa、$\sigma_3=100$kPa；

试件Ⅲ：$\sigma_1=450$kPa、$\sigma_3=150$kPa。

试绘出K_f线，并根据K_f线确定土的总应力抗剪强度指标c和φ。

（答案：$c=31.6$kPa，$\varphi=23.6°$）

7-18　某软土地基，土的有效内摩擦角$\varphi'=25°$，饱和重度$\gamma_{sat}=19.8$kN/m^3，地表受到大面积堆载25kPa。试问当固结度达90%时，距地表2m的强度为多少？强度的净增长值为多少（地下水位假设在地表处，水的重度$\gamma_w=10$kN/m^3）？

（答案：11.4kPa，6.1kPa）

第8章　土压力理论

8.1　概　　述

研究土压力理论的目的是确定作用于结构物上的土压力分布，这些结构物可以是各种挡土墙，或者是埋置式管道和隧洞等地下设施。本章主要研究挡土墙土压力，并对埋管土压力作简要介绍。

挡土墙是指为保持墙的两侧地面有一定高差而设计的墙，通常将地面较高一侧的墙面称为墙背，另一侧则称为墙面。在墙背以及埋入地面以下的墙面上作用着土压力，称为挡土墙土压力。在本章中，约定将在地面较高一侧并能给墙以压力的材料称为墙后填土，而不管它是否是土，或者是回填土还是未经扰动的天然土。挡土墙在房屋建筑、道路桥梁、水工结构和铁路工程等领域应用极其广泛。图8－1为常用的挡土墙实例。

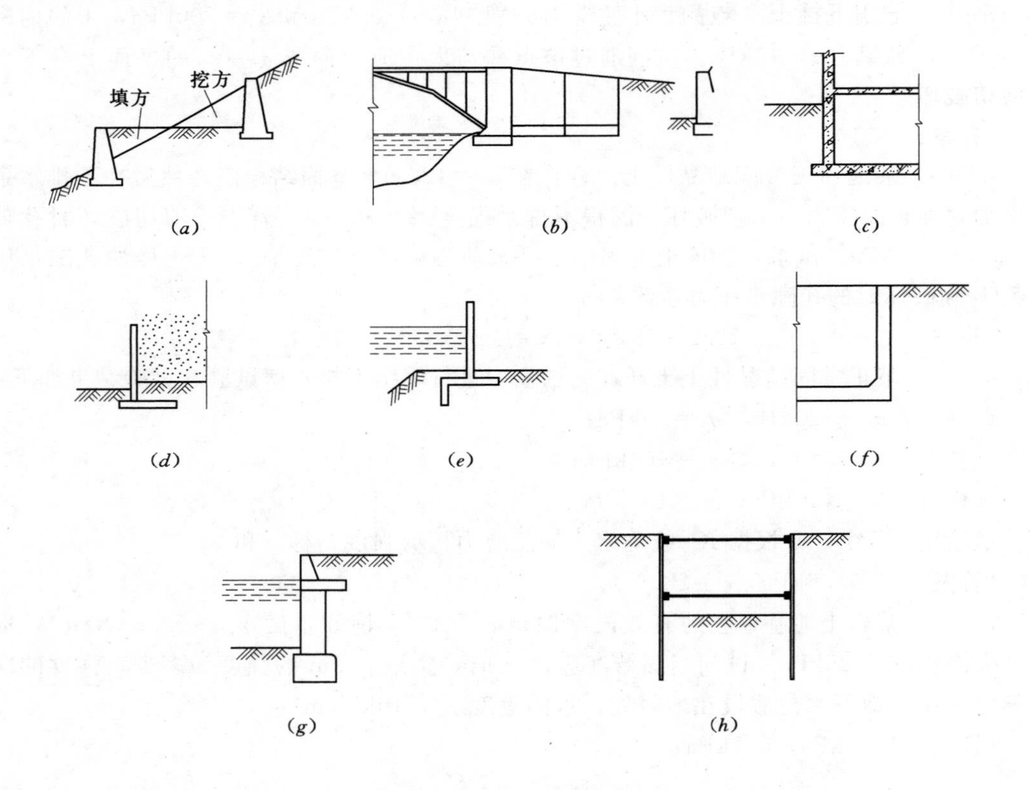

图8－1　常用的挡土墙
(*a*) 傍山公路或铁路；(*b*) 桥台及引道两侧挡土墙；(*c*) 建筑物地下室外墙；
(*d*) 粒状材料储仓挡墙；(*e*) 壅水墙；(*f*) 船闸闸墙；
(*g*) 方块重力式码头；(*h*) 基坑开挖支护挡墙

8.2 挡土墙土压力

挡土墙土压力在很大程度上与土体可能经受的侧向变位有关，按土变位的特定情况可以分为静止土压力、主动土压力和被动土压力三类。

在未受扰动的天然土体内部的侧向自重应力就是静止土压力，超固结土的静止土压力大于正常固结土。人工填土在填筑后未产生侧向变形的侧压力也是静止土压力，此时，静止土压力的大小随填土密实度的增大而增加。当挡土墙在土压力作用下不产生任何变位时，墙后土体处于弹性平衡状态，被挡土墙侧向支撑着的土层中也产生静止土压力［见图8-2（c）］。例如，被刚性楼板和底板支撑着的建筑物地下室外墙、某种形式的桥台、船闸边墙等。

在墙后填土作用下挡土墙向前移动，填土有下滑趋势，土中各点的抗剪强度逐渐发挥，作用在墙背上的土压力逐渐减小，直至墙后填土进入极限平衡状态，此时作用在挡土墙上的土压力值最小，称为主动土压力［见图8-2（a）］。进一步的向前移动并不显著影响主动土压力的大小。

在外力作用下挡土墙向填土方向移动，墙后填土有向上被挤出的趋势，土中各点的抗剪强度逐渐发挥，作用在墙背上的土压力逐渐增加，直至墙后填土进入极限平衡状态，此时作用在挡土墙上的土压力值最大，称为被动土压力［见图8-2（b）］。进一步的向后移动并不显著影响被动土压力的大小。

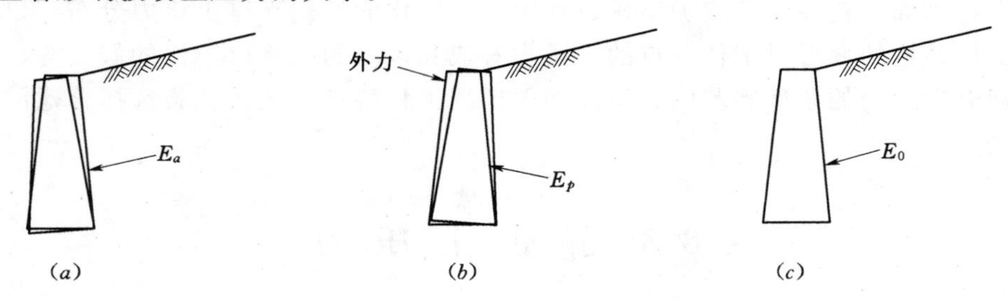

图8-2 三种特定的挡土墙土压力

（a）主动土压力；（b）被动土压力；（c）静止土压力

太沙基（1934年）曾经做过2.18m高的模型挡土墙试验，他研究了作用在墙背上的土压力与墙的位移之间的关系。其他不少学者也做过多种类型挡土墙的模型试验和原型观测，得到类似的研究成果。图8-3是反映作用在墙背上的土压力与墙的变位的关系示意图。从图中可以看出以下几点：

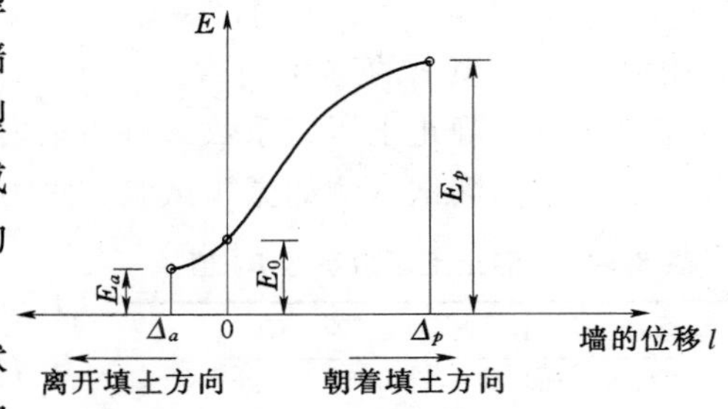

图8-3 挡土墙移动和土压力的关系

（1）图中三个特定的位置代表上述三种特定状态的土压力：①墙的变位为零时，作用在墙背上的静止土压力E_0；②墙向前移动至土的极限平衡状态时，作用在墙背上的主动土压力E_a；③墙向后移动至土的极限平衡状态时，作用在墙背上的被动土压力E_p。

(2) 达到主动土压力所需要的墙的变位值 Δ_a 远小于达到被动土压力所需要的墙的变位值 Δ_p，这也可以从表 8-1 的值看出，表中 H 为挡土墙的高度。

(3) 按数值大小排列，$E_a < E_0 < E_p$。

(4) 土压力的值随着墙的移动不断变化，因此作用在墙上的实际土压力值与墙的变位相关，而并非只有这三种特定的值。

表 8-1 产生主动和被动土压力所需的墙的位移量

土类	应力状态	位移形式	所需的位移量
砂土	主动	平移	$0.001H$
	主动	绕墙趾转动	$0.001H$
	主动	绕墙顶转动	$0.02H$
	被动	平移	$0.05H$
	被动	绕墙趾转动	$>0.01H$
	被动	绕墙顶转动	$0.05H$
黏土	主动	平移	$0.004H$
	主动	绕墙趾转动	$0.004H$

在实际工程中，一般按三种特定状态的土压力（主动土压力 E_a、静止土压力 E_0、被动土压力 E_p）进行挡土墙设计，此时应该弄清实际工程与哪种状态较为接近。在使用被动土压力时，由于它的发挥需要较大的变位，往往超过实际的可能性，工程上常将被动土压力 E_p 经适当折减后再用。而在某些情况下，又按挡土墙实际的变位影响考虑土压力的分布，例如，在多支撑支护结构设计中采用简化的经验支撑土压力分布，以及在计算基坑支护结构的变形时把任一点的土压力看成和该点的位移成正比的假定等。各种计算方法都有它适用的条件和范围，所以必须根据工程特点和地区经验选择合适的土压力计算方法。

8.3 静止土压力

静止土压力可按图 8-4 所示方法计算，即填土表面以下任意深度 z 处的静止土压力强度 σ_0 为

$$\sigma_0 = K_0 \gamma z \tag{8-1}$$

式中 γ——填土的重度；

K_0——静止土压力系数，可用室内试验（例如单向固结试验、三轴试验等）或原位测试（例如旁压试验、水力劈裂试验等）确定。

表 8-2 静止土压力系数 K_0 值

土名	K_0
砾石、卵石	0.20
砂土	0.25
亚砂土	0.35
亚黏土	0.45
黏土	0.55

由于 K_0 的测试较为困难，不少学者尝试用土的力学指标或物理指标（例如有效内摩擦角 φ'、塑性指数 I_p 等）与 K_0 值建立某种经验关系。对于正常固结土，最常用的是雅其（Jaky，1948 年）的经验公式 $K_0 = 1 - \sin\varphi'$。超固结土的 K_0 值要比正常固结土大得多，梅耶霍夫（Meyerhof）建议采用式（8-2）计算。在实际工程中，也有采用经验系数值的，表8-2

为我国《公路桥涵地基与基础设计规范》(JTJ 024—85)提供的 K_0 值。

$$K_{0R}=\sqrt{OCR}(1-\sin\varphi') \tag{8-2}$$

式中 K_{0R}——超固结土的静止土压力系数；

OCR——土的超固结比。

从式(8-1)可知，静止土压力沿墙高呈三角形分布，其合力 E_0 即为三角形的面积，即

$$E_0=\frac{1}{2}\gamma H^2K_0 \tag{8-3}$$

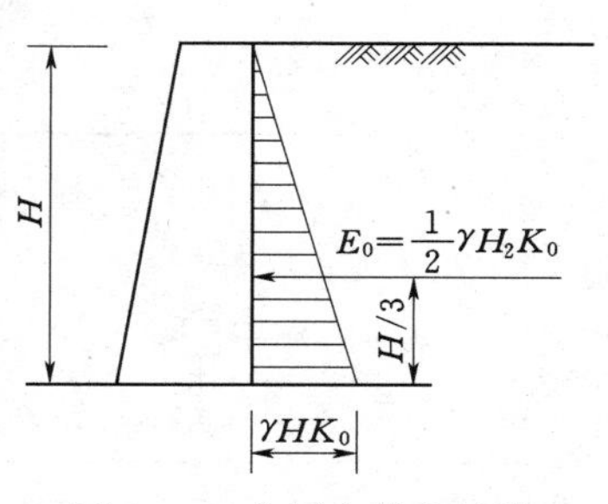

图8-4 作用在挡土墙墙背上的静止土压力

合力作用在三角形的重心上，即距挡土墙底面的距离为 $H/3$，由于墙背和填土间不存在剪应力，合力与墙背垂直。

8.4 朗肯土压力理论

一、基本理论

朗肯(1857年)土压力理论是依据半空间体的应力状态和土的极限平衡理论推出土压力强度的计算式。

如图8-5(*a*)在半空间土体中取一竖直切面 AB，在 AB 面上深度为 z 处取一土单元体，在静止土压力状态下，作用在单元体上的大主应力 σ_1 为竖直向应力 γz，小主应力 σ_3 为水平向应力 $K_0\gamma z$，单元体处于弹性平衡状态，其应力圆 o_1 位于强度包线下方。假定在某种原因下土体朝侧向松开，在保持大主应力 σ_1 不变的条件下小主应力 σ_3 不断减少，其应力圆直径随之增加，最终当应力圆 o_2 与强度包线相切时，单元体处于主动极限平衡状态，此时的小主应力 σ_3 仍在水平向，即为主动土压力强度 σ_a [见图8-5(*b*)]，土体中的两组滑移面与水平面成 $45°+\varphi/2$ [见图8-5(*c*)]。当在某种原因下土体朝单元体侧向挤压时，水平向应力不断增加，应力圆直径不断减小至一点，当水平向应力继续增大到超过竖直向应力时，水平向应力成为大主应力 σ_1，而竖直向应力变成了小主应力 σ_3，此后随着水平向应力的增加应力圆直径又不断增加，最终应力圆 o_3 与强度包线相切，单元体处于被动极限状态，此时大主应力 σ_1 在水平向，并被认为是被动土压力强度 σ_p [见图8-5(*b*)]，土体中两组滑移面与水平面的夹角为 $45°-\varphi/2$ [见图8-5(*d*)]。

朗肯认为可以用直立的挡土墙来代替上述竖直面 AB 左边的土体，如果满足墙背与填土界面上的剪应力为零的条件，并不改变右边土体中的应力状态。当挡土墙的变位符合上述主动或被动极限平衡条件时，作用在挡土墙墙背上的土压力即为朗肯主动土压力或朗肯被动土压力。墙背直立、光滑，墙后填土面水平的挡土墙满足这种条件。

二、主动土压力

由图8-5(*b*)可知，任一深度 z 处的朗肯主动土压力强度 σ_a 为小主应力 σ_3，而大主应力 σ_1 为上覆土压力 γz，根据土的极限平衡条件，则有

$$\sigma_a=\gamma z\tan^2(45°-\varphi/2)-2c\tan(45°-\varphi/2)$$

或

$$\sigma_a=\gamma zK_a-2c\sqrt{K_a} \tag{8-4}$$

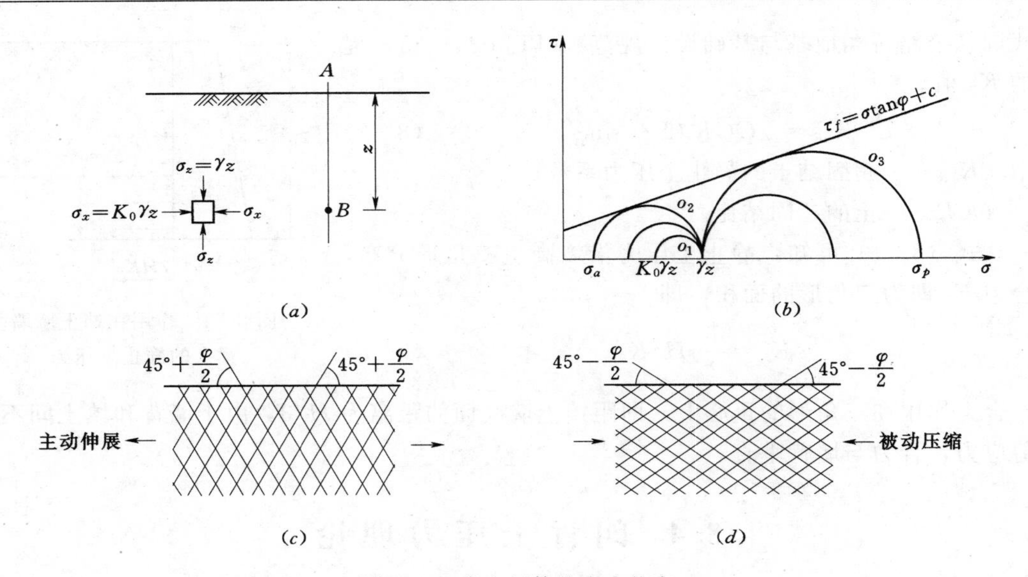

图 8-5 半空间体的应力状态

(a) 单元体的初始应力状态；(b) 达到朗肯状态的应力路径；(c) 主动朗肯状态的剪切破坏面；(d) 被动朗肯状态的剪切破坏面

其中

$$K_a=\tan^2(45°-\varphi/2)$$

式中 K_a——朗肯主动土压力系数；

γ——土的重度；

c 和 φ——土的黏聚力和内摩擦角。

对于无黏性土，$c=0$，$\sigma_a=\gamma z K_a$，主动土压力仅仅是由土的自重所产生，其强度随深度线性增加，呈三角形分布［见图 8-6 (a)］。主动土压力的合力 E_a 为三角形的面积，其值由（8-5）式计算：

$$E_a=\frac{1}{2}\gamma H^2 K_a \tag{8-5}$$

式中 H——挡土墙的高度。

合力作用在三角形的重心处，即在挡土墙墙底以上 $H/3$ 处。

当墙后填土为黏性土时，由式（8-4）可知，主动土压力由两部分组成，黏聚力 c 的存在减少了作用在墙上的土压力，并且在墙上部形成一个负侧压力区（拉应力区），见图 8-6 (b) 中的三角形 acd。由于墙背与填土在很小的拉应力下就会脱开，该区域的土中会出现拉裂缝，在计算作用在墙背上的主动土压力时应略去这部分负侧压力，而仅仅考虑三角形 bce 部分的土压力。此时，由土压力为零的条件可计算受拉区的高度 z_0：

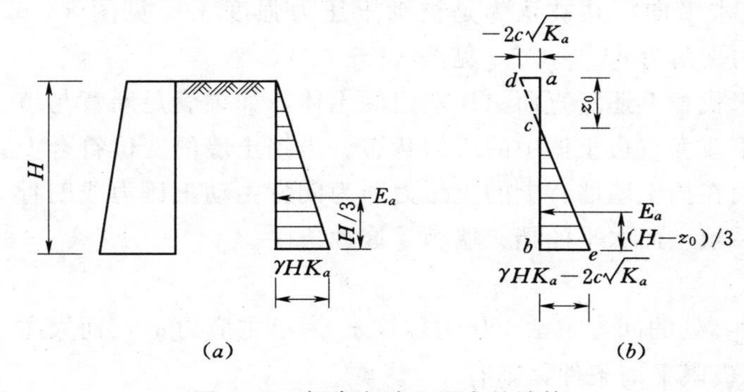

图 8-6 朗肯主动土压力的计算

(a) 无黏性填土；(b) 黏性填土

$$\sigma_a \Big|_{z=z_0} = \gamma z_0 K_a - 2c\sqrt{K_a} = 0$$

得到

$$z_0 = \frac{2c}{\gamma\sqrt{K_a}} \tag{8-6}$$

z_0 有时也被称为土的“临界高度”，被认为是黏性土中无支挡直立开挖的最大深度。

主动土压力合力 E_a 则为三角形 bce 的面积，其值由式（8－7）计算：

$$E_a = \frac{1}{2}(H - z_0)(\gamma H K_a - 2c\sqrt{K_a}) \tag{8-7}$$

或

$$E_a = \frac{1}{2}\gamma K_a (H - z_0)^2$$

E_a 作用在三角形 bce 的形心上，即在挡土墙底面以上（$H-z_0$）/3 处。

对于黏性土的上述算法，有学者认为低估了主动土压力值。为此采用了一些修正方法。例如，在墙背底面处的主动土压力值仍用式（8－4）计算，但墙顶处的土压力取为零值，而不是按式（8－4）求得的负值。作用在墙背上的主动土压力合力则为

$$E_a = \frac{1}{2}\gamma H^2 K_a\left(1 - \frac{2c}{\gamma H\sqrt{K_a}}\right)$$

或者仍按式（8－7）计算主动土压力值，但应考虑 z_0 范围内张裂缝中从地面渗入的水压力作用。

【例题 8－1】 有 8m 高的直立挡土墙，填土的指标为 $\gamma=18\text{kN/m}^3$，$c=20\text{kPa}$，$\varphi=12°$，求作用在墙背上的朗肯主动土压力值。

解：（1）朗肯主动土压力系数：

$$K_a = \tan^2(45° - 12°/2) = 0.656$$

$$\sqrt{K_a} = 0.810$$

（2）受拉区高度：

$$z_0 = \frac{2c}{\gamma\sqrt{K_a}} = \frac{2\times 20}{18\times 0.81} = 2.74\text{m}$$

$$H - z_0 = 8 - 2.74 = 5.26\text{m}$$

（3）作用在墙背底面 $z=8\text{m}$ 处的主动土压力强度：

$$\sigma_a = \gamma z K_a - 2c\sqrt{K_a} = 18\times 8\times 0.656 - 2\times 20\times 0.81 = 62.1\text{kPa}$$

（4）主动土压力合力：

$$E_a = \frac{1}{2}\times 62.1\times 5.26 = 163.3\text{kN/m}$$

合力作用点距墙底距离为

$$5.26/3 = 1.75\text{m}$$

（5）若采用修正方法，主动土压力合力为 163.3×8/5.26＝248.4kN/m，合力作用点距墙底距离为 2.67m。

三、被动土压力

由图 8－5（b）可知，任一深度 z 处的朗肯被动土压力强度 σ_p 为大主应力 σ_1，而小主应力 σ_3 为上覆土压力 γz，根据土的极限平衡条件，则有

$$\sigma_p = \gamma z\tan^2(45° + \varphi/2) + 2c\tan(45° + \varphi/2)$$

或 $$\sigma_p=\gamma z K_p+2c\sqrt{K_p} \tag{8-8}$$

其中 $$K_p=\tan^2(45°+\varphi/2)$$

式中 K_p——朗肯被动土压力系数。

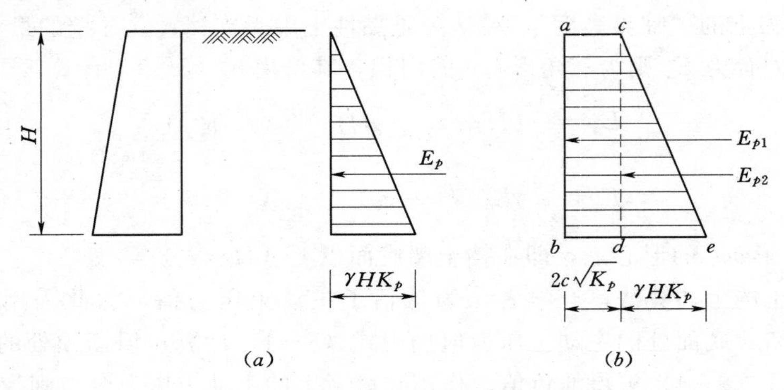

图 8-7 朗肯被动土压力的计算

(a) 无黏性填土；(b) 黏性填土

无黏性土的朗肯被动土压力沿深度也呈三角形分布［见图 8-7 (a)］，合力 E_p 值由式 (8-9) 计算，作用在墙底以上 $H/3$ 处。

$$E_p=\frac{1}{2}\gamma H^2 K_p \tag{8-9}$$

黏聚力 c 的存在增加了被动土压力，作用在墙背上的被动土压力呈梯形分布，如图 8-7 (b)所示，合力 E_p 值为梯形面积，可用矩形 $abdc$ 与三角形 cde 的面积之和求得，即

$$E_p=E_{p1}+E_{p2}=2cH\sqrt{K_p}+\frac{1}{2}\gamma H^2 K_p \tag{8-10}$$

E_p 作用在梯形的形心上，也可以用分块求矩的方法计算 E_p 距墙底的距离 z_h：

$$z_h=\frac{E_{p1}\dfrac{H}{2}+E_{p2}\dfrac{H}{3}}{E_p} \tag{8-11}$$

四、关于朗肯条件

现以无黏性土填土和主动应力状态为例，朗肯条件的更一般情况为地面倾斜时，土体在侧向和深度上都是无限的情况［见图 8-8 (a)］。此时，如果土体有机会侧向伸展足够的量，则在土体中形成两簇滑移面［见图 8-8 (b)］，与竖直面 BB' 的夹角分别为 α 和 ψ，α 和 ψ 的值为

$$\alpha=\frac{1}{2}(90°-\varphi)+\frac{1}{2}\left(\sin^{-1}\frac{\sin\beta}{\sin\varphi}-\beta\right) \tag{8-12a}$$

$$\psi=\frac{1}{2}(90°-\varphi)-\frac{1}{2}\left(\sin^{-1}\frac{\sin\beta}{\sin\varphi}-\beta\right) \tag{8-12b}$$

以及 $$\alpha+\psi=90°-\varphi \tag{8-12c}$$

如果土体绕 B 点转动足够的量，使 A 点达到主动平衡条件，在土中也产生同样两簇滑移面，不过仅限制在 ABA' 的范围内［见图 8-8 (c)］。这两种情况在竖直面 BB' 上都作用着朗肯主动土压力 E_a，其值可用式 (8-13) 计算，方向与地面平行。而作用在 AB 面

上的总压力等于 E_a 与土楔 ABB' 的重力的矢量和。

$$E_a=\frac{1}{2}\gamma h^2\left[\cos\beta\frac{\cos\beta-\sqrt{\cos^2\beta-\cos^2\varphi}}{\cos\beta+\sqrt{\cos^2\beta-\cos^2\varphi}}\right]=\frac{1}{2}\gamma h^2K_a \tag{8-13}$$

式中 h——BB'的高度；

K_a——括弧中的值，即朗肯主动土压力系数。

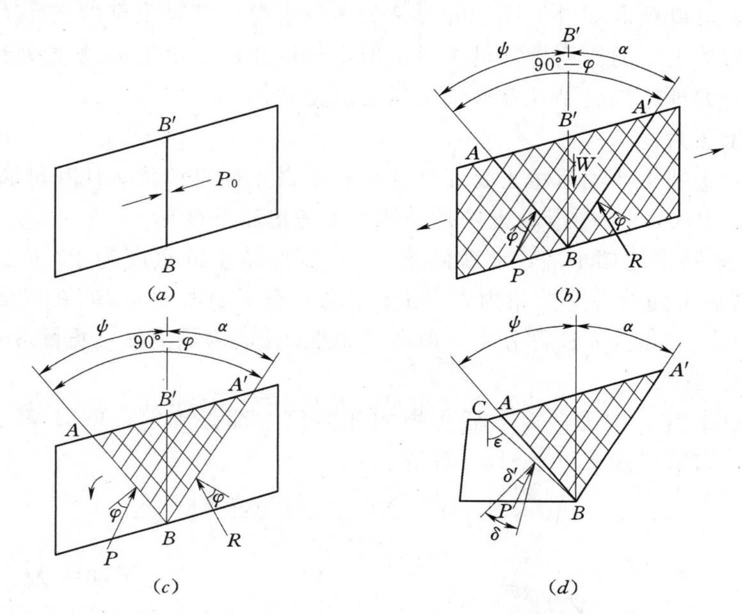

图 8-8 土体的伸展——朗肯主动应力状态

(*a*) 倾斜地面的原位静止土压力；(*b*) 侧向和深度是无限的土体的伸展；

(*c*) 土楔绕 B 点转动产生的伸展；(*d*) 符合朗肯条件的挡土墙

图中 $A'B$ 面称为第一破裂面，将 AB 面称为第二破裂面。当用挡土墙时，填土中存在朗肯主动应力状态的条件是必须满足以下两个条件：①挡土墙不阻碍第二破裂面的形成，即墙背倾角 ε 大于夹角 ψ；②位于第二破裂面与墙背之间的土楔 CBA 不沿墙背下滑，而是附在墙背上与墙一起移动，即作用在墙背上的总压力与墙背法线的夹角 δ' 小于外摩擦角 δ [见图 8-8 (*d*)]。

$\varepsilon>\psi$ 的挡土墙称为坦墙，可知符合条件②的坦墙适用朗肯条件，此时，朗肯土压力作用在过墙踵的竖直面上。$\varepsilon<\psi$ 的挡土墙称为陡墙，陡墙一般不符合朗肯条件，但在墙背倾角 ε、填土坡角 β、内摩擦角 φ 和外摩擦角 δ 满足式 (8-14) 的关系时，墙后土体仍处于简单极限应力状态，朗肯公式仍能使用。

$$\varepsilon=\frac{1}{2}\left(\sin^{-1}\frac{\sin\delta}{\sin\varphi}-\delta\right)-\frac{1}{2}\left(\sin^{-1}\frac{\sin\beta}{\sin\varphi}-\beta\right) \tag{8-14}$$

式 (8-14) 的关系一般不易满足，当墙背直立 ($\varepsilon=0$)、光滑 ($\delta=0$)、填土面水平 ($\beta=0$) 时，式 (8-14) 的关系得到满足。此时，直立墙背相当于上述竖直面 BB'，$\alpha=\psi=45°-\varphi/2$，$K_a=\tan^2(45°-\varphi/2)$，与前述一致。实际的挡土墙墙背不可能是完全光滑的，对粗糙的挡土墙来说，用朗肯理论计算得到的主动土压力偏大，被动土压力偏小，对于工程是偏于安全的。

8.5 库仑土压力理论

库仑（Coulomb，1776 年）对墙后填土为砂土的挡土墙的主动土压力作了研究，他认为当挡土墙达到主动极限状态时，墙后填土中形成一个滑动土楔，沿土中某一个平面和挡土墙墙背下滑，可以根据下滑土楔的静力平衡条件求得墙背对土楔的支承力，其作用反力即为滑动土楔对挡土墙的作用力，可看成是填土作用在挡土墙上的总主动土压力。以后的学者又根据库仑的理论推出了计算被动土压力的公式。

一、主动土压力

库仑假定：①挡土墙墙后填土是无黏性土；②滑动面是墙背 AB 和过墙踵 B 的一个平面 BC [见图 8-9 (*a*)]；③滑动土楔是刚体，不考虑压缩变形。

研究图 8-9 所示的挡土墙，墙背倾角为 ε，墙后填土的重度为 γ、内摩擦角为 φ、坡角为 β，墙背与填土间的外摩擦角为 δ。由于主动状态下的滑动面 BC 的位置尚未确定，先假定它与水平面的夹角为 θ 进行分析。取滑动土楔 ABC 为隔离体 [见图 8-9 (*a*)]，作用在土楔上的力有三个：

(1) 土楔自重 W，因为假定 θ 后土楔的几何尺寸即已确定，所以 W 是一个已知力，方向竖直向下，数值可用式 (8-15) 计算：

$$W=\frac{1}{2}\gamma H^2\frac{\cos(\varepsilon-\beta)\cos(\theta-\varepsilon)}{\cos^2\varepsilon\sin(\theta-\beta)} \tag{8-15}$$

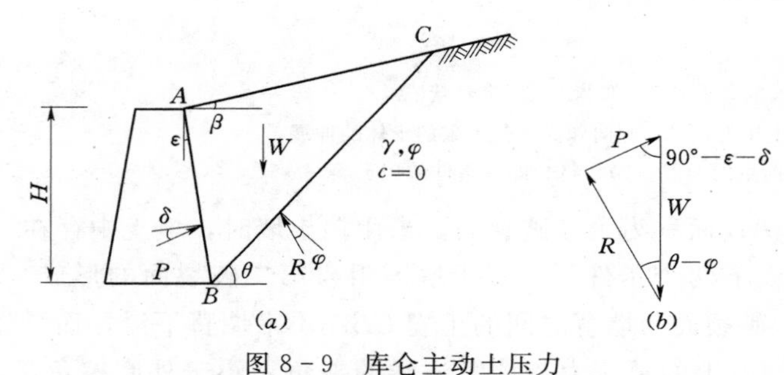

图 8-9 库仑主动土压力

(*a*) 假定的破裂面和作用在滑动土楔上的力；(*b*) 力三角形

(2) 滑动面 BC 上的反力 R，其大小未知，但方向已知，与 BC 面的法线夹角为 φ 角，并位于法线的下方。

(3) 滑动面 AB（墙背）上的反力 P，其大小未知，但方向已知，与 AB 面的法线夹角为 δ 角，并位于法线的下方。P 的作用反力 E 即为作用在墙背上的土压力。

根据刚体平衡条件，W、R、P 三个力组成封闭的力三角形 [见图 8-9 (*b*)]，由正弦定律有

$$\frac{W}{\sin(90°-\theta+\varphi+\delta+\varepsilon)}=\frac{P}{\sin(\theta-\varphi)}$$

或

$$P=W\frac{\sin(\theta-\varphi)}{\cos(\theta-\varphi-\delta-\varepsilon)}$$

代入式 (8-15)，得

$$P=\frac{1}{2}\gamma H^2\frac{\cos(\varepsilon-\beta)\cos(\theta-\varepsilon)\sin(\theta-\varphi)}{\cos^2\varepsilon\sin(\theta-\beta)\cos(\theta-\varphi-\delta-\varepsilon)} \tag{8-16}$$

由于滑动面 BC（倾角 θ）是任意假定的，与主动土压力 E_a 相应的应是墙背的最大反力 P_{max}，这可以令 $dp/d\theta=0$ 求得墙背反力为 P_{max} 时的临界倾角 θ_{cr}，倾角为 θ_{cr} 的面 BC 为最危险滑动面。将 θ_{cr} 值代入式 (8-16)，便可得到 P_{max} 值，主动土压力值与 P_{max} 相等，

即

$$E_a=\frac{1}{2}\gamma H^2\frac{\cos^2(\varphi-\varepsilon)}{\cos^2\varepsilon\cos(\varepsilon+\delta)\left[1+\sqrt{\dfrac{\sin(\varphi+\delta)\sin(\varphi-\beta)}{\cos(\varepsilon+\delta)\cos(\varepsilon-\beta)}}\right]^2}$$

$$=\frac{1}{2}\gamma H^2K_a \tag{8-17}$$

其中

$$K_a=\frac{\cos^2(\varphi-\varepsilon)}{\cos^2\varepsilon\cos(\varepsilon+\delta)\left[1+\sqrt{\dfrac{\sin(\varphi+\delta)\sin(\varphi-\beta)}{\cos(\varepsilon+\delta)\cos(\varepsilon-\beta)}}\right]^2} \tag{8-18}$$

式中　K_a——库仑主动土压力系数。

按（8－18）式编制成表 8－3，可供查用。当墙背直立（$\varepsilon=0$）、光滑（$\delta=0$），填土面水平（$\beta=0$）时，挡土墙符合朗肯条件，式（8－18）转化为朗肯主动土压力系数 $K_a=\tan^2(45°-\varphi/2)$。可知在朗肯条件下，库仑理论与朗肯理论具有相同的结果。

表 8－3　库仑主动土压力系数 K_a 值

墙背倾斜情况		ε（°）	墙背与填土摩擦角 δ	土的内摩擦角 φ（°） 20	25	30	35	40	45
				主动土压力系数 K_a					
仰斜	ε<0	−15	1/2φ	0.357	0.274	0.208	0.156	0.114	0.081
			2/3φ	0.346	0.266	0.202	0.153	0.112	0.079
		−10	1/2φ	0.385	0.303	0.237	0.184	0.139	0.104
			2/3φ	0.375	0.295	0.232	0.180	0.139	0.104
		−5	1/2φ	0.415	0.334	0.268	0.214	0.168	0.131
			2/3φ	0.406	0.327	0.263	0.211	0.168	0.131
竖直	ε=0	0	1/2φ	0.447	0.367	0.301	0.246	0.199	0.160
			2/3φ	0.438	0.361	0.297	0.244	0.200	0.162
俯斜	ε>0	+5	1/2φ	0.482	0.404	0.338	0.282	0.234	0.193
			2/3φ	0.450	0.398	0.335	0.282	0.236	0.197
		+10	1/2φ	0.520	0.444	0.378	0.322	0.273	0.230
			2/3φ	0.514	0.439	0.377	0.323	0.277	0.237
		+15	1/2φ	0.564	0.489	0.424	0.368	0.318	0.274
			2/3φ	0.559	0.486	0.425	0.371	0.325	0.284
		+20	1/2φ	0.615	0.541	0.476	0.463	0.370	0.325
			2/3φ	0.611	0.540	0.479	0.474	0.381	0.340

为求库仑主动土压力沿墙深 z 的分布，由式（8－17）得到 z 以上挡土墙上作用的主动土压力合力为

$$E_a=\int_0^z\sigma_a\mathrm{d}z=\frac{1}{2}\gamma z^2K_a$$

所以

$$\sigma_a = \frac{\mathrm{d}E_a}{\mathrm{d}z} = \gamma z K_a \tag{8-19}$$

可知库仑主动土压力沿墙的深度呈直线分布，如图 8－10（*a*）所示。而沿墙背的分布可由合力相等的原则求得，如图 8－10（*b*）所示。E_a 作用在距墙底 $H/3$ 的位置上，在墙背法线上方并与法线成 δ 角，方向指向墙背。

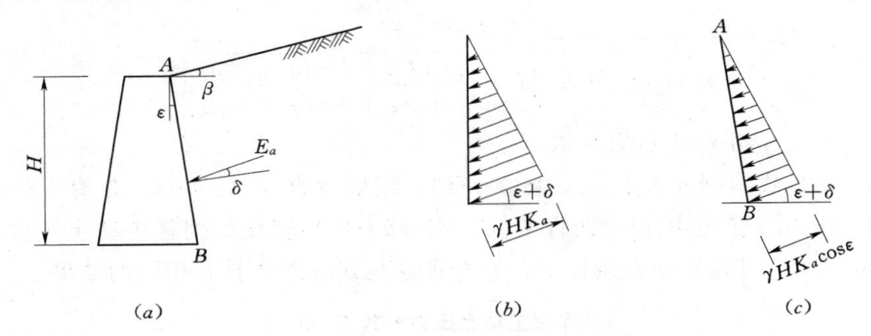

图 8－10 库仑主动土压力的分布

（*a*）挡土墙；（*b*）沿墙深的分布；（*c*）沿墙背的分布

二、被动土压力

采用与库仑主动土压力同样的假定，研究同一道挡土墙在被动状态下的滑动土楔的静力平衡（见图 8－11）。假设滑动面 *BC* 以后，作用在滑动土楔 *ABC* 上的平衡力系中仍有三个力，其中 *W* 是已知力，而由于被动状态下土楔向上滑动，*R* 移到 *BC* 面的法线上方并与法线成 φ 角，*P* 移到墙背法线上方并与法线成 δ 角。由力系的平衡求得 *P* 值，然后用求极值的方法求得最小值 $P_{\min}$，其作用反力即为作用在墙背上的被动土压力合力 E_p。E_p 的数值可用式（8－20）求得，作用点位置在距墙底 $H/3$ 处，位于墙背法线下方并与法线成 δ 角，指向墙背。同样可推得，被动土压力沿墙深为直线分布。

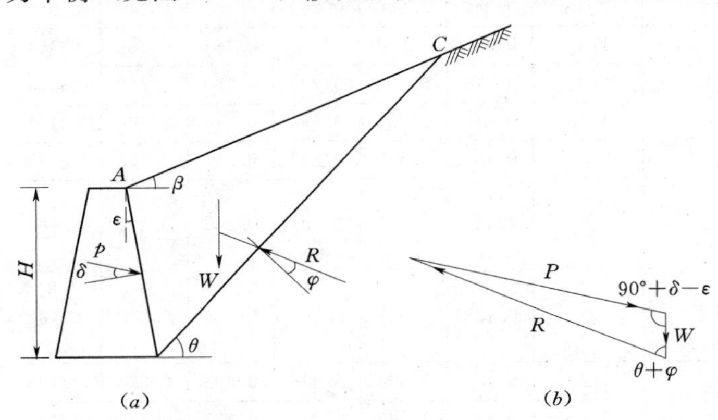

图 8－11 库仑被动土压力

（*a*）假定的破裂面和作用在滑动土楔上的力；（*b*）力三角形

$$E_p = \frac{1}{2}\gamma H^2 K_p \tag{8-20a}$$

$$K_p = \frac{\cos^2(\varphi+\varepsilon)}{\cos^2\varepsilon\cos(\varepsilon-\delta)\left[1-\sqrt{\dfrac{\sin(\varphi+\delta)\sin(\varphi+\beta)}{\cos(\varepsilon-\delta)\cos(\varepsilon-\beta)}}\right]^2} \tag{8-20b}$$

【例题 8－2】 欲修筑一座 6m 高的挡土墙，墙后填土是无黏性土，填土面坡角 $\beta=20°$，其土性指标为 $\gamma=18\text{kN/m}^3$，$\varphi=30°$。假设墙背与土的摩擦角 $\delta=\varphi/3$，试求墙背设计为俯斜（$\varepsilon=15°$）、直立（$\varepsilon=0$）、仰斜（$\varepsilon=-15°$）作用在墙背上的主动土压力及其分布。

解： 分别用$\varepsilon=15°$、$\varepsilon=0$、$\varepsilon=-15°$以及$\varphi=30°$、$\beta=20°$、$\delta=10°$代入计算式（8-18）得到三种情况的主动土压力系数K_a值分别为0.611、0.420和0.288，沿墙深均为三角形分布。主动土压力的合力E_a为$324K_a$，分别为198kN/m、136.1kN/m和93.3kN/m，均作用于距墙底2m的高度上。由于墙背倾角不同，合力与水平面的夹角分别是25°、10°和−5°。三种情况主动土压力的水平向和竖直向的分力分别为：俯斜$E_{aH}=179.4$kN/m、$E_{aV}=83.7$kN/m，直立$E_{aH}=134.0$kN/m、$E_{aV}=23.6$kN/m，仰斜$E_{aH}=92.9$kN/m、$E_{aV}=-8.1$kN/m。

从本例可看出，三种不同倾斜方向的墙背，在其他条件相同的情况下，仰斜墙背的主动土压力最小，这对抗水平滑移和验算墙身应力都是有利的。同样，仰斜墙背土压力产生的倾覆力矩也较小，但当外摩擦角较小时，土压力的竖直分力会产生倾覆力矩，而不是通常的抵抗力矩，在设计中应该注意。

在实际工程中，仰斜墙背一般用在挖方挡墙中，可与边坡紧密贴合，而不适合于填方挡墙。此外，在墙前地形较为平坦时适合使用仰斜墙背，当墙前地形陡峻时，仰斜挡墙的墙身需要加高，从而增加了砌筑工程量。

三、图解法确定库仑主动土压力

可以用楔体试算法求库仑主动土压力，其方法如下（见图8-12）：

（1）按实际比例作出挡土墙与填土剖面，在填土中作过墙踵B并与水平面成φ角的倾斜面BE，则主动破裂面必定是在墙背AB与BE面中间的某个平面BD。

（2）在AB与BE面中间选择若干平面BD_1、BD_2、…进行试算。通常的做法是将BD_1取为过B点的竖直面，以B点为圆心作一圆弧，将BD_1与BE面间的圆弧分成五等份，并据此作出BD_2等试算面［见图8-12（a）］。

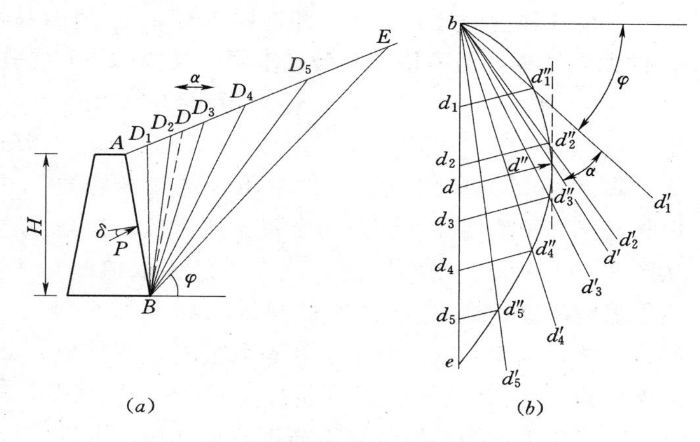

图8-12　楔体试算法求库仑主动土压力
（a）试算楔体；（b）力三角形

（3）分别计算土楔ABD_1、ABD_2、…的重力W_1、W_2、…，如果有超载存在，也可以一并计入。将所有的土楔重力用一个合适的比例尺绘在图8-12（b）的荷载线（竖直线）上，所有土重的矢量都从b点开始（bd_1、bd_2…）。

（4）过b点作各试算面上的反力R_1、R_2、…的平行线bd'_1、bd'_2、…，其方向与各试算面的法线成φ角并在法线下方。过d_1、d_2、…作P（在墙背法线下方并与法线成δ角）的平行线与bd'_1、bd'_2、…线分别交于d''_1、d''_2、…，则$d_1d''_1$、$d_2d''_2$、…即为各试算面时墙背对土楔的反力P_1、P_2、…。当然，相应BE面的反力P_E为零。

（5）将d''_1、d''_2、…、e点连成曲线，即为所有土压力P的轨迹线。作此轨迹线的竖直切线，切点为d''点。过d''点作P的平行线交荷载线于d点，则dd''即为最大的压力矢

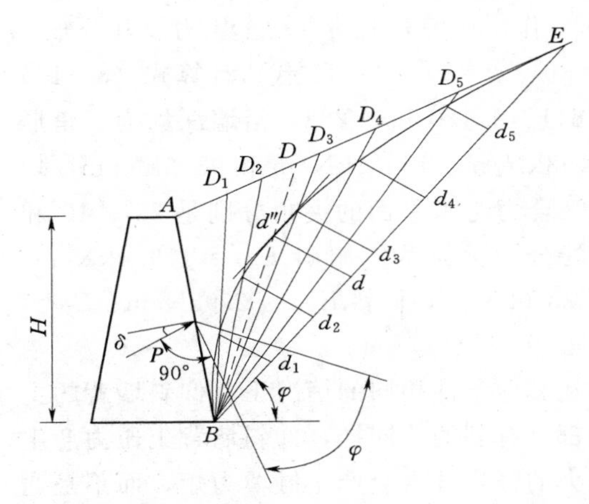

图 8-13　库尔曼图解法求库仑主动土压力

量，按比例尺量出 dd'' 的数值，即为库仑主动土压力值 E_a。相应的真正破裂面 BD 与竖直面 BD_1 的夹角 $\alpha=\angle d'_1bd'$，可用量角器量出。

楔体试算法可用于符合库仑或朗肯条件的挡土墙，并可直接用于地面不规则的情况。

库尔曼（Culmann，1866 年）简化了上述方法，他把图 8-12（b）逆时针旋转 $90^\circ+\varphi$ 后叠加到图 8-12（a）上（见图 8-13），此时荷载线即为 BE 线，bd'_1、bd'_2、…线与 BD_1、BD_2、…相合，代表 P_1、P_2、…的线段 $d_1d''_1$、$d_2d''_2$、…的方向由图中所示角度确定，即将实际的 P 方向反时针旋转 $90^\circ+\varphi$ 角。主动土压力值 E_a 等于最大矢量 dd'' 的数值，真正的滑动面为 BD 面。

四、黏性填土的库仑土压力

库仑公式中没有包括土的黏聚力，因此适用于无黏性土。对于黏性土，则提出了一些求解的方法。

（一）等值内摩擦角法

这是一种近似计算方法，即把原具有 c、φ 值的黏性填土代换成仅具有等值内摩擦角 φ_d 的无黏性土，然后用库仑公式求解。代换的原则是强度相等，即

$$\sigma\tan\varphi_d=\sigma\tan\varphi+c$$

或

$$\varphi_d=\tan^{-1}(\tan\varphi+c/\sigma) \tag{8-21}$$

式（8-21）的难点是 σ 的取值，例如经验地取相当于挡土墙墙高 2/3 处的上覆土压力值。但是从图 8-14 可知，当实际的 σ 值大于经验取值时，用等值内摩擦角 φ_d 代替原有的强度指标是不安全的；反之，当实际的 σ 值小于经验取值时，用等值内摩擦角 φ_d 代替原有的强度指标是偏于保守。因此，对于高大的挡土墙，应沿高度分成几段，分别选用合适的等值内摩擦角值，否则不宜使用。

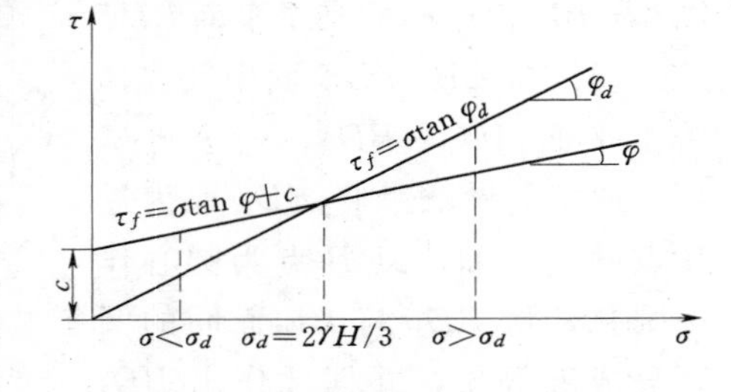

图 8-14　等值内摩擦角的概念

（二）楔体试算法

楔体试算法假设填土中的破裂面是平面，以简化代替实际的曲面破裂面，这可以计算黏性填土的库仑主动土压力而不致引起太大的误差，但在计算库仑被动土压力时误差较大，因此不适用。

黏性填土的顶部会产生拉应力，而土的抗拉强度很小，可以假设为零，因此从地面开始会产生竖直的张裂缝，并向下延伸至深度 z_0，z_0 的值可以由式（8-22）计算。

$$z_0=\frac{2c}{\gamma}\tan\left(45^\circ+\frac{\varphi}{2}\right) \tag{8-22}$$

图 8-15 是黏性填土在库仑主动状态下的破裂土楔和平衡力多边形图。与无黏性土不同的是：①顶部存在深度为 z_0 的张裂缝；②在破裂面 BD' 上作用着总黏聚力 C，其值等于

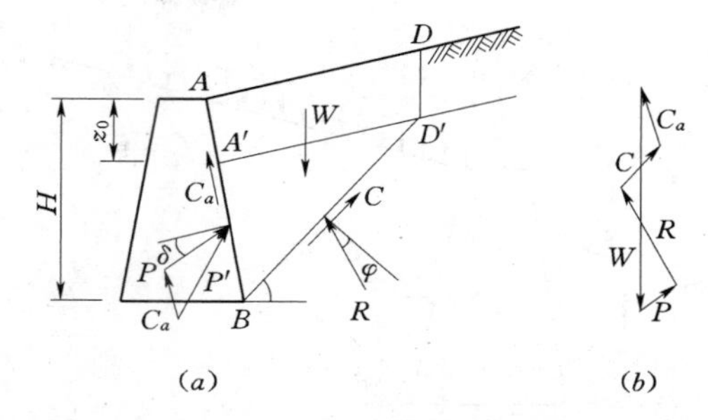

(a) (b)

图 8-15 库仑主动应力状态下的黏性土挡墙

(a) 作用在破裂土楔上的力；(b) 力多边形

黏聚力 c 乘以 BD' 的长度，方向沿 BD' 向上，是一个已知力；③在墙背与填土间存在黏着力 C_a，其值等于单位黏着力 c_a 与墙背 $A'B$ 段的长度的乘积，方向沿墙背向上，也是一个已知力。C_a 与无黏性土情况的反力 P 的合力为 P'，此时 P' 值等于主动土压力 E_a。

由于破裂面 BD' 预先并不知道，故采用楔体试算法如图 8-16 所示。其基本步骤与图 8-12相同，区别在于：①力三角形变为力多边形，增加了黏着力 C_a 和总黏聚力 C，其中 C_a 对于各试算面是同一个值，而 C 随不同的试算面相应变化；②由土压力轨迹曲线求得的最大矢量 $P_{\max}$ 值并不等于主动土压力 E_a，E_a 应是 $P_{\max}$ 与黏着力 C_a 的合力 $P'_{\max}$ 的作用反力。

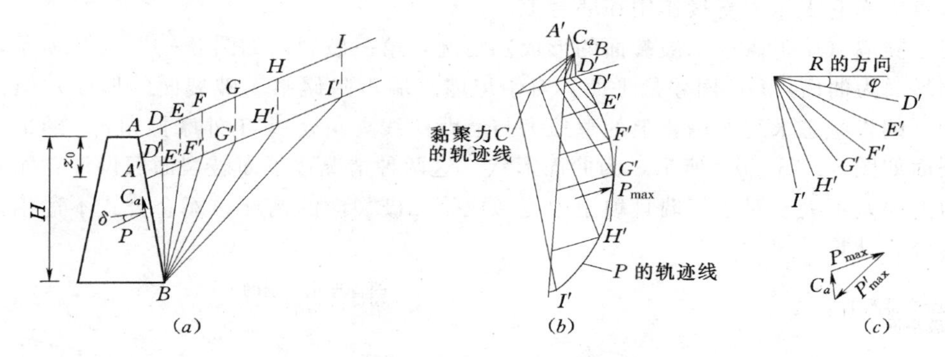

(a) (b) (c)

图 8-16 黏性土主动土压力的楔体试算法

(a) 墙和试算土楔；(b) 力多边形；(c) $P'_{\max}$的求解

（三）《建筑地基基础设计规范》（GB 50007—2011）的方法

《建筑地基基础设计规范》（GB 50007—2011）推荐的主动土压力计算式采用了与楔体试算法相似的平面破裂面假设，计入地表均布超载 q（以单位水平投影面积上的荷载强度计）的影响，如图 8-17 所示，得到式（8-23）：

$$E_a = \frac{1}{2}\gamma H^2 K_a \tag{8-23a}$$

$$\begin{aligned} K_a = \frac{\sin(\alpha+\beta)}{\sin^2\alpha\sin^2(\alpha+\beta-\varphi-\delta)} \Big\{ & k_q[\sin(\alpha+\beta)\sin(\alpha-\delta) \\ & + \sin(\varphi+\delta)\sin(\varphi-\beta)] + 2\eta\sin\alpha\cos\varphi\cos(\alpha+\beta-\varphi-\delta) \\ & - 2\Big\{[k_q\sin(\alpha+\beta)\sin(\varphi-\beta)+\eta\sin\alpha\cos\varphi][k_q\sin(\alpha-\delta)\sin(\varphi+\delta) \\ & + \eta\sin\alpha\cos\varphi]\Big\}^{\frac{1}{2}} \Big\} \end{aligned} \tag{8-23b}$$

其中

$$k_q = 1 + \frac{2q}{\gamma h}\,\frac{\sin\alpha\cos\beta}{\sin(\alpha+\beta)}$$

$$\eta = \frac{2c}{\gamma h}$$

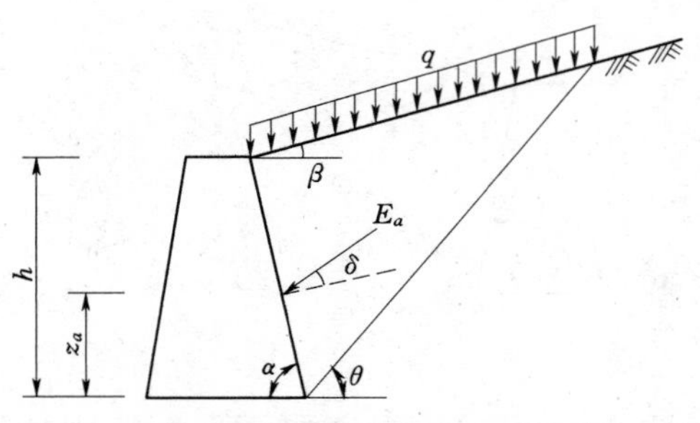

图 8-17 《建筑地基基础设计规范》法的计算简图

E_a 作用点距墙底的距离 z_a 为

$$z_a=\frac{h}{3}\frac{1+\frac{3}{2}\left(\frac{2q}{\gamma h}\right)}{1+\frac{2q}{\gamma h}} \tag{8-24}$$

当 $q=0$ 时，$z_a=h/3$。

五、关于库仑条件

对于主动土压力，库仑公式的适用条件是：①墙背必须是平面，或者很接近平面，可以用一个平面代替进行计算；②与朗肯条件相反，墙阻碍第二破裂面的形成或位于第二破裂面与墙背之间的土体沿墙背下滑（按朗肯状态求得的墙背上的总压力与墙背法线夹角 δ' 大于外摩擦角 δ）。说明库仑条件中墙背是作为一个滑移面，求得的库仑土压力直接作用在墙背上。

对于陡墙（墙阻碍第二破裂面的形成）情况，第一破裂面如图 8-18（*a*）所示，在下面的 *BD* 面为曲面，*DE* 面才是平面。对于坦墙（墙不阻碍第二破裂面的形成）但仍沿墙背滑动（朗肯状态求得的墙背上的总压力与墙背法线夹角 δ' 大于外摩擦角 δ）的情况，第一破裂面如图 8-18（*b*）所示，为曲面形状。这两种情况按平面破裂面假设计算库仑主动土压力的误差不大。对于坦墙且填土中能形成第二破裂面的情况，库仑公式不适用，常采用朗肯公式计算。

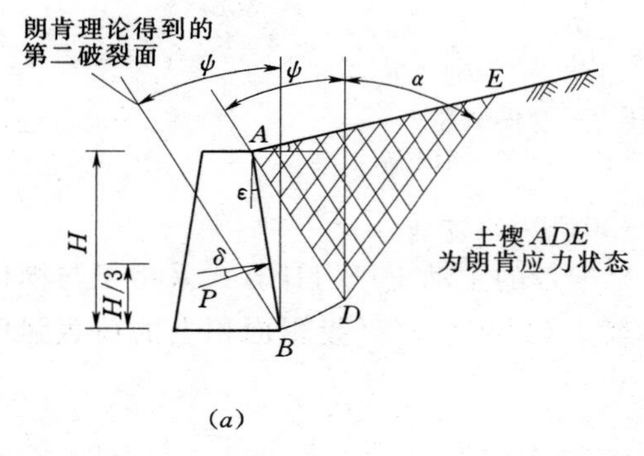

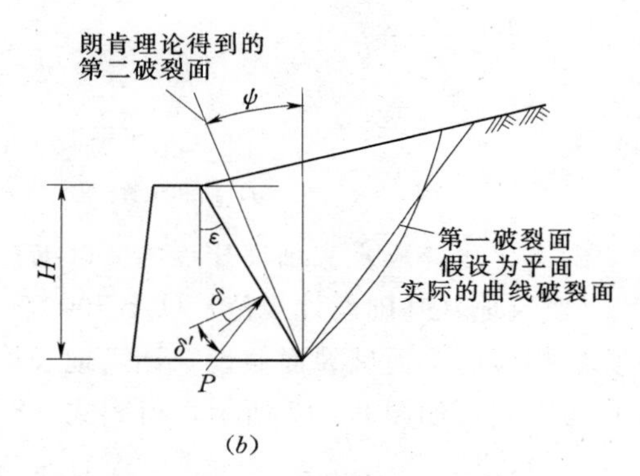

图 8-18 库仑主动状态下的破裂面形状

（*a*）第二破裂面受墙的阻碍（$\varepsilon<\psi$）；（*b*）第二破裂面未受阻碍，但不能形成（$\delta'>\delta$）

对于被动土压力，当假设滑动面为平面时，由于假设的平面破裂面与实际的破裂面差别很大，作用在滑动土楔上的力系对任意点的力矩和为零的平衡条件不能满足（见图 8-11），这导致在大部分情况下计算都有很大的误差，且偏于不安全，一般不能使用。只有当地面水平、墙背直立光滑的情况下才适用，但这时已转化成朗肯公式了。

8.6 特殊情况下的土压力计算

一、填土面有均布超载 *q*

如第 8.5 节所述，在图解法中，可将超载计入试算土楔的重量求解。数解法的一般做

法是将超载 q 换算成当量土重，当量土层厚度 h_s 可由式（8－25）计算：

$$h_s = q/\gamma \tag{8-25}$$

式中 γ——填土的重度。

（一）符合朗肯条件的挡土墙

把挡土墙看成高度为 $H+h_s$ 的假想挡墙，其中高 h_s 的 $A'A$ 为虚拟墙背(见图 8－19)。作用在地面下某一深度 z 上的主动土压力强度为

$$\sigma_a = \gamma(h_s + z)K_a - 2c\sqrt{K_a} \tag{8-26a}$$

也可用 $q+\gamma z$ 作为大主应力 σ_1 代替式（8－4）中的 γz 直接计算：

$$\sigma_a = (q + \gamma z)K_a - 2c\sqrt{K_a} \tag{8-26b}$$

在计算合力 E_a 时，应不计作用在虚拟墙背上的那部分压力。E_a 作用在分布图形的重心位置。

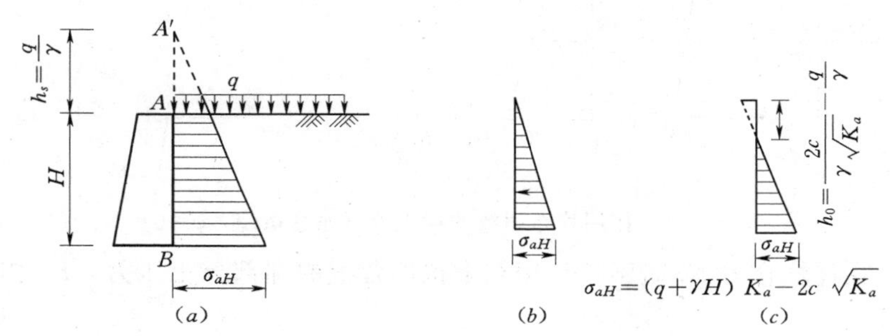

图 8－19 作用均布超载的挡土墙（朗肯条件）

(a) $q>\frac{2c}{\sqrt{K_a}}$；(b) $q=\frac{2c}{\sqrt{K_a}}$；(c) $q<\frac{2c}{\sqrt{K_a}}$

【例题 8－3】 有一挡土墙，高 5m，墙背直立、光滑，填土面水平，填土的指标为：$\gamma=18\text{kN/m}^3$、$c=20\text{kPa}$、$\varphi=18°$，地面作用着均布超载 $q=20\text{kPa}$。画出主动土压力的分布图，并求主动土压力合力的大小和作用点。

解：(1) 本题符合朗肯条件，主动土压力系数：

$$K_a = \tan^2(45° - 18°/2) = 0.528$$

$$\sqrt{K_a} = 0.727$$

(2) 临界深度和挡土墙底面处的主动土压力强度为

$$z_0 = \frac{2\times 20}{18\times 0.727} - \frac{20}{18} = 1.95\text{m}$$

$$\sigma_a\big|_{z=5\text{m}} = (20 + 18\times 5)\times 0.528 - 2\times 20\times 0.727 = 29\text{kPa}$$

(3) 按 (2) 的结果画出墙背主动土压力分布如图 8－20 所示。

(4) 求合力 E_a 的大小和作用点：

$$E_a = \frac{1}{2}\times 29\times(5 - 1.95) = 44.2\text{kN/m}$$

距底面距离为 $(5-1.95)/3=1.02\text{m}$，方向为水平向。

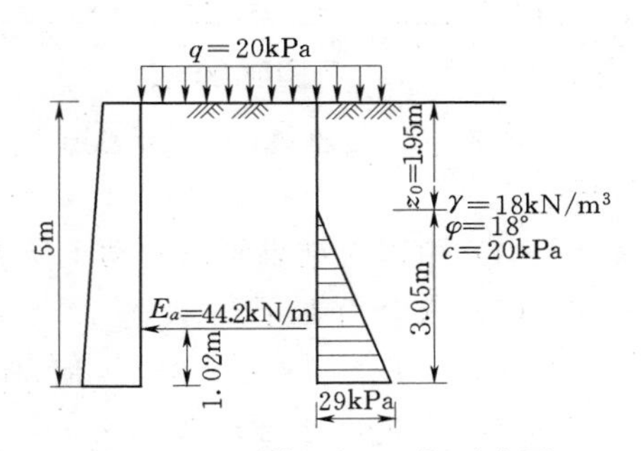

图 8－20 ［例题 8－3］示意图

（二）符合库仑条件的挡土墙

由于墙背倾斜，假想挡墙的高度为 $H+h'_s$（见图 8-21），其中虚拟墙背高度 h'_s 与当量土层厚度 h_s 的关系可由图中几何关系得到：

$$h'=h_s\frac{\cos\beta\cos\varepsilon}{\cos(\varepsilon-\beta)} \tag{8-27}$$

于是，作用在地面下某一深度 z 上的主动土压力强度为

$$\sigma_a=\gamma(h'_s+z)K_a \tag{8-28}$$

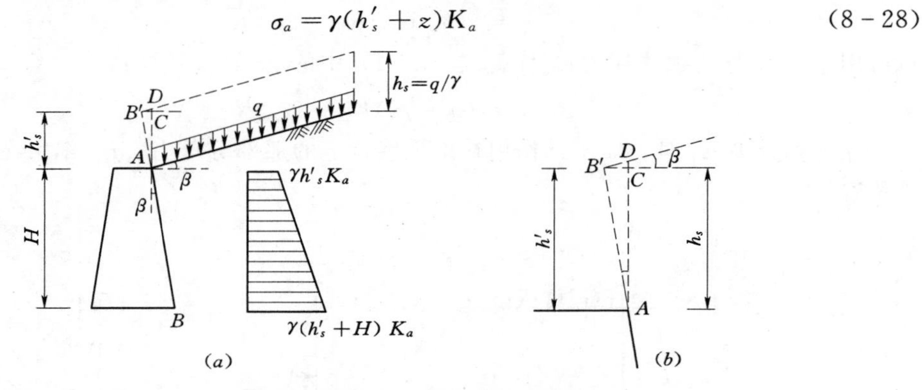

图 8-21 作用均布超载的挡土墙（库仑条件，$\varphi=0$）

同样地，在计算合力 E_a 时不计作用在虚拟墙背上的那部分土压力，E_a 作用在分布图形的重心位置上。

【例题 8-4】 图 8-22 的挡土墙，高 5m，墙背倾角 $\varepsilon=10°$，墙背与土的摩擦角 $\delta=10°$，填土坡角 $\beta=15°$，填土指标为 $\gamma=18\text{kN/m}^3$、$\varphi=30°$、$c=0$。填土面作用着均布荷载 $q=20\text{kPa}$。求作用在墙背上的主动土压力，并画出其分布图。

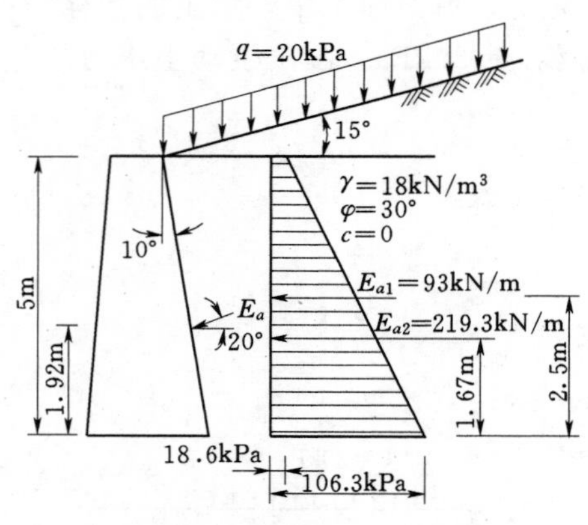

图 8-22 ［例题 8-4］示意图

解：（1）本题符合库仑条件，由 $\varepsilon=10°$、$\beta=15°$、$\delta=10°$、$\varphi=30°$ 和式（8-18）得到库仑主动土压力系数 K_a 为 0.974。

（2）计算当量土层厚度：

$$h_s=\frac{20}{18}=1.11\text{m}$$

$$h'_s=1.11\times\frac{\cos15°\cos10°}{\cos(10°-15°)}=1.06\text{m}$$

（3）计算顶面和底面的主动土压力强度：

$$\sigma_a\big|_{z=0}=18\times1.06\times0.974=18.6\text{kPa}$$

$$\sigma_a\big|_{z=5\text{m}}=18.6+18\times5\times0.974=18.6+87.7=106.3\text{kPa}$$

（4）由以上结果画出主动土压力分布如图 8-22 所示。

（5）求合力 E_a：

$E_{a1}=18.6\times5=93\text{kN/m}$，　距墙底距离 $=5/2=2.5\text{m}$

$E_{a2}=1/2\times87.7\times5=219.3\text{kN/m}$，　距墙底距离 $=5/3=1.67\text{m}$

$E_a=93+219.3=312.3\text{kN/m}$

$$合力距墙底距离=\frac{93\times2.5+219.3\times1.67}{312.3}=1.92\text{m}$$

$$作用线与水平面的夹角=10^\circ+10^\circ=20^\circ$$

二、填土表面有局部均布荷载

在图解法中，同样可将局部均布荷载计入试算土楔的重量求解。数解法中，一般按下述简化方法求解。

（一）距墙背某个距离外的均布荷载 q

如图8-23（a）所示，此时可认为 q 的影响按 $45^\circ+\varphi/2$ 的角度扩散，然后作用在墙背上，在 $l_1\tan(45^\circ+\varphi/2)$ 以上的墙背范围内，不受 q 的影响。作用在墙背上的主动土压力分布如图所示，其中 q 产生的主动土压力强度为 qK_a。

（二）距墙背某个距离外的局部均布荷载 q

如图8-23（b）所示，此时也可以认为 q 的影响按 $45^\circ-\varphi/2$ 的角度扩散，然后作用在墙背上，在 $l_1\tan(45^\circ+\varphi/2)$ 以上和 $(l_1+l_2)\tan(45^\circ+\varphi/2)$ 以下的墙背范围内，不受 q 的影响。作用在墙背上的主动土压力分布如图所示，其中 q 产生的主动土压力强度为 qK_a。

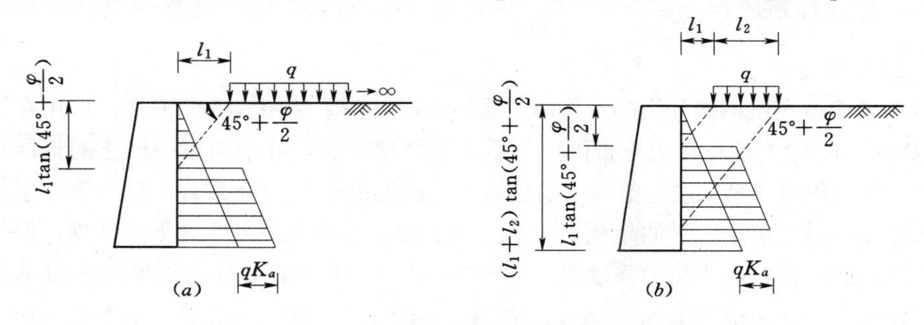

图8-23 填土表面有局部均布荷载情况

【例题8-5】 挡土墙高8m，符合朗肯条件，距墙顶2m处作用有3m宽的均布荷载 $q=30\text{kPa}$。填土的物理力学指标为：$\gamma=18\text{kN/m}^3$，$c=15\text{kPa}$，$\varphi=18^\circ$。画出作用在墙身上的主动土压力分布，并求合力值。

解：（1）求主动土压力系数：

$$K_a=\tan^2(45^\circ-18^\circ/2)=0.528$$

$$\sqrt{K_a}=0.727$$

（2）填土作用下的临界深度：

$$z_0=\frac{2\times15}{18\times0.727}=2.29\text{m}$$

$$H-z_0=8-2.29=5.71\text{m}$$

（3）求局部分布荷载的作用范围和长度：

$$\tan(45^\circ+18^\circ/2)=1.376$$

$$z_1=2\times1.376=2.75\text{m}$$

$$z_2=5\times1.376=6.88\text{m}$$

$$z_2-z_1=6.88-2.75=4.13\text{m}$$

（4）由填土产生的墙底面处的土压力强度：

$$\sigma_a\Big|_{z=8m}=18\times8\times0.528-2\times15\times0.727=54.2\text{kPa}$$

由局部荷载产生的土压力强度：

$$\sigma_{aq}=30\times0.528=15.8\text{kPa}$$

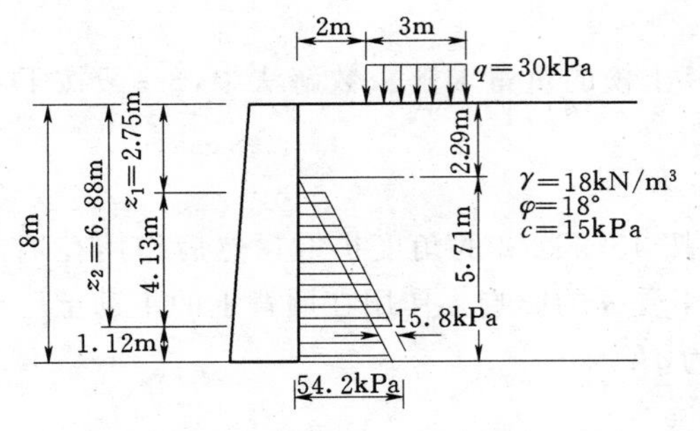

图 8-24 例题 8-5 示意图

（5）根据以上结果画出主动土压力分布如图 8-24 所示。

（6）由填土产生的主动土压力：

$E_{a1}=1/2\times54.2\times5.71=154.7\text{kN/m}$

距底面距离 $=5.7/3=1.90\text{m}$

由局部荷载产生的主动土压力：

$E_{a2}=15.8\times4.13=62.3\text{kN/m}$

距底面距离 $=1.12+4.13/2=3.19\text{m}$

主动土压力合力：

$$E_a=154.7+62.3=217\text{kN/m}$$

合力作用点距底面距离 $=\dfrac{154.7\times1.9+62.3\times3.19}{217}=2.27\text{m}$，方向水平。

三、成层填土

当墙后填土由多层不同种类的水平填土层组成时，可采用图 8-25 方法：作用在第一层土范围内的墙背 AC 段上的土压力分布仍按匀质土层挡墙计算，并采用第一层土的指标和土压力系数 K_{a1}。考虑作用在第二层土范围内的墙背 CD 段上的土压力分布时，可将第一层土的重力 γ_1h_1 看成作用在第二层土面上的超载，用第二层土的指标和土压力系数 K_{a2} 计算，但仅适用于第二层范围。这样在 C 点土压力强度有一个突变：在第一层底面土压力强度为 $\gamma_1H_1K_{a1}-2c_1\times\sqrt{K_{a1}}$，在第二层顶面为 $\gamma_1H_1K_{a2}-2c_2\sqrt{K_{a2}}$，如图 8-25 所示。同样，考虑第三层土范围内的墙背段 DB 时，将第一、二层土的重力 $\gamma_1H_1+\gamma_2H_2$ 作为超载作用在第三层土面上，用第三层土的指标和土压力系数 K_{a3} 计算，但仅适用于第三层土。当有更多土层时，依此进行。

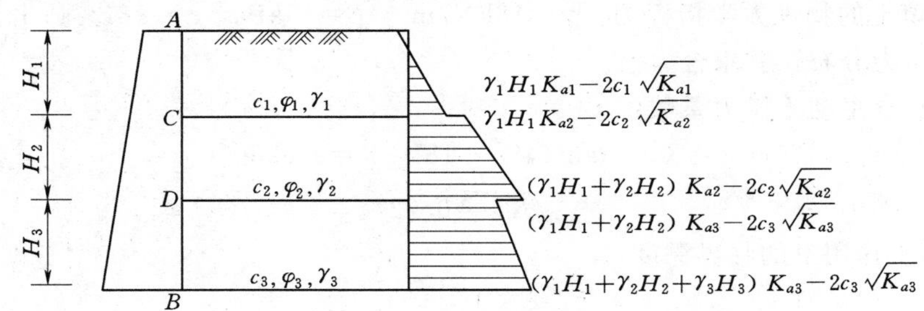

图 8-25 成层填土的土压力分布

合力 E_a 值可由分布图的面积求得，合力作用位置在面积重心上。

【例题 8-6】 有挡土墙如图 8-26 所示，墙高 6m，符合朗肯条件。填土分为两层，各层厚度和土性指标在图中给出，画出主动土压力分布图并求其合力。

解：（1）$K_{a1}=\tan^2(45°-30°/2)=0.333$

$K_{a2}=\tan^2(45°-18°/2)=0.528$

$\sqrt{K_{a2}}=0.727$

(2) 求特征点的主动土压力强度：

$$\sigma_a\big|_{z=2m^-}=19\times2\times0.333=12.7\text{kPa}$$

$$\sigma_a\big|_{z=2m^+}=19\times2\times0.528-2\times20\times0.727=-9\text{kPa}$$

$$\sigma_a\big|_{z=6m}=(19\times2+18\times4)\times0.528-2\times20\times0.727=29\text{kPa}$$

(3) 第二层土拉力区高度：

$$z_0=\frac{2\times20}{18\times0.727}-\frac{2\times19}{18}=0.95\text{m}$$

$$H_2-z_0=3.05\text{m}$$

(4) 画出主动土压力分布如图 8-26 所示。

(5) $E_{a1}=1/2\times12.7\times2=12.7\text{kN/m}$

距底面距离 $=4+2/3=4.67\text{m}$

$E_{a2}=1/2\times29\times3.05=44.2\text{kN/m}$

距底面距离 $=3.05/3=1.02\text{m}$

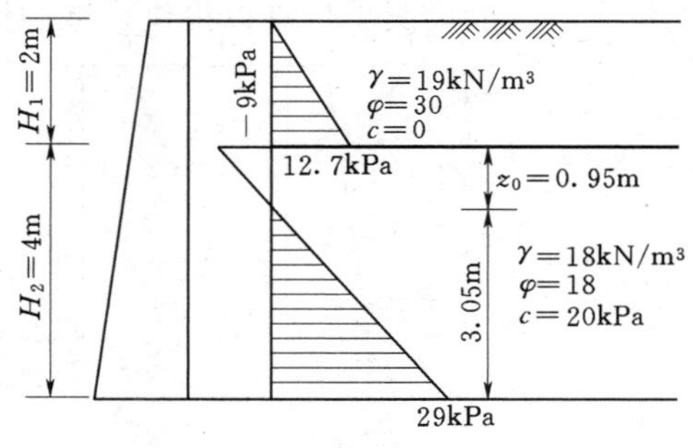

图 8-26 ［例题 8-6］示意图

合力 $E_a=12.7+44.2=56.9\text{kN/m}$，水平向作用

$$\text{距底面距离}=\frac{12.7\times4.67+44.2\times1.02}{56.9}=1.83\text{m}$$

四、墙后填土中存在地下水

墙后填土中有水存在对挡土墙土压力可能会有以下影响：

(1) 水位以上土的毛细作用会使无黏性土产生假凝聚力，从而增加抗剪强度，但这种影响在计算土压力时常忽略不计。

(2) 有裂隙的硬黏土在挡土墙侧向移动时某些裂隙可能会张开、水侵入裂隙使其逐渐软化，若干年后强度会降低到原来的很小一部分，因此，有学者建议抗剪强度选用软化后的估值。

(3) 某些黏性土浸水后会发生膨胀，在低温下也会冻胀，固定的不容许变形的挡土墙应该考虑此类膨胀压力，自由变形且能容许小量渐增位移的挡土墙可不考虑这种影响；工程中一般不选用浸水易膨胀的黏性土作为填土。

(4) 浸水后土的重度发生变化。

(5) 填土中的水对挡土墙产生水压力。其中，第 (4)、(5) 对作用在挡土墙上的压力影响较大，在计算中应予考虑。

墙后填土中存在地下水时，地下水位以上部分按照均质土挡墙计算，水位以下部分目前有"水土合算"和"水土分算"两种计算方法，这是因为发现在基坑支护挡墙设计中用水土分算方法在黏性填土时明显偏大。对此，学术界和工程界是有争议的。有学者认为水土合算违反了作为松散介质的土的有效应力原理，因此缺乏理论依据，计算的总压力偏大主要是强度指标和孔压反应受试验的应力状态和应力途径与实际工程不同的影响；也有学者认为，对于黏性土，在某些情况下土中水在孔隙中可能不完全连通，不传递静水压力，此时水土合算可能是合理的。一般认为，对于渗透性较大的砂土、碎石土和杂填土等，由于孔隙中充满着水，且水处于静止状态，能产生全部的静水压力，作用在浸入水中的全部墙背上，而不受与墙背接触的土粒存在的影响，所以应该水土分算。对于渗透性小的黏性土和粉土，可以采用水土合算的经验方法。

所谓水土分算，即采用有效重度 γ' 和有效应力强度指标 φ' 和 c' 计算土压力，此外再加上静水压力，静水压力的计算与完全是水时相同，如图 8-27 (*a*) 所示，作用在墙上的总压力是土压力和水压力之和，注意水压力的方向是垂直于墙背的，如果用库仑公式求土压力，两者的方向一般不一致，不能简单叠加。所谓水土合算，即采用土的饱和重度和总应力强度指标计算，不再考虑静水压力［见图 8－27（b）］。《建筑基坑支护技术规程》(JGJ 120—99)在水土分算中采用三轴试验的固结不排水剪指标，这是考虑测定 φ'、c'值难度较大，一般勘测单位难以提供，准确性也很难保证的原因，是偏于简单和安全的。

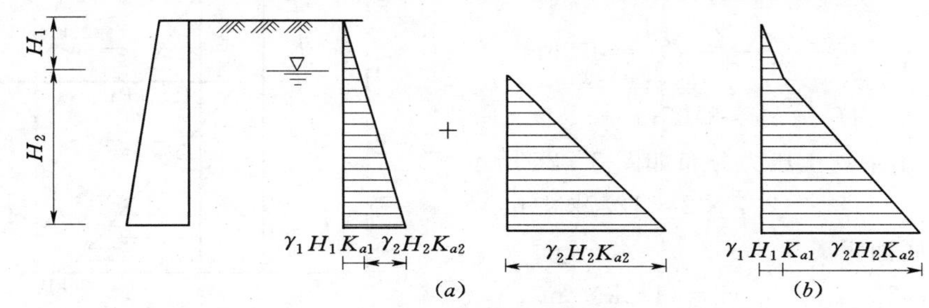

图 8－27　填土中有水存在的挡土墙土压力计算

（a）水土分算；（b）水土合算

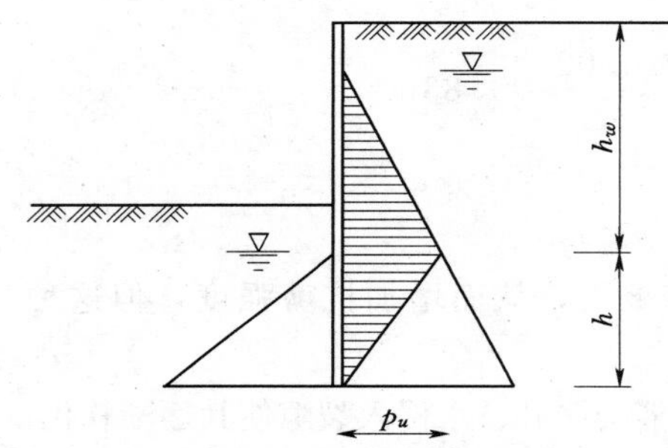

图 8－28　渗流绕过墙底时墙背的近似水压力分布

如果水从填土内经过墙底向墙前地面渗出（例如壅水墙、基坑支护挡墙等），孔隙水压力会由于渗流水与土粒之间的摩擦力而减小。此时作用在墙背上的水压力可以用流网法加以确定。对于基坑支护结构，也可以简化采用图 8－28 的水压力分布图式，该分布近似考虑渗流中的平均水力梯度，在坑内地下水位处的水压力 p_u 用式（8－29）计算：

$$p_u = \frac{2\gamma_w h_w h}{h_w + 2h} \tag{8-29}$$

式中符号的意义在图 8－28 中表示。

注意：该分布是基坑外、内侧的水压力分布的矢量和。

五、墙后填土面不规则情况

为了减少作用在基坑支护结构上的土压力，在条件允许时常常在坑外卸土，形成如图8－29所示的不规则地面。此时可用图中表示的简化方法计算，其中 p_a、p_a'、p_a'' 可用下式计算：

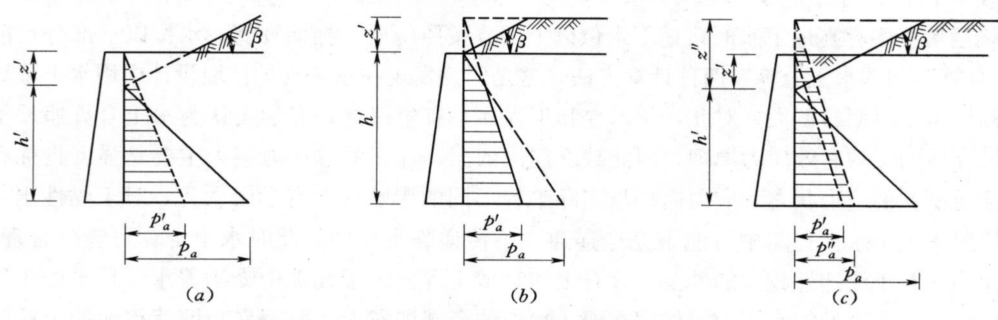

图 8－29　墙后填土面不规则时的墙背土压力分布

$$p_a = \gamma h' \cos\beta \frac{\cos\beta - \sqrt{\cos^2\beta - \cos^2\varphi}}{\cos\beta + \sqrt{\cos^2\beta - \cos^2\varphi}}$$

$$p'_a=\gamma(h'+z')K_a-2c\sqrt{K_a}$$

$$p''_a=\gamma(h'+z'')K_a-2c\sqrt{K_a}$$

式中符号的意义在图 8-29 中表示，K_a 可用朗肯主动土压力系数。

六、异形挡土墙

（一）墙背为折线形的挡土墙

图 8-30 中墙背为折线形的挡墙是从仰斜墙背演变而来的，以减小上部的断面尺寸和墙高。多用于公路路堑墙或路肩墙。常用近似的延长墙背法计算。采用正的墙背倾角 ε_1 和库仑公式计算主动土压力强度，分布在上部俯斜段墙背 AB 上，为图中三角形 abc。对于下部仰斜段墙背 BC，延长 CB 与填土面交于点 B'，将 $B'C$ 看作假想墙背，用负的墙背倾角 ε_2 和库仑公式计算主动土压力强度，但仅分布在 BC 段上，为三角形 $b'de$。最终叠加成主动土压力分布图为 $adefca$。

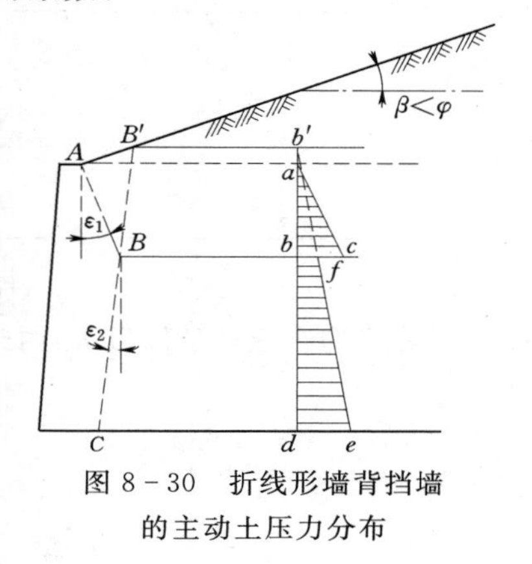

图 8-30　折线形墙背挡墙的主动土压力分布

延长墙背法忽略了延长墙背与实际墙背之间的土楔（$\Delta ABB'$）重和土楔上可能有的荷载重，并且由于延长墙背与实际墙背上土压力作用方向的不同引起了竖直分力差，因此存在一定的误差。当上下墙背倾角相差超过 10°时，可以对假想墙背进行校正。

（二）设置减压平台的挡土墙

为了减小作用在墙背上的主动土压力，可以设置减压平台。当平台延伸至主动滑裂面附近时，上下墙背只承受相应范围内填土的压力，如图 8-31（*a*）所示。对于有限长度的平台，可近似按图 8-31（*b*）所示的方法，在平台下相应范围内的墙背上减压。

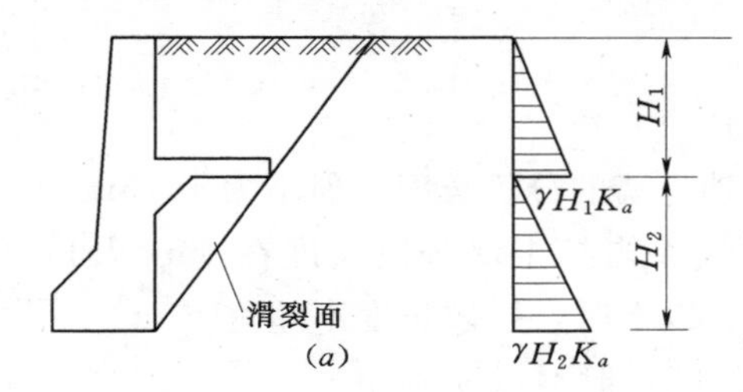

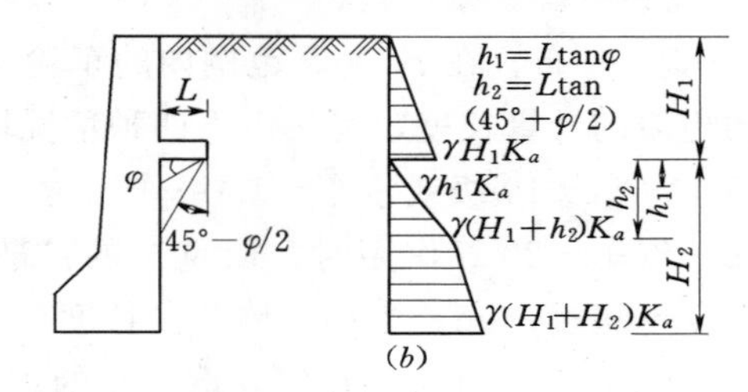

图 8-31　设置减压平台的挡土墙土压力分布

（*a*）平台伸至滑裂面附近；（*b*）有限长度平台

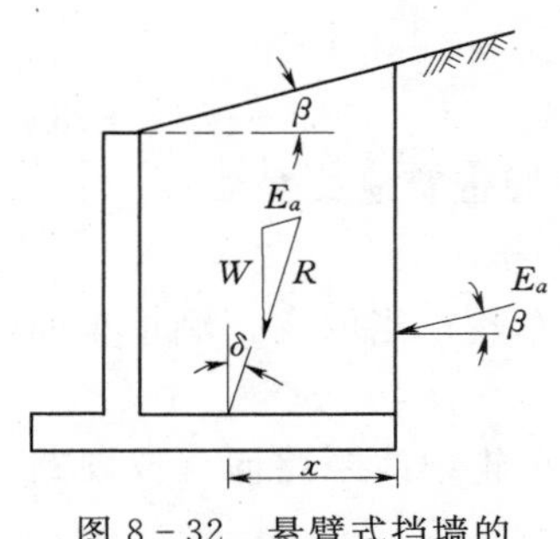

图 8-32　悬臂式挡墙的计算图式

（三）悬臂式钢筋混凝土挡墙

当墙后土体中不会出现第二破裂面时，一般采用朗肯公式计算作用在过墙踵的竖直面上的主动土压力 E_a，K_a 值根据地面是否倾斜采用式（8-4）或式（8-13），然后求 E_a 与压在墙踵板上的土和荷载重 W 的合力 R，如图 8-32 所示。图中 δ 和 x 分别为合力对竖直线的倾角和合力作用点距墙踵的距离。

七、车辆荷载引起的土压力

《公路桥涵设计通用规范》（JTG D60—2015）把作用在破坏棱体上的车辆荷载换算成等代均布土层，然后用库仑公式计算，如图 8－33 所示。

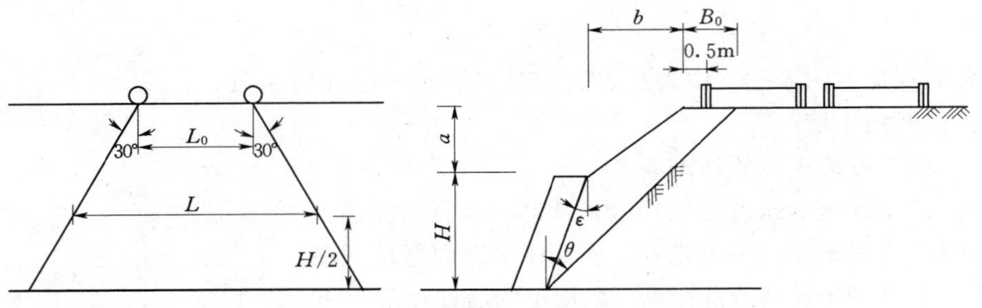

图 8－33　车辆荷载换算计算图式

等代均布土层的厚度 h_s 用式（8－30）计算：

$$h_s=\frac{\sum Q}{\gamma B_0 L} \tag{8-30}$$

其中

$$B_0=(H+a)\tan\theta+H\tan\varepsilon-b \tag{8-31}$$

$$\tan\theta=-\tan\psi\pm\sqrt{(\cot\varphi+\tan\psi)(\tan\psi+A)} \tag{8-32}$$

$$\psi=\varphi+\delta+\varepsilon$$

式中　B_0——破坏棱体的宽度，对于路堤墙，边坡部分的宽度 b 不计入内；

θ——破裂面倾角，可按式（8－32）求得；

A——可根据填土的表面形状和荷载分布情况查取有关表格（如公路设计手册）。当填土面水平、分布连续均布荷载时，$A=-\tan\varepsilon$（“±”的取法规定为：当 $\psi<90°$ 时取正号，$\psi>90°$ 时取负号；仰斜墙背的 ε 应取负值）；

L——挡土墙的计算长度，取值见下述规定；

δ——墙背摩擦角；

$\sum Q$——布置在 $B_0\times L$ 范围内的车轮总重。

挡土墙的计算长度，可按以下四种情况取值：

（1）汽车－10 级或汽车－15 级作用时，取挡土墙的分段长度，但不大于 15m。

（2）汽车－20 级作用时，取重车的扩散长度。当挡土墙分段长度在 10m 及以下时，扩散长度不超过 10m；当挡土墙分段长度在 10m 以上时，扩散长度不超过 15m。

（3）汽车超－20 级作用时，取重车的扩散长度，但不超过 20m。

（4）平板挂车或履带车作用时，取挡土墙分段长度和车辆扩散长度两者中较大者，但不大于 15m。

各级汽车荷载的重车、平板挂车和履带车的扩散长度，可按式（8－33）计算：

$$L=L_0+(H+2a)\tan30° \tag{8-33}$$

式中　L_0——汽车重车、平板挂车的前后轴距加轮胎着地长度或履带着地长度。

计算挡土墙时，汽车荷载的布置规定如下：

纵向：当取用挡土墙分段长度时，为分段长度内可能布置的车轮；当取用一辆重车的扩散长度时，为一辆重车；

横向：破坏棱体宽度 B_0 范围内可能布置的车辆，车辆外侧车轮中线距路面（或硬路肩）、安全带边缘的距离为 0.5m。

平板挂车或履带车荷载在纵向只考虑一辆。横向为破坏棱体宽度 B_0 范围内可能布置的车轮或履带，车辆外侧车轮或履带中线距路面（或硬路肩）、安全带边缘的距离为1.0m。

【例题8-7】 某公路路肩墙如图8-34所示，计算作用在每延米挡土墙上由汽车荷载引起的主动土压力 E_a 值。计算资料：路面宽7m；荷载为汽车－15级；填土指标为：$\gamma=18\text{kN/m}^3$，$\varphi=35°$，$c=0$；挡土墙高 $H=8\text{m}$，墙背摩擦角 $\delta=2/3\varphi$，伸缩缝间距为10m。

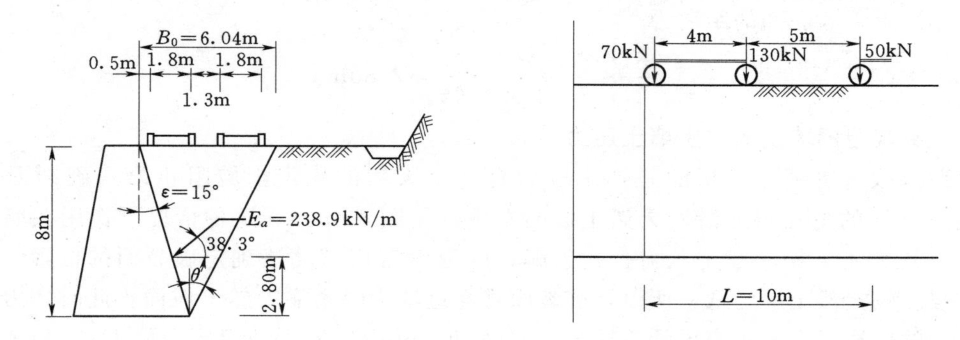

图8-34　［例题8-7］示意图

解：（1）求破坏棱体长度：

在式（8-29）中，$a=b=0$；在式（8-30）中，$A=-\tan\varepsilon$。

$$\psi=35°+2/3\times35°+15°=73.3°$$

$$\tan\theta=-\tan73.3°+\sqrt{(\cot35°+\tan73.3°)(\tan73.3°-\tan15°)}=0.487$$

$$B_0=8\times(\tan15°+0.487)=6.04\text{m}$$

（2）求挡土墙的计算长度：

对于汽车－15级，取挡土墙分段长度但不大于15m，故取 $L=10\text{m}$。

（3）求等代均布土层厚度：

由图8-34可见，在 B_0 长度内可以布置两列汽车－15级加重车，而在 L 长度内可以布置一辆加重车和一个标准车的前轴。所以在 $B_0\times L$ 面积内可布置的汽车荷载为

$$\sum Q=2\times(70+130+50)=500\text{kN}$$

$$h_s=\frac{500}{18\times6.04\times10}=0.46\text{m}$$

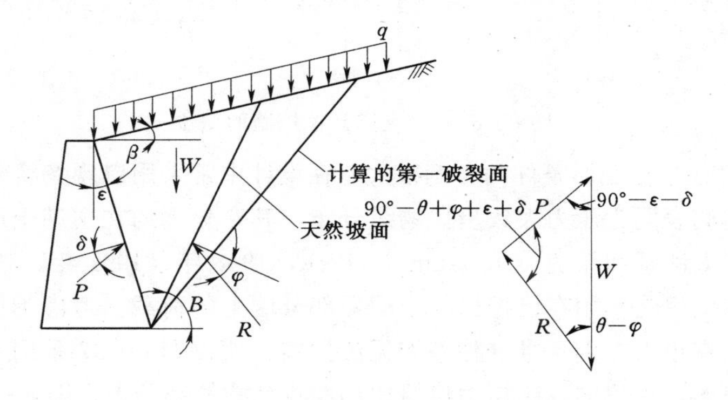

图8-35　有限范围填土的土压力计算图式

(4) 求主动土压力：

由 $\varphi=35°$、$\varepsilon=15°$、$\delta=2/3\varphi$ 和 $\beta=0$ 查表 8-3，得 $K_a=0.372$，则

$$E_a=1/2\times18\times8\times(8+2\times0.46)\times0.372=238.9\text{kN/m}$$

力作用线与水平面夹角为

$$15°+2/3\times35°=38.3°$$

力作用点距墙底面的距离为

$$\frac{8}{3}\times\frac{8+3\times0.46}{8+2\times0.46}=2.80\text{m}$$

八、有限范围填土的挡土墙土压力

所谓有限范围填土，指的是挡土墙后有一个天然的稳定土坡阻止第一破裂面的出现，墙后土楔的滑移只能沿着天然土坡面发生（见图 8-35）。这种情况下作用在墙背上的主动土压力不能用一般土压力公式求解，因为无需用试算法确定破裂面的位置。由于填土的强度较天然土层为低，所以，破裂面将穿过填土内紧靠天然土坡面。此时，力三角形是唯一的，通过力的平衡可计算反力 P 的大小，从而确定主动土压力值 E_a。当地面水平时（$\beta=0$），E_a 值可用式（8-34）计算，其中 W 包括地面均布荷载 q 在内：

$$E_a=W\frac{\cos(\theta-\varphi)}{\cos(\varphi+\varepsilon+\delta-\theta)} \tag{8-34}$$

九、变位受限制的墙

实际工程中常会遇到变位受限制的挡土墙，其墙身变位达不到主动或被动状态，因而土压力分布也和用朗肯或库仑理论估算的情况有很大区别。有支撑开挖挡墙是具有代表性的变位受限制的墙。以板桩墙为例，其施工步骤如图 8-36 所示。先在土中打入板桩墙，浅部开挖后即设置第一道支撑[见图 8-36(a)]，此时板桩位移较小。进一步开挖时，墙后土压力增加，板桩继续移动；但因顶部被第一道支撑所限制，变形仅在挖坑的底下部分产生[见图8-36(b)]。全部开挖后坑底附近会进一步变形，最终的变形是坑底最大，顶部几乎是 0[见图 8-36(c)]。

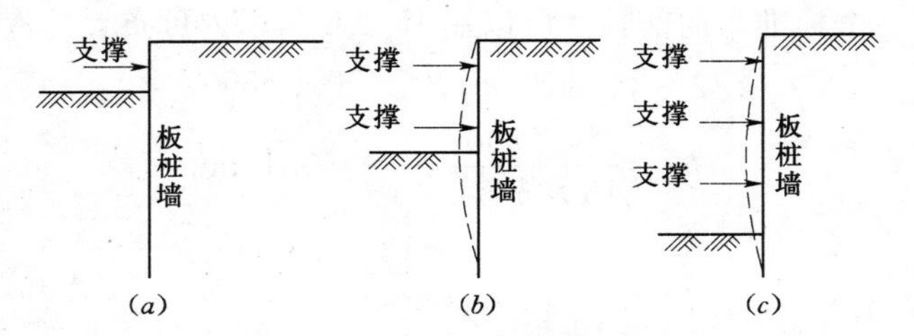

图 8-36 有支撑开挖挡墙的变位

由于土压力的分布受变形条件的影响很大，在设计中常采用以现场实测土压力分布为依据的经验分布。实测表明土压力大致呈抛物线分布，其变化大约在主动土压力和静止土压力之间。图 8-37 是太沙基和派克（Terzaghi & Peck，1948 年、1967 年、1969 年）提供的支撑荷载图，反映的仅仅是作用在已挖出的土面那部分墙上的荷载。考虑土压力分布受施工细节的变化的影响而有很大差别，且这种差别无法预料，所以图 8-37 采用了各高程可能出现的最大土压力包络图，求得的总土压力值要比用朗肯公式算得的大。图 8-37(d) 中的系数 m 通常取 1，若基坑底有软弱土存在时取 $m=0.4$，当黏土的 γH 在 $(4\sim6)c_u$ 时，可在图

8－37(c)和图8－37(d)之间取用。在采用图8－37时，可假定板桩在支撑之间为简支支承，板桩弯矩按竖放的简支梁计算，支撑轴力为上下两简支梁支座反力之和。

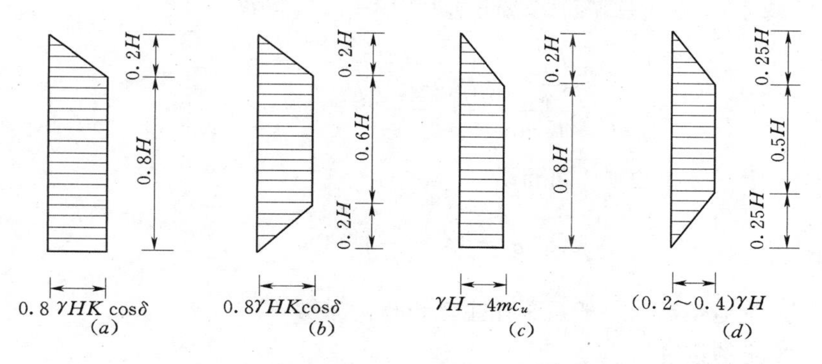

图8－37　设计土压力的经验分布

(a) 松砂；(b) 密砂；(c) 黏土 $\gamma H>6c_u$；(d) 黏土 $\gamma H<4c_u$

8.7 埋 管 土 压 力

市政工程中经常要埋设各种管道，作用在管道上的土压力是管道的设计荷载，称为埋管土压力。埋管土压力的大小是土与结构共同作用的结果。对于在土压力下会变形的"柔性管道"，由于土具有发挥强度去阻止变形的能力，而使作用在管道上的土压力减小，即管道上方的土起着类似拱的作用。对于假定不会变形的"刚性管道"，不存在上述拱作用，土压力就变得较大。拱作用的大小取决于土的强度和管道的变形，而管道的变形又和拱作用的大小有关，因此埋管土压力是一个很复杂的问题。

实际工程中常用两种埋管方式。一种是在天然地面上铺设管道，然后在管道上填土，称为上埋式管道；另一种是在土中挖沟，在沟中铺设管道，然后填土掩埋，称为沟埋式管道。由于管道上方填土的传力方式不同，这两种埋管方式的埋管土压力也不同，上埋式管道的土压力要大于沟埋式管道。

一、沟埋式管道的土压力

图8－38（a）所示为一条沟埋式管道，沟宽为$2B$，填土表面有均布荷载q。由于填土相对于周围的原状土下沉，在竖直沟壁上产生向上的摩擦力，从而使作用在管顶的土压力小于上覆压力$q+\gamma H$。为计算竖向埋管土压力，在深度z处取一厚度为$\mathrm{d}z$的单元体，作用在单元体上的力如图8－38（b）所示。作用在单位管段长度上的竖向土压力$E=\sigma_z D$，而侧向埋管土压力可用$\sigma_x=K\sigma_z$计算，沟壁摩擦力$\tau=\sigma_x\tan\varphi+c$。

由竖向力的平衡可得

$$2\gamma B\,\mathrm{d}z+2B\sigma_z-2B(\sigma_z+\mathrm{d}\sigma_z)-2c\,\mathrm{d}z-2K\sigma_z\tan\varphi\,\mathrm{d}z=0$$

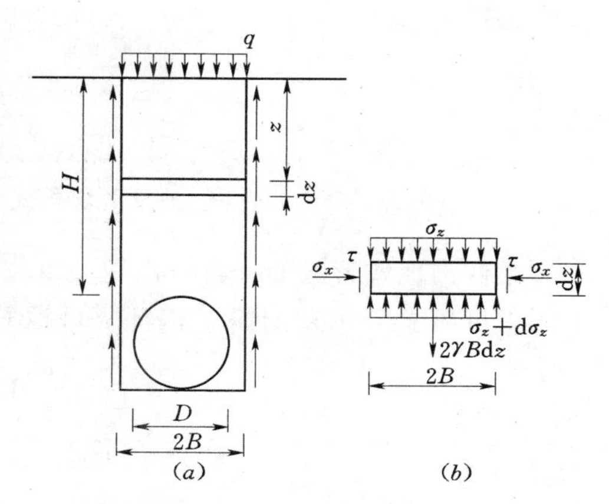

图8－38　沟埋式管道土压力计算模式

(a) 沟埋式管道；(b) 作用在单元体上的力

或
$$\frac{\mathrm{d}\sigma_z}{\mathrm{d}z}+\frac{K\tan\varphi}{B}\sigma_z=\gamma-\frac{c}{B} \tag{8-35}$$

利用边界条件 $z=0$ 时 $\sigma_z=q$ 解微分方程（8-35）可得

$$\sigma_z=\frac{B\left(\gamma-\frac{c}{B}\right)}{K\tan\varphi}(1-\mathrm{e}^{-K\frac{z}{B}\tan\varphi})+q\mathrm{e}^{-K\frac{z}{B}\tan\varphi} \tag{8-36}$$

当 $\varphi=0$，用罗必特法则，可得

$$\sigma_z=\left(\gamma-\frac{c}{B}\right)z+q \tag{8-37}$$

式中 K——土压力系数，一般可采用主动土压力系数 K_a；

γ——填土的重度；

c 和 φ——填土与沟壁之间的黏聚力和摩擦角。

式（8-36）适用于刚性管道。对于柔性管道，假定管道两侧夯实填土与管道刚度相近，能承受部分上部填土重量，竖向土压力可乘上折减系数 ξ：

$$\xi=\frac{D}{2B}$$

式中 D——管道外径。

二、上埋式管道的土压力

图 8-39 所示为上埋式管道，由于管道两侧填土比管道上部填土厚，两者的沉降差使管道上部填土出现竖直剪切面 aa' 和 bb'。管顶沉降小，所以在剪切面上的摩擦力是向上的，从而增加了作用在管顶的竖向土压力，使它大于上覆压力。

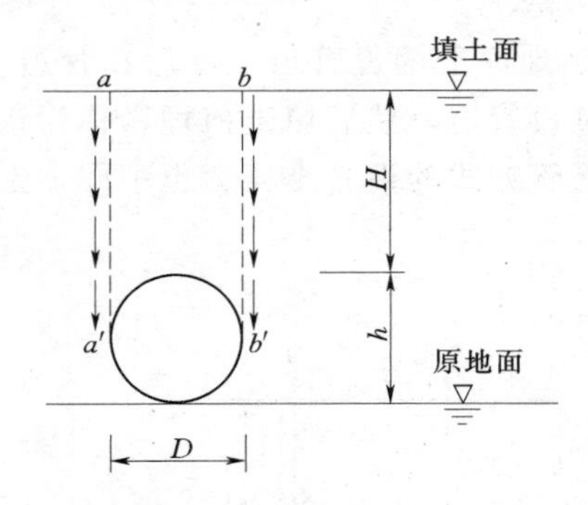

图 8-39 上埋式管道土压力计算模式

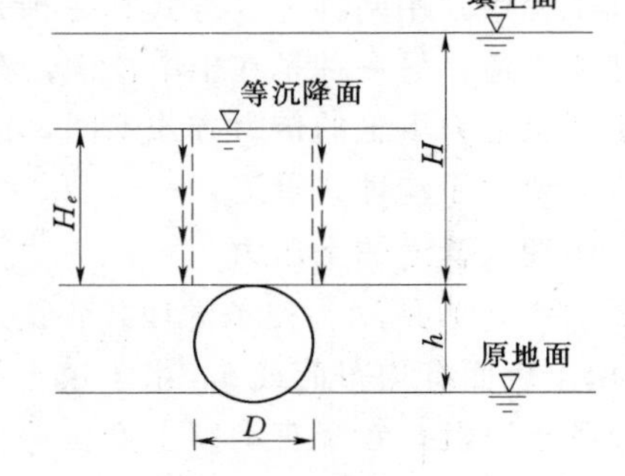

图 8-40 等沉降面概念示意图

类似沟埋式管道的分析，作用在单位管段长度上的竖向土压力 $E=\sigma_z D$，而侧向埋管土压力可用 $\sigma_x=K\sigma_z$ 计算。因此，可推导得上埋式管道的竖向土压力公式为

$$\sigma_z=\frac{D\left(\gamma+\frac{2c}{D}\right)}{2K\tan\varphi}(\mathrm{e}^{2K\frac{H}{D}\tan\varphi}-1)+q\mathrm{e}^{2K\frac{H}{D}\tan\varphi} \tag{8-38}$$

式（8-38）适用于管道埋置较浅的情况，当埋置较深时，填土厚度较大，从管顶往上某一深度处管顶上的填土与周围土的沉降差异已很小，可以忽略，该深度面称为等沉降

面（见图8-40）。在等沉降面以下才存在剪切面，假定从管顶到等剪切面的高度为 H_e，则式（8-38）变为

$$\sigma_z=\frac{D\left(\gamma+\frac{2c}{D}\right)}{2K\tan\varphi}\left(e^{2K\frac{H_e}{D}\tan\varphi}-1\right)+\left[q+\gamma(H-H_e)\right]e^{2K\frac{H_e}{D}\tan\varphi} \tag{8-39}$$

其中，H_e 可由下式计算：

$$e^{2K\frac{H_e}{D}\tan\varphi}-2K\tan\varphi\frac{H_e}{D}=2\alpha\beta K\tan\varphi+1 \tag{8-40}$$

式中　α——试验系数，对于刚性管道，当设置于变形极小的坚实地基上取 $\alpha=1$，在一般土地基上取 $\alpha=0.5\sim0.8$，置于相对周围原地面有较大变形的地基上取 $\alpha=0\sim0.5$；

β——凸出比，指埋管顶面凸出原地面的高度与管的外径之比（见图8-40中的 h/D）。

习　题

8-1　有6m高的直立挡土墙，墙后填土是砂土，填土面水平，地下水位在填土面以下2m。填土指标为 $\gamma_{sat}=19.8\text{kN/m}^3$，$\gamma=18.5\text{kN/m}^3$，$\varphi'=34°$，$c'=0$。试画出作用在墙背上的土压力和水压力分布图，并求总压力的大小和作用点：①假定墙是刚性的，且无位移产生；②假定墙离开填土位移至足够产生朗肯状态。

（答案：$E_1=196.1\text{kN/m}$，距底面1.83m；$E_2=154.7\text{kN/m}$，距底面1.74m）

8-2　某挡土墙高4m，墙背倾角 $\varepsilon=20°$，填土面坡角 $\beta=20°$，填土指标为 $\gamma=19\text{kN/m}^3$，$c=0$，$\varphi=30°$，填土与墙背的摩擦角 $\delta=15°$。求主动土压力的大小和作用点位置，并求其水平分力和竖直分力值。

（答案：$E_{aH}=86.7\text{kN/m}$，$E_{aV}=60.7\text{kN/m}$）

8-3　直立挡土墙高8m。墙后填土分两层：上层土厚5m，$\gamma=18\text{kN/m}^3$，$c=20\text{kPa}$，$\varphi=18°$；下层土厚3m，$\gamma=20\text{kN/m}^3$，$c=0$，$\varphi=35°$。填土面水平。绘出沿墙背的朗肯主动土压力分布，并求合力值和作用点位置。

（答案：$E_a=115.5\text{kN/m}$，距墙底1.73m）。

8-4　某6m深基坑开挖采用悬臂式支护挡墙，挡墙插入基坑以下6m，如图8-41所示。土的指标为 $\gamma=18\text{kN/m}^3$，$c=15\text{kPa}$，$\varphi=22°$。填土表面作用均布超载 $q=20\text{kPa}$。求支护挡墙稳定的安全系数 K 值（定义 K 值为挡墙两边被动土压力和主动土压力对墙底 B 点力矩的比值）。

（答案：$K=1.35$）

8-5　如图8-42所示挡土墙高9m，墙背倾角 $\varepsilon=10°$，填土坡角 $\beta=20°$，填土指标为 $\gamma=16\text{kN/m}^3$，$c=10\text{kPa}$，$\varphi=30°$。填土与墙背的摩擦角 $\delta=25°$，黏着力 $c_a=0$。试用楔体试算法求作用在墙上的主动土压力合力。试算面可采用与竖直线成夹角 $\theta=25°$、30°、40°和45°。

（答案：$E_a=210\text{kN/m}$）。

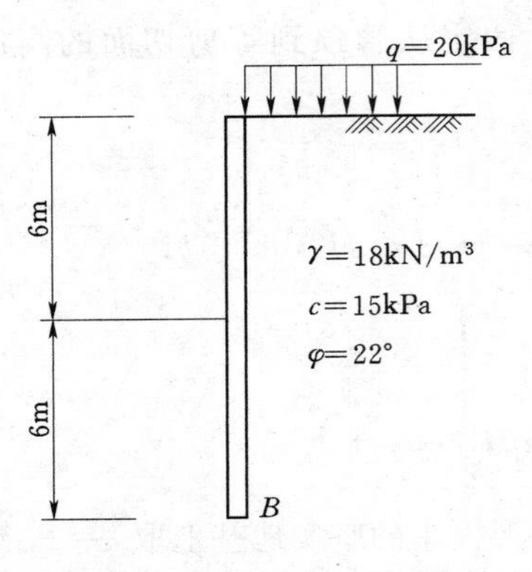

图 8-41　习题 8-4 示意图

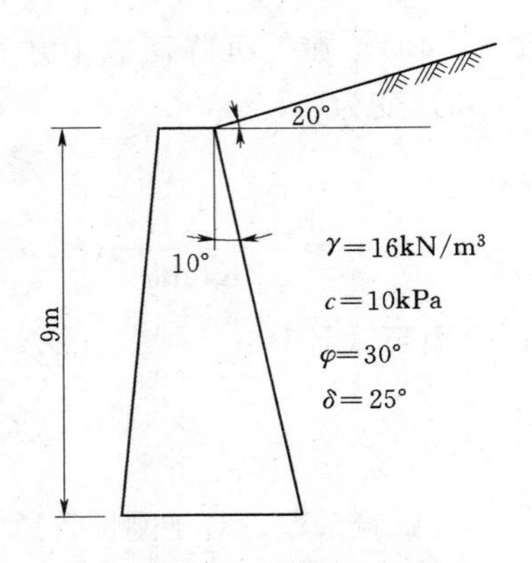

图 8-42　习题 8-5 示意图

8-6　按《公路桥涵设计通用规范》(JTJ 021—85）方法计算图 8-43 中所示的 U 形桥台上的主动土压力值。考虑台后填土上有汽车荷载作用。已知：①桥面净宽为净－7，两侧各设 0.75m 人行道，台背宽度 9m；②荷载等级为汽车－15 级；③台后填土性质：$\gamma=18\text{kN/m}^3$，$c=0$，$\varphi=30°$；④桥台构造见图，台背摩擦角 $\delta=15°$。

（答案：$E_a=729\text{kN}$，作用点为桥台中心线上距台底 1.8m 处）

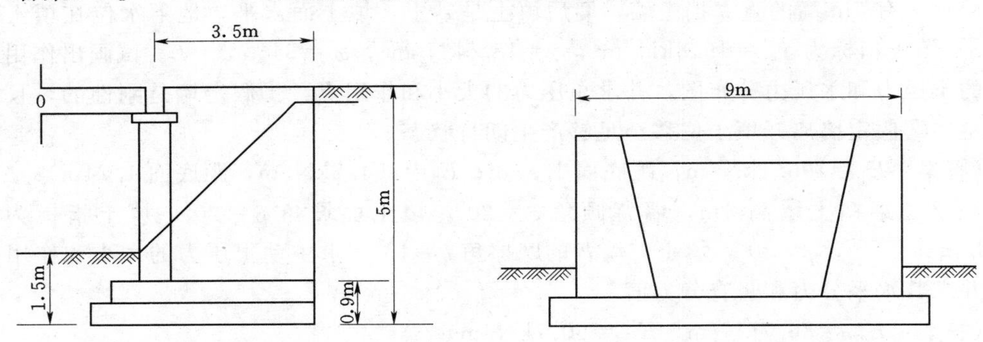

图 8-43　习题 8-6 示意图

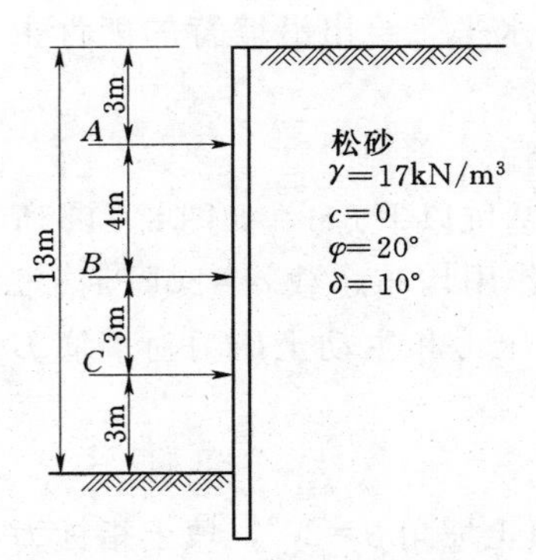

图 8-44　习题 8-7 示意图

8-7　计算图 8-44 所示多支撑板桩墙上的支撑反力和板桩的最大弯矩值。墙后土为松砂，$\gamma=17\text{kN/m}^3$，$c=0$，$\varphi=20°$，土与板桩间的摩擦角 $\delta=10°$，支撑的水平间距 $a=2\text{m}$。

（答案：支撑反力：$P_A=704.8\text{kN}$，$P_B=523.6\text{kN}$，$P_C=447.8\text{kN}$；板桩最大正弯矩 104.8kN·m/m，最大负弯矩 －147.3kN·m/m）

8-8　在均质黏土中开挖一条长沟，沟深 9m。黏土的指标是 $\gamma=18.8\text{kN/m}^3$，$c_u=100\text{kPa}$，$\varphi_u=0$。采用触变泥浆护壁，泥浆的重度为 11kN/m^3，泥浆面与地面齐平。假定开挖是在不排水条件下进行的，最危险面与水平面夹角为 45°，求防止沟破坏的安全系数。提示：安全系数定义为 $K=c_u/c_m$，c_m 是发挥出来的强度；泥浆压力可按静水压力计算。

（答案：$K=5.7$）

第9章 地基承载力理论

9.1 概　　述

地基承载力是指地基土单位面积上承受荷载的能力。建筑物因地基问题引起的破坏，一般有两种可能：一种是由于建筑物基础在荷载作用下产生过大的变形或不均匀沉降，从而导致建筑物严重下沉、倾斜或挠屈，上部结构开裂，建筑功能变坏；另一种是由于建筑物的荷重过大，超过地基的承载能力，而使地基产生剪切破坏或丧失稳定性。在建筑工程设计中，必须使建筑物基础底面压力不超过规定的地基承载力，以保证地基土不致产生剪切破坏即丧失稳定性；同时，也要使建筑物不会产生不容许的沉降和沉降差，以满足建筑物正常的使用要求。确定地基承载力是工程实践中迫切需要解决的基本问题之一，也是土力学研究的主要课题。

目前，确定地基承载力的方法主要有载荷试验法或其他原位测试法、理论公式法。

本章将主要讨论地基承载力的理论分析方法、计算公式和影响因素。地基承载力理论是根据土的强度理论——极限平衡理论而建立的。依据塑性变形区（即极限平衡区，简称塑性区）发展的不同阶段，提出了临塑荷载、临界荷载（界限荷载）和极限荷载的概念，并建立相应的计算公式。

当基础底面以下的地基土中将要出现而尚未出现塑性变形区时，地基所能承受的最大荷载称为临塑荷载 p_{cr}；当地基土中的塑性变形区发展到某一阶段，即塑性区达到某一深度，通常为相当于基础宽度的 1/3 或 1/4 时，地基土所能承受的最大荷载称为临界荷载 $p_{1/3}$ 或 $p_{1/4}$；当地基土中的塑性变形区充分发展并形成连续贯通的滑动面时，地基土所能承受的最大荷载称为极限荷载 p_u。

利用载荷试验的 $p-s$ 曲线可以直观地说明上述概念。现场静载荷试验是用于确定荷载板主要影响范围内土的承载力和变形特性的最基本方法。现场载荷试验装置如图 9-1 所示，试坑的宽度不应小于承压板宽度或直径的 3 倍。宜采用刚性圆形承压板，面积为 0.25～0.5m^2。加荷方式采用分级维持荷载—沉降相对稳定法，加荷等级软土为 10～25kPa，硬土为 50kPa。加荷级数宜取 10～12 级，一般不低于 8 级；每级荷载施加后，间隔 10min、10min、15min、15min 测读一次沉降，以后间隔 30min 测读一次沉降，当连续三次每 30min 沉降量小于 0.05mm 时，认为已达相对稳定标准，可施加下一级荷载。试验宜进行到极限破坏阶段，当出现以下情况之一时，可终止试验：

（1）在某级荷载下 24h 内沉降不能达到相对稳定标准。

（2）总沉降量超过承压板直径（或宽度）的 1/2。

（3）最大荷载达到预期设计荷载的 2 倍或超过比例界限荷载至少三级荷载。

试验结果可以绘制成图 9-2 所示的 $p-s$ 曲线。典型的 $p-s$ 曲线可以分成三个阶段：

第一阶段：压密变形阶段（oa 段），承压板上的荷载比较小，荷载与沉降成直线关系，对应于直线段终点 a 的荷载即为临塑荷载 p_{cr}。这一阶段，地基上只发生竖向压缩，土的性质呈弹性状态。地基的沉降与荷载之间的关系大致上符合弹性理论沉降计算公式。因此，根据 $p-s$ 曲线的初始 oa 段，可以求得承压板底下 $2\sim3B$（B 为承压板直径或宽度）深度范围内土层的平均变形模量 E。由弹性理论解答得

$$E=\frac{\omega pB(1-\mu^2)}{s} \tag{9-1}$$

式中 ω——与承压板的刚度和形状有关的系数，对刚性承压板：方形 $\omega=0.88$，圆形 $\omega=0.79$；

μ——土的泊松比；

p 和 s——oa 段曲线上某点的压力值和沉降值。

第二阶段：塑性变形阶段（ab 段），承压板上的荷载逐渐增大，地基的变形与荷载之间不再成直线关系，说明地基土的性质不再符合弹性性质，除发生竖向压缩外，局部发生剪切破坏，因而呈现塑性状态，对应于 b 点的荷载即为极限荷载 p_u，临界荷载为塑性变形阶段 ab 段中某一点相对应的荷载，如前所述的 $p_{1/3}$ 或 $p_{1/4}$。

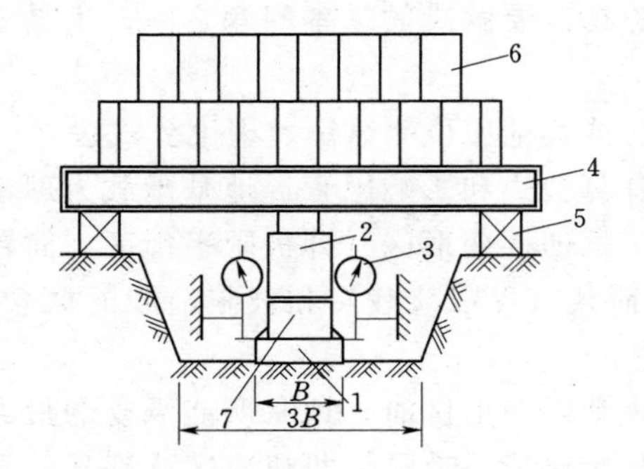

图 9-1 载荷试验

1—承压板；2—千斤顶；3—百分表；4—钢架；5—枕木垛；6—荷载；7—支柱

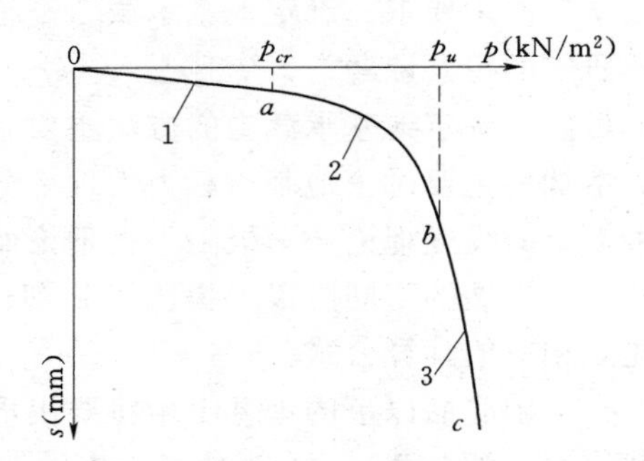

图 9-2 载荷试验 p-s 曲线

1—地基土压密阶段；2—塑性变形阶段；3—破坏阶段

第三阶段：破坏阶段（bc 段），在这一阶段，塑性区已发展到连成一片，地基中形成连续的滑动面，只要荷载稍微增加一些，沉降就急剧增加，地基土发生侧向挤出，承压板周围地面大量隆起，最终发生整体破坏。

9.2 地基的破坏形式

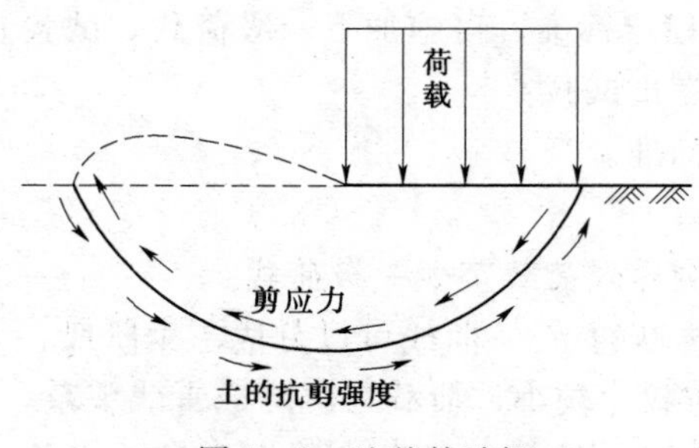

图 9-3 地基的破坏

建筑物因地基承载力不足而引起的破坏，通常是由于基础下地基土剪切破坏所造成的。图 9-3 所示地基承载力破坏是由于在整个滑动面上剪应力达到土的抗剪强度而使地基失去稳定。土中的剪应力是由于地表局部荷载引起的。地基破坏时的滑动面可以是圆弧形的，直线的或其他形状的。试验研究表明，地基在极限荷载作用下发生剪切破坏的形式可分为整体剪切破坏、局部剪切破坏和冲剪破坏

三种（见图 9－4）。

整体剪切破坏［见图 9－4（b）］，其特征是在地基土中形成连续的滑动面，土从基础两侧挤出隆起，基础发生急剧下沉并侧倾而破坏。沉降与荷载的关系开始呈线性变化，当濒临破坏时出现明显的拐点，如图 9－4（a）中的 a 型 $p-s$ 曲线。

局部剪切破坏［见图 9－4（c）］，是介于整体剪切破坏和冲剪破坏两者之间的一种破坏形式，土中剪切破坏区域只发生在基础下的局部范围内，并不形成延伸到地面的连续滑动面，基础四周地面虽有隆起迹象，但不会出现明显的倾斜或倒塌。沉降与荷载的关系一开始就呈非线性变化且无明显的拐点，如图 9－4（a）中所示的 b 型 $p-s$ 曲线。

冲剪破坏［见图 9－4（d）］，又称为刺入破坏，其特征是在地基土中不出现明显的连续滑动面，而在基础四周土体发生竖向剪切破坏，使基础连续刺入土中。荷载板下土体的剪切破坏也是从基础边缘开始，且随着基底压力的增加，极限平衡区在相应扩大。但是当荷载进一步增大时，极限平衡区却限制在一定的范围内，不会形成延伸至地面的连续破裂面。荷载与沉降的关系呈非线性变化，也无明显的拐点，如图 9－4（a）中所示的 c 型 $p-s$ 曲线。

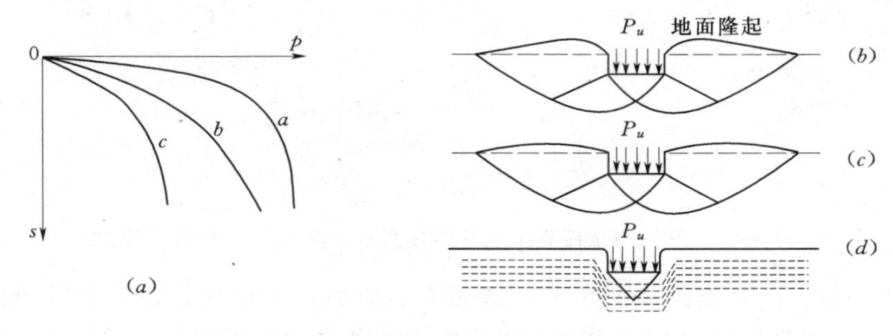

图 9－4　竖直荷载下地基的破坏形式

（a）典型 $p-s$ 曲线；（b）整体剪切破坏；（c）局部剪切破坏；（d）冲剪破坏

地基剪切破坏的形式与土的性质、基础上施加荷载的情况及基础的埋置深度等多种因素有关。一般地，硬黏性土或紧密的砂土地基常发生整体剪切破坏；松软土地基常发生冲剪破坏；而中等密实的砂土地基常发生局部剪切破坏。通常使用的地基承载力公式都是在整体剪切破坏条件下得到的。对于局部剪切破坏或冲剪破坏的情况，目前尚无理论公式可循。有些学者建议，将整体剪切破坏的计算公式加以适当修正，即可用于局部剪切破坏或冲剪破坏的计算。

9.3　地基的临塑荷载和临界荷载

前述表明，地基的临塑荷载和临界荷载是将地基土中塑性区开展深度限制在某一范围内时地基的承载力。因此，临塑荷载 p_{cr} 和临界荷载 $p_{1/4}$ 及 $p_{1/3}$ 具有如下的特性：

（1）地基即将产生或已产生局部破坏，但尚未发展成整体失稳，这时地基土的强度尚未充分发挥，但距离丧失稳定尚有足够的安全系数。

（2）极限平衡区的范围不大，因此整个地基仍然可以近似地当成弹性半空间体，有可能近似用弹性理论计算地基中的应力。

基于上述两个特点，p_{cr}、$p_{1/4}$或$p_{1/3}$常用来作为设计的地基承载力。

按塑性区开展深度确定地基承载力的方法是一个弹塑性混合课题，目前尚无精确的解答。本节将介绍条形基础在竖向均布荷载作用下p_{cr}、$p_{1/4}$和$p_{1/3}$的计算方法。

设条形基础的宽度为B，埋置深度D，其底面作用着竖向均布荷载p，基础底面上土的加权平均重度为γ_0，如图9-5所示。基底附加应力$p_0=p-\gamma_0 D$，根据弹性理论，地基中任意一点M由均布条形荷载引起的附加大、小主应力，可用式（9-2）表示：

$$\left.\begin{matrix}\Delta\sigma_1\\\Delta\sigma_3\end{matrix}\right\}=\frac{p_0-\gamma_0 D}{\pi}(2\beta\pm\sin2\beta) \qquad (9-2)$$

式中 $\Delta\sigma_1$和$\Delta\sigma_3$——附加大主应力和小主应力；

2β——计算点M至均布条形荷载边缘的视角，rad；

γ_0——基础底面以上地基土的加权平均重度，地下水位以下取有效重度γ_0'。

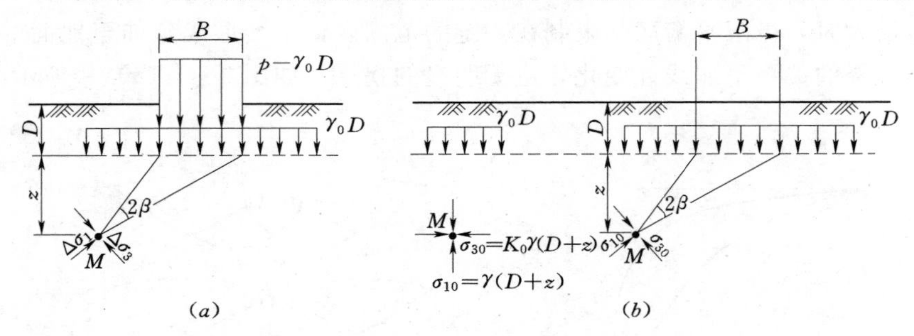

图9-5 条形均布荷载下地基内任意点的附加应力和自重应力

实际上，地基中M点的应力除了由基底附加应力产生以外，还有地基土的自重应力$\sigma_c=\gamma_0 D+\gamma z$。严格地说，$M$点上土的自重应力在各方向是不等的，因此，上述两项在M点产生的应力在数值上是不能叠加的。为使问题简化，假定在极限平衡区土的静止侧压力系数$K_0=1$，则土的自重应力在各方向相等。于是，由基底压力与土自重在M点引起的大、小主应力之总和为

$$\left.\begin{matrix}\sigma_1\\\sigma_3\end{matrix}\right\}=\frac{p_0-\gamma_0 D}{\pi}(2\beta\pm\sin2\beta)+\gamma_0 D+\gamma z \qquad (9-3)$$

式中 γ——基础底面以下至M点地基土的加权平均重度，地下水位以下取有效重度γ'；

z——M点至基础底面的竖直距离。

根据第7章中式（7-9a），当M点达到极限平衡时，其大、小主应力应满足下列关系：

$$\sigma_1=\sigma_3\tan^2\left(45°+\frac{\varphi}{2}\right)+2c\tan\left(45°+\frac{\varphi}{2}\right)$$

将式（9-3）中的大、小主应力代入上式并经整理后，得

$$z=\frac{p-\gamma_0 D}{\gamma\pi}\left(\frac{\sin2\beta}{\sin\varphi}-2\beta\right)-\frac{c}{\gamma\tan\varphi}-\frac{\gamma_0}{\gamma}D \qquad (9-4)$$

式（9-4）表示在某一压力p作用下地基中塑性区的边界（轮廓线）方程。当地基土的特性指标γ、γ_0、φ、c，以及基底压力p和埋置深度D为已知时，z值随着β而变。假定不同的张角2β，利用式（9-4）即可得到相应的塑性区深度z，把一系列这样的点（由

2β 及相应 z 决定其位置）连起来，即为塑性区的轮廓线，如图 9－6 中阴影部分的外包轮廓线。在实际使用时，并不一定需要知道整个塑性区的边界，而只需要了解在某一基底压力下塑性区开展的最大深度是多少。为了求得塑性区开展的最大深度，将式（9－4）对 β 求导，并令其导数等于零，即

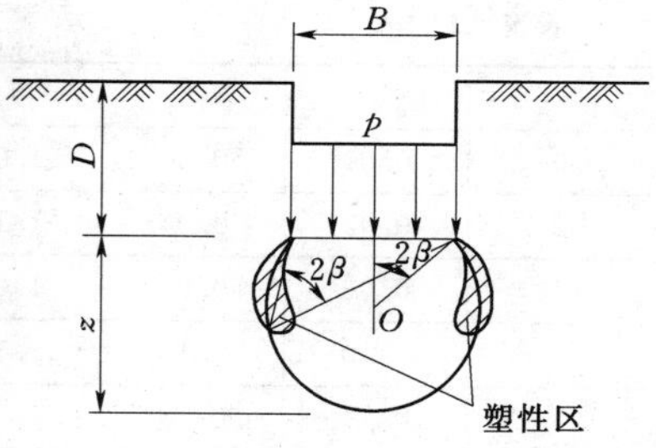

$$\frac{dz}{d\beta}=\frac{p-\gamma_0 D}{\gamma\pi}\left(\frac{2\cos 2\beta}{\sin\varphi}-2\right)=0$$

图 9－6 塑性区的概念

于是 $$\cos 2\beta=\sin\varphi$$

则 $$2\beta=\pi/2-\varphi \tag{9-5}$$

将式（9－5）代入式（9－4），整理后求得塑性区最大深度为

$$z_{max}=\frac{p-\gamma_0 D}{\gamma\pi}\left(\cot\varphi-\frac{\pi}{2}+\varphi\right)-\frac{c\cot\varphi}{\gamma}-\frac{\gamma_0}{\gamma}D \tag{9-6}$$

从式（9－6）求得基底压力 p 为

$$p=\frac{\pi}{\cot\varphi-\frac{\pi}{2}+\varphi}\gamma z_{max}+\left[1+\frac{\pi}{\cot\varphi-\frac{\pi}{2}+\varphi}\right]\gamma_0 D+c\left[\frac{\pi\cot\varphi}{\cot\varphi-\frac{\pi}{2}+\varphi}\right] \tag{9-7}$$

若令 $z_{max}=0$，由式（9－7）得到的基底压力 p 就是地基土中将要出现而尚未出现塑性变形区时的荷载，即临塑荷载 p_{cr} 为

$$p_{cr}=\gamma_0 DN_q+cN_c \tag{9-8}$$

其中 $$N_c=\frac{\pi\cot\varphi}{\cot\varphi-\frac{\pi}{2}+\varphi},\qquad N_q=1+N_c\tan\varphi$$

若令 $z_{max}=B/4$，由式（9－7）得到的基底压力 p 就是相当于地基中塑性区最大深度为 $B/4$ 时的荷载，即临界荷载 $p_{1/4}$ 为

$$p_{1/4}=\gamma BN_{\gamma 1/4}+\gamma_0 DN_q+cN_c \tag{9-9}$$

其中 $$N_{\gamma 1/4}=\frac{\pi}{4\left(\cot\varphi-\frac{\pi}{2}+\varphi\right)}=\frac{1}{4}N_c\tan\varphi$$

同理，令 $z_{max}=B/3$，由式（9－7）也就得到临界荷载 $p_{1/3}$ 为

$$p_{1/3}=\gamma bN_{\gamma 1/3}+\gamma_0 DN_q+cN_c \tag{9-10}$$

其中 $$N_{\gamma 1/3}=\frac{\pi}{3\left(\cot\varphi-\frac{\pi}{2}+\varphi\right)}=\frac{1}{3}N_c\tan\varphi$$

故式（9－8）～式（9－10）可以写成如下统一的形式：

$$p=\gamma BN_\gamma+\gamma_0 DN_q+cN_c \tag{9-11}$$

式中 γ_0——基底以上土的加权（平均）重度；

γ——基底以下主要持力层土的加权（平均）重度；

N_γ、N_q 和 N_c——承载力系数，均为土的内摩擦角的函数，可查表 9－1 取用。

表 9-1 承载力系数 N_γ、N_q 和 N_c 值与 φ 的关系

φ (°)	$N_{\gamma1/4}$	$N_{\gamma1/3}$	N_q	N_c	φ (°)	$N_{\gamma1/4}$	$N_{\gamma1/3}$	N_q	N_c
0	0.00	0.00	1.00	3.14	22	0.61	0.81	3.44	6.04
2	0.03	0.04	1.12	3.32	24	0.72	0.96	3.87	6.45
4	0.06	0.08	1.25	3.51	26	0.84	1.12	4.37	6.90
6	0.10	0.13	1.39	3.71	28	0.98	1.31	4.93	7.40
8	0.14	0.18	1.55	3.93	30	1.15	1.53	5.59	7.94
10	0.18	0.24	1.73	4.17	32	1.33	1.78	6.34	8.55
12	0.23	0.31	1.94	4.42	34	1.55	2.07	7.22	9.27
14	0.29	0.39	2.17	4.69	36	1.81	2.41	8.24	9.96
16	0.36	0.48	2.43	4.99	38	2.11	2.81	9.43	10.80
18	0.43	0.58	2.73	5.31	40	2.46	3.28	10.84	11.73
20	0.51	0.69	3.06	5.66					

式（9-8）～式（9-10）是在条形基础均布压力情况下得到的。对于建筑物竣工期的稳定校核，土的强度指标 c、φ 一般采用不排水强度或快剪试验指标。地基在设计时，承载力一般采用 $p_{1/4}$ 或 $p_{1/3}$，而不采用 p_{cr}，否则偏于保守。但对于 φ 值很小（如 $\varphi<5°$）的软黏土，采用 p_{cr} 或 $p_{1/4}$ 与 $p_{1/3}$ 相差甚小。应当指出，在验算竣工后的地基稳定时，由于施工期间地基土有一定的排水固结，相应的强度有所提高。所以，实际的塑性区最大开展深度不会达到基础宽度的 1/4 或 1/3，即按 $p_{1/4}$ 与 $p_{1/3}$ 验算的结果，尚有一定的安全储备。

应当指出，在以上公式的推导过程中，为了简化公式，作了一些不符实际的假设：①假定基底反力是均匀分布的；②假定 $K_0=1$；③式（9-8）～式（9-11）是根据塑性条件（极限平衡条件）建立的，但土中的应力是按弹性理论公式计算的。

【例题 9-1】 有一条形基础，宽度 $B=3\text{m}$，埋置深度 $D=1\text{m}$，地基土的天然重度 $\gamma=19\text{kN/m}^3$，饱和重度 $\gamma_{sat}=20\text{kN/m}^3$，土的快剪强度指标 $c=10\text{kPa}$，$\varphi=10°$。

试求：(1) 地基的承载力 $p_{1/4}$、$p_{1/3}$ 和 p_{cr}；

(2) 若地下水位上升至基础底面，承载力有何变化。

解：(1) 由 $\varphi=10°$ 查表 9-1 得承载力系数为：$N_{\gamma1/4}=0.18$，$N_{\gamma1/3}=0.24$，$N_{\gamma cr}=0.0$，$N_q=1.73$，$N_c=4.17$。代入式（9-10）得

$$\begin{aligned}p_{1/4}&=\gamma BN_{\gamma1/4}+\gamma_0 DN_q+cN_c\\&=19\times3\times0.18+19\times1\times1.73+10\times4.17\\&=84.8\text{kPa}\end{aligned}$$

同理可得

$$p_{1/3}=88.2\text{kPa},\quad p_{cr}=75\text{kPa}$$

(2) 当地下水位上升至基础底面时，若假定土的强度指标 c、φ 不变，因而承载力系数同上。地下水位以下土的重度采用有效重度 $\gamma'=\gamma_{sat}-\gamma_w=20-9.8=10.2\text{kN/m}^3$。将 γ' 及 $N_{\gamma1/4}$、$N_{\gamma1/3}$、$N_{\gamma cr}$ 代入式（9-10）中，即可得到地下水位上升时的承载力为

$$\begin{aligned}p_{1/4}&=\gamma BN_{\gamma1/4}+\gamma_0 DN_q+cN_c\\&=10.2\times3\times0.18+19\times1\times1.73+10\times4.17\\&=80.1\text{kPa}\end{aligned}$$

同理可得

$$p_{1/3}=81.9\text{kPa},\quad p_{cr}=75\text{kPa}$$

根据计算结果可知，当地下水位上升时，地基的承载力 $p_{1/4}$、$p_{1/3}$ 将降低，而 p_{cr} 没有变化，这是因为 p_{cr} 计算公式中 $N_{\gamma cr}=0.0$。

【例题 9-2】　黏性土地基上条形基础的宽度 $B=2\text{m}$、埋深 $D=1.5\text{m}$，地下水位在基础底面处。地基土的比重 $G_s=2.70$，孔隙比 $e=0.70$，水位以上饱和度 $S_r=0.80$，土的抗剪强度指标 $c=10\text{kPa}$、$\varphi=20°$。求地基的承载力 $p_{1/4}$、$p_{1/3}$ 和 p_{cr}。

解：(1) 求地基土的重度：

基底以上土的天然重度：

$$\gamma_0=\frac{G_s+S_re}{1+e}\gamma_w=\frac{2.70+0.80\times0.70}{1+0.70}\times9.80=18.79\text{kN/m}^3$$

基底以下土的有效重度：

$$\gamma'=\left(\frac{G_s+e}{1+e}-1\right)\gamma_w=\left(\frac{2.70+0.70}{1+0.70}-1\right)\times9.80=9.80\text{kN/m}^3$$

(2) 求承载力系数：

$$N_c=\frac{\pi\cot\varphi}{\cot\varphi-\dfrac{\pi}{2}+\varphi}=\frac{3.14\times\cot20°}{\cot20°-\dfrac{\pi}{2}+\dfrac{20}{360}\times2\pi}=5.65$$

$$N_q=1+N_c\tan\varphi=1+5.65\times\tan20°=3.05$$

$$N_{\gamma1/3}=\frac{1}{3}N_c\tan\varphi=\frac{1}{3}\times5.65\times\tan20°=0.69$$

$$N_{\gamma1/4}=\frac{1}{4}N_c\tan\varphi=\frac{1}{4}\times5.65\times\tan20°=0.51$$

(3) 求承载力 $p_{1/4}$、$p_{1/3}$ 和 p_{cr}：

$$p_{cr}=cN_c+\gamma_0DN_q=10\times5.65+18.79\times1.5\times3.05=142.46\text{kPa}$$

$$p_{1/4}=p_{cr}+\gamma'BN_{\gamma1/4}=142.46+9.80\times2.0\times0.51=152.46\text{kPa}$$

$$p_{1/3}=p_{cr}+\gamma'BN_{\gamma1/3}=142.46+9.80\times2.0\times0.69=155.98\text{kPa}$$

9.4　地基的极限承载力

地基的极限承载力是地基内部整体达到极限平衡时的荷载，又称为极限荷载。目前，求解极限荷载的方法有两种：一类是根据极限平衡条件建立微分方程，根据边界条件求出地基整体达到极限平衡时各点的精确解。由于这一方法只对一些简单的条件得到了解析解，其他情况则求解困难，故不常用。另一类求极限承载力的方法为假定滑动面法，通过基础模型的试验，研究地基的滑动面形状，并简化为假定滑动面，然后以滑动面所包围的土体作为隔离体，根据静力平衡条件求解。这种方法概念明确，计算简单，得到广泛应用。下面介绍几个主要的公式。

一、极限平衡理论原理

极限平衡理论是研究土体处于理想塑性状态时的应力分布和滑裂面轨迹的理论。它不仅用来求解地基的极限承载力和地基的滑裂面轨迹，也可以求挡土墙土压力、边坡的滑面轨迹等有关土体失稳所涉及的问题。但是由于这种理论分析方法解题复杂，所以工程计算土压力和分析边坡稳定时，通常采用前两章所讲述的方法，很少采用极限平衡理论法。而对于求解地基极限承载力，这种方法则是主要的理论基础。

在理想弹-塑性模型中，当土体中的应力小于屈服应力时，应力和变形用弹性理论求解，这时土体中每一点都应满足静力平衡条件和变形协调条件。当土体处于塑性状态时，力的平衡条件须满足，但是由于塑性变形的结果，土体发生滑裂，不再保持其连续性，不能满足变形协调条件，但应满足极限平衡条件。极限平衡理论就是根据静力平衡条件和极限平衡条件所建立起来的理论。

在弹性力学中，如图 9-7 平面问题的静力平衡微分方程式可表示为

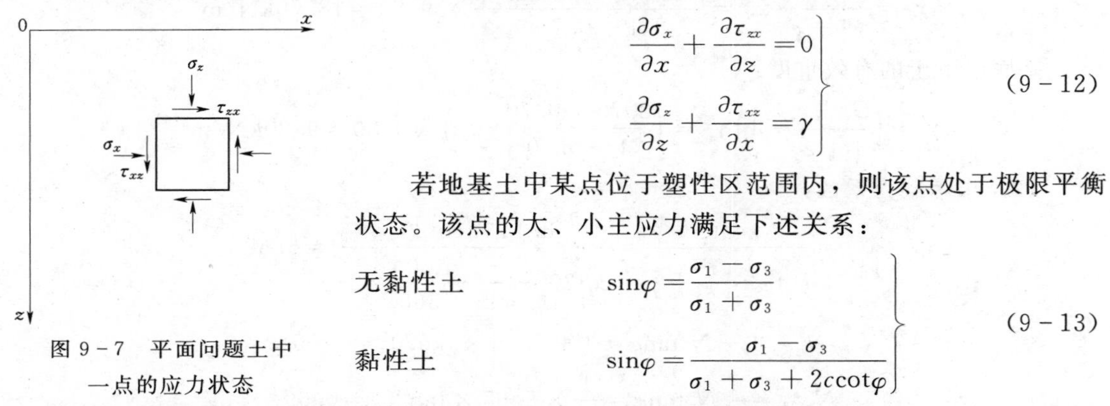

$$\left.\begin{aligned}\frac{\partial\sigma_x}{\partial x}+\frac{\partial\tau_{zx}}{\partial z}=0\\ \frac{\partial\sigma_z}{\partial z}+\frac{\partial\tau_{xz}}{\partial x}=\gamma\end{aligned}\right\}\tag{9-12}$$

图 9-7 平面问题土中一点的应力状态

若地基土中某点位于塑性区范围内，则该点处于极限平衡状态。该点的大、小主应力满足下述关系：

$$\left.\begin{aligned}&\text{无黏性土}\quad \sin\varphi=\frac{\sigma_1-\sigma_3}{\sigma_1+\sigma_3}\\ &\text{黏性土}\quad \sin\varphi=\frac{\sigma_1-\sigma_3}{\sigma_1+\sigma_3+2c\cot\varphi}\end{aligned}\right\}\tag{9-13}$$

同时，土中塑性区内任一点的应力分量也可以用两个变量 σ 和 θ 确定，其中 σ 为土中某点处于极限平衡状态时应力圆的圆心坐标与 $c\cot\varphi$ 之和（见图 9-8），即

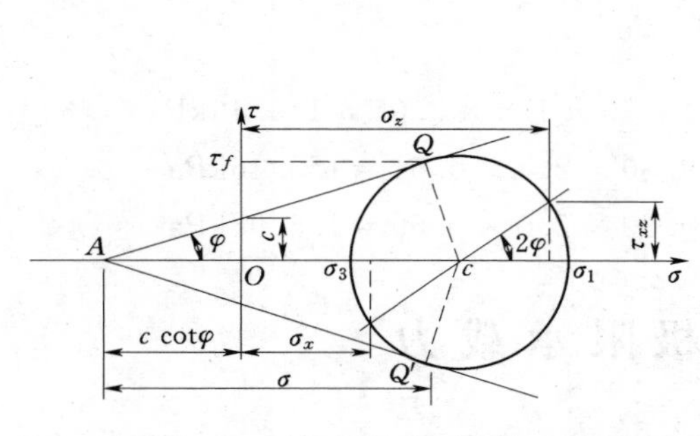

图 9-8 土中一点破坏时用 σ 和 φ 表示的应力分量

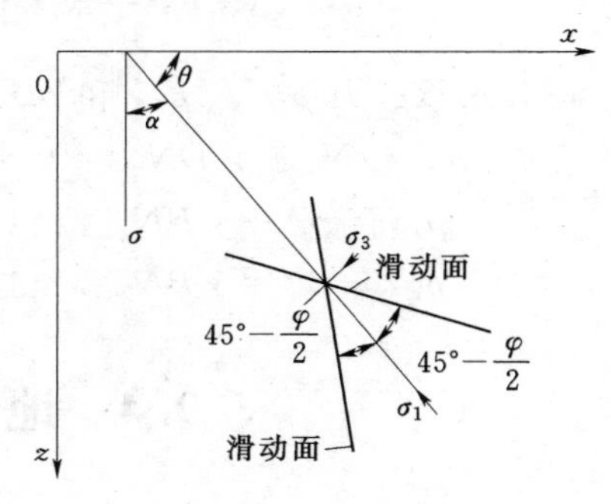

图 9-9 土中一点的主应力及滑动面方向

$$\sigma=\frac{1}{2}(\sigma_1+\sigma_3)+c\cot\varphi$$

而 θ 角是大主应力 σ_1 的作用方向与 x 轴间的夹角，如图 9-9 所示。利用图 9-8 可求出应力分量的表达式如下：

$$\sigma_x=\sigma(1-\sin\varphi\sin2\theta)-c\cot\varphi\tag{9-14a}$$

$$\sigma_z=\sigma(1+\sin\varphi\sin2\theta)-c\cot\varphi\tag{9-14b}$$

$$\tau_{xz}=\sigma\sin\varphi\sin2\theta\tag{9-14c}$$

将式（9-14）代入式（9-12）得到偏微分方程组，根据实际边界条件既可解得 σ 及 θ 值。

通常，直接求解上述偏微分方程组尚存在许多困难，仅在比较简单的边界条件下才能求得其解析解。普朗德尔（Prandtl L）解就是其中一例。

二、普朗德尔-赖斯诺课题——无重土介质极限承载力公式

1920 年普朗德尔根据塑性理论研究了刚性体压入介质中，当介质达到破坏时滑动面的形状及极限压应力的公式。普朗德尔-赖斯诺（Reissner，1924 年）在推导公式时作了三个假设：

（1）介质是无重量的。就是假设基础底面以下土的重度 $\gamma=0$。

（2）基础底面是完全光滑面。因为没有摩擦力，所以基底的应力垂直于地面。

（3）对于埋置深度 D 小于基础宽度 B，可以把基底平面当成地基表面，滑裂面只延伸到这一假定的地基表面。在这个平面以上基础两侧的土体，当成作用在基础两侧的均布荷载 $q=\gamma_0 D$，D 表示基础的埋置深度。经过这样简化后，地基表面的荷载如图 9-10 所示。

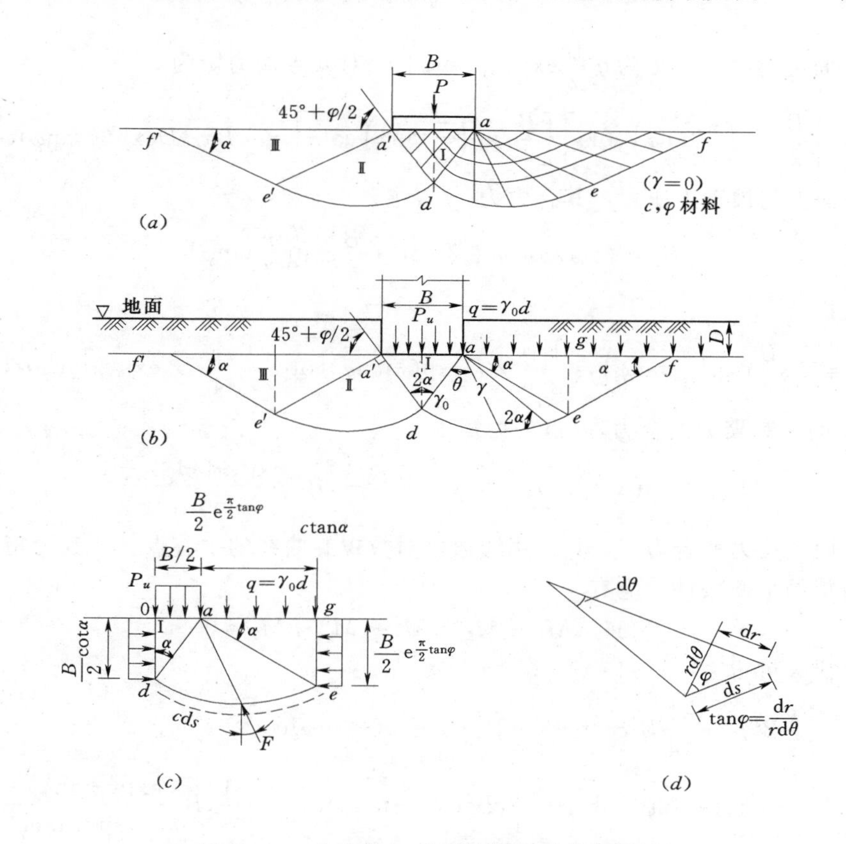

图 9-10　普朗德尔-赖斯诺极限承载力课题

根据弹塑性极限平衡理论及由上述假定所确定的边界条件，得出滑动面的形状如图9-10所示，滑动面所包围的区域分五个区，一个Ⅰ区，两个Ⅱ区，两个Ⅲ区。由于假设荷载板底面是光滑的，因此，Ⅰ区中的竖向应力即为大主应力，成为朗肯主动区，滑动面与水平面成（$45°+\varphi/2$）。由于Ⅰ区的土楔 $aa'd$ 向下位移，把附近的土体挤向两侧，使Ⅲ区中的土体 aef 和 $a'e'f'$ 达到被动朗肯状态，成为朗肯被动区，滑动面与水平面成 $45°-\varphi/2$。在主动区与被动区之间是由一组对数螺线和一组辐射线组成的过渡区。对数螺线方程为 $r=r_0\exp(\theta\tan\varphi)$，若以 a（或 a'）为极点，ad（或 $a'd$）为 r_0，则可证明两条对数螺线分别与主动区、被动区的滑动面相切。

当基底作用的荷载达到 p_u 时，地基中形成三个滑动区如图 9－10（a）所示，把图中所示的滑动土体的一部分 $odeg$ 视为刚体。然后考察 $odeg$ 上的平衡条件，推求地基的极限承载力 p_u，如图 9－10(c) 所示。在 $odeg$ 上作用着下列诸力：

(1) oa 面（即基底面）上的极限承载力的合力 $B/2\cdot p_u$，它对 a 点的力矩为

$$M_1=\frac{1}{2}Bp_u\times\frac{1}{4}B=\frac{1}{8}B^2p_u$$

(2) od 面上的主动土压力，其合力 $E_a=(p_u\tan^2\alpha-2c\tan\alpha)B/2\cot\alpha$，它对 a 点力矩为

$$M_2=E_a\frac{B}{4}\cot\alpha=\frac{1}{8}B^2P_u-\frac{1}{4}B^2c\cot\alpha$$

(3) ag 面上超载的合力为 $q\frac{B}{2}\exp\left(\frac{\pi}{2}\tan\varphi\right)$，对 a 点的力矩为

$$M_3=q\left[\frac{B}{2}\exp\left(\frac{\pi}{2}\tan\varphi\right)\cot\alpha\right]\left[\frac{B}{4}\exp\left(\frac{\pi}{2}\tan\varphi\right)\cot\alpha\right]=\frac{1}{8}B^2\gamma_0D\exp(\pi\tan\varphi)\cot^2\alpha$$

(4) eg 面上的被动土压力，其合力为

$$E_p=(\gamma_0D\cot^2\alpha+2c\cot\alpha)\frac{B}{2}\exp\left(\frac{\pi}{2}\tan\varphi\right)$$

对 a 点的力矩为

$$M_4=E_p\frac{B}{4}\exp\left(\frac{\pi}{2}\tan\varphi\right)=\frac{1}{8}B^2\gamma_0D\exp(\pi\tan\varphi)\cot^2\alpha+\frac{1}{4}cB^2\exp(\pi\tan\varphi)\cot\alpha$$

(5) de 面上黏聚力的合力，a 点的力矩为

$$M_5=\int_0^l c\mathrm{d}s(r\cos\varphi)=\int_0^{\pi/2}cr^2\mathrm{d}\theta=\frac{1}{8}cB^2\frac{\exp(\pi\tan\varphi)-1}{\sin^2\alpha\tan\varphi}$$

(6) de 面上反力的合力 F，其作用线通过对数螺旋曲线的中心点 a，其力矩为零。

根据力矩的平衡条件，应有

$$\sum M=M_1+M_2-M_3-M_4-M_5=0$$

将上列各式代入可得

$$\frac{1}{8}B^2p_u+\frac{1}{8}B^2p_u-\frac{1}{4}B^2c\cot\alpha-\frac{1}{8}B^2\gamma_0D\exp(\pi\tan\varphi)\cot^2\alpha$$

$$-\frac{1}{8}B^2\gamma_0D\exp(\pi\tan\varphi)\cot^2\alpha-\frac{1}{4}cB^2\exp(\pi\tan\varphi)\cot\alpha-\frac{1}{8}cB^2\frac{\exp(\pi\tan\varphi)-1}{\sin^2\alpha\tan\varphi}=0$$

整理上式并将 $\alpha=(45°-\varphi/2)$ 代入，最后得到地基极限承载力公式为

$$p_u=qN_q+cN_c \tag{9-15}$$

其中

$$q=\gamma_0D$$

$$N_q=\exp(\pi\tan\varphi)\tan^2(45°+\varphi/2) \tag{9-16a}$$

$$N_c=(N_q-1)\cot\varphi \tag{9-16b}$$

式中　q——边侧超载；

γ_0——基础两侧土的加权重度；

D——基础的埋置深度；

N_q、N_c——地基极限承载力系数，它们是土的内摩擦角 φ 的函数。

式（9-15）表明，对于无重地基，滑动土体没有重量，不产生抗力。地基的极限承载力由边侧荷载 q 和滑动面上黏聚力 c 产生的抗力构成。

对于黏性大、排水条件差的饱和黏性土地基，可按 $\varphi=0$ 求 p_u。此时，由式（9-16）得 $N_q=1$，对 N_c 需按式（9-16）求极限来确定：

$$\lim_{\varphi\to 0}N_c=\lim_{\varphi\to 0}\frac{\dfrac{d}{d\varphi}[\exp(\pi\tan\varphi)\tan^2(45°+\varphi/2)-1]}{\dfrac{d}{d\varphi}\tan\varphi}=\pi+2\approx 5.14 \tag{9-17}$$

此时，地基的极限荷载为

$$P_u=q+5.14c \tag{9-18}$$

式（9-15）表明，当基础置于无黏性土（$c=0$）的表面（$D=0$）时，地基的承载力将等于零，这显然是不合理的。其原因主要是将土当作无重量介质所造成的。为了弥补这一缺陷，许多学者在普朗德尔的基础上作了修正和发展，使极限承载力公式逐步得到完善。

三、太沙基课题——基础下形成弹性楔体时地基极限承载力公式

1943年太沙基在推导均质地基上的条形基础受中心荷载作用下的极限承载力时，将土作为有重力的介质，并作了如下一些假设：

（1）基础底面完全粗糙，即它与土之间有摩擦力存在。

（2）基土是有重力的（$\gamma\neq 0$），但忽略地基土重度对滑移线形状的影响。因为，根据极限平衡理论，如果考虑土的重度，塑性区内的两组滑移线形状就不一定是直线。

（3）当基础埋置深度为 D 时，则基底以上两侧的土体用当量均布超载 $q=\gamma_0 D$ 来代替，不考虑两侧土体抗剪强度的影响。

根据以上假定，滑动面的形状如图9-11(a)所示，也可以分为三个区：Ⅰ区——在基础底面下的土楔 $aa'd$，由于假定基底是粗糙的，具有很大的摩擦力，因此 aa' 面不会发生剪切位移，该区的土体处于弹性压密状态，它与基础底面一起移动，该部分土体称为弹性楔体。太沙基假定完全粗糙基底时滑动面 ad（或 $a'd$）与水平面夹角 $\psi=\varphi$。Ⅱ区——假定与普朗德尔假定一样，滑动面一组是通过 a、a' 点的辐射线，另一组是对数螺旋曲线 de、de'，同时，忽略土的重力对滑移线形状的影响。Ⅲ区——仍是朗肯被动状态区，滑动面 ae 及 $a'e'$ 与水平面成（$45°-\varphi/2$）角。

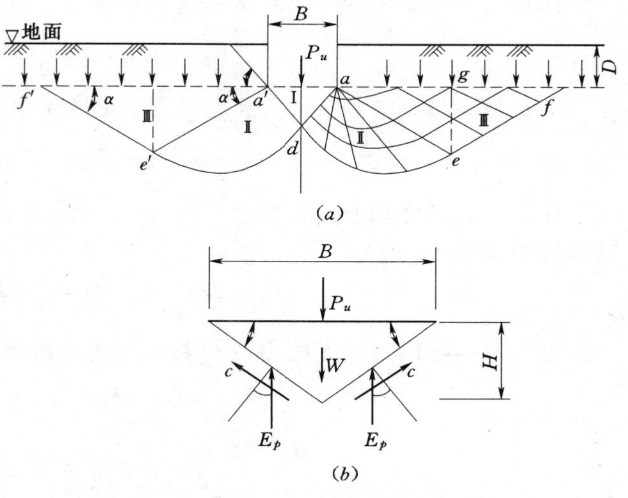

图9-11　太沙基极限承载力课题

（a）完全粗糙基底；（b）弹性楔体受力分析

当作用在基底的压力为极限承载力 p_u 时，发生整体剪切破坏，弹性压密区（Ⅰ区）a_1ad 将贯入土中，向两侧挤压土体 $adef$ 及 $a'de'f'$ 达到被动破坏。因此，在 ad 及 $a'd$ 面上将作用被动力 E_p，与作用面的法线方向成 φ 角，如图 9-11(b) 所示。取Ⅰ区弹性楔体 ada' 作为脱离体，考虑单位长基础，分析其力的平衡条件来推求地基的极限承载力。在弹性楔体上受到下列诸力的作用：

（1）弹性楔体的自重，竖直向下，其值为

$$W=\frac{1}{4}\gamma B^2\tan\varphi$$

（2）aa' 面（即基底面）上的极限荷载 P_u，竖直向下，它等于地基极限承载力 p_u 与基础宽度 B 的乘积，即

$$P_u=p_uB$$

（3）弹性楔体两斜面 ad、$a'd$ 上总的黏聚力 C，与斜面平行、方向向上，它等于土的黏聚力 c 与 $\overline{ad}$ 的乘积，即

$$C=c\,\overline{ad}=c\,\frac{B}{2\cos\varphi}$$

（4）作用在弹性楔体两斜面上的反力 E_p，它与 ad、$a'd$ 面的法线成 φ 角。

现将上述各力，在竖直方向建立平衡方程，即可得到：

$$P_u=2E_p+cB\tan\varphi-\frac{1}{4}\gamma B^2\tan\varphi \tag{9-19}$$

若反力 E_p 为已知，就可按上式求得极限荷载 P_u。反力 E_p 是由土的黏聚力 c、基础两侧超载 q 和土的重度 γ 所引起的。对于完全粗糙的基底，太沙基把弹性楔体边界 ad 视作挡土墙，分三步求反力 E_p（下列公式中 K_q、K_c 和 K_γ 分别为超载 q、黏聚力 c 和土重度 γ 引起的被动土压力系数），即

（1）当 γ 与 c 均为零时，求出仅由超载 q 引起的反力 E_{pq}：

$$E_{pq}=qHK_q=\frac{1}{2}qB\tan\varphi K_q$$

（2）当 γ 与 q 均为零时，求出仅由黏聚力 c 引起的反力 E_{pc}：

$$E_{pc}=cHK_c=\frac{1}{2}cB\tan\varphi K_c$$

（3）当 q 与 c 均为零时，求出仅由土重度 γ 引起的反力 $E_{p\gamma}$：

$$E_{p\gamma}=\frac{1}{2}\gamma H^2K_\gamma=\frac{1}{8}\gamma B^2\tan\varphi K_\gamma$$

然后，利用叠加原理得反力 $E_p=E_{pq}+E_{pc}+E_{p\gamma}$，代入式（9-19），经整理后得到地基的极限荷载 P_u 为

$$P_u=\frac{1}{2}\gamma B^2N_\gamma+qBN_q+cBN_c \tag{9-20}$$

上式两边除以基础宽度 B，即得地基的极限承载力 p_u：

$$p_u=\frac{1}{2}\gamma BN_\gamma+qN_q+cN_c \tag{9-21}$$

其中

$$N_q=\frac{\exp\left[\left(\frac{3\pi}{2}-\varphi\right)\tan\varphi\right]}{2\cos^2\left(45°+\frac{\varphi}{2}\right)} \tag{9-22a}$$

$$N_c=(N_q-1)\cot\varphi \tag{9-22b}$$

式中 N_γ、N_q 和 N_c——均为无量纲的承载力系数，它们是土的内摩擦角 φ 的函数。

但对 N_γ，太沙基没有给出显式。各系数与 φ 的关系可查表 9-2。

表 9-2 太沙基极限承载力系数 N_γ、N_q 和 N_c 与 φ 的关系

φ(°)	N_γ	N_q	N_c	φ(°)	N_γ	N_q	N_c
0	0.00	1.00	5.71	25	11.0	12.7	25.1
5	0.51	1.64	7.32	30	21.8	22.5	37.2
10	1.20	2.69	9.58	35	45.4	41.4	57.7
15	1.80	4.45	12.9	40	125	81.3	95.7
20	4.00	7.42	17.6	45	326	173.3	172.2

四、梅耶霍夫课题——考虑基底以上土体抗剪强度时地基极限承载力公式

1951 年梅耶霍夫（Meyerhof G. G.）认为，太沙基理论一方面忽略了覆土的抗剪强度；另一方面滑动面被假定与基础底面水平线相交为止，没有伸延到地表面上去，这是不符合实际的。为了克服这些局限性，梅耶霍夫提出应该考虑到地基土的塑性平衡区随着基础的埋深的不同而扩展到最大可能的程度，并且应计及基础两侧土的抗剪强度对承载力的影响。但是，这个课题存在数学上的困难而无法得到严格的解答，最后，他用简化的方法导出条形基础受中心荷载作用时均质地基的极限承载力公式。梅耶霍夫公式既可用于浅基础，也可用于深基础，是目前各国常用的公式之一。

基础底面 AB 可以看成是最大主应力面，因此，滑动面 BC 与最大主应力面成 $45°+\varphi/2$。由图 9-12 可以看出两组滑动面的形状。对于浅基础，滑动面 $ACDE$ 交于地表面点 E；对于深基础，则滑动面 $ACDE$ 交于基础的侧面，其中 CD 为对数螺线。对于浅基础，作用在基础侧面 BF 上的合力及附近土块 BEF 的重力 W，可由平面 BE 上的等代应力 σ_0、τ_0 来代替，如图 9-13(a) 所示。于是，平面 BE 可看作是“等代自由面”，这个面与水平面所成的角度为 β，角度 β 随基础的埋深而增加，因此，σ_0、τ_0、β 可看作是与基础埋深有关的参数。等代应力 σ_0、τ_0 按下列公式计算：

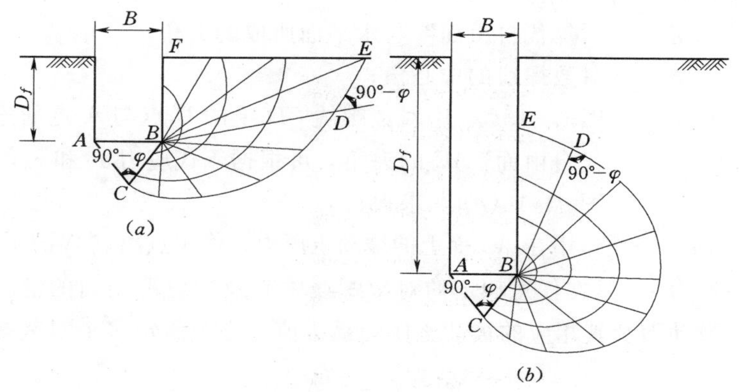

图 9-12 梅耶霍夫课题

(a) 浅基础；(b) 深基础

$$\sigma_0=\frac{1}{2}\gamma D_f\left(K_0\sin^2\beta+\frac{K_0}{2}\tan\delta\sin2\beta+\cos^2\beta\right)\tag{9-23}$$

$$\tau_0=\frac{1}{2}\gamma D_f\left(\frac{1-K_0}{2}\sin2\beta+K_0\tan\delta\sin^2\beta\right)\tag{9-24}$$

式中 K_0——静止土压力系数；

δ——土与基础侧面之间的摩擦角。

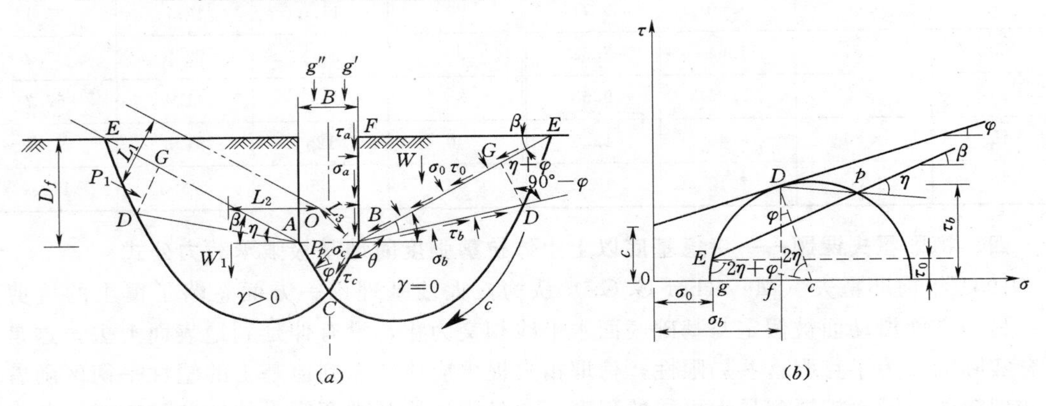

图 9-13 梅耶霍夫课题的推导

梅耶霍夫推导得到的均质地基极限承载力公式与太沙基的公式具有相似的形式：

$$q_u=cN_c+\sigma_0N_q+\frac{1}{2}\gamma BN_\gamma\tag{9-25}$$

其中

$$N_q=\frac{(1+\sin\varphi)\exp(2\theta\tan\varphi)}{1-\sin\varphi\sin(2\eta+\varphi)}\tag{9-26a}$$

$$N_c=(N_q-1)\cot\varphi\tag{9-26b}$$

$$N_\gamma=\frac{4P_p\sin(45^\circ+\varphi/2)}{\gamma B^2}-\frac{1}{2}\tan(45^\circ+\varphi/2)\tag{9-26c}$$

$$\theta=3\pi/4+\beta-\eta-\varphi/2\tag{9-27}$$

式中 N_γ、N_q、N_c——梅耶霍夫承载力系数；

β——“等代自由面”与水平面所成的夹角；

θ——对数螺线的中心角；

η——图 9-13(a) 中对数螺线 CD 上的 D 点与 A 点的连线 AD 与“等代自由面”AE 的夹角，可根据等代应力 σ_0 和 τ_0，由莫尔圆 [见图 9-13(b)] 求得；

P_p——作用在 AC 面上的被动土压力，作用点离点 A 的距离为 $2/3\,\overline{AC}$。

由于被动土压力 P_p 是在任意假定的对数螺线中心及相应滑动面的情况下得到的，为了求得最危险的滑动面及其相应的被动土压力最小值，必须假定多个对数螺线中心及相应滑动面进行试算。

由对数螺线的性质和图 9-13(a) 中 ADE 的几何关系，可得到 η 与 β、θ、φ、D_f、B 之间的关系如下：

$$D_f=\frac{\sin\beta\cos\varphi\exp(\theta\tan\varphi)}{2\sin(45^\circ-\varphi/2)\cos(\eta+\varphi)}B \tag{9-28}$$

这样，可先假定一个“等代自由面”并确定相应的β，计算等代应力σ_0和τ_0，由此而求得η值，再根据式（9-27）和式（9-28）验证β值，直至假定值与反算值两者相符为止。

如果“等代自由面”BE面的抗剪强度动用系数为m，$0\leqslant m\leqslant 1.0$，则$BE$面上的$\sigma_0$和$\tau_0$的关系为

$$\tau_0=m(c+\sigma_0\tan\varphi) \tag{9-29}$$

由于BD面处于极限平衡状态，因此，法向应力σ_b和切向应力τ_b的关系为

$$\tau_b=c+\sigma_b\tan\varphi \tag{9-30}$$

由图9-13(b)中的几何关系，可得

$$\sigma_b=\sigma_0+\frac{\tau_b}{\cos\varphi}[\sin(2\eta+\varphi)-\sin\varphi] \tag{9-31}$$

由式（9-30）和式（9-31）可得

$$\sigma_b=\frac{\sigma_0+\dfrac{c}{\cos\varphi}[\sin(2\eta+\varphi)-\sin\varphi]}{1-\dfrac{\sin\varphi}{\cos^2\varphi}[\sin(2\eta+\varphi)-\sin\varphi]} \tag{9-32}$$

由图9-13(b)中的几何关系，可以得到角度η与抗剪强度动用系数m的关系为

$$\cos(2\eta+\varphi)=\frac{\tau_0}{\tau_b/\cos\varphi}=\frac{m(c+\sigma_0\tan\varphi)\cos\varphi}{c+\sigma_b\tan\varphi} \tag{9-33}$$

可见，若$m=0$，即“等代自由面”BE上的切向应力$\tau_0=0$，该面上的抗剪强度没有被动用，则有$\cos(2\eta+\varphi)=0$，因此，$\eta=\pi/4-\varphi/2$，以及$\theta=\pi/2+\beta$；若$m=1$，即“等代自由面”BE上的抗剪强度全部被动用，则有$\cos(2\eta+\varphi)=\cos\varphi$，因此，$\eta=0$，以及$\theta=3\pi/4+\beta-\varphi/2$。因此，承载力系数$N_\gamma$、$N_q$、$N_c$是与$\varphi$、$\beta$和$m$有关的函数，其关系示于图9-14中，可供查用。

此外，在图9-13(a)中，若$m=0$和$\beta=0$，意味着BE线变成水平线，这时应有$\sigma_0=\gamma D_f$，$\tau_0=0$，图9-13(b)中的E点落到水平轴上，$2\eta+\varphi=\pi/2$，相应的$\theta=\pi/2$，则式（9-26a）的表达式与式（9-16a）完全相同，即普朗德尔课题是梅耶霍夫课题的特例；而承载力系数N_γ，梅耶霍夫（1963年）建议按下式计算：

$$N_\gamma=(N_q-1)\tan 1.4\varphi \tag{9-34}$$

如果基础埋置在距地表FE下深度D_f处，如图9-13(a)所示，则还要考虑基础侧面与地基土之间的摩擦力τ_a对地基极限承载力的贡献。因此，均质地基极限承载力梅耶霍夫公式的最终形式为

$$q_u=cN_c+\sigma_0N_q+\frac{1}{2}\gamma BN_\gamma+2\tau_aD_f/B \tag{9-35}$$

其中

$$\tau_a=\sigma_a\tan\delta=\frac{1}{2}K_0\gamma D_f\tan\delta \tag{9-36}$$

式中　σ_a——作用在BE面上的压力，其大小等于静止土压力。

对于图9-12(b)所示的深基础情况，对数螺线CDE的起始向径$\overline{BC}$为

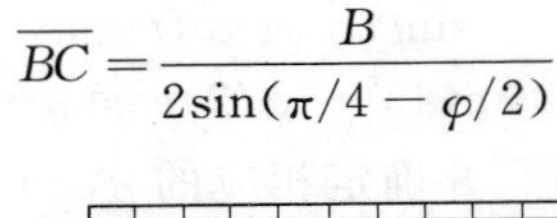

$$\overline{BC}=\frac{B}{2\sin(\pi/4-\varphi/2)}$$

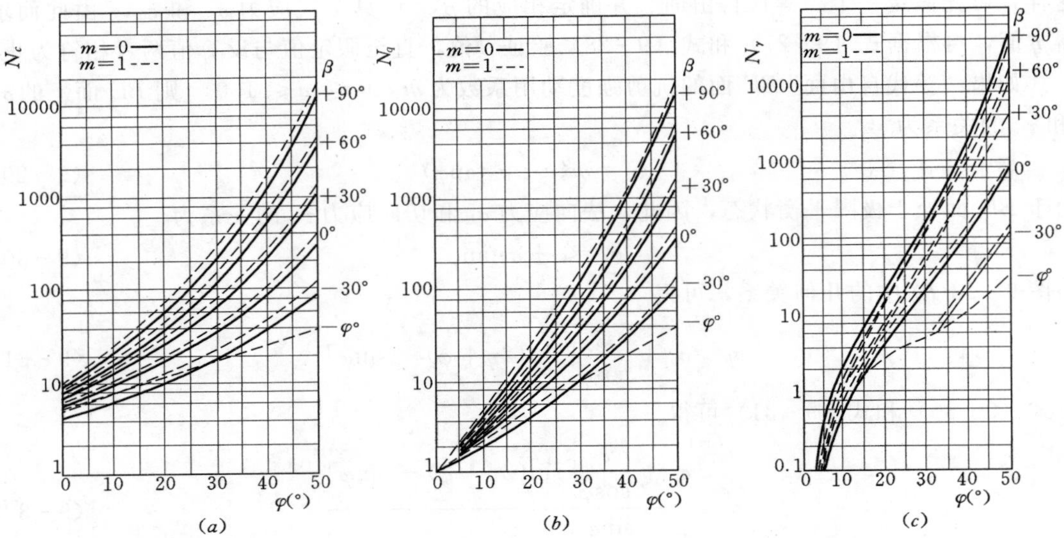

图 9-14　梅耶霍夫承载力系数 N_c、N_q、N_γ 与 φ、β 和 m 的关系曲线

$\angle CBE$ 为

$$\theta=\frac{3}{2}\pi-\left(\frac{\pi}{4}+\frac{\varphi}{2}\right)=\frac{5\pi}{4}-\frac{\varphi}{2} \tag{9-37}$$

因此有

$$\overline{BE}=\overline{BC}\exp(\theta\tan\varphi)=\frac{B}{2\sin(\pi/4-\varphi/2)}\exp\left[\left(\frac{5\pi}{4}-\frac{\varphi}{2}\right)\tan\varphi\right] \tag{9-38}$$

令 $\overline{BE}=D_{f\min}$，并计算 $D_{f\min}/B$ 之值，如表 9-3 所示。

表 9-3　$D_{f\min}/B$ 之 值

φ(°)	0	10	20	30	40	45
$D_{f\min}/B$	0.707	1.53	3.42	8.35	23.8	44.4

$D_{f\min}$ 的意义是：如果基础的埋置深度［见图 9-12(*b*)］为

$$D_f\geqslant D_{f\min}=\overline{BE} \tag{9-39}$$

即可以作为“深基础”来考虑了。从表 9-3 可以看出，$D_{f\min}/B$ 是随着土的内摩擦角 φ 而增加的。

为了推导深基础的地基极限承载力公式，可比较一下图 9-12(*b*) 与图 9-13(*a*)。在图 9-13(*a*) 中，令 $\beta=\pi/2$，$\eta=0$，即得 $\theta=5\pi/4-\varphi/2$。这与上述情况完全符合，这就是说，对数螺线的向径 BD 与 BE 重合，且与基础的侧面 BF 重合。这时，由式（9-26*a*），梅耶霍夫承载力系数 N_q 可以改写为

$$N_q=\frac{1+\sin\varphi}{\cos^2\varphi}\exp\left[\left(\frac{5\pi}{2}-\varphi\right)\tan\varphi\right] \tag{9-40}$$

而根据式（9-23），当 $\beta=\pi/2$ 时，等代应力 σ_0 为

$$\sigma_0 = \frac{1}{2}\gamma D_f K_0 = \sigma_a \tag{9-41}$$

也即，此时等代应力 σ_0 就是作用在基础侧面的压力 σ_a。

五、基础形状对地基极限承载力的影响

以上所讨论的公式都是针对条形基础的情况即平面课题而言的，对于圆形和矩形基础的求解数学上有着很大的困难。不同的研究者提出了一些半经验公式。大多数研究者是对条形基础的承载力系数 N_c、N_q 和 N_γ 分别乘以形状因数 λ_c、λ_q 和 λ_γ。表 9-4 给出了一些研究者建议的形状因数 λ_c、λ_q 和 λ_γ 的表达式。

表 9-4 形状因数 λ_c、λ_q 和 λ_γ

研究者和适用条件		形状因数		
		λ_c	λ_q	λ_γ
太沙基和派克	方形基础	1.2	1.0	1.2
	圆形基础	1.2	1.0	0.6
	矩形基础	1.2	1.0	$1-0.2\frac{B}{L}$
梅耶霍夫	$\varphi=0$	$1+0.2\frac{B}{L}$	1.0	1.0
	$\varphi\geqslant 10°$	$1+0.2\frac{B}{L}\tan\left(45°+\frac{\varphi}{2}\right)$	$1+0.1\frac{B}{L}\tan\left(45°+\frac{\varphi}{2}\right)$	$1+0.1\frac{B}{L}\tan\left(45°+\frac{\varphi}{2}\right)$
汉森（Hansen J. B.）		$1+0.2\frac{B}{L}$	$1+\frac{B}{L}\sin\varphi$	$1-0.4\frac{B}{L}\geqslant 0.6$
魏西克（Vesic A. S.）		$1+\frac{B}{L}\frac{N_q}{N_c}$	$1+\frac{B}{L}\tan\varphi$	$1-0.4\frac{B}{L}\geqslant 0.6$

注 1. 梅耶霍夫课题为 $\beta=0$、$\tau_0=0$ 的情况。
2. B 为基础宽度，L 为基础长度，$B\leqslant L$。

应当指出，当采用汉森和魏西克的形状因数 λ_c、λ_q 和 λ_γ 时，汉森和魏西克的地基极限承载力公式同太沙基公式，但承载力系数 N_c、N_q 同普朗德尔的公式；而承载力系数 N_γ，汉森公式采用下式：

$$N_\gamma = 1.8(N_q - 1)\tan\varphi \tag{9-42}$$

魏西克公式采用下式：

$$N_\gamma = 2(N_q + 1)\tan\varphi \tag{9-43}$$

特别地，对于不排水条件，即 $\varphi=0$ 的情况，有 $c_u=s_u$（s_u 为地基土的不排水剪强度）。对于太沙基公式，查表 9-2 得：$N_c=5.71$，$N_q=1$，$N_\gamma=0$；查表 9-4 得：圆形和方形基础的形状因数 $\lambda_c=1.2$，$\lambda_q=1.0$。则有：$N_c\lambda_c=5.71\times1.2=6.85$，因此，对于圆形和方形基础，太沙基课题的地基极限承载力为

$$p_u = 6.85 s_u + \gamma D \tag{9-44}$$

对于 $D/B\leqslant 2.5$ 的矩形浅基础，Skempton（1951 年）则给出了不排水条件下（$\varphi=0$）计算地基极限承载力的经验公式：

$$p_u = 5 s_u\left(1+0.2\frac{D}{B}\right)\left(1+0.2\frac{B}{L}\right) \tag{9-45}$$

式中 D——基础埋深。

六、地基破坏形式对地基极限承载力的影响

前述地基极限承载力公式都是在地基发生整体剪切破坏情况下得到的，即假定土是刚塑性体，剪切破坏前不产生压缩。实际上，多数情况下土在剪切破坏过程中会产生可观的压缩，甚至导致局部剪切破坏或冲剪破坏。

地基破坏形式的出现与基础上所加的荷载条件、基础的埋置深度、土的类别和密度等因素有关。在一定的条件下，主要取决于土的相对压缩性。魏西克主要考虑到土的压缩性，建议用地基土的刚度指标 I_r 与地基土的临界刚度指标 I_{cr} 进行比较，将土划分为相对不可压缩和相对可压缩的两大类型，并据此来判别地基的破坏形式。若 $I_r > I_{cr}$，则认为土是相对不可压缩的，此时地基发生整体剪切破坏；若 $I_r < I_{cr}$，则认为土是相对可压缩的，此时地基可能发生局部剪切破坏或冲剪破坏。

地基土的刚度指标 I_r 按下式计算：

$$I_r = \frac{G}{c + q\tan\varphi} \tag{9-46}$$

式中 G——土的剪切模量；

q——地基中膨胀区平均超载压力，一般可取基底以下 $B/2$ 深度处的土的自重压力。

而地基土的临界刚度指标 I_{cr} 按下式计算：

$$I_{cr} = \frac{1}{2}\exp\left[\left(3.3 - 0.45\frac{B}{L}\right)\cot\left(45° - \frac{\varphi}{2}\right)\right] \tag{9-47}$$

对于发生局部剪切破坏或冲剪破坏的地基，魏西克建议将承载力系数 N_c、N_q 和 N_γ 分别乘以压缩影响因数 ξ_c、ξ_q 和 ξ_γ，予以折减：

$$\xi_q = \xi_\gamma = \exp\left[\left(-4.4 + 0.6\frac{B}{L}\right)\tan\varphi + 3.07\sin\varphi\frac{\log 2I_r}{1 + \sin\varphi}\right] \tag{9-48}$$

$$\xi_c = 0.32 + 0.12B/L + 0.6\log I_r \quad (\varphi = 0) \tag{9-49a}$$

$$\xi_c = \xi_q - \frac{1 - \xi_q}{N_c\tan\varphi} \quad (\varphi > 0) \tag{9-49b}$$

对于发生局部剪切破坏的地基，太沙基则建议在计算承载力系数 N_c、N_q 和 N_γ 时折减地基土的强度指标 c、φ 值，其方法为

$$\left.\begin{aligned} c' &= \frac{2}{3}c \\ \tan\varphi' &= \frac{2}{3}\tan\varphi \end{aligned}\right\} \tag{9-50}$$

七、荷载斜向对地基极限承载力的影响

上述介绍的地基极限承载力公式都是在基础受中心竖向荷载情况得到的。如果荷载是偏心或倾斜的，则问题较为复杂。由于水平力的存在，基础可能沿基底滑移或者地基产生整体剪切破坏。

梅耶霍夫、汉森和魏西克等均指出，当荷载偏心时，若为条形基础，则用有效宽度 $B_e = B - 2e$ 来代替原来的宽度 B，其中 e 为荷载的偏心距，如图 9-15(a) 所示；如为矩形基础，则用有效宽度 $B_e = B - 2e_B$、有效长度 $L_e = L - 2e_L$ 来代替原来的宽度 B 和长度 L，

其中，e_B、e_L 分别为宽度和长度方向的偏心距，如图 9－15(b) 所示。对于任意形状的基础，如图 9－15(c) 和图 9－15(d) 所示。先将受偏心荷载的基础面积换算成受中心竖向荷载的有效面积，再换算成等面积的矩形基础，如图 9－15(c) 和图 10－15(d) 中的虚线所示。

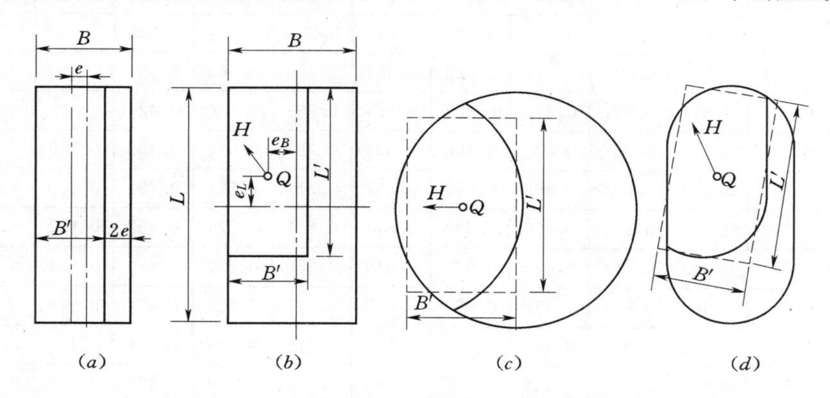

图 9－15　偏心荷载作用下的有效或等量的基础面积

在梅耶霍夫课题中，当 $\beta=0$、$\tau_0=0$ 时（可代表基础埋深不大时的情况），梅耶霍夫（1963 年）建议，将受中心竖向荷载情况下得到的条形基础承载力系数 N_c、N_q 和 N_γ 分别乘以荷载倾斜因数 i_c、i_q 和 i_γ，其表达式如下：

$$i_c=i_q=(1-\theta/90°)^2 \tag{9-51}$$

$$i_\gamma=(1-\theta/90°)\quad(\varphi>10°) \tag{9-52a}$$

$$i_\gamma=0\quad(\varphi>10°) \tag{9-52b}$$

式中　θ——合力与竖直方向的夹角。

汉森则建议，将受中心竖向荷载情况下得到的承载力系数 N_c、N_q 和 N_γ 分别乘以荷载倾斜因数 i_c、i_q 和 i_γ，其值可根据土的内摩擦角 φ 和荷载倾斜角 α 查按表 9－5。

表 9－5　　荷载倾斜因数 i_c、i_q 和 i_γ

tanα	0.1			0.2			0.3			0.4		
φ (°)	i_c	i_q	i_γ	i_c	i_q	i_γ	i_c	i_q	i_γ	i_c	i_q	i_γ
6	0.643	0.802	0.526									
7	0.689	0.830	0.638									
8	0.707	0.841	0.691									
9	0.719	0.848	0.728									
10	0.724	0.851	0.750									
11	0.728	0.853	0.768									
12	0.729	0.854	0.780	0.396	0.629	0.441						
13	0.729	0.854	0.791	0.426	0.653	0.501						
14	0.731	0.855	0.798	0.444	0.666	0.537						
15	0.731	0.855	0.806	0.456	0.675	0.565						
16	0.729	0.854	0.810	0.462	0.680	0.583						
17	0.728	0.853	0.814	0.466	0.683	0.600	0.202	0.449	0.304			

续表

tanα	0.1			0.2			0.3			0.4		
φ (°)	i_c	i_q	i_γ	i_c	i_q	i_γ	i_c	i_q	i_γ	i_c	i_q	i_γ
18	0.726	0.852	0.817	0.469	0.685	0.611	0.234	0.484	0.362			
19	0.724	0.851	0.820	0.471	0.686	0.621	0.250	0.500	0.397			
20	0.721	0.849	0.821	0.472	0.687	0.629	0.261	0.510	0.420			
21	0.719	0.848	0.822	0.471	0.686	0.635	0.267	0.517	0.438	0.100		
22	0.716	0.846	0.823	0.469	0.685	0.637	0.271	0.521	0.451	0.100	0.317	0.217
23	0.712	0.844	0.824	0.468	0.684	0.643	0.275	0.524	0.462	0.122	0.350	0.266
24	0.711	0.843	0.824	0.465	0.682	0.645	0.276	0.525	0.470	0.134	0.365	0.291
25	0.706	0.840	0.823	0.462	0.680	0.648	0.277	0.526	0.477	0.140	0.374	0.310
26	0.702	0.838	0.823	0.460	0.678	0.648	0.276	0.525	0.481	0.145	0.381	0.324
27	0.699	0.836	0.823	0.456	0.675	0.649	0.275	0.524	0.485	0.148	0.384	0.334
28	0.694	0.833	0.821	0.452	0.672	0.648	0.274	0.523	0.488	0.149	0.386	0.341
29	0.691	0.831	0.820	0.448	0.669	0.648	0.273	0.520	0.489	0.150	0.387	0.348
30	0.686	0.828	0.819	0.444	0.666	0.646	0.268	0.518	0.490	0.150	0.387	0.352
31	0.682	0.826	0.817	0.438	0.662	0.645	0.265	0.515	0.490	0.150	0.387	0.356
32	0.676	0.822	0.814	0.434	0.659	0.643	0.262	0.512	0.490	0.148	0.385	0.357
33	0.672	0.820	0.813	0.428	0.654	0.640	0.258	0.508	0.489	0.146	0.382	0.358
34	0.668	0.817	0.811	0.422	0.650	0.638	0.254	0.504	0.486	0.144	0.380	0.358
35	0.663	0.814	0.808	0.417	0.646	0.635	0.250	0.500	0.485	0.142	0.377	0.358
36	0.658	0.811	0.806	0.411	0.641	0.631	0.245	0.495	0.482	0.140	0.374	0.357
37	0.653	0.808	0.803	0.404	0.636	0.628	0.240	0.490	0.478	0.137	0.370	0.355
38	0.646	0.804	0.800	0.398	0.631	0.624	0.235	0.485	0.474	0.133	0.365	0.352
39	0.642	0.801	0.797	0.392	0.626	0.619	0.230	0.480	0.470	0.130	0.361	0.349
40	0.635	0.797	0.794	0.386	0.621	0.615	0.226	0.475	0.466	0.127	0.356	0.346
41	0.629	0.793	0.790	0.377	0.614	0.609	0.219	0.468	0.461	0.123	0.351	0.342
42	0.623	0.789	0.787	0.371	0.609	0.605	0.213	0.462	0.456	0.119	0.345	0.337
43	0.616	0.785	0.783	0.365	0.604	0.600	0.208	0.456	0.451	0.115	0.339	0.333
44	0.610	0.781	0.779	0.356	0.597	0.594	0.202	0.449	0.444	0.111	0.333	0.327
45	0.602	0.776	0.775	0.349	0.591	0.588	0.195	0.442	0.438	0.107	0.327	0.322

八、基础埋深对地基极限承载力的影响

上述介绍的地基极限承载力公式，除了梅耶霍夫公式可以考虑基础埋深影响外，其余公式都没有考虑基础埋深的影响。当基础埋深较浅时，用超载 $q=\gamma D$ 代替基础两侧上的影响所产生的误差不大。然而，当基础埋深较大时，基底以上两侧土体的抗剪作用就不应忽略了，如果仍然用超载 $q=\gamma D$ 来代替，将会产生比较大的误差，使地基极限承载力的计算结果严重失真。许多学者研究过这一问题，大多建议对条形浅基础的承载力系数 N_c、 N_q 和 N_γ 分别乘以基础埋深因数 d_c、d_q 和 d_γ。

在梅耶霍夫课题中，当 $\beta=0$、 $\tau_0=0$ 时，梅耶霍夫（1963）建议：

$$d_c = 1 + 0.2D/B\tan(45° + \varphi/2) \quad (9-53)$$

$$d_q = d_\gamma = 1 + 0.1D/B\tan(45° + \varphi/2) \quad (\varphi > 10°) \quad (9-54a)$$

$$d_q = d_\gamma = 1 \quad (\varphi = 0) \quad (9-54b)$$

汉森（1970年）和魏西克（1973年）建议：

$$d_\gamma = 1 \quad (9-55)$$

当 $D/B \leqslant 1$ 时

$$d_c = 1 + 0.4D/B \quad (9-56a)$$

$$d_q = 1 + 2\tan\varphi(1 - \sin\varphi)^2 D/B \quad (9-57a)$$

当 $D/B > 1$ 时

$$d_c = 1 + 0.4\tan^{-1}(D/B) \quad (9-56b)$$

$$d_q = 1 + 2\tan\varphi(1 - \sin\varphi)^2 \tan^{-1}(D/B) \quad (9-57b)$$

当 $\varphi = 0$ 且 $D/B > 1$ 时

$$d_c = 0.4\tan^{-1}(D/B) \quad (9-58)$$

【例题9-3】　已知某条形基础，宽度 $B=1.8$m，埋深 $D=1.5$m。地基为干硬黏土，其天然重度 $\gamma=18.9\text{kN/m}^3$，土的内聚力 $c=22$kPa，内摩擦角 $\varphi=15°$。试用太沙基地基极限承载力公式计算 p_u。

解：（1）求地基极限承载力系数 N_γ、N_q 和 N_c：

由基础宽度 $B=1.8$m 大于埋深 $D=1.5$m，且地基土处于干硬状态可知，地基的破坏形式为整体破坏。故由 $\varphi=15°$，查表9-2可得

$$N_\gamma = 1.80, \quad N_q = 4.45, \quad N_c = 12.90$$

（2）求太沙基地基极限承载力：

$$\begin{aligned} p_u &= \frac{1}{2}\gamma B N_\gamma + qN_q + cN_c \\ &= \frac{1}{2} \times 18.9 \times 1.8 \times 1.80 + 18.9 \times 1.5 \times 4.45 + 22 \times 12.90 \\ &= 30.62 + 126.16 + 283.80 \\ &= 440.58\text{kPa} \end{aligned}$$

9.5　地基极限承载力的讨论

研究地基极限承载力的计算方法是土力学的重要课题之一。普朗德尔在1920年首先根据极限平衡理论导出了条形基础的极限承载力计算公式。普朗德尔在推导公式时，假定基础底面与土之间是光滑的、基础下土是无重量的介质，这样得到的滑动面是由两组平面及中间过渡的对数螺旋曲面组成。由于普朗德尔所做的假定条件与实际不符，故其结果是粗略的。此后，不少学者在他的研究基础上作了进一步的修正和发展。20世纪40年代太沙基根据普朗德尔的基本理论，提出了考虑基础下土自重的极限承载力公式。20世纪50年代梅耶霍夫提出了适用于深基础的极限承载力公式，他认为土中滑动面可以延伸到基础底面以上的土中，但在求解时还存在着数学上的困难，目前，只能采用简化方法求解。这些公式可写成统一的形式：

$$p_u = \frac{1}{2}\gamma B N_\gamma + qN_q + cN_c \quad (9-59)$$

尽管公式的形式是一致的，但不同的滑动面形状就有不同的极限荷载公式，它们之间的差异，都反映在承载力系数 N_γ、N_q 和 N_c 上。现有的各种地基极限承载力公式中的 N_c 和 N_q 普遍采用普朗德尔课题的式（9-16）计算，不同公式的差异不太大；而 N_γ 的计算公式，由于所依据的假定和采用的分析方法不同，各种方法的 N_γ 在形式和数值上都有显著的差异。如 1993 年欧洲规范采用 Muhs（1971 年）提出的公式 $N_\gamma = 2(N_q - 1)\tan\varphi$；1981 年波兰规范采用汉森（1968 年）提出的公式 $N_\gamma = 1.8(N_q - 1)\tan\varphi$；我国沈珠江院士（2000 年）则建议，对粗糙基底，采用汉森公式 $N_\gamma = 1.8(N_q - 1)\tan\varphi$，而对光滑基底，采用公式 $N_\gamma = (N_q - 1)\sin\varphi$；1984 年美国石油协会（API）指南采用魏西克（1970 年）提出的公式 $N_\gamma = 2(N_q + 1)\tan\varphi$；1963 年梅耶霍夫提出的公式为 $N_\gamma = (N_q - 1)\tan(1.4\varphi)$；等等。当 $\varphi < 20°$ 时，不同公式计算结果对 p_u 的影响不太大，但当 φ 值较大时，对 p_u 的影响就不可忽视了。肖大平（1998 年）根据数值分析结果提出下述公式：

$$N_\gamma = 1.25(N_q + 0.28)\tan\varphi[1 + (1 + 0.8\tan\varphi + \lambda\tan\varphi)^{-1/2}] \quad (9-60)$$

其中

$$\lambda = \gamma B/(c + q\tan\varphi) \quad (9-61)$$

并指出：承载力系数 N_γ 在 φ 一定时仅与无量纲系数 λ 有关，而与 γ、B、$c + q\tan\varphi$ 的具体变化无关。朱大勇（1999 年）则对这一结论作出了理论上的证明。前述 N_γ 公式的计算值基本上在肖大平公式的 $\lambda = 0.5$ 和 $\lambda = 100$ 计算值范围内。

当考虑基础形状和埋深、地基破坏形式和荷载倾斜对地基极限承载力的影响时，式（9-59）可改写成如下形式：

$$p_u = \frac{1}{2}\gamma B N_\gamma \lambda_\gamma \xi_\gamma d_\gamma i_\gamma + qN_q \lambda_q \xi_q d_q i_q + cN_c \lambda_c \xi_c d_c i_c \quad (9-62)$$

这些地基极限承载力公式只适用于均质地基，对成层地基，可近似采用地基各土层的抗剪强度指标加权平均值代入公式计算。

上述公式计算的都是地基极限承载力，将地基极限承载力除以安全系数 K 即可得到设计时的地基承载力，安全系数 K 一般取 2～3。

前述地基极限承载力的计算公式在理论上并不是很完善、很严格的。首先，研究者认为，地基土由滑移边界线截然分成塑性破坏区和弹性变形区，并且将土的应力-应变关系假设为理想弹性体或塑性体；实际上，土体为非线性弹塑性体。显然，采用理想化的弹塑性理论不能完全反映地基土的破坏特征，更无法描述地基土从小变形发展到破坏的真实过程。其次，前述地基极限承载力公式可统一写成式（9-59）的形式；但不同的滑动面形状就会有不同的极限承载力公式，他们的差异仅仅反映在承载力系数 N_γ、N_q、N_c 上，这显然是不够准确的，而且承载力系数 N_γ、N_q、N_c 仅与土的内摩擦角 φ 有关。虽然，式（9-62）考虑基础形状和埋深、地基破坏形式和荷载倾斜对因素的影响，但也只是做了一些简单的数学公式修正；若要真实地反映地基破坏的实际情况，有待进一步的完善。

习　　题

9-1　地基承载力确定时，与建筑物的允许沉降量有什么关系？与基础大小、埋置深度有什么关系？

9-2　怎样根据地基内塑性区开展深度来确定临界荷载？基本假定是怎样的？导得的计算公式有什么问题？

9-3　地下水位的升降，对地基承载力有什么影响？

9-4　某条形基础宽度 $B=3\text{m}$，埋置深度 $D=2\text{m}$，地下水位埋深为1m。基础底面上为粉质黏土，重度 $\gamma_0=18\text{kN/m}^3$；基础底面下为黏土层 $\gamma=19.8\text{kN/m}^3$，$c=15\text{kPa}$，$\varphi=24°$。作用在基础底面的荷载 $p=220\text{kPa}$。试求临塑荷载 p_{cr}、临界荷载 $p_{1/4}$ 及用普朗德尔公式求极限承载力 p_u，并问地基承载力是否满足要求（取安全系数 $K=3$）。

（答案：$p_{cr}=198.1\text{kPa}$，$p_{1/4}=219.7\text{kPa}$，$p_u=672.92\text{kPa}$）

9-5　黏性土地基上条形基础的宽度 $B=2\text{m}$，埋置深度 $D=2\text{m}$，地下水位在基础埋置深度高程处。地基土的比重 $d_s=2.70$，孔隙比 $e=0.70$，地下水位以上饱和度 $s_r=0.8$，土的强度指标 $c=20\text{kPa}$，$\varphi=15°$。求地基土的临塑荷载 p_{cr}，临界荷载 $p_{1/4}$ 及用普朗德尔公式、太沙基公式求极限承载力 p_u。

（答案：$p_{cr}=185.1\text{kPa}$，$p_{1/4}=191.2\text{kPa}$，$p_u=428.9\text{kPa}$，$p_u=463.4\text{kPa}$）

第 10 章　土坡稳定性分析

10.1　概　　述

土坡是具有倾斜坡面的土体，按其成因可分为天然土坡和人工土坡。天然土坡包括天然形成的海、江、河、湖的岸边边坡，地质作用天然沉积形成的山坡坡积土层等；人工土坡包括人工填筑的堤坝，公路和铁路路堤、路堑，人工开挖的基坑、引水水道的渠、岸坡等。简单土坡指土坡的顶面和底面都是水平的，并延伸至无限远，土坡由均质土组成。图 10－1 给出简单土坡各部位的名称。

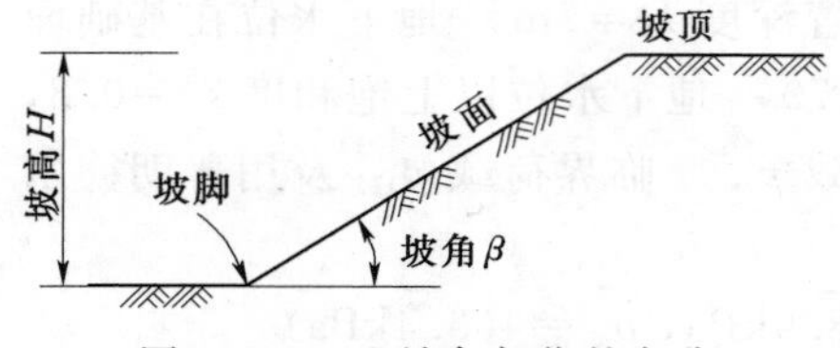

图 10－1　土坡各部位的名称

土坡表面倾斜使得土坡在其自身重力及周围其他外力作用下，有从高处向低处滑动的趋势，土体丧失其原有稳定性，一部分土体相对另一部分土体滑动，称为滑坡。引起滑坡的根本原因在于土体内部某个面上的剪应力达到了它的抗剪强度，稳定平衡遭到破坏。

土体所受剪应力达到抗剪强度的原因可分为两个方面：一方面外界作用力引起剪应力的增加，例如，堤坝施工中上部填土荷重的增加，降雨使土体饱和重度增加，水库蓄水或水位降落产生渗透力，以及在土坡上施加过量荷载或由于地震、打桩等引起动力荷载，这些都会使土体局部剪应力加大；另一方面，土体本身抗剪强度的减小，例如孔隙水应力的升高，气候变化产生的降雨、冻融，黏土夹层浸水软化，以及黏性土的蠕变等都会引起土体的强度降低。由此可见，为了有效地防止滑坡，除了在设计时经过仔细的稳定分析，得出合理的断面外，还应采取相应的工程措施加强工程管理，以消除某些不利因素的影响。

由于滑动土体在土坡长度方向的范围理论上还难以正确确定，通常在土坡稳定性分析中不考虑滑动土体两端阻力的影响，将土坡的稳定分析简化为平面应变问题，忽略两端稳定土体对滑动土体的阻力是偏于安全的。平面应变问题中，土坡滑动面的形状可简化为三种，即直线形、圆弧形和复合形（见图 10－2）。由砂、卵石和风化砾石等组成的无黏性土土坡，或无黏性土覆盖层中，滑动面可简化为直线。对均质黏性土土坡来说，滑动面通常是一光滑的曲线，顶部曲率半径较小，常垂直于坡顶出现张拉裂缝，底部则比较平缓，可

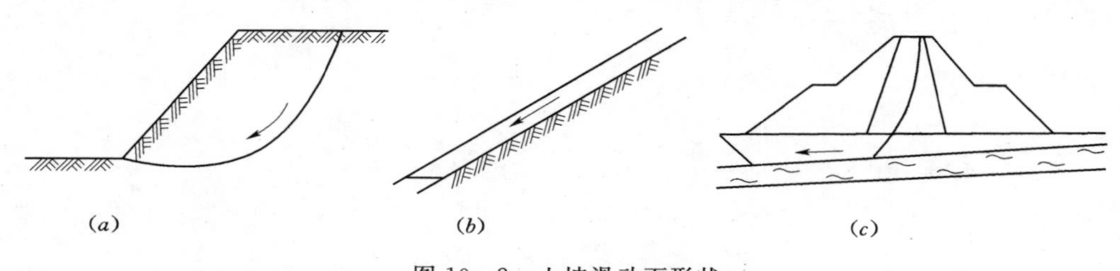

图 10－2　土坡滑动面形状

(a) 圆弧形；(b) 直线形；(c) 复合形

近似简化为圆弧。非均质的黏性土坡，如土石坝坝身或坝基中存在有软弱夹层时，土坡往往沿着软弱夹层的层面发生滑动，滑动面常常是直线和曲线组成的复合滑动面。

土力学中一般采用极限平衡法分析土坡稳定性，假定滑动土体是理想塑性材料，可以将每一土条或土块作为一个刚体，按极限平衡的原则进行力的分析，不考虑土体本身的应力及变形条件。本章主要介绍简单土坡的各种稳定分析方法，并对复杂条件下的土坡稳定分析作进一步讨论。

10.2　无黏性土土坡的稳定性分析

大量的实际调查表明，由砂、卵石、风化砾石等组成的无黏性土土坡，其滑动面可以近似为一平面。

对于均质的无黏性土坡，由于无黏性土之间缺少黏结力，因此，只要位于坡面上的单元土体能够保持稳定，则整个土坡就是稳定的。图10-3为一均质无黏性土土坡，坡角为α。从坡面上任取一侧面竖直、底面与坡面平行的单元体，假定不考虑单元体两侧应力对土体稳定性的影响。设单元土体的自重为W，则使它下滑的剪切力即W沿坡面的切向分量：

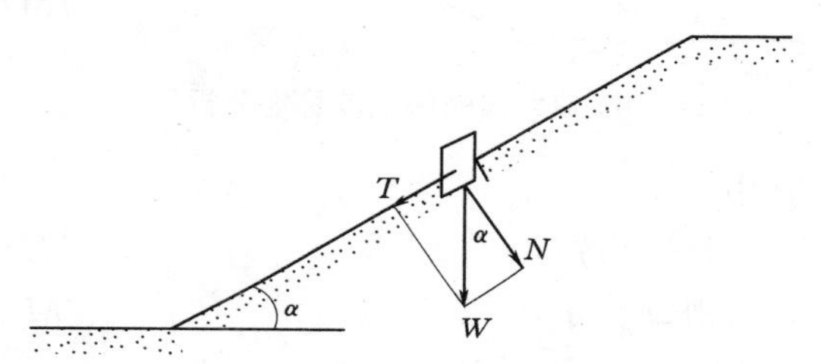

图10-3　无黏性土坡稳定分析

$$T=W\sin\alpha \tag{10-1}$$

阻止土体下滑的力即单元土体与其下土体之间的摩擦力，能发挥的最大值为

$$T_f=N\tan\varphi=W\cos\alpha\tan\varphi \tag{10-2}$$

式中　N——单元体在坡面上的法向力；

φ——土体的内摩擦角。

可定义无黏性土坡的稳定安全系数为抗滑摩擦力与剪切力之比：

$$F_s=\frac{T_f}{T}=\frac{W\cos\beta\tan\varphi}{W\sin\alpha}=\frac{\tan\varphi}{\tan\alpha} \tag{10-3}$$

由式（10-3）可见，对于均质无黏性土土坡，土坡的稳定性与土坡的高度H（称为坡高）无关，与土体重度γ无关，仅仅取决于坡角α，理论上只要坡角$\alpha\leqslant\varphi$，则$F_s\geqslant1$，土体就是稳定的。为了保证土坡有足够的安全储备，可取$F_s=1.1\sim1.5$。当坡角$\alpha=\varphi$，有$F_s=1$，土体处于极限平衡状态，称为无黏性土土坡的休止角。

10.3　黏性土土坡的稳定性分析

黏性土由于颗粒之间存在黏结力，发生滑坡时是整块土体向下滑动的，坡面上任一单元土体的稳定条件不能用来代表整个土坡的稳定条件。若按平面应变问题考虑，可将滑动面以上土体看作刚体，并以它为脱离体，分析在极限平衡条件下其上各种作用力。

一、瑞典圆弧滑动法

对均质黏性土坡破坏时的滑动面可简化为一圆柱面，其在平面上的投影就是一个圆弧，称为滑弧。圆弧法最早由瑞典工程师彼得森（K. E. Petterson）提出，故习惯称为瑞典圆弧法。

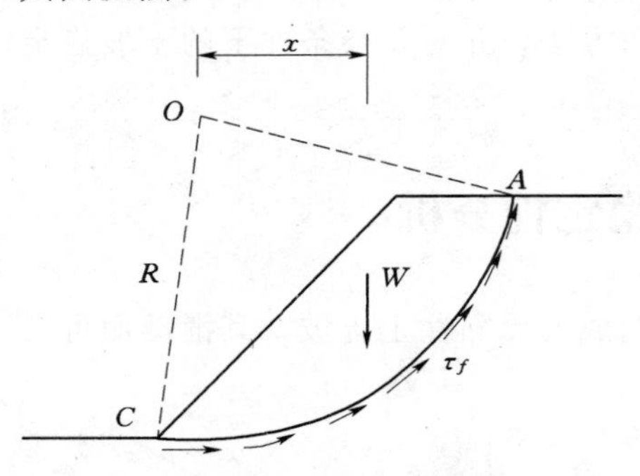

图 10-4　瑞典圆弧法土坡稳定分析

在图 10-4 中，当土坡沿弧 $\widehat{AC}$ 滑动，弧 $\widehat{AC}$ 的圆心为 O 点，弧 $\widehat{AC}$ 长 L，半径为 R。取滑弧上面的滑动土体为脱离体，并视为刚体分析其受力。使土体产生滑动的力矩由滑动土体的重量 W 产生，阻止土体滑动的力矩由沿滑动面上分布的抗剪强度 τ_f 产生。可定义滑动土体的稳定安全系数为抗滑力矩与滑动力矩之比：

$$F_s=\frac{M_r}{M_s} \tag{10-4}$$

其中

抗滑力矩：　$M_r=\tau_f LR$

滑动力矩：　$M_s=Wx$

式中　τ_f——土的抗剪强度，kPa；

L——滑动面滑弧长，m；

R——滑动面圆弧半径，m；

W——滑动土体的重力，kN/m；

x——滑动土体重心至圆心 O 的力臂，m。

式（10-4）中，土体的 $\tau_f=c+\sigma\tan\varphi$，而滑动面上各点的法向应力 σ 是变化的，使得该式难以应用。但对饱和黏性土，在不排水条件下，$\varphi_u=0$，抗剪强度 $\tau_f=c_u$，与法向应力 σ 无关，则式（10-4）改为

$$F_s=\frac{c_u LR}{Wx} \tag{10-5}$$

式（10-5）用于分析饱和黏性土坡形成过程和刚竣工时的稳定分析，称为 $\varphi_u=0$ 法，在 $\varphi=0$ 时的分析是完全精确的，对于圆弧滑动面的总应力分析可得出基本正确的结果。

在应用式（10-4）时，如果土坡坡顶有堆载或车辆荷载等附加外力作用，滑动力矩的计算中应将附加外力考虑在内。

二、泰勒稳定图解法

泰勒和其后的研究者为简化最危险滑动面的试算工作，首先研究饱和黏土（$\varphi_u=0$）土坡，在坡底以下一定深度 ηH 有硬质土层的情况，其后发展到 $\varphi\neq0$ 的土坡。根据几何相似原理，选取影响土坡稳定的 5 个参数，土的重度 γ，抗剪强度参数 c、φ，以及土坡形状参数 α 和 H，并将 γ、c 和 H 之间的关系定义为稳定数 N_s：

$$N_s=\frac{c}{\gamma H} \tag{10-6}$$

稳定数 N_s 为无量纲数，泰勒给出了均质土坡在极限平衡状态下（$F_s=1$）N_s 和 φ、α 的关

系，绘出了稳定数图，如图10－5所示。应用稳定数图，可以比较方便地求解两类问题：①已知黏性土坡坡角α和土体指标γ、c和φ，根据图10－5横坐标α值与φ值曲线的交点，得到相应纵坐标N_s值，即可得到土坡极限坡高H；②已知土坡高度H和土体指标γ、c和φ，计算得到稳定数N_s，根据稳定数图10－5也可求得土坡极限坡角α；③在5个参数均已知时，可由φ和α从图中查得N_s，求土坡最小安全系数$F_s=c/(\gamma HN_s)$。稳定数法一般适用于坡高$H\leqslant 10$m的均质土坡的设计，或用于土坡稳定的初步设计。

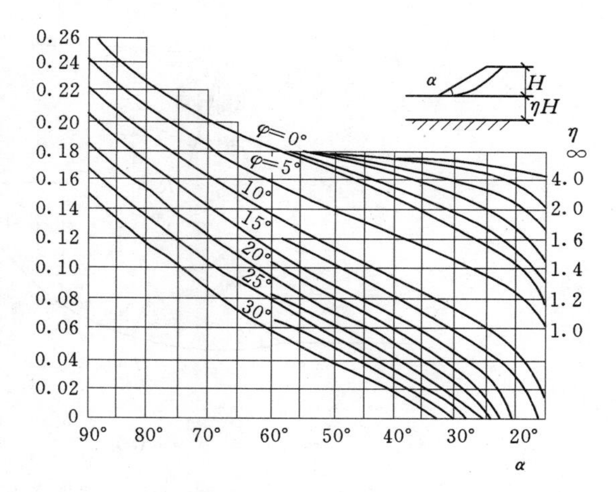

图10－5　泰勒稳定数图解法

【例题10－1】　某开挖基坑，深4m，地基土的重度$\gamma=18\text{kN/m}^3$，有效黏聚力$c=10$kPa，有效内摩擦角$\varphi=15°$。如要求基坑边坡的抗滑稳定安全系数F为1.20。试问：边坡的坡度设计成多少最为合适？

解：要使抗滑稳定安全系数$F=1.20$，则基坑边坡的临界高度应为

$$H_c=FH=1.20\times 4=4.80\text{m}$$

因而

$$N_s=\frac{c}{\gamma H_c}=\frac{10}{18\times 4.80}=0.116$$

由$N_s=0.116$和$\varphi=15°$查图10－5可得坡角$\alpha=59°$最为合适。

三、瑞典圆弧条分法

由于瑞典圆弧滑动法假设整个滑动土体为刚体处于极限平衡状态，对于土坡受渗透力、地震力等外力作用时，整个滑动土体上力的分析就较复杂；此外，滑动面上各点的抗剪强度又与该点的法向应力有关，并非均匀分布，使得瑞典圆弧滑动法的应用受到限制。

费伦纽斯在瑞典圆弧滑动法的基础上，将滑动土体划分成一系列铅直土条，假定各土条两侧分界面上作用力的合力大小相等、方向相反，且作用线重合，即不计条间相互作用力对平衡条件的影响，计算每一滑动土条上的滑动力矩和土的抗剪强度，然后根据整个滑动土体的力矩平衡条件，求得稳定安全系数。该法古老且简单，又称为瑞典条分法。

图10－6（a）所示土坡和滑弧，将滑坡体分成n个土条，其中第i条宽度为b_i，条底弧线可简化为直线，长为l_i，重力为W_i，土条底的抗剪强度参数为c_i、φ_i，该土条的受力如图10－6（b）所示，根据费伦纽斯的假定有$E_i=E_{i+1}$。根据第i条上各力对O点力矩的平衡条件，考虑到N_i通过圆心，不出现在平衡方程中，假设土坡的整体安全系数与土条的安全系数相等，然后根据式（10－4）对n个土条的力矩平衡方程求和得

$$F_s=\frac{\sum T_iR}{\sum W_iR\sin\alpha_i}\qquad(10-7)$$

式中　F_s——土坡抗滑动安全系数。

T_i和N_i之间满足：

$$T_i=c_il_i+N_i\tan\varphi_i\qquad(10-8)$$

式中　T_i——第i土条底部的抗滑力；

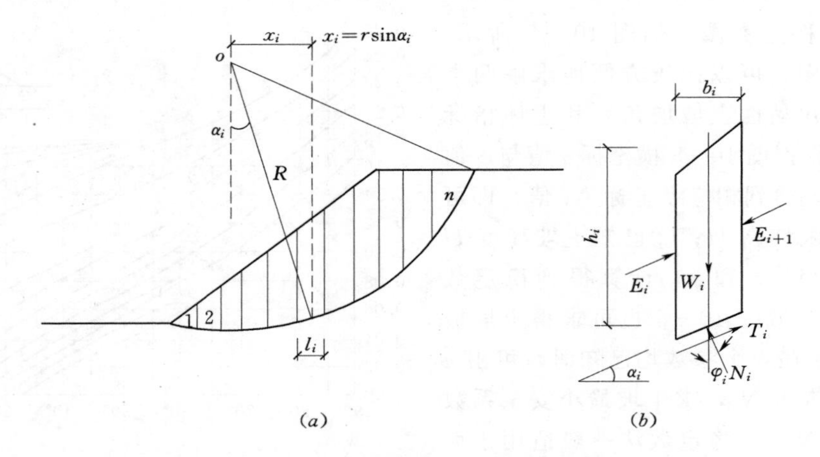

图 10-6 瑞典条分法土坡稳定分析

N_i ——第 i 土条底部的法向力。

根据条底法线方向力的平衡条件，考虑到 $E_i = E_{i+1}$，得

$$N_i = W_i \cos\alpha_i \tag{10-9}$$

将式（10-8）和式（10-9）代入式（10-7），得

$$F_s = \frac{\sum (c_i l_i + W_i \cos\alpha_i \tan\varphi_i)}{\sum W_i \sin\alpha_i} \tag{10-10}$$

其中

$$\sin\alpha_i = \frac{x_i}{R}$$

式中，α_i 存在正负问题。当土条自重沿滑动面产生下滑力时，α_i 为正；当产生抗滑力时，α_i 为负。

式（10-10）为圆弧条分法采用总应力分析法求得的土坡稳定安全系数，当采用有效应力分析法时，抗剪强度指标应取 c' 和 φ'，在计算土条重力 W_i 时，土条在浸润线以下部分应取饱和重度计算，考虑到条底孔隙水压力 u_i 的作用，$N'_i = N_i - u_i l_i$，式（10-10）改写为

$$F_s = \frac{\sum [c'_i l_i + (W_i \cos\alpha_i - u_i l_i)\tan\varphi'_i]}{\sum W_i \sin\alpha_i} \tag{10-11}$$

四、最危险滑动面的确定

上述的计算是针对一个假定的滑动圆弧面得到的稳定安全系数，不一定是最危险的滑动面。为寻找最危险的滑动面，求得相应最小安全系数，可假设一系列滑动圆弧，分别计算所对应的安全系数，直至找到最小值。这一过程需要进行多次试算，计算工作量很大。

费伦纽斯发现，均质黏性土土坡，其最危险滑动面常通过坡脚，$\varphi = 0$ 时，圆心位置可由图 10-7 中 AO 与 BO 两线的交点确定，AO 与 BO 的方向由 β_1 和 β_2 确定，β_1 和 β_2 的值和坡角或坡比有关，如表 10-1 所示。对 $\varphi > 0$ 的土坡，最危险滑动面可能在图 10-7 (b) 中 EO 的延长线上。自 O 点向外取圆心 O_1、O_2、O_3 分别作圆心，绘制过坡脚的圆弧，并计算安全系数，然后沿延长线作 F_s 对圆心位置的曲线，求得最小安全系数 F_{smin} 和对应的圆心 O_m。

对于外形复杂土坡，最危险滑弧圆心位置与各土层的土性参数 γ、φ 和 c 等因素有关，

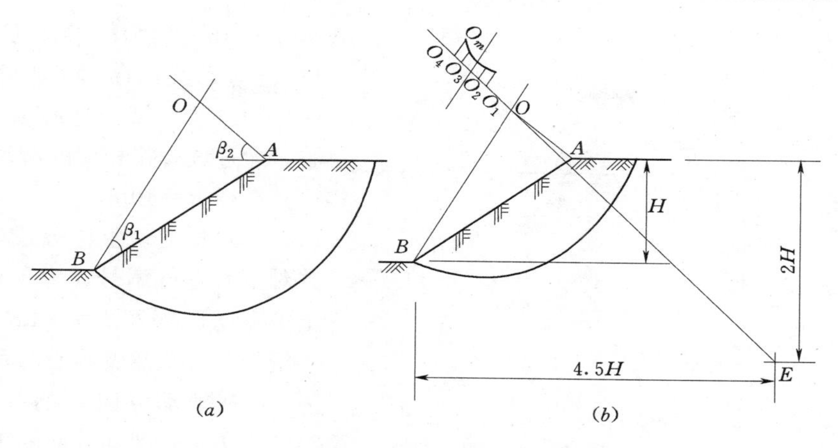

图 10-7　最危险滑动面圆心位置的确定

有多少层土层（包括同一土层在地下水位线上、下的不同部分）就有可能出现多少个安全系数 F_s 的极小值区。对于图 10-8 所示的土坡，两个土层对应于最小安全系数 F_{smin} 的滑弧圆心分别为 O_1 和 O_2。整个土坡的稳定安全系数为各极小值区内 F_s 的最小值。计算时先固定一个滑出点（如图中的 A_0、…、A_n），所有计算的滑弧均应通过同一个滑出点，求出相应最小的 F'_{smin}。再选定另一个滑出点，又计算出一个 F'_{smin}。最后对不同滑出点的 F'_{smin} 的值进行比较，从中求出最小的 F_{smin}，作为土坡的稳定安全系数。

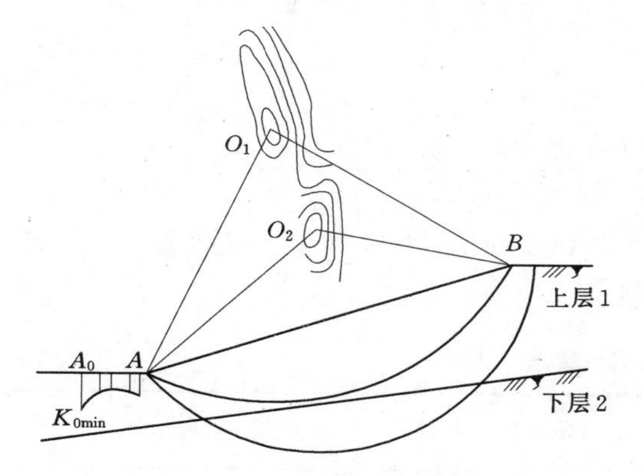

图 10-8　两个土层土坡的最危险滑动面与最小安全系数

表 10-1　β_1 和 β_2

坡　比 1∶n	坡角 α (°)	β_1 (°)	β_2 (°)
1∶0.5	63.43	29.5	40
1∶0.75	53.13	29	39
1∶1.0	45	28	37
1∶1.5	33.68	26	35
1∶1.75	29.75	25	35
1∶2.0	26.57	25	35
1∶2.5	21.8	25	35
1∶3.0	18.43	25	35
1∶4.0	14.05	25	36
1∶5.0	11.32	25	37

上述计算可利用程序，通过计算机进行，大量的计算结果表明：对基于极限平衡理论的各种稳定分析法，若滑动面采用圆弧面时，尽管求出的 F_s 值不同，但最危险滑弧的位置却很接近；而且在最危险滑弧附近，F_s 值的变化很不灵敏。因此，可利用瑞典条分法确定出最危险滑弧的位置。然后，对最危险滑弧，或其附近的少量的滑弧，用比较精确的稳定分析方法来确定它的安全系数以减少计算工作量。

【例题 10-2】　一均质黏性土坡，高 20m，边坡为 1∶2，土体黏聚力 $c=10\text{kPa}$，内摩擦角 $\varphi=20°$，重度 $\gamma=18\text{kN/m}^3$。试用瑞典条分法计算土坡的稳定安全系数。

解：（1）选择滑弧圆心，作出相应的滑动圆弧。按一定比例画出土坡剖面，如图 10-9 所示。因为是均质土坡，可由表 10-1 查得 $\beta_1=25°$，$\beta_2=35°$，作线 BO 及 CO 得交点 O。

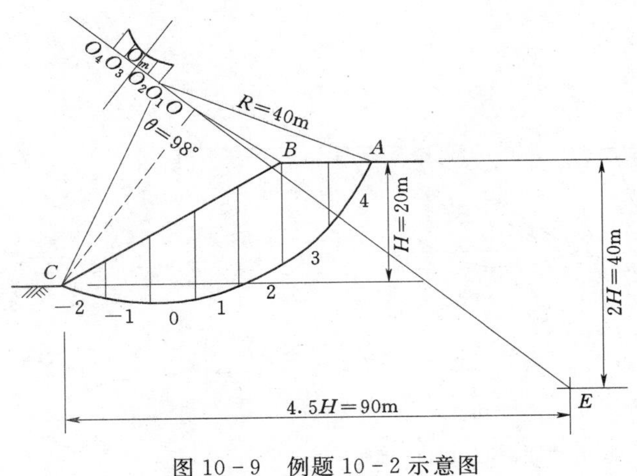

图 10-9 例题 10-2 示意图

再如图 10-9 所示求出 E 点，作置 EO 之延长线，在 EO 延长线上任取一点 O_1 作为第一次试算的滑弧圆心，通过坡脚作相应的滑动圆弧，量得其半径 $R=40\text{m}$。

（2）将滑动土体分成若干土条，并对土条进行编号。为了计算方便，土条宽度取等宽 $b=0.2R=8\text{m}$。土条编号一般从滑弧圆心的垂线开始作为 0，逆滑动方向的土条依次为 1、2、3、…，顺滑动方向的土条依次为 −1、−2、−3、…。

（3）量出各土条中心高度 h_i，并列表计算 $\sin\alpha_i$、$\cos\alpha_i$ 以及 $\sum W_i\sin\alpha_i$、$\sum W_i\cos\alpha_i$ 等值，如表 10-2 所示。

注意：当取等宽时，土体两端土条的宽度不一定恰好等于 b，此时需将土条的实际高度折算成相应于 b 时的高度，对 $\sin\alpha_i$ 应按实际宽度计算，如表 10-2 备注栏所示。

（4）量出滑动圆弧的中心角 $\alpha=98°$，计算滑弧弧长：

$$\widehat{L}=\frac{\pi}{180}\times\alpha\times R=\frac{\pi}{180}\times 98\times 40=68.4\text{m}$$

（5）计算安全系数，用式（10-10）：

$$F_s=\frac{c\widehat{L}+b\tan\varphi\sum\gamma h_i\cos\alpha_i}{b\sum\gamma h_i\sin\alpha_i}=\frac{10\times 68.4+18\times 8\times 0.346\times 80.51}{18\times 8\times 25.34}=1.34$$

（6）在 EO 延长线上重新选择滑弧圆心 O_1、O_2、O_3、…，重复上述计算，直至求出最小的安全系数，即为该土坡的稳定安全系数。

表 10-2　　瑞典条分法计算表

土条编号	h_i (m)	$\sin\alpha_i$	$\cos\alpha_i$	$W_i\sin\alpha_i$	$W_i\cos\alpha_i$	备　注
−2	3.3	−0.383	0.924	−22.68	54.9	1. 从图中量出“−2”土条实际宽度为 6.6m，实际高为 4.0m，折算后“−2”土条高为 $4.0\times\frac{6.6}{8.0}=3.3\text{m}$
−1	9.5	−0.2	0.980	−34.2	167.58	
0	14.6	0	1.00	0.00	262.8	
1	17.5	0.2	0.980	63.0	308.7	
2	19.0	0.4	0.916	136.8	313.2	2. $\sin\alpha_{-2}=-\left(\frac{1.5b+0.5b_{-2}}{R}\right)$
3	17.0	0.6	0.800	183.6	244.8	
4	9.0	0.8	0.600	129.6	97.2	$=-\left(\frac{1.5\times 8+0.5\times 6.6}{40}\right)$
				$\sum=456.12$	$\sum=1449.18$	$=-0.383$

瑞典条分法由于忽略了土条侧面的作用力，虽然满足滑动圆弧的整体力矩平衡条件和土条的力矩平衡条件，但却不满足土条静力平衡条件，计算结果存在误差。这种误差随着滑弧圆心角和孔隙水压力的增大而增大，计算得到的稳定安全系数偏低 5%～20%，偏于安全。但 Duncan 指出，瑞典条分法对平缓边坡和高孔隙水压情况边坡进行有效应力分析

是非常不准确的。

五、毕肖普条分法

1955年毕肖普（Bishop）提出了考虑土条侧面作用力的稳定分析方法，称为毕肖普条分法。与瑞典圆弧条分法不同之处在于，条间力的假设和土坡稳定安全系数的定义。如图10-10所示，取土条 i 分析其受力。作用在土条 i 上有重力 W_i，滑动面上法向力 N_i 和切向力 T_i，土条侧面分别有切向力 V_i、V_{i+1} 和法向力 H_i、H_{i+1}。当土条 i 处于极限平衡状态时，由竖向力平衡条件，有

$$W_i + \Delta V_i = N_i \cos\alpha_i + T_i \sin\alpha_i \tag{10-12}$$

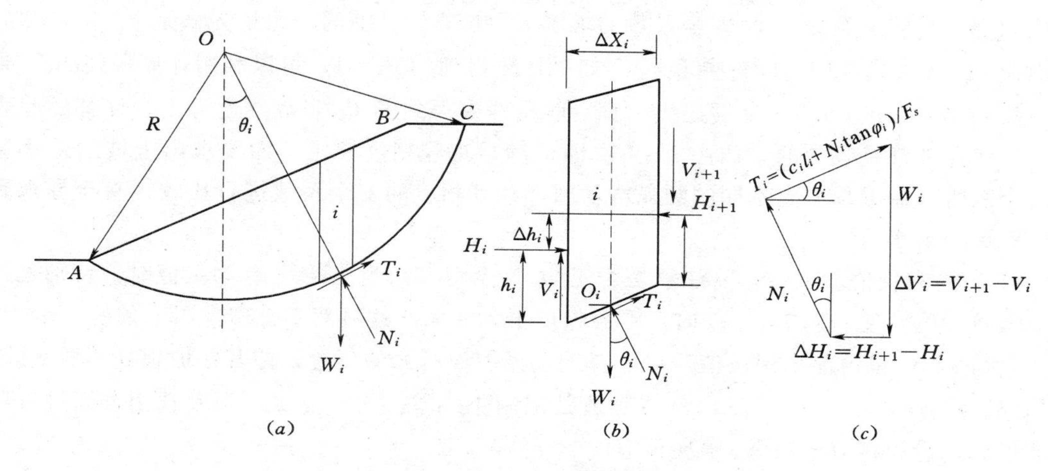

图10-10　毕肖普条分法土条受力图

毕肖普将安全系数定义为土坡滑动面上的抗滑动力与滑动面上的实际剪力之比，并假定各土条底部滑动面的稳定安全系数是相同的，则土条 i 滑动面上 T_i 和 N_i 之间满足如下关系：

$$T_i = \frac{1}{F_s}(c_i l_i + N_i \tan\varphi_i) \tag{10-13}$$

将式（10-13）代入式（10-12）得

$$N_i = \frac{W_i + \Delta V_i - \dfrac{c_i l_i}{F_s}\sin\alpha_i}{\cos\alpha_i + \dfrac{\sin\alpha_i \tan\varphi_i}{F_s}} = \frac{1}{m_{\alpha i}}\left(W_i + \Delta V_i - \frac{c_i l_i}{F_s}\sin\alpha_i\right) \tag{10-14}$$

其中

$$m_{\alpha i} = \cos\alpha_i + \frac{\sin\alpha_i \tan\varphi_i}{F_s}$$

考虑整个滑动土体的整体力矩平衡条件，V_i 和 H_i 成对出现，大小相等，方向相反，相互抵消，各土条作用力对滑弧圆心的力矩之和为零，得

$$\sum T_i R = \sum W_i R \sin\alpha_i \tag{10-15}$$

将上述式（10-12）～式（10-14）代入式（10-15）中整理得

$$F_s = \frac{\sum \dfrac{1}{m_{\alpha i}}[c_i b_i + (W_i + \Delta V_i)\tan\varphi_i]}{\sum W_i \sin\alpha_i} \tag{10-16}$$

式（10-16）即毕肖普条分法稳定计算的一般公式。式中 $\Delta V_i = V_{i+1} - V_i$，需要进一步假

设，式（10-16）才能求解。毕肖普假定 $\Delta V_i=0$，即假设条间切向力的大小相等方向相反，则式（10-16）可简化为

$$F_s=\frac{\sum\frac{1}{m_{\alpha i}}(c_ib_i+W_i\tan\varphi_i)}{\sum W_i\sin\alpha_i} \tag{10-17}$$

其中
$$m_{\alpha i}=\cos\alpha_i+\frac{\sin\alpha_i\tan\varphi}{F_s}$$

式（10-17）称为毕肖普简化条分法计算公式。在式（10-16）和式（10-17）中，等式两端均有安全系数 F_s，安全系数的求解需要试算。计算时，可以先假定 $F_s=1$，然后求出 $m_{\alpha i}$，代入式（10-17）中求 F_s，如果计算得到的 $F_s\neq1$，可以利用计算得到的 F_s 再求出新的 $m_{\alpha i}$ 及 F_s，如此反复迭代，直至前后两次得到的 F_s 非常接近为止。计算经验表明，迭代通常都是收敛的，迭代 3～4 次即可满足工程精度要求。而要求出土坡的最小稳定安全系数，需继续假定不同的圆弧滑动面，计算相应的安全系数进行比较，直至寻求到安全系数的最小值。

对于 α_i 为负值的土条，需注意是否使 $m_{\alpha i}$ 趋近于 0。当土条的 α_i 为负值时，特别是其绝对值较大时，使 $m_{\alpha i}$ 趋近于 0 时，N_i 会趋近于无穷大，这显然不合理。当土条的 α_i 较大，c 值较大时，N_i 也可能出现负值。可以合理选择假设滑弧的位置，使其在坡顶处不要太陡，例如限制坡顶处 $\alpha_i\leqslant45°+\varphi/2$，在坡脚处限制 $|\alpha_i|\leqslant45°-\varphi/2$，以及选用合理的抗剪强度指标来避免相应土条 N_i 出现负值。

同瑞典圆弧条分法类似，采用有效应力分析法时，抗剪强度指标应取 c' 和 φ'，在计算土条 W_i 时，土条在浸润线以下部分应取饱和重度计算，考虑到条底面孔隙水压力 u_i 的作用，$N_i'=N_i-u_il_i$，式（10-17）改写为

$$F_s=\frac{\sum\frac{1}{m_{\alpha i}'}[c_i'b_i+(W_i-u_ib_i)\tan\varphi_i']}{\sum W_i\sin\alpha_i} \tag{10-18}$$

其中
$$m_{\alpha i}'=\cos\alpha_i+\frac{\sin\alpha_i\tan\varphi_i'}{F_s}$$

Duncan 对土坡稳定分析方法作了分析和比较，指出毕肖普简化法在所有情况下都是精确的（除了遇到数值分析困难情况外），但仅适用于圆弧滑动面。陈祖煜认为，对于一般没有软弱土层和结构面的边坡，毕肖普简化法计算往往能得到足够的精度。如果毕肖普简化法得到的安全系数比瑞典条分法小，可以认为毕肖普简化法存在数值分析问题。在此情况下，瑞典条分法的结果比毕肖普简化法好。因此，可以同时利用瑞典条分法和毕肖普简化法，比较其计算结果。

【例题 10-3】 有一黏性土坡，坡高 18m，土的重度为 19.6kN/m³，黏聚力为 28.6kPa，内摩擦角为 15.5°，试用毕肖普简化法求解例题图 10-3 所示滑弧的稳定安全系数。

解： 将滑坡体分成 16 个竖直土条，如图 10-11 图示。各分条中式（10-17）各项计算结果如表 10-3、表 10-4 所示。

先假设 $F_s=1.37$，将上表中数据代入式（10-17）得

$$F_s=\frac{\sum\frac{1}{m_{\alpha i}}[c_ib_i+W_i\tan\varphi_i]}{\sum W_i\sin\alpha_i}=\frac{2311.1}{1626.9}=1.421$$

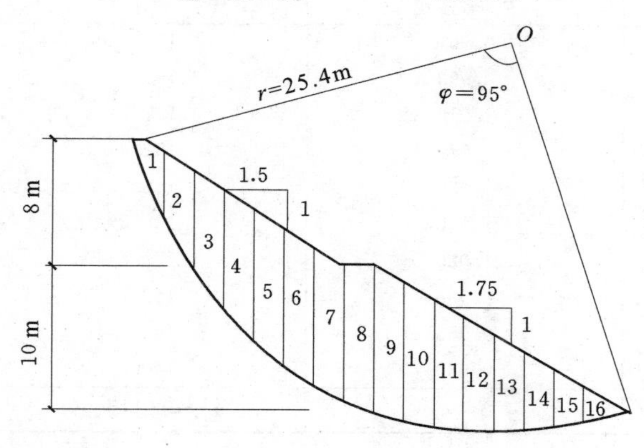

图 10-11　[例题 10-3] 示意图

表 10-3　　**[例题 10-3]　表 1**

土条编号	条宽 b_i (m)	条高 h_i (m)	土条重 $W_i=\gamma b_ih_i$ (kN)	x_i (m)	$\sin\alpha_i$ x_i/r	$\cos\alpha_i$	$W_i\sin\alpha_i$ (kN)	c_ib_i (kN)	$W_i\tan\varphi_i$
1	1.12	2.0	43.9	24.0	0.945	0.327	41.5	32.03	12.16
2	2.0	4.8	188.2	22.5	0.886	0.464	166.7	57.2	52.13
3	2.0	7.0	274.4	20.5	0.807	0.591	221.4	57.2	76.01
4	2.0	8.0	313.6	18.5	0.728	0.686	228.3	57.2	86.87
5	2.0	8.4	329.3	16.5	0.650	0.760	214.0	57.2	91.22
6	2.0	8.8	345.0	14.5	0.571	0.821	197.0	57.2	95.57
7	2.0	8.8	345.0	12.5	0.492	0.871	169.7	57.2	95.57
8	2.0	9.0	352.8	10.5	0.413	0.911	145.7	57.2	97.73
9	2.0	9.4	368.5	8.5	0.335	0.942	123.4	57.2	102.1
10	2.0	8.8	345.0	6.5	0.256	0.967	88.3	57.2	97.73
11	2.0	8.0	313.6	4.5	0.177	0.984	55.5	57.2	86.87
12	2.0	7.4	290.1	2.5	0.098	0.995	28.4	57.2	80.36
13	2.0	6.0	235.2	0.5	0.010	1.000	2.35	57.2	65.15
14	2.0	4.8	188.2	−1.5	−0.059	0.998	−11.1	57.2	52.13
15	2.0	3.6	141.1	−3.5	−0.138	0.990	−19.5	57.2	39.09
16	3.5	1.6	109.8	−5.75	−0.226	0.974	−24.8	100.1	30.42

表 10-4　　**[例题 10-3]　表 2**

$m_{\alpha i}=\cos\alpha_i+\frac{\sin\alpha_i\tan\varphi}{F_s}$		$\frac{c_ib_i+W_i\tan\varphi_i}{m_{\alpha i}}$	
$F_s=1.37$	$F_s=1.42$	$F_s=1.37$	$F_s=1.42$
0.518	0.511	85.31	86.48
0.643	0.637	170.0	171.6
0.754	0.748	176.7	178.1
0.833	0.828	173.0	174.0
0.891	0.887	166.6	167.3
0.936	0.932	163.2	163.9

续表

$m_{\alpha i}=\cos\alpha_i+\dfrac{\sin\alpha_i\tan\varphi}{F_s}$		$\dfrac{c_ib_i+W_i\tan\varphi_i}{m_{\alpha i}}$	
$F_s=1.37$	$F_s=1.42$	$F_s=1.37$	$F_s=1.42$
0.970	0.967	157.8	158.0
0.995	0.992	155.7	156.2
1.010	1.010	157.7	158.3
1.020	1.020	151.9	151.9
1.020	1.020	141.2	141.2
1.020	1.010	136.2	136.2
1.000	1.020	122.4	120.0
0.970	0.986	112.7	110.9
0.962	0.963	100.1	99.99
0.928	0.930	140.6	140.3
		$\sum=2311.6$	$\sum=2314.4$

再设 $F_s=1.42$，将上表中数据代入式（10-16）得

$$F_s=\frac{\sum\frac{1}{m_{\alpha i}}[c_ib_i+W_i\tan\varphi_i]}{\sum W_i\sin\alpha_i}=\frac{2314.4}{1626.9}=1.421$$

计算值 $F_s=1.423$ 与假设值 $F_s=1.42$ 差别很小，土坡安全系数为 1.42。

六、通用条分法

工程中很多土坡的外形复杂，不是简单土坡，土坡的土质不均匀，坡顶和坡面作用有荷载，因此滑动面不一定是圆弧形，严格地说，瑞典圆弧条分法和简化毕肖普法是不适用于非圆弧破坏滑动面的土坡稳定分析。解决的办法是将滑坡体分成一系列竖直薄土条，例如 n 条，条宽为 Δx_i，如图 10-12（a）所示。因条宽较薄，条底滑动面上土的抗剪强度可视为常数，条顶外荷载、条底反力和土条的重力均可视为作用在条的中心线上。取其中第 i 条作为脱离体，如图 10-12（b）所示，分析其受力和平衡条件。已知量有外荷载 Q_{iH}、Q_{iV}，重力 W_i，土条底部土的抗剪强度参数 c_i、φ_i；未知量及其数量如下：

（1）条间切向相互作用力 V_i，计 $n-1$ 个。

（2）条间法向相互作用力 H_i，计 $n-1$ 个。

（3）H_i 的作用点 a_i，计 $n-1$ 个。

（4）条底法向力 N_i，计 n 个。

（5）条底切向力 T_i，因假设存在关系 $T_i=(c_il_i+N_i\tan\varphi_i)/F_s$，故 n 个土条仅一个未知量 F_s。

综上所述，共有未知量 $4n-2$ 个。n 个土条的平衡方程只有 $3n$ 个，属 $n-2$ 次超静定问题，解决的办法是：①假设条间相互作用力 V_i 或 H_i 的大小；②假定条间力合力的作用方向；③假定条间力的作用点的位置。补充 $n-2$ 个方程。

瑞典法假定不考虑侧向条间力的影响，也就减少了 $3n-3$ 个未知量，尚有 $n+1$ 个未知量，然后利用 i 土条底面法线方向力的平衡以及整个土体力矩平衡两个条件，求出所需的未知数 F_s。简化毕肖普法假定所有的 V_i 均等于零，减少了 $n-1$ 个未知量，又先后利用每一土条竖直方向力的平衡及整个土体力矩平衡条件，避开了 H_i 及其作用点的位置，求

出一个未知量 F_s。但是，这两种方法实际上并不能满足所有的平衡条件。由此产生的误差，瑞典法约为10%～20%，简化毕肖普法则在2%～7%。

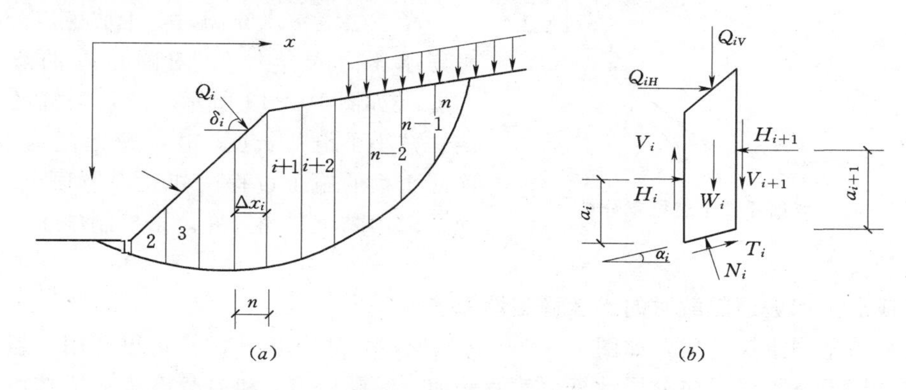

图10-12　通用条分法

类似的工作还有简布（Janbu）所提出的普遍条分法，对土条侧面作用力的作用位置假定为土条高度的1/3处；斯宾塞（Spencer）提出的方法假定土条侧面作用力的倾角为常数。

摩根斯坦和普赖斯（Morgenstem and Price）假设条间力的合力作用方向与土条侧面法线的夹角 β 为某一已知函数，即

$$\tan\beta=\frac{V(x)}{H(x)}=\lambda f(x) \tag{10-19}$$

式中，λ 为任选的一个常数，待求；$f(x)$ 为某个假定的函数，对 $n-1$ 个分界面的 x 坐标，相当于增加了 $n-1$ 个方程，考虑到 λ 增加了一个未知量，补充的方程与超静定次数相同，λ 和 $f(x)$ 可借助计算机求得精确解。从式（10-19）可见，$\lambda f(x)$ 实际上定义了条间力的方向，其正确选择应考虑到条间力作用位置（a_i），并保证土条底切向力 T_i 不超过（$c_il_i+N_i\tan\varphi_i$），这有赖于工程经验。陈祖煜和摩根斯坦后来又提出了条间力假设的改进：

$$\tan\beta=\frac{V(x)}{H(x)}=f_0(x)+\lambda f(x) \tag{10-20}$$

当取 $f_0(x)=0$，$f(x)=1$ 时，则土条侧面作用力的倾角 β 为常数，即为斯宾塞条分法。因为 $f(x)$ 选择的困难和求解的困难，目前尚未得到广泛应用，但通用条分法较为合理，并为其他简化分析方法提供了比较的标准。

10.4　土坡稳定性分析的若干问题

一、坡顶开裂时的土坡稳定计算

由于土的收缩及张拉应力的作用。在黏性土坡的坡顶附近，可能发生裂缝，如图10-13所示。当地表水渗入裂缝后，将产生静水压力，成为促使土坡滑动的滑动力。黏性土坡的坡顶裂缝深度，可近似按挡土墙后填土为黏性土时，在墙顶产生的拉力区高度的公式来计算，即

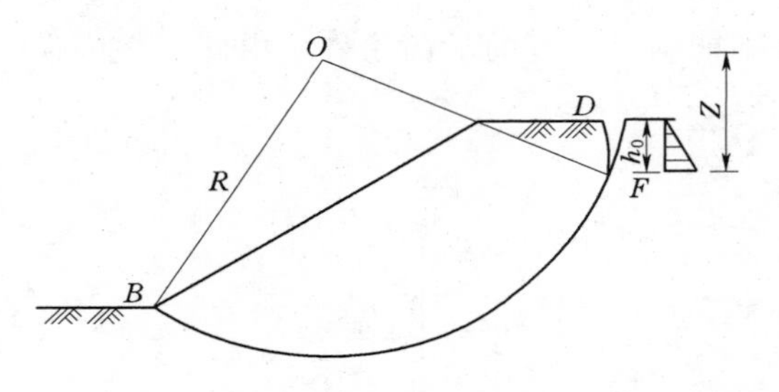

图 10-13　坡顶开裂土坡稳定分析

$$z_0=\frac{2c}{\gamma\tan(45^\circ-\varphi/2)} \tag{10-21}$$

考虑裂缝被水充满时，土坡稳定分析中须考虑水压力的合力 P_w 对圆心 O 的滑动力矩 ZP_w，如图 10-13 所示。坡顶裂缝的另一影响是减小了滑弧长度，由 BD 改变为 BF。在实际工程的施工过程中如发现坡顶出现裂缝，应及时用黏土封闭，并严格控制施工用水，避免地面水的渗入。

二、成层土和坡顶超载时的土坡稳定计算

若土坡由不同土层组成，如图 10-14（a）所示，式（10-10）仍可适用，但应当注意：①在计算土条重量时应分层计算，然后叠加；②黏聚力 c 和内摩擦角 φ 应按滑动面所在的土层位置采用不同的数值。因此，对于成层土坡，安全系数 F_s 的计算公式为

$$F_s=\frac{\sum c_i l_i+b\sum(\gamma_1 h_{1i}+\gamma_2 h_{2i}+\cdots+\gamma_n h_{ni})\cos\alpha_i\tan\varphi_i}{b\sum(\gamma_1 h_{1i}+\gamma_2 h_{2i}+\cdots+\gamma_n h_{ni})\sin\alpha_i} \tag{10-22}$$

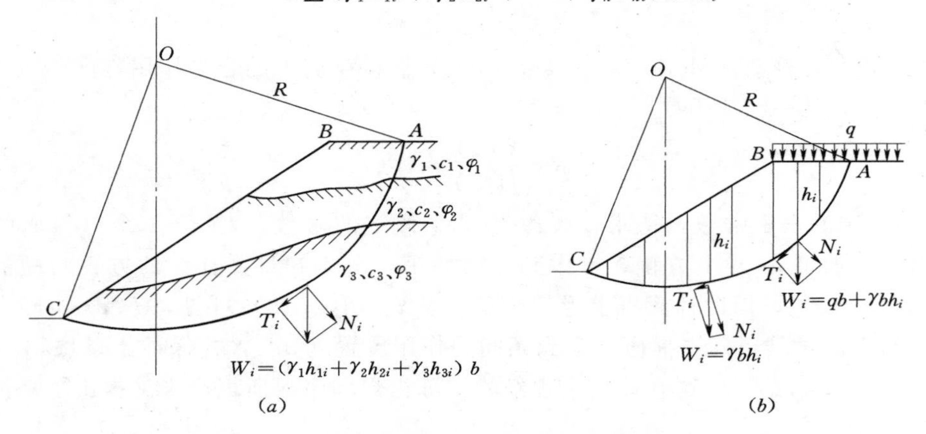

图 10-14　成层土和坡顶超载作用时土坡稳定分析

如果在土坡的坡顶或坡面上作用有超载 q，如图 10-14 所示，则只要把超载分别加到相应土条的重量中即可。

三、考虑渗流时的土坡稳定分析

（一）无黏性土坡考虑渗流时的稳定分析

稳定渗流对土坡稳定的影响表现在渗透力的作用，此外，浸润线以下土的重度取有效重度。当无黏性土坡中有稳定渗流时，坡面上任一单位体积土块受到渗透力 $j=i\gamma_w$ 的作用，设渗透力的方向和水平面夹角为 θ，如图 10-15 所示。分析该土块上的作用力，可得到安全系数：

$$F_s=\frac{抗滑力}{滑动力}=\frac{[\gamma'\cos\alpha-i\gamma_w\sin(\alpha-\theta)]\tan\varphi}{\gamma'\sin\alpha+i\gamma_w\cos(\alpha-\theta)} \tag{10-23}$$

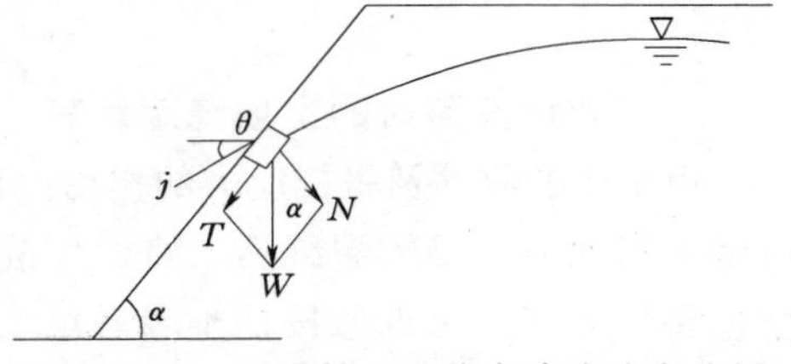

图 10-15　无黏性土坡稳定渗流稳定分析

当渗流方向沿坡面向下时，$\theta = \alpha$，水力坡降 $i = \sin\alpha$，代入（10-23）得

$$F_s = \frac{\gamma' \cos\alpha \tan\varphi}{(\gamma' + \gamma_w)\sin\alpha} = \frac{\gamma' \tan\varphi}{\gamma_{sat} \tan\alpha} = \frac{\gamma'}{\gamma_{sat}} \frac{\tan\varphi}{\tan\alpha} \tag{10-24}$$

比较式（10-3）和式（10-23）可见，当有顺坡面向下的渗流时，安全系数降低 γ'/γ_{sat} 倍，通常饱和重度 γ_{sat} 约为有效重度 γ' 的 2 倍，即安全系数减小了一半，也就是说处于极限平衡时的坡角，从无渗流时 $\alpha = \varphi$，减小到 $\alpha = \tan^{-1}(\tan\varphi/2)$。

（二）黏性土坡考虑渗流时的稳定分析

1. 流网法

在黏性土坡中分析较复杂，首先需计算确定浸润线的位置，绘制流网，每个土条在浸润线以下的单元，如图 10-16（a）中所示的 $abcd$，体积为 V，受到总渗透力的作用，其大小为 $jV = i\gamma_w V$，方向沿流线，作用在单元的形心上，水力坡降 i 由土条包含的流网计算。单元 $abcd$ 的重量为 $\gamma' V$ 和总渗透力 $i\gamma_w V$ 的合力 R 构成了渗流的作用，如图 10-16（b）所示。因等势线不是竖直的，流网与土条的划分不一致，给计算带来困难，此外，合力 R 的计算亦较复杂，故一般不用此法分析渗流的作用。

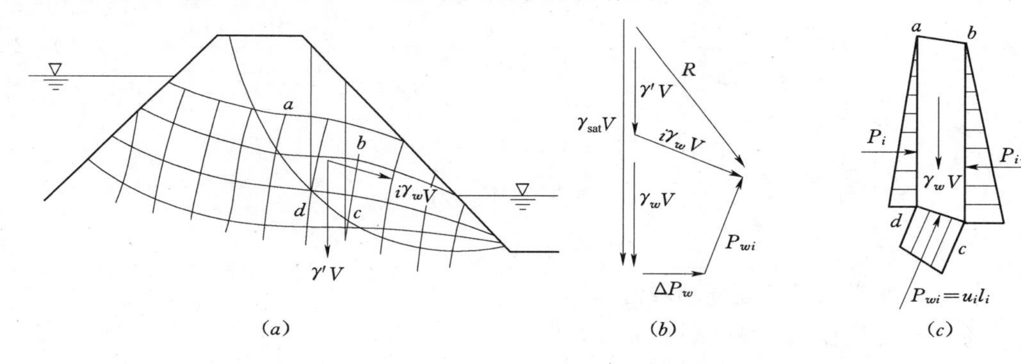

图 10-16 黏性土坡渗流作用下稳定分析

2. 替代法

另一种分析方法是取 $abcd$ 中的孔隙水作为脱离体，如图 10-16（c）所示，用以分析总渗透力的作用。该脱离体受的力有孔隙水重量 $\gamma_w V_v$、土粒浮力的反作用力 $\gamma_w V_s$，V_v 和 V_s 分别为 $abcd$ 中孔隙和土粒的体积，以上两力的合力为 $\gamma_w V$，相当于 $abcd$ 中无土粒充满水的重量，如图 10-16（c）、（b）所示。此外，还有两竖直面 ad 和 bc 上总孔隙水压力之差 $\Delta P_w = P_i - P_{i+1}$，土条底面孔隙水压力 $P_{wi} = u_i l_i$。从（b）图可见 $\gamma_w V$、ΔP_w 和 P_{wi} 三力也构成了总渗透力 $i\gamma_w V$，因 $\gamma' V + \gamma_w V = \gamma_{sat} V$，从（$b$）图还可看出，用 $\gamma_{sat} V$、ΔP_w 和 P_{wi} 三力同样可求得第一种分析方法求得的 $\gamma' V$ 和 $i\gamma_w V$ 的合力 R，而计算却方便得多。将土条上各力对 O 点取矩，ΔP_w 为内力不出现在平衡方程中，$\gamma_{sat} V$ 为土条的饱和重量，考虑到土条有部分处在下游水位以下，则该部分应以浮重度计算，按有效应力分析法，土坡稳定的安全系数 F_s 用瑞典条分法计算：

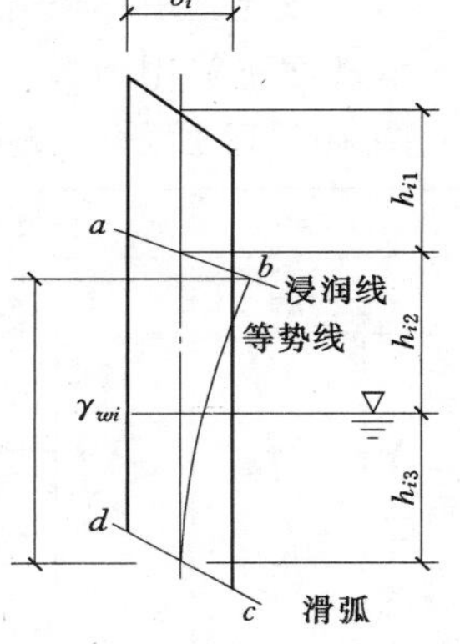

图 10-17 考虑渗流作用土坡稳定分析

$$F_s = \frac{\sum[c_i' l_i + (W_i \cos\alpha_i - u_i l_i)\tan\varphi_i']}{\sum W_i \sin\alpha_i} \tag{10-25}$$

其中
$$W_i = (\gamma h_{i1} + \gamma_{sat} h_{i2} + \gamma' h_{i3}) b_i$$

式中　h_{i1}、h_{i2} 和 h_{i3} ——第 i 土条在浸润线以上、浸润线至下游水位和下游水位至滑动面的高度，如图 10－17 所示。

关于 u_i 的计算，严格而言，应过土条底部中点作等势线，取图 10－17 中的 γ_{wi} 为计算水头，即 $u_i = \gamma_w(\gamma_{wi} - h_{i3})$。近似计算可用 $h_{i2} + h_{i3}$ 代替 γ_{wi}，则 $u_i = \gamma_w h_{i2}$，虽有误差，差值不大，且偏于安全。

四、考虑地震影响的土坡稳定分析

地震对土坡的影响，可用拟静力法计算，即在每一土条的重心施加一个水平向地震惯性力 F_{ih}，对于抗震设防烈度为 8、9 的 1、2 级土石坝，还要同时施加竖向地震惯性力 F_{iv}。现行《水工建筑物抗震设计规范》中规定，采用拟静力法进行抗震稳定计算时，对于均质坝，可采用瑞典圆弧法（费伦纽斯法）进行验算；对于 1、2 级及 70m 以上的土石坝，宜同时采用毕肖普简化法。毕肖普简化法计算安全系数 F_s 的公式为

$$F_s = \frac{1}{\sum(W_i \pm F_{iv})\sin\alpha_i + \dfrac{M_h}{\gamma}} \sum \frac{c_i b_i + (W_i \pm F_{iv} - u_i b_i)\tan\varphi_i}{\cos\alpha_i + \dfrac{\sin\alpha_i \tan\varphi_i}{F_s}} \tag{10-26}$$

其中
$$W_i = (\gamma h_{i1} + \gamma_{sat} h_{i2} + \gamma' h_{i3}) b_i$$

$$F_{iv} = \frac{1}{3} a_h \xi W_i a_i / g$$

$$F_{ih} = a_h \xi W_i a_i / g$$

式中　a_h ——水平向设计地震动峰值加速度；
ξ ——地震作用的效应折减系数，取 0.25；
a_i ——质点 i（土条重心）的动态分布系数，可按图 10－18 规定采用；
M_h —— F_{ih} 对圆心的力矩；
c_i、φ_i ——地震力作用下的土体强度参数。

五、复合滑动面的土坡稳定计算

当边坡地基中存在有软弱夹层时，滑动面可能由三种或三种以上曲线组成。稳定分析时，滑动面不能用圆弧线代替，否则会引起误差，这种误差有可能是偏于不安全的。

图 10－19 所示土坡夹有一软弱夹层，可以取脱离体 $ABCD$ 分析土坡的稳定性，假设

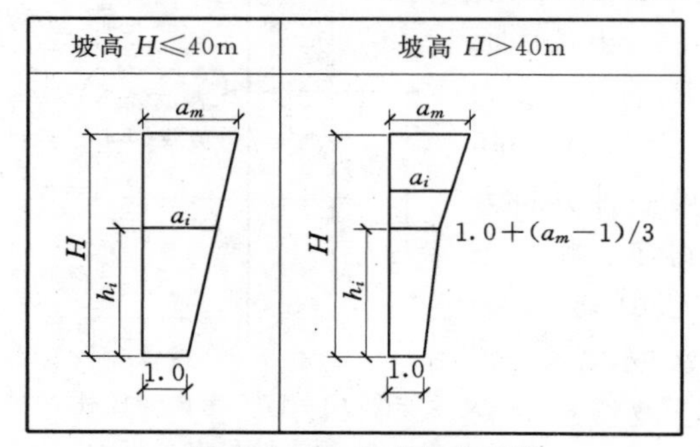

图 10－18　动态分布系数 α_i

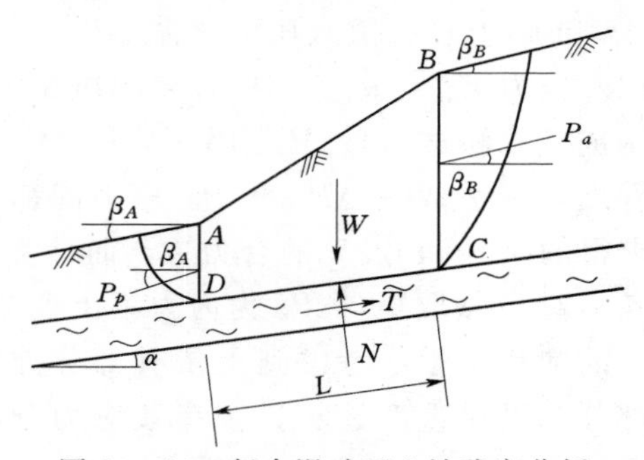

图 10－19　复合滑动面土坡稳定分析

在竖直面 BC 和 AD 上分别作用有主动土压力和被动土压力的合力 P_a 和 P_p，并假设力的作用方向分别平行于坡顶和坡底，沿夹层表面 CD 向下的滑动力为

$$S=P_a\cos(\beta_B-\alpha)-P_p\cos(\beta_A-\alpha)+W\sin\alpha \tag{10-27}$$

式中　α、β_A 和 β_B——如图10-19所示。

沿 CD 面的抗滑力由软弱夹层的抗剪强度提供，其大小为

$$T=cL+[W\cos\alpha+P_a\sin(\beta_B-\alpha)-P_p\sin(\beta_A-\alpha)]\tan\varphi \tag{10-28}$$

式中　L——CD 面的长度。

定义土坡的稳定安全系数为

$$F_s=\frac{抗滑力}{滑动力}=\frac{T}{S} \tag{10-29}$$

六、抗剪强度指标的选用

土坡稳定分析成果的可靠性，很大程度上取决于土体抗剪强度的正确选取。工程实践表明，对于任何确定土层分布及土体物理性质的土坡稳定分析，试验方法不同引起抗剪强度指标的选取差别对土坡稳定安全系数的影响远超过不同计算方法之间的差别。土体强度的取值，原则上应尽量与土坡现场的实际受力和排水条件一致。因此，对于控制土坡稳定的各个时期，应分别采用不同的试验方法和结果。总的来说，采用总应力分析法时，用不排水或固结不排水强度指标；采用有效应力分析法时，用有效应力强度指标，即排水剪强度指标。例如，在堤坝填筑或土坡开挖过程和竣工时，如土体和地基的渗透系数很小，且施工速度快，孔隙水压力来不及消散，可用总应力分析法，采用快剪或三轴不排水剪得到的强度指标；在分析挖方土坡的长期稳定性或稳定渗流条件下的稳定性时，应采用有效应力分析法，采用慢剪或三轴排水剪试验强度指标；分析上游坝坡水位骤降对边坡稳定影响时，由于堤坝已经历长期运行，土体已固结并浸水饱和，可采用饱和土样的固结快剪或三轴固结不排水剪试验强度指标。

七、土坡稳定的允许坡度

由于边坡稳定分析方法选择的不同，目前对土坡稳定的允许坡度的取值，不同行业对边坡稳定的允许安全系数有不完全相同的要求。考虑边坡稳定分析方法的差异，并结合工程实践经验，在《建筑地基基础设计规范》（GB 50007—2002）中，采取了规定土质边坡坡度允许值（见表10-5）和压实填土边坡坡度的允许值（见表10-6）的方法。

表10-5　　土质边坡坡度允许值

土的类别	密实度或状态	坡度允许值（高宽比）	
		坡高5m以内	坡高5～10m
碎石土	密实	1∶0.35～1∶0.50	1∶0.50～1∶0.75
	中密	1∶0.50～1∶0.75	1∶0.75～1∶1.00
	稍密	1∶0.75～1∶1.00	1∶1.00～1∶1.25
黏性土	坚硬	1∶0.75～1∶1.00	1∶1.00～1∶25
	硬塑	1∶1.00～1∶1.25	1∶1.25～1∶1.50

注　1. 表中碎石土的充填物为坚硬或硬塑状态的黏性土。
2. 对于砂土或充填物为砂土的碎石土，其边坡坡度允许值均按自然休止角确定。

表 10-6 压实填土边坡的坡度允许值

填料名称	压实系数 λ_c	边坡允许值（高宽比）			
		填土厚度 H（m）			
		$H \leqslant 5$	$5 < H \leqslant 10$	$10 < H \leqslant 15$	$15 < H \leqslant 20$
碎石、卵石	0.94～0.97	1∶1.25	1∶1.50	1∶1.75	1∶2.00
砂夹石（其中碎石、卵石占全重30%～50%）	0.94～0.97	1∶1.25	1∶1.50	1∶1.75	1∶2.00
土夹石（其中碎石、卵石占全重30%～50%）	0.94～0.97	1∶1.25	1∶1.50	1∶1.75	1∶2.00
粉质黏土、黏粒含量 $\rho_c \geqslant 10\%$ 的粉土	0.94～0.97	1∶1.50	1∶1.75	1∶2.00	1∶2.50

注 当压实填土厚度大于20m时，可设计成台阶进行压实填土的施工。

在选用表10-5、表10-6的坡度允许值时，如边坡高度大于表中规定，或地下水比较发育或具有软弱结构面的倾斜地层，则边坡的坡度允许值应另行设计。

当土坡稳定的允许坡度不满足要求，有发生滑坡危险时，必须对土坡采取相应的防治和处理措施，可参阅相关手册和专业文献，本章不再赘述。

习 题

10-1 一均质无黏性土坡，土的有效重度 $\gamma' = 9.65\text{kN/m}^3$ 时，内摩擦角 $\varphi' = 33°$，设计稳定安全系数为1.2，问：下列三种情况，坡角 α 应取多少度？①干坡；②水下浸没土坡；③当有顺坡向下稳定渗流，且地下水位与坡面一致时。

（答案：28.4°，28.4°，15.0°）

10-2 已知某路基填筑高度 $H = 10.0\text{m}$，填土重度 $\gamma = 18.0\text{kN/m}^3$，内摩擦角 $\varphi = 20°$，黏聚力 $c = 7\text{kPa}$。求此路基的稳定坡角 α。

（答案：35°）

10-3 已知一均匀土坡，坡角 $\alpha = 30°$，土的重度 $\gamma = 16.0\text{kN/m}^3$，内摩擦角 $\varphi = 20°$，黏聚力 $c = 5\text{kPa}$。计算此黏性土坡的安全高度 H。

（答案：12.0m）

10-4 一深度为8m的基坑，放坡开挖坡角为45°，土的黏聚力 $c = 40\text{kPa}$，$\varphi_u = 0°$，重度 $\gamma = 19\text{kN/m}^3$，试用瑞典圆弧法求图10-20所示滑弧的稳定安全系数，并用泰勒图表法求土坡的最小稳定安全系数。

（答案：1.70，1.65）

10-5 若考虑坡顶张拉裂缝的影响，计算图10-20中土坡在裂缝中无水和充满水两种情况的安全系数。

（答案：1.32，0.85）

10-6 某高层建筑基坑开挖，边坡高度为6.5m，边坡土体天然重度 $\gamma = 19\text{kN/m}^3$，内摩擦角 $\varphi = 23°$，黏聚力 $c = 32\text{kPa}$。①试根据图10-21所假设滑动面，采用瑞典圆弧条分法计算基坑边坡的稳定安全系数；②若坡顶有塔吊机械，塔吊基础宽2.0m，离坡边缘2.0m，坡脚至坡顶水平距离为5.0m，已知塔吊最大轮压力750kN，对相同滑动面计算基坑边坡的稳定安全系数。

（答案：1.09）

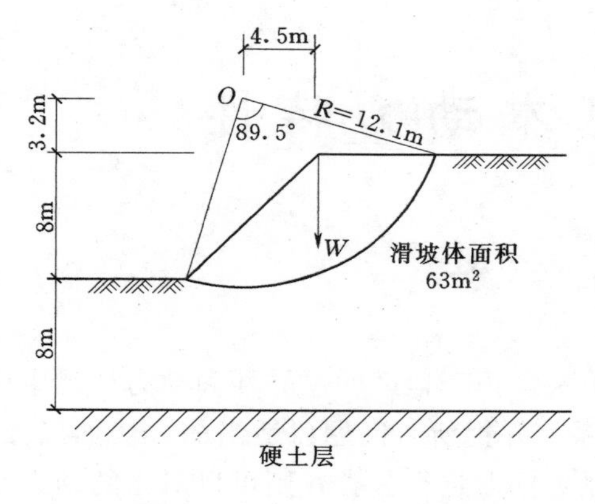

图 10-20　习题 10-4、习题 10-5 示意图

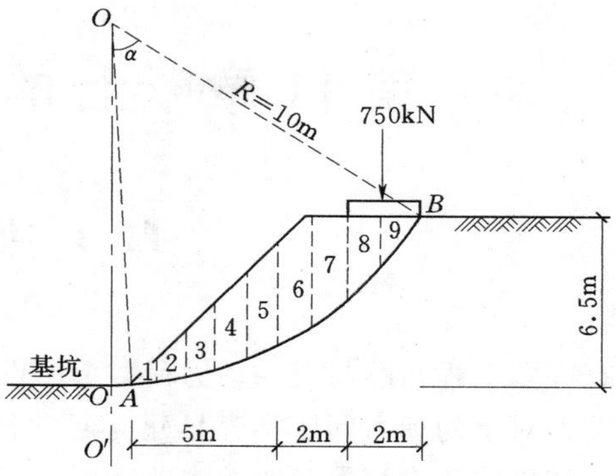

图 10-21　习题 10-6 示意图

10-7　某高层住宅基坑开挖深度为 5.0m，土坡坡度为 1∶1。地基土分两层：第一层为粉质黏土，重度 $\gamma_1=18.2\text{kN/m}^3$，内摩擦角 $\varphi_1=23°$，黏聚力 $c_1=5.8\text{kPa}$，层厚 $h_1=2.0\text{m}$；第二层为黏土，重度 $\gamma_2=19.0\text{kN/m}^3$，内摩擦角 $\varphi_2=18°$，黏聚力 $c_2=8.5\text{kPa}$，层厚 $h_2=8.3\text{m}$。试用瑞典圆弧条分法计算如图 10-22 假定圆弧滑动面的稳定安全系数。

（答案：1.14）

10-8　用瑞典圆弧条分法按有效应力分析，求图 10-23 所示土坡的稳定安全系数，土的重度 $\gamma=19.4\text{kN/m}^3$，饱和重度 $\gamma_{sat}=20.0\text{kN/m}^3$，有效内摩擦角 $\varphi'=29.5°$，有效黏聚力 $c'=32\text{kPa}$。图中分条数为 8，其中 1～7 条条宽 1.5m，第 8 条条宽 1.0m。（图中浸润线和坡外侧水位用于习题 10-10）。

10-9　用毕肖普简化条分法求上题的土坡稳定安全系数。

10-10　当图 10-23 中有地下水位，且坡外侧水位与第 1 分条顶部齐平时，考虑稳定渗流的作用，求土坡稳定安全系数。

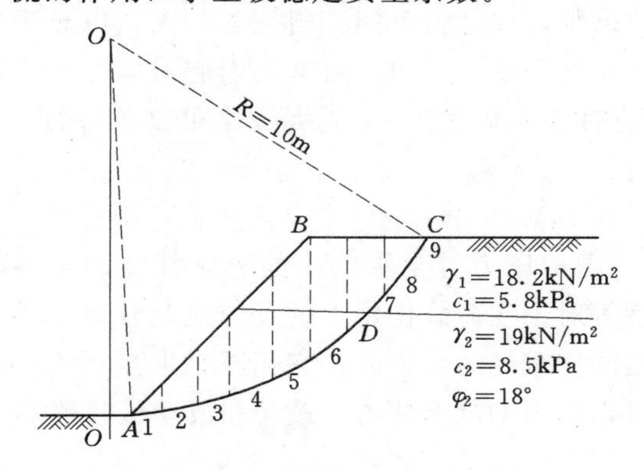

图 10-22　习题 10-7 示意图

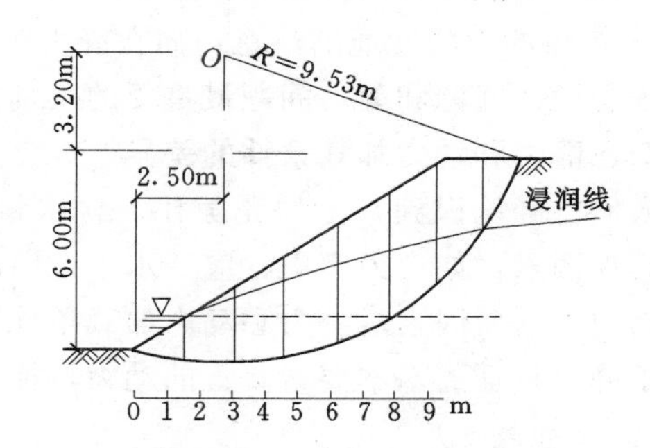

图 10-23　习题 10-8 示意图

第 11 章 土的基本动力特性

11.1 概 述

有许多工程问题与土在动力荷载下的性能有关。由于地区的差异性和动力加载条件的复杂性，对土的动力问题不容易建立起学科体系，并把所有问题以适当的方法加以分类。然而，如果按照与静力问题的主要区别对土的动力问题进行分类，则可以对土的动力性能作出一些综合性的评价。

一、应变范围

有关静力问题的经典土力学，主要关心的问题是估计基础或土工结构抵抗破坏的安全度，其基本的方法是估计土体的强度，并与外部荷载引起的土体中的应力进行比较。这样，人们的注意力集中在估计土的强度上。地基或结构物的沉降是与土的变形有关的另一个主要关心的问题，而黏土的固结则是经典土力学的一个主要分支学科。

回顾这两个主要研究领域，可以发现人们的注意力集中在与一定大小的变形有关的土的性能上。众所周知，土的破坏通常发生在应变水平为百分之几的量级，由于固结或压缩引起的工程所感兴趣的沉降，大多数情况下应变水平在 10^{-3} 量级或更大。这样，在小应变下土的现象通常是不被关心的。

与此相反，在土动力学中，土在运动中的状态是需要研究的课题，因此，惯性力是不能被忽视的因素。人们已经知道，随着土能发生变形的时间间隔越来越短，惯性力发挥着越来越重要的作用。在简谐运动作用下，惯性力的大小是与该运动的频率成正比的。假如应变水平是无限地小，则随着运动频率的快速增加，惯性力可能变得明显的大，以至于在工程实践中不能再忽略其影响。鉴于这一原因，在土动力学中，有必要引起对应变水平低至 10^{-6} 量级的土的性能的注意，而在静力问题的经典土力学中，这是完全可以忽略的。这一点正是动力问题和静力问题最重要的区别之一。

二、静力和动力加载条件的差异

人们已经认识到，土的孔隙比、含水量、围护压力等是影响土的力学性能的主要因素。其他因素，如应力历史、应变水平、温度等对土在荷载作用下的反应也起着重要的影响。然而，这些因素对静力和动力加载条件是同样重要的，因此，它们不是度量动力特征区别于静力特征的基本要素。土的动力特征可以认为来源于冲击、振动和波动这些现象。

（一）加载速度

定义在土中产生一定的应变或应力水平所需要的时间为加载时间。荷载的施加速度自然是描述动力特征的一个基本要素。根据加载时间的长短，工程上有意义的几类动力问题可以按图 11-1 所示分类。具有较短周期或较高频率的振动和波动问题可以被看作是有较短加载时间的一类现象；相反，具有较长周期的振动和波动问题可以看作是有较长加载时间的另一类现象。加载时间可以近似地视为荷载重复周期的 1/4。施加荷载所持续的时间大于数十秒的一类问题，一般地可以视为静力问题，反之，则须视为动力问题。施加荷载所持续的时间的长短也可以用加载速度或应变速率来表示。它们被称为加载速度效应或速率效应。

（二）重复加载效应

所谓动力现象，就是荷载以一定频率重复施加多次。加载的重复性是用来划分动力问题的另一个基本要素。在工程实践中通常遇到的动力问题也可按加载的重复性分类，如图 11－1 所示。

与快速施加单一脉冲有关的问题可以用冲击来表示，如爆炸引起的振动。荷载的持续时间短到 10^{-3}～10^{-2}s，这种荷载一般称为脉冲或冲击荷载。地震时主震通常包含 10～20 次不同幅值的重复加载，且地震荷载是一个不规则的时间过程，每个脉冲的周期在 0.1～3.0s，相应的加载时间在 0.02～1.0s 这个量级（见图 11－1）。在打桩情况下，施加于土的荷载重复次数达 100～1000，振动频率为 10～60Hz。电机或压缩机基础通常受到类似频率的振动作用，但荷载的重复次数更大。

上述荷载主要与振动或波动有关。另一类土的动力问题是交通或水波引起的重复加载问题。铁（公）路路堤下的土在铁（公）路的设计使用期内受到次数很大的重复加载作用，但加载时间可以认为在 0.1 至几秒量级。这种类型的荷载以重复加载次数很大为特征，虽然荷载的强度并不大，但荷载的积累效应可能是不可忽视的。在这种情况下，由于重复加载次数可以认为是无限大，因此这类动力问题必须理解为疲劳现象。重复加载对土的性能的影响称为重复加载效应。

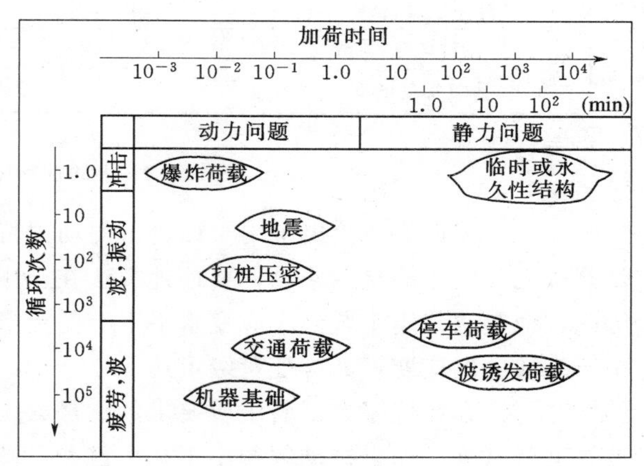

图 11－1　土的动力问题的分类

三、土的变形特性与剪应变的相关性

人们已经注意到，土的变形特性很大程度上取决于土所受到的剪应变大小。土的性能随剪应变的变化如图 11－2 所示，图中给出土处于弹性、弹塑性和破坏状态的近似的应变范围。在低于 10^{-5}量级的小应变范围内，大多数土的变形呈现出纯弹性和可恢复的特性。与这样低的应变相对应的现象可能是土中的振动或波动。在 10^{-4}～10^{-2}量级的中等应变范围内，土的性能呈现出弹塑性特性，并产生不可恢复的永久变形。土结构中产生裂缝或差异沉降似乎是与土的弹塑性特性相对应的。当应变大到超过百分之几的水平时，在土中的剪应力没有进一步增加情况下，土中的应变趋向于变得相当大，土体发生破坏。土坡滑动或无黏性土的击（夯）实、液化是与土达到破坏状态的大应变相对应的。

土的性能的另一种特性是膨胀性，即土在排水剪切或不排水剪切的孔隙水压力发生变化过程中趋向于膨胀或收缩。在小应变和中等应变范围内重复加载时土的膨胀性不会呈现出来。当应变水平增加到 10^{-4}～10^{-3}量级以上时，重复加载时土的膨胀性就会呈现出来。

注意：在重复加载过程中，由于土的膨胀性效应，土的性能会发生渐进性变化，如饱和土的刚度退化、干土或部分饱和土的硬化。

动力加载条件的另一个重要方面是加载速度的影响。试验室试验表明，在单向加载条件下土抵抗变形的能力一般随加载速度的增加而增大，土的强度也随加载速度的增加而增大；同时，当应变很小时就不会发生加载速度效应。试验已表明，是否会发生加载速度效应的门槛剪应变水平为 10^{-3} 量级。

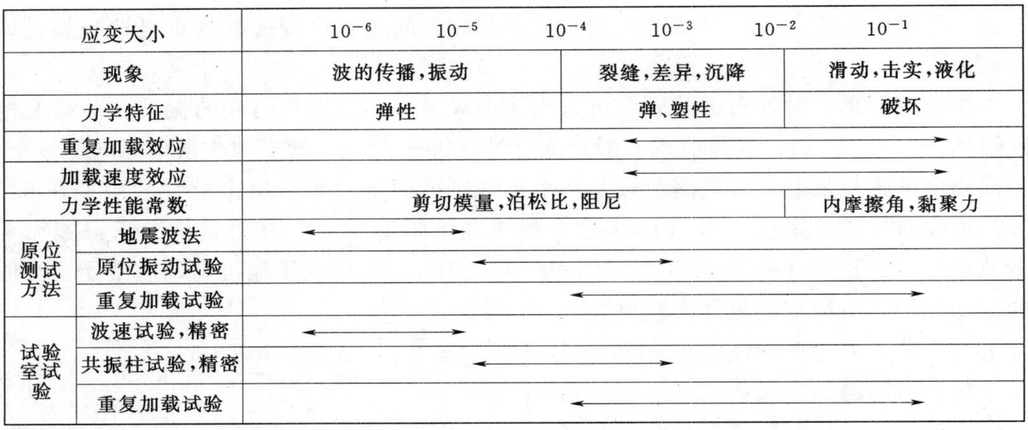

应变大小		10^{-6}	10^{-5}	10^{-4}	10^{-3}	10^{-2}	10^{-1}
现象		波的传播，振动			裂缝，差异，沉降		滑动，击实，液化
力学特征		弹性			弹、塑性		破坏
重复加载效应					←		→
加载速度效应					←		→
力学性能常数		剪切模量，泊松比，阻尼					内摩擦角，黏聚力
原位测试方法	地震波法	←	→				
	原位振动试验		←		→		
	重复加载试验			←			→
试验室试验	波速试验，精密	←	→				
	共振柱试验，精密		←		→		
	重复加载试验			←			→

图 11－2　土的性能随剪应变的变化

图 11－2 近似地给出了用于评价土的动力特性的几种常规试验方法的应变范围。在原位测试中，由于能量的限制，要使地震法在土中产生超过 10^{-5} 量级的应变水平是困难的。因此，地震法仅用于获到小应变水平下土的变形模量。而利用原位振动试验，则可以在土中产生较大的应变，其应变量级可达 $10^{-5}\sim10^{-3}$。当要求确定应变水平达到百分之几时土的性能，则在原位振动试验中所要求的能量太大而难以实现。在这种情况下，则可以采用重复加载试验。如果振动频率小于几个赫兹，则惯性力效应可以忽略，试验就成为单纯的重复静载荷试验。由于加载速度效应在重复加载试验的频率范围内通常是很小的，因此，在中等到大应变范围的原位测试中，重复加载试验是一种有用的工具。

在试验室试验中，确定土的弹性性能的最普通的方法是土样波速试验。此外，共振柱试验也是一种很普通的方法。在共振柱试验中，土的剪应变水平大约为 $5\times10^{-5}\sim5\times10^{-4}$ 量级，其大小与所试验土的类型有关。借助于专门设备，对土样的变形进行精密的测量，共振柱试验可以得到小应变下土的弹性性能。常用的其他土工动力试验还有动三轴试验、动扭剪试验和动简切试验等。在动三轴试验中，土的剪应变水平大约为 $10^{-4}\sim10^{-1}$ 量级。在研究应变水平达到百分之几的土的性能时，可不考虑振动频率的影响。一般地，要使土试样产生这样大幅度的振动而不降低测试结果的精度是困难的。克服这种困难的最好方法是使试验的振动频率低到使动力试验不再适宜的频率，则这种试验就转化为重复加载试验。利用重复加载试验，对土样可以施加大到足以引起破坏的应变幅度。最近，这种试验已广泛用于研究地震时的软黏土性能和饱和砂土的液化势。

本章主要讨论土的压实性、土的动强度和变形特性、砂性土的液化机理、砂性土的液化判别方法及其地基液化程度的划分等内容。把土的压实性内容归入这一章，主要是考虑到土的压实性不完全是土自身的物理性能，它反映了土的动力反应特性，且土的压实是一个动力过程。

11.2　土的压实性

工程建设中广泛用到填土，例如路基、土堤、土坝和飞机跑道、平整场地修建建筑物等，都是把土作为建筑材料按一定要求和范围进行堆填而成。显然，未经压实的填土，强度低，压缩性大且不均匀，遇水易发生塌陷等现象。因此，这些填土一般都要经过压实，以减少其沉降量，降低其透水性，提高其强度。特别是高土石坝，往往是方量达数百万方甚至千百万方以上，是质量要求很高的人工填土。进行填土时，通常采用夯实、振动或辗压等方法，使土得到压实。土的压实就是指填土在压实能量作用下，使土颗粒克服粒间阻力而重新排列，使土中的孔隙减小、密度增加，从而使填土在短时间内得到新的结构强度。土的压实在松软地基处理方面也得到广泛应用。

实践经验表明，压实细粒土宜用夯击机具或压力较大的辗压机具，同时必须控制土的含水量。对过湿的黏性土进行辗压或夯实时会出现软弹现象，填土难以压实；对很干的黏性土进行辗压或夯实时，也不能把填土充分压实。因此，含水量太高或太低的填土都得不到好的压密效果，必须把填土的含水量控制在适当的范围内。压实粗粒土时，则宜采用振动机具，同时充分洒水。两种不同的做法说明细粒土和粗粒土具有不同的压密性质。

一、黏性土的压实性

研究黏性土的压实性可以在试验室或现场进行。在试验室内研究土的压实性是通过击实试验进行的。试验的仪器和方法详见《土工试验方法标准》(GB/T 50123—2019)。试验时将某一种土配成若干份具有不同含水量的土样。将每份土样装入击实仪内，用完全同样的方法加以击实。击实后，测出压实土的含水量 w 和干密度 ρ_d。以含水量 w 为横坐标，干密度 ρ_d 为纵坐标，绘制含水量-干密度曲线如图 11-3 所示。这种试验称为土的击实试验。

(一) 最优含水量与最大干密度

在一定的压实功能（在试验室压实功能是用击数表示的）下使土最容易压实，并能达到最大密实度时的含水量称为土的最优含水量 w_{op}。在图 11-3 所示的击实曲线上，峰值干密度 $\rho_{d\max}$ 对应的含水量就是最优含水量 w_{op}。同一种土，干密度愈大，孔隙比愈小，所以最大干密度相应于击实试验所能达到的最小孔隙比。在某一含水量下，将土压到最密，理论上就是将土中所有的气体都从孔隙中赶走，使土达到饱和。将不同含水量所对应的土体达到饱和状态时的干密度点绘于图 11-4 中，得到理论上所能达到的最大压实曲线，即饱和度为 $S_r=100\%$ 的压实曲线，也称饱和曲线。该曲线可用下述公式表示：

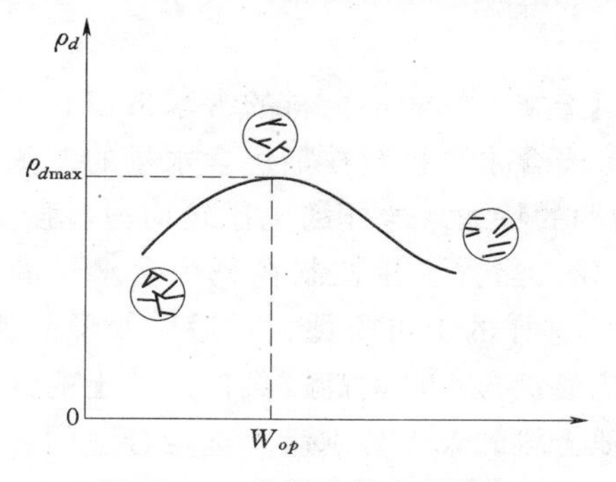

图 11-3　黏性土的击实曲线

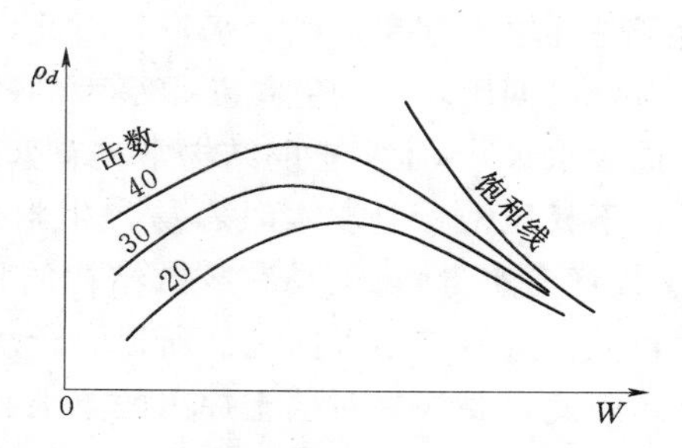

图 11-4　不同压实功能的击实曲线

$$w=\rho_w/\rho_d-1/d_s \tag{11-1}$$

按照饱和曲线，当含水量很大时，干密度很小，因为这时土体中很大的一部分体积都是水。若含水量很小，则饱和曲线上的干密度很大。当 $w=0$ 时，饱和曲线的干密度应等于土粒相对密度 d_s。显然松散的土是无法达到这一密度的。

实际上，试验的击实曲线在峰值以右逐渐接近于饱和曲线，并且大体上与它平行。在峰值以左，则两根曲线差别较大，而且随着含水量减小，差值迅速增加。土的最优含水量的大小随土的性质而异，试验表明 w_{op} 约在土的塑限 w_p 附近。有各种理论解释这种现象的机理。归纳起来，可以这样理解：当含水量很小时，颗粒表面的水膜很薄，要使颗粒相互移动需要克服很大的粒间阻力，因而需要消耗很大的能量。这种阻力可能来源于毛细压力或者结合水的剪切阻力。随着含水量增加，水膜加厚，粒间阻力减小，颗粒就容易移动。但是，当含水量超过最优含水量 w_{op} 以后，水膜继续增厚所引起的润滑作用已不明显。这时，土中的剩余空气已经不多，并且处于与大气隔绝的封闭状态。封闭气体很难全部被赶走，因此击实曲线不可能达到饱和曲线，也即击实土不会达到完全饱和状态。注意到，这里所讨论的是黏性土，黏性土的渗透性很小，在击实的过程中，土中的水来不及渗出，在压实的过程中可以认为含水量保持不变，因此必然是含水量愈高得到的压实干密度愈小。

（二）压实功能的影响

压实功能是指压实单位体积土所消耗的能量。击实试验中的压实功能可用下式表示：

$$E=\frac{WdNn}{V} \tag{11-2}$$

式中 E——压实功能；

W——击锤的质量，在标准击实试验中击锤质量为 2.5kg；

d——落距，击实试验中定为 0.30m；

N——每层土的击实次数，标准试验为 27 击；

n——铺土层数，试验中分 3 层；

V——击实筒的体积，为 $1\times10^{-3}\text{m}^3$。

每层土的压实次数不同，即表示压实功能有差异。同一种土，用不同的功能压实，得到的压实曲线如图 11-4 所示。曲线表明，压实功能愈大，得到的最优含水量愈小，相应的最大干密度愈大。所以，对于同一种土，最优含水量和最大干密度并不是恒值，而是随着压密功能而变化的。同时，从图中还可以看到，含水量超过最优含水量以后，压实功能的影响随含水量的增加而逐渐减小。压实曲线均靠近于饱和曲线。

（三）填土的含水量和辗压标准的控制

由于黏性填土存在最优含水量，因此，在填土施工时应将土料的含水量控制在最优含水量左右，以期用较小的能量获得最大的密度。当含水量控制在最优含水量的左侧时（即小于最优含水量），压实土的结构常具有絮凝结构的特征。这样的土比较均匀，强度较高，较脆硬，不易压密，但浸水时容易产生附加沉降。当含水量控制在最优含水量的右侧时（即大于最优含水量），土具有分散结构的特征。这样的土可塑性大，适应变形的能力强，但强度较低，且具有不等向性。所以，含水量比最优含水量偏高或偏低，填土的性质各有优缺点。因此，要根据对填土提出的要求和当地土料的天然含水量，选定合适的含水量进行压实，一般选用的含水量要求在 $w_{op}\pm(2\sim3)\%$ 范围内。

要求填土达到的压密标准，工程上采用压实度 D_c 控制。压实度的定义为

$$D_c=\frac{\text{填土干密度}\ \rho_d}{\text{室内标准功能击实的最大干密度}\ \rho_{d\max}}\times 100\% \tag{11-3}$$

我国土坝设计规范中规定，Ⅰ、Ⅱ级土石坝，填土的压实度应达到95%～98%以上，Ⅲ至Ⅴ级土石坝，压实度应大于92%～95%。填土地基的压实标准也可参照这一规定。式中的标准压实功能规定为607.5kN·m/m³，相当于压实试验中每层土夯击27次。

二、无黏性土的压实性

砂和砂砾等无黏性土的压实性也与含水量有关，不过不存在最优含水量问题。一般在完全干燥或者充分洒水饱和的情况下容易压实到较大的干密度。潮湿状态，由于毛细压力增加了粒间阻力，压实干密度显著降低。粗砂在含水量为4%～5%，中砂在含水量为7%左右时，压实干密度最小，如图11-5所示。所以，在压实砂砾时要充分洒水使土料饱和。

无黏性土的压实标准，一般用相对密度 D_r 控制。以前要求相对密度达到0.70以上，近年来根据地震震害资料的分析结果，认为高烈度区相对密度还应提高。室内试验的结果也表明，对于饱和的无黏性土，在静力或动力的作用下，相对密度大于0.70～0.75时，土的强度明显增加，变形显著减小，可以认为相对密度0.7～0.75是土的力学性质的一个转折点。同时由于大功率的振动辗压机具的发展，提高辗压密实度成为可能。所以，我国现行的《水工建筑物抗震设计规范》规定，位于浸润线以上的无黏性土要求相对密度达到0.7以上，而浸润线以下的饱和土，相对密度则应达到0.75～0.85。这些标准对于有抗震要求的其他类型的填土，也可参照采用。

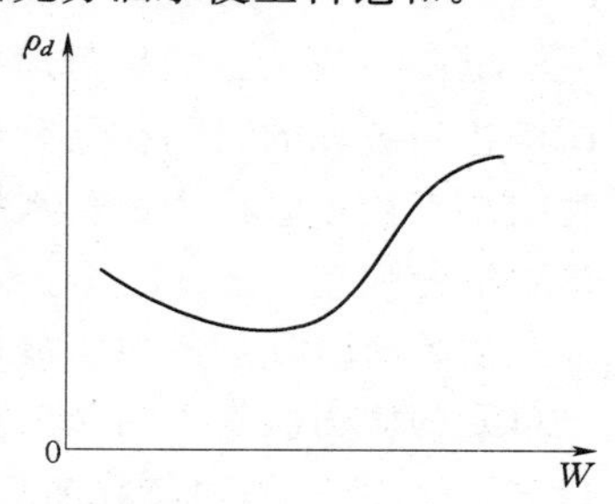

图11-5　粗粒土的击实曲线

【例题11-1】　某土料场土料的分类为低液限黏土（CL），天然含水量 $w=21\%$，土粒相对密度 $d_s=2.70$。室内标准功能压实试验得到最大干密度 $\rho_{d\max}=1.85\text{g/cm}^3$。设计中取压实度 $D_c=95\%$宜，并要求压实后土的饱和度 $S_r\leqslant 0.9$。问该土料的天然含水量是否适于填筑？碾压时土料的含水量应控制为多大？

解：（1）求压实后土的孔隙比：

由式（11-3），填土的干密度为

$$\rho_d=\rho_{d\max}\times D_c=1.85\times 0.95=1.76\text{g/cm}^3$$

则压实后土的孔隙比为

$$e=d_s\rho_w/\rho_d-1=2.70\times 1.0/1.76-1=0.534$$

假设土粒的体积为 $V_s=1\text{cm}^3$，则

孔隙的体积为

$$V_v=eV_s=0.534\times 1=0.534\text{cm}^3$$

土粒的质量为

$$m_s=d_sV_s\rho_{w1}=2.70\times 1.0\times 1.0=2.7\text{g}$$

（2）求碾压含水量：

根据题意，按饱和度 $S_r\leqslant 0.9$ 控制含水量。因此，水的体积为

$$V_w=S_rV_v=0.9\times 0.534=0.48\text{cm}^3$$

则水的质量为

$$m_w = \rho_w V_w = 0.48\text{g}$$

因此，填土的含水量为

$$w = m_w / m_s = 0.48/2.7 = 17.8\% < 21\%$$

即辗压时土料的含水量应控制在18%左右。料场土的含水量超过3%以上，不太适宜直接填筑，最好进行翻晒处理。

11.3 土的动强度和变形特性

一、动力试验的加载方式

为了确定土的动强度，有多种动力试验方法。根据试验的加荷方式，可分为四种类型，如图11-6所示。

单调加载试验的加荷速率是可变的。传统的静力加载试验所采用的加载速率控制在使试样达到破坏的时间在几分钟的量级。单调加载试验的加荷速率控制在使试样达到破坏的时间小于数秒时称为快速加载试验。快速加载试验或瞬时加载试验用于确定土在爆炸荷载作用下的强度。图11-6（*b*）所示的动荷载加载方式用于确定土在地震运动作用下的强度。初始阶段施加的单调静剪应力用于模拟地震前土中的静应力状态，例如，斜坡场地中土单元的应力状态，后续阶段施加的循环荷载模拟地震运动作用下土中的循环剪应力。图11-6（*c*）所示的动荷载加载方式用来研究地震运动作用下土的强度和刚度的衰减或降低。在若干次循环荷载结束后，土样变得软弱，土的静强度和变形性能与加循环荷载前的初始状态不一样。因此，这种试验的土体性能可用于地震后土坝或路堤的稳定性分析。图11-6（*d*）所示的加载方式有时用于研究受到振动影响的土的静强度。地基中靠近桩或板桩的土体，由于受到打桩引起的振动的影响，土的静强度可能会有所降低。在这种情况下土的强度，可采用土样放在振动台上施加动荷载。

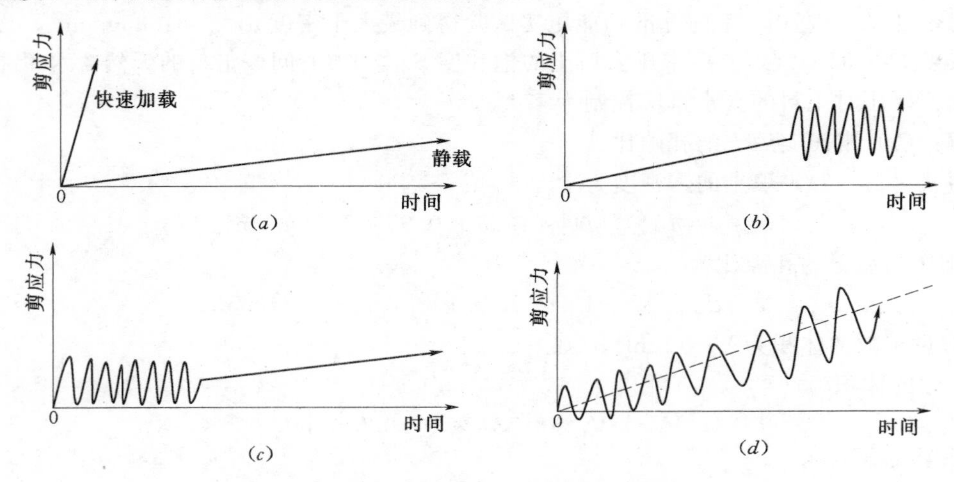

图11-6 动力试验的加载方式

（*a*）单调加载；（*b*）单调-循环加载；（*c*）循环-单调加载；（*d*）单调增加循环加载

二、黏性土动强度的定义

由于图11-6（*b*）所示的加载方式被普遍用于确定地震运动作用下土的强度，因此，用动三轴仪测定土的动强度，按照试验采用单个试样还是多个试样确定土的强度特性，加载模式可分成两类，即单阶段循环加载和多阶段循环加载。

（一）单阶段循环加载试验

这种试验采用的加载模式如图11－7所示。土样先在适当的围压σ_0'下固结，再在排水或不排水条件下施加静轴向应力σ_s，如图11－7所示的P点。对饱和试样，为了模拟地震前长期应力作用下所产生的固结，必须在排水条件下施加应力σ_s；对于部分饱和的试样，可采用不排水条件施加应力σ_s。对于指定的循环次数，在幅值为σ_d的循环荷载（σ_d的大小不足以使土样发生破坏）结束后土样中将产生一定大小的残余应变，如图11－7（a）所示A点；在同样条件下制备的另外一个新的土样先在围压σ'_0下被固结，再施加一个循环次数相同，但幅值σ_d增加了的动荷载，加荷结束后残余应变点可能位于图11－7（b）所示的B点；然后，再对第三个试样做类似的试验，但幅值σ_d继续增加，残余应变点可能位于11－7（c）所示的C点。若有必要，为了得到较大循环剪应力幅值σ_d作用下的残余应变，类似的试验可继续重复进行。

假如将按上述方法得到的几个点（如A、B、C等）绘在一个图上，可以得到一个应力应变关系，如图11－7（d）所示，这个关系称为动剪应力-残余应变关系。描述土在地震荷载作用下的性能时，这种关系是非常有用的。假如已知循环剪应力幅值σ_d以及所考虑斜坡中土单元的静剪应力σ_s，那么，估计斜坡在预期的地震运动作用下将会发生的永久残余应变或土体可能产生循环流动的强度是可能的。

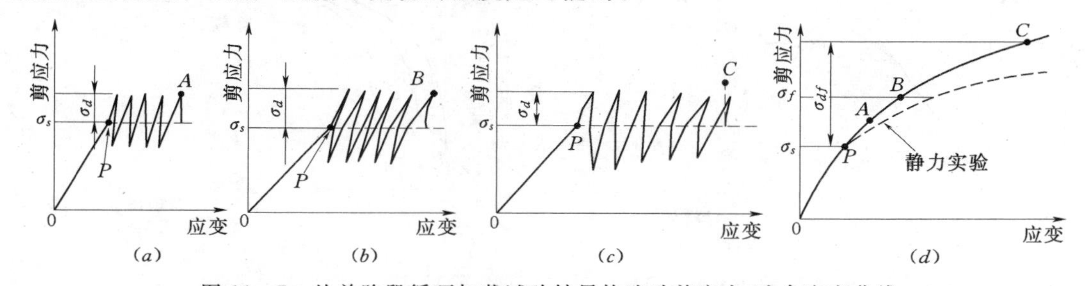

图11－7　从单阶段循环加载试验结果构造动剪应力-残余应变曲线

（二）多阶段循环加载试验

为了构造-条剪应力-残余应变曲线，单阶段循环荷载试验需要若干个条件相同的土样。然而，在某些情况下能得到有效的土样数量是有限的，这时可采用多阶段循环荷载试验。这种试验的加载模式如图11－8所示。与单阶段循环荷载试验一样，土样先被固结，并施加一个初始静剪应力σ_s。先对土样施加一个较小幅值σ_d的循环剪应力序列，在加载过程中土样变形，产生剪应变，如图11－8中A点，再接着施加一个循环次数相同、但幅值σ_d稍大的循环剪应力序列。土样继续变形达到剪应变B点，类似地，保持循环次数不变，继续增大循环剪应力幅值σ_d，可得到剪应变C点、D点、…，这样，就能得到一条应力-应变曲线，如图11－8所示虚线，这条曲线可被认为代表类

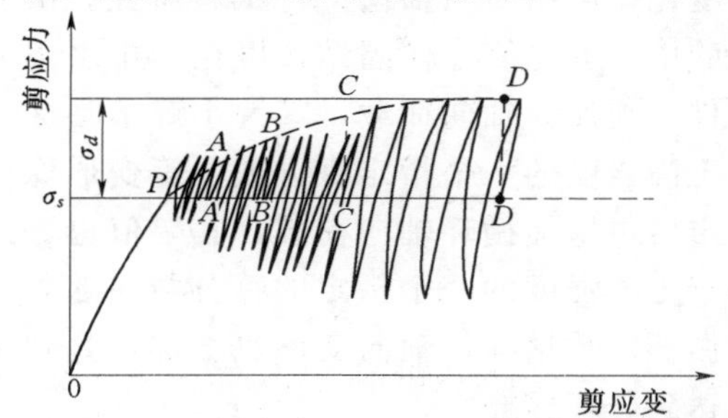

图11－8　从多阶段循环加载试验结果构造剪应力-残余应变曲线

似于单阶段循环荷载试验得到的动剪应力-残余应变曲线。

在上述加载模式中，幅值逐步增大的循环荷载序列被施加于同一个试样。因此，对于在一定幅值的循环荷载序列作用下，土样的反应可能会受到幅值较小的先期循环荷载序列的影响。与没有受到幅值较小的先期循环荷载序列作用的土样相比，假如土样的刚度较小，则由于先期荷载序列的作用将增加土样的残余应变，在应力-残余应变曲线上这种影响就会显示出来。然而，对于许多实用目的而言，上述应力历史的影响可以认为是相当地小，可忽略不计，使用多阶段循环加载试验得到的动剪应力-残余应变曲线是合理的。

对于给定的土样，上述任一加载方式得到的动剪应力-残余应变曲线的形状，取决于初始静剪应力 σ_s 相对于循环剪应力幅值 σ_d 的大小，也取决于试验中采用的循环次数 N 的大小，如图 11－9 所示。图 11－9（*a*）示出了动剪应力-残余剪应变曲线形状与试验采用的循环次数 N 的关系。随着循环次数 N 的增加，饱和软土的动剪应力一残余应变曲线变得平缓。循环次数 $N=1$ 的试验可近似认为与快速单调加载试验的效果是等价的。图 11－9（*b*）示出了初始静剪应力大小对动剪应力-残余应变曲线形状的影响。与循环剪应力幅值 σ_d 相比，初始静剪应力 σ_s 相当大时，加载速度和荷载反复的影响就很小，动剪应力-残余应变曲线形状变得类似于静荷载下的剪应力-剪应变关系。

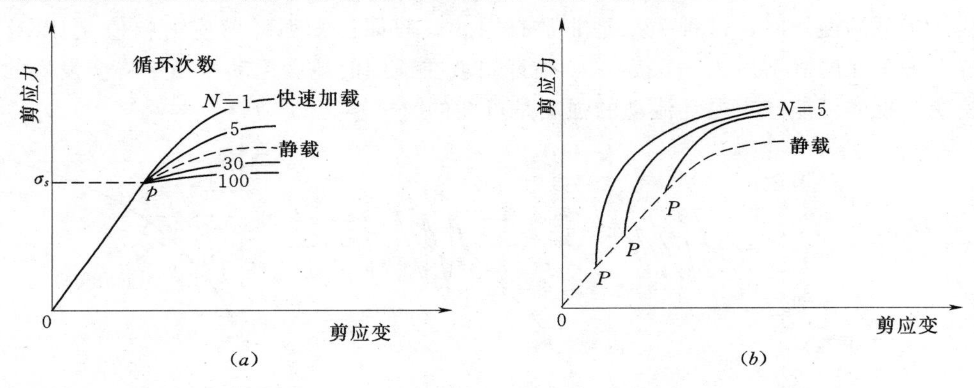

图 11－9　荷载循环次数和初始剪应力对剪应力-残余应变曲线的影响

（*a*）荷载循环次数的影响；（*b*）初始静剪应力的影响

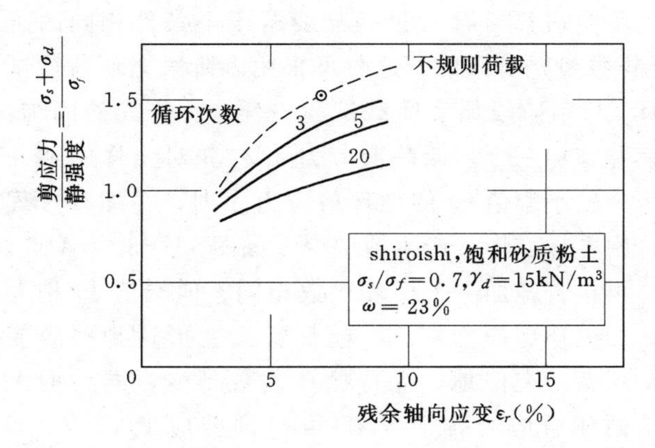

图 11－10　Shiroishi 饱和砂质黏土的剪应力-残余应变曲线

（三）黏性土的动强度及其影响因素

为了确定循环荷载下黏性土的强度变化，可用动三轴仪进行试验研究。试验中，首先使土样固结，再在不排水条件下施加静轴向荷载，其大小等于黏性土静强度的一个指定百分数，等变形稳定后再施加循环轴向荷载，其幅值也等于土静强度的一个指定的百分数。随着循环次数增加，轴向变形也增加，直到达到破坏标准。

图 11－10 示出了反映剪应力和轴向残余应变关系的一个试验结果。该试验

中的未扰动土样取自 1978 年日本 Miyaiken-oki 地震中 Sendai 南部 Shiroishi 曾发生地滑动的陡坡附近。试验中采用的固结压力 $\sigma'_0=50\text{kPa}$，静轴向应力 $\sigma_s=144\text{kPa}$。从图可见，随着循环次数 N 减少，产生指定残余轴向应变的轴向总应力 $\sigma_s+\sigma_d$ 增大。这表明循环反复加载将使土的刚度降低。对于这种特定的粉质土，动强度可达到静强度的 1.5 倍。

图 11－11 总结了加载速度对黏性土强度的影响。虽然由于一些其他因素对黏性土强度的影响，使得试验数据有些离散，但仍然存在一个一般的趋势；随着加载速度的提高，黏性土的强度提高。图 11－11 中的平均线表明，黏性土在加载持续时间为 0.25s 的瞬态加载所得到的强度大约比加载持续时间为 100s 的静荷载试验得到的强度高 40％。

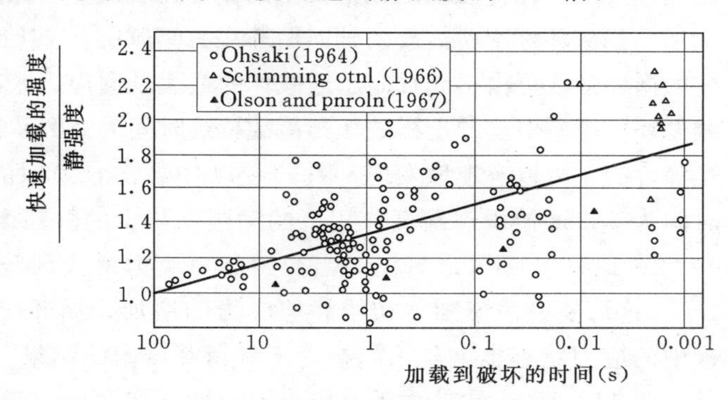

图 11－11　加载时间对黏土强度的影响

根据不排水剪切阶段施加于土样上的初始静轴向应力 σ_s 和循环轴向荷载幅值 σ_d 大小的关系，加载方式可分为只有大小变化的单向循环加载和同时具有方向变化的双向循环加载两种情况，如图 11－12 所示。在各向均等固结情况下，如图 11－13 所示，当 $\sigma_d<\sigma_s$ 时在土样的 45°面上剪应力只有大小的变化；当 $\sigma_d>\sigma_s$ 时在土样的 45°面上剪应力既有大小的变化还有方向的变化。可以想象，若 $\sigma_s=0$，当土样处于轴向压缩和轴向拉伸时，则在土样的 45°面上，剪应力大小相等，方向相反。

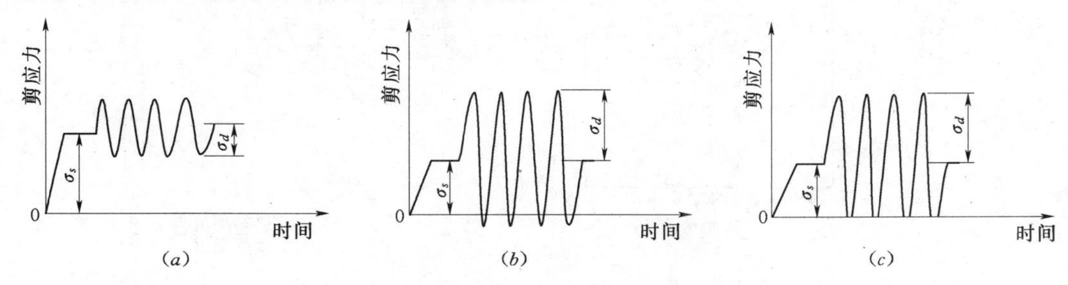

图 11－12　循环加载方式

(*a*) 单向加载；(*b*) 具有应力反向的双向加载；(*c*) 具有应力反向截断的单向加载

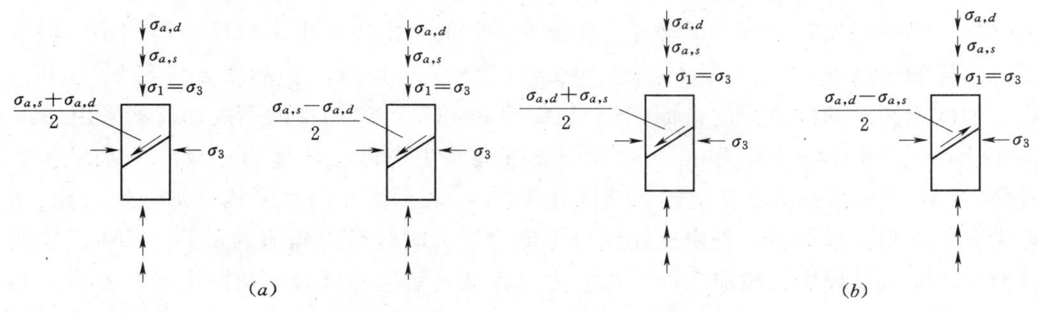

图 11－13　土样 45°面上的剪应力

(*a*) $\sigma_{a,s}>\sigma_{a,d}$ 单向剪切；(*b*) $\sigma_{a,s}<\sigma_{a,d}$ 双向剪切

图 11－14 是在循环次数 $N=1$、加载频率为 1Hz 条件下的试验结果。因此，循环加载 1/4 周的荷载持续时间为 0.25s。由图可见，当初始静轴向应力 σ_s 为零，即 $\sigma_s/\sigma_f=0$ 时，这里 σ_f 为土的静强度，则土的循环强度比近似等于 1.4。这里土的循环强度比定义为土的循环强度与土的静强度之比值，土的循环强度或称动强度等于在指定循环次数下使土样的向变形达到破坏标准所需要的轴向循环应力幅值 σ_d 与初始静轴向应力 σ_s 之和。由于 $\sigma_s=0$，土样的循环强度可由引起轴向压缩破坏的最大轴向应力来确定。这意味着加载频率为 1Hz、荷载循环 1 周所引起的土样破坏与荷载持续时间为 0.25s 的单调瞬态加载所引起的破坏实际上是等价的。可以有趣地发现，图 11－14 中当 $\sigma_s=0$ 时的循环强度比与图 11－12 中荷载持续时间为 0.25s 的瞬态荷载作用下的动强度与土的静强度之比值是一致的。

图 11－14 还可以看出，当初始静剪应力增大到等于土的静强度时，循环强度减小为 1.0。这可能是由于随着初始静剪应力的增加，循环应力的相对大小逐渐减小，因此，土样中的应力状态也就越来越接近于静荷载试验的结果。

图 11－15 是单向循环加载、不同循环次数的试验结果。可以看出，随着指定的荷载循环次数增加，土的循环强度逐渐降低。当荷载循环次数接近 100 次时，土的循环强度基本上等于土的静强度。图 11－16 总结了单向循环加载、荷载循环次数 $N=50$ 的试验结果。

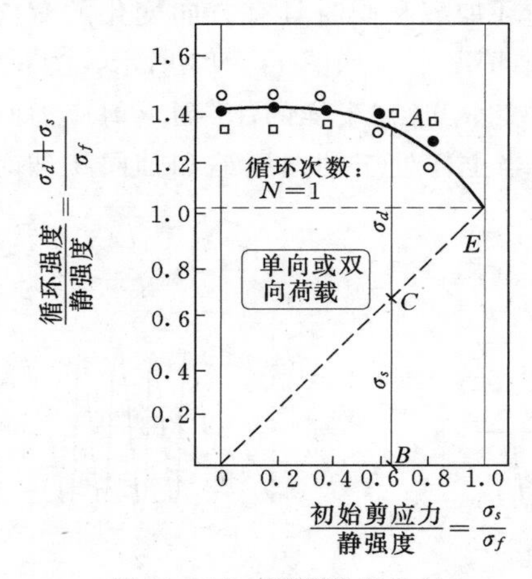

图 11－14 循环强度比与初始应力比的关系

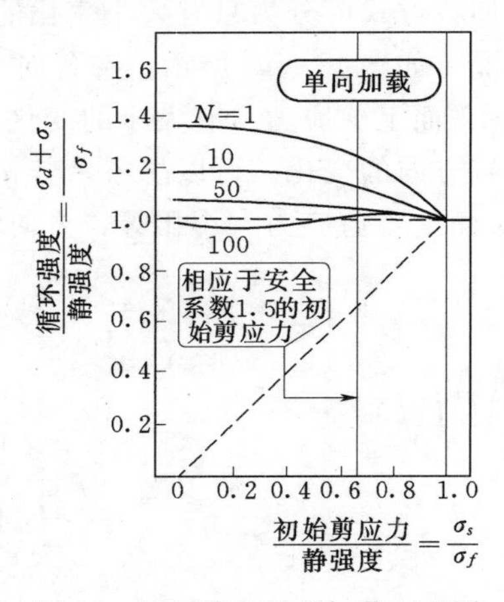

图 11－15 单向循环加载、不同循环次数试验结果总结

由图 11－17 示出了在不规则荷载作用下得到的试验结果。该试验用的火山沉积原状黏土取自 1978 年日本 Near-Izu 地震（震级 $M=7$ 级）中曾发生大规模地滑的小山坡滑动面上。土样的塑性指数 $I_p \approx 30$，含水量 $w=110\% \sim 140\%$，饱和度 $S_r=85\% \sim 90\%$，常规三轴试验测定的抗剪强度指标 $c=48$kPa 和 $\varphi=17°$。试验中的不规则荷载采用1968 年日本 Tokachioki 地震中 Hachinohe 和 Muroran 码头中密砂层的地表记录到的水平向加速度时程。EW 表示东西向水平地震加速度时程，NS 表示南北向水平地震加速度时程。CM 试验代表不规则荷载加载过程中压缩应力峰值为应力时程最大幅值的试验；EM 试验代表不规则荷载加载过程中张拉应力峰值为应力时程最大幅值的试验。从图中可以看出，当动静轴向总应力（$\sigma_d+\sigma_s$）达到土的静强度 σ_f 的 80%时（$\sigma_f=84.4$kPa），土的残余应变急剧增大；在轴向总应力 $\sigma_d+\sigma_s$ 与土的静强度 σ_f 之比达到指定的初始静应力 σ_s 与土的静强

度之比 σ_s/σ_f =70%的水平之前，土样的剪应力-残余应变关系与静应力-应变关系一致；土样先施加一定大小的静荷载后再施加动荷载，与单纯的静荷载试验条件相比，土样具有较大的刚度和较高的强度。对于本试验中的火山沉积黏土，这种因后继动荷载作用而导致的强度提高几乎达到 100%。

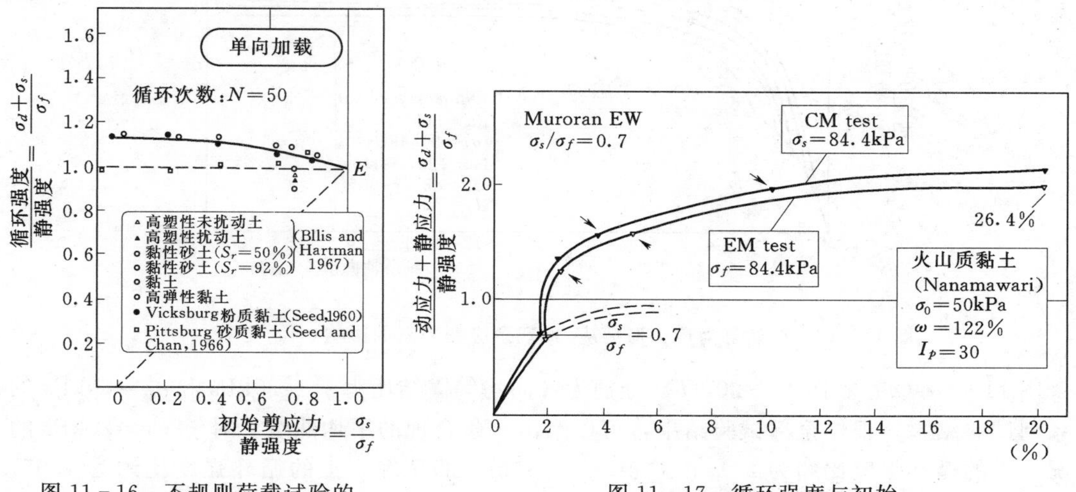

图 11-16　不规则荷载试验的剪应力-残余应变关系

图 11-17　循环强度与初始静剪应力的关系图

图 11-18 示出了初始静剪应力比 σ_s/σ_f =70%的试验结果。虽然对不同条件的试验，其试验结果有些离散，但所有数据均落在一个很窄的条带内。因此，所有试验数据可用一条平均线来表示。可以看出，达到破坏应变所需要的循环强度比约为 1.95。

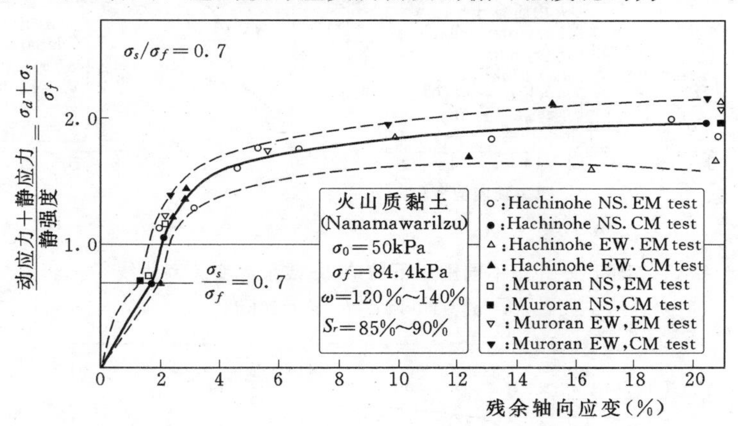

图 11-18　剪应力一残余应变关系

图 11-19 示出了初始静剪应力比 σ_s/σ_f =0.2～0.9 的所有试验的平均曲线。图中可以看出，随着初始静剪应力比 σ_s/σ_f 从 20%逐渐增大到 90%时，残余应变达到某一水平后残余应变曲线将趋向于变得平缓。令人惊奇地发现，即使初始静剪应力比 σ_s/σ_f 达到 90%的水平，剪应力-残余应变曲线仍然远高于静剪应力-应变曲线。从图 11-19 可得到一个重要结论：当初始静剪应力比 σ_s/σ_f =0.5～0.8（这是斜坡下原位土层通常遇到的应力条件）时，初始剪应力的大小对剪应力-残余应变曲线没有明显的影响。因此，初始静剪应力对

动应力-应变关系的影响可以用 $\sigma_s/\sigma_f=0.7$ 的试验结果来代表。

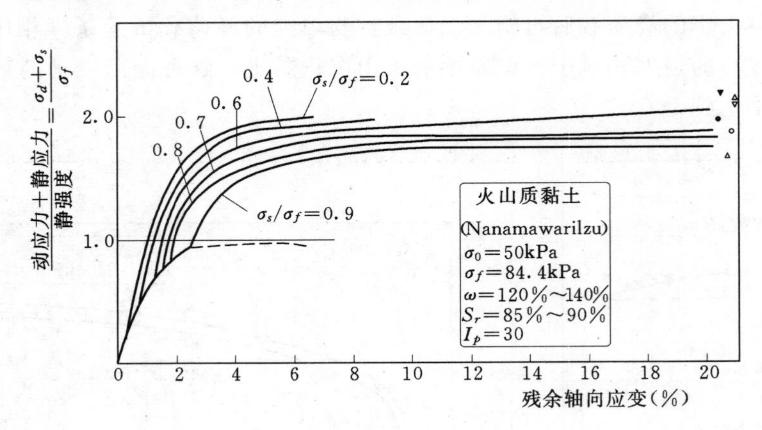

图 11-19 初始静剪应力对剪应力-残余应变关系的影响

图 11-20（*a*）和图 11-20（*b*）分别为各向均等固结压力 $\sigma'_0=20$kPa 和 $\sigma'_0=80$kPa 的一系列试验结果。根据全部试验结果，可以给出一条合理的平均曲线。对于 $\sigma'_0=20$kPa 的情况，土的循环强度比约为 2.15；对于 $\sigma'_0=80$kPa 的情况，土的循环强度比约为 1.65。为了比较目的，现将 $\sigma'_0=20$kPa、50kPa 和 80kPa 的试验结果的平均曲线重绘于图 11-21。

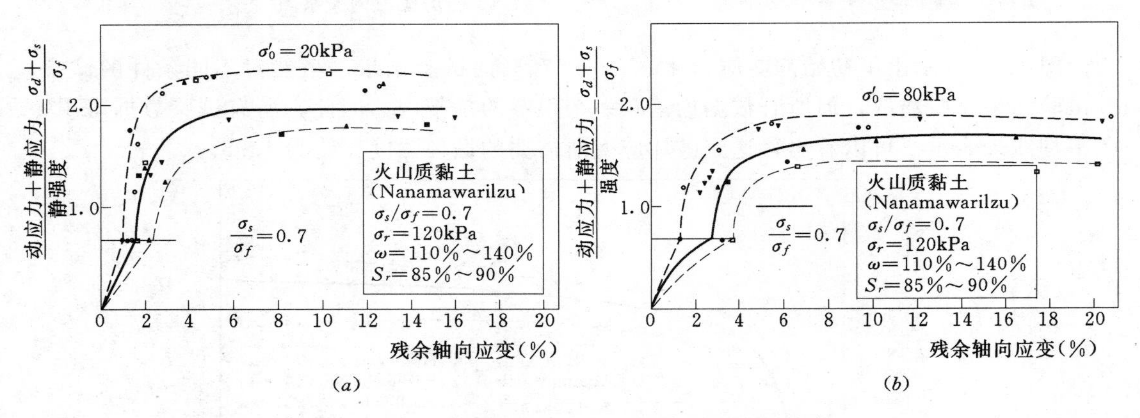

图 11-20 不同围压下剪应力-残余应变关系曲线

(*a*) $\sigma'_0=20$kPa；(*b*) $\sigma'_0=80$kPa

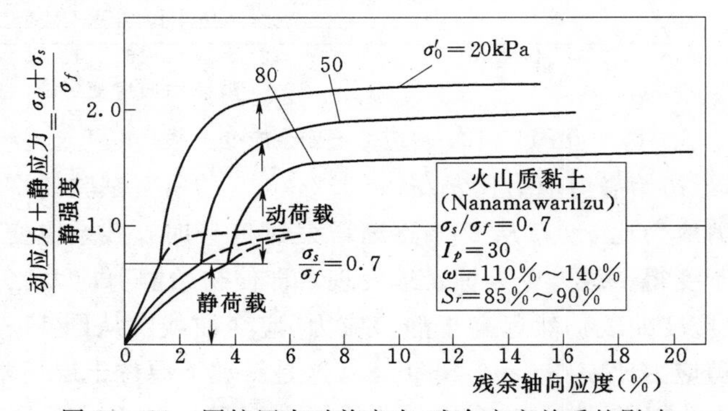

图 11-21 围护压力对剪应力-残余应变关系的影响

（四）黏性土的动强度与静强度之间的关系

前一部分论述的一系列试验表明，假如初始静剪应力 σ_s 处于土的静强度 σ_f 的 40%～90%的范围内，则初始静剪应力的大小对后续动荷载作用下土的性能没有明显影响。因此，可以忽略初始静剪应力的变化所引起的对土的动力性能的影响。图 11－22 表明，固结压力 σ_0' 的影响是明显的，在估计动荷载作用下土的残余应变和强度时其影响是不能忽略的。

静荷载下土的极限平衡状态可用莫尔极限应力圆表示，同样，在动荷载下土的极限平衡状态也可用莫尔极限应力圆表示，如图 11－23 所示。假定已知土的静三轴试验强度指标 c 和 φ 值，则对各向均等固结压力 σ_0' 作用下引起土样破坏所需要施加的轴向应力 σ_f，根据莫尔-库仑破坏准则，应满足：

$$\sigma_f=\frac{2\sin\varphi}{1-\sin\varphi}\sigma_0'+\frac{2c\cos\varphi}{1-\sin\varphi} \tag{11-4}$$

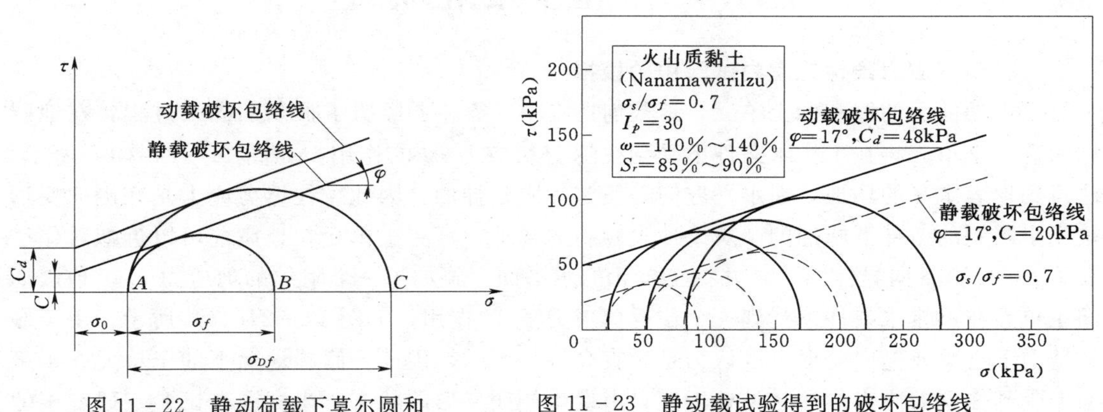

图 11－22　静动荷载下莫尔圆和破坏包络线的构造

图 11－23　静动载试验得到的破坏包络线

对于同样的固结压力 σ_0'，在动三轴试验中引起土样破坏所需要施加的总轴向应力 σ_{Df}，假定也可用莫尔-库仑破坏准则表示，则

$$\sigma_{Df}=\frac{2\sin\varphi}{1-\sin\varphi}\sigma_0'+\frac{2c_D\cos\varphi}{1-\sin\varphi} \tag{11-5}$$

结合式（11－4）和式（11－5）得

$$c_D/c-1=\left(1+\frac{\sigma_0'}{c}\tan\varphi\right)(\sigma_{Df}/\sigma_f-1) \tag{11-6}$$

因此，若已知土的静强度参数 c 和 φ 值，且在各向均等固结压力 σ_0' 作用土的动强度 σ_{Df} 也已确定，则动黏聚力 c_D 可以从式（11－6）确定；若动黏聚力 c_D 已知，则任一各向均等固结压力 σ'_0，动强度 σ_{Df} 可由式（11－6）确定。

日本 Shiroishi 地区火山沉积黏性土，其颗粒组成为：砾粒 13%，砂粒 47%，粉粒 12%和黏粒 28%，击实到重度 $\gamma=18.7\text{kN/m}^3$ 和 19.0kN/m^3。其试验条件和结果如表 11－1所示。此外，日本 Izu 地区某火山沉积黏性土的试验结果也列于表 11－1。虽然仅从两种黏性土试验不能得到一般结论，但可以注意到黏性土的动黏聚力约为静黏聚力的 1.6～2.4 倍。

表 11-1 两种黏土的静、动力试验结果

试验条件与结果	火山沉积黏土（Izu）	火山沉积砂质黏土（Shiroishi）	火山沉积砂质黏土（Shiroishi）
重度 γ(kN/m^3)	13.3	18.7	19.0
含水量 w(%)	110～140	22～23	20～21
饱和度 S_r(%)	85～90	82～84	82～84
塑性指数 I_p	30	18	18
静黏聚力 c(kPa)	20	28	32
内摩擦角 φ(°)	17	14	16
动黏聚力 c_D(kPa)	48	52	51
c_D/c	2.4	1.86	1.59

11.4 砂性土液化机理

一、现场应力条件在室内试验中的模拟

水平地面下的饱和砂土单元，地震前已在 K_0 条件下经历了长期的固结过程，在地震期间这一土单元将在不排水条件下受到往返剪切应力 τ_d 的作用，如图 11-24（a）所示；注意到地表水平的场地，在水平方向是假定无限延伸的，因此，往返剪应力是在侧向变形被完全限制的条件下施加的。对于地表倾斜的场地，任一土单元在地震前可以近似看作已在 K_0 条件下各向异性固结，并在土单元的水平面上施加了一个附加的剪应力 τ_s； 地震期间土单元在不排水条件下受到一个往返剪应力 τ_d 的作用，如图 11-24（b）所示。由于倾斜地面下土单元侧向变形可以认为是一直允许发生的，因此，倾斜地面下的土单元在水平面上受到往返剪应力作用时是处于能自由发生侧向变形的状态。当试图在试验室研究土的性能时，土样在扭转剪切试验仪上进行试验可以最佳地重现土的原位应力状态。在典型的扭转剪切试验中，饱和砂土试样先在 K_0 条件下固结，再在不排水条件下受到扭转往返应力作用。当试验要模拟水平地面条件时，必须在侧向变形被约束的条件下施加往返扭转应力，如图 11-24（c）所示；当试验要模拟倾斜地面条件时，作用在土单元水平面上的初始剪应力的影响可以通过在 K_0 条件下施加偏应力 $\sigma'_v-\sigma'_h$ 来模拟，而往返扭转应力则必须在侧向变形自由的条件下施加，如图 11-24（d）所示。

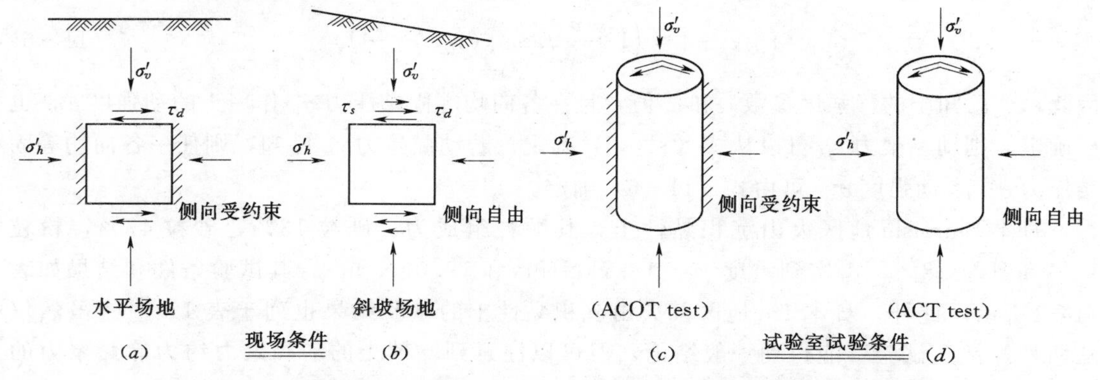

图 11-24 地震前和地震期间的现场应力条件与在试验室扭转试验中的模拟

二、砂性土液化机理

砂性土液化机理可以通过观察扭转剪切试验中孔隙水压力和剪应变的发展特性得到最好的解释。一种典型的扭转剪切试验仪如图 11-25 所示。

(一) 侧向变形有约束的扭转剪切试验

由于往返扭转应力是在侧向变形有约束、不排水条件下施加的，因此，在整个试验过程中轴向和侧向应变始终为零。假若试验是在 $K_0=1$ 的特定条件下进行的，则土样在施加往返扭转应力前的应力状态即为各向均等固结条件下的应力状态。假若施加往返扭转应力时土样处于不排水状态，则土样将既不产生轴向变形，也不产生任何侧向变形。因此，在各向均等固结条件下对土样施加往返扭转应力所产生的应力状态，与往返三轴试验中在各向均等固结、不排水条件下对土样施加往返轴向应力所引起的 45°面上的应力状态是完全一致的。

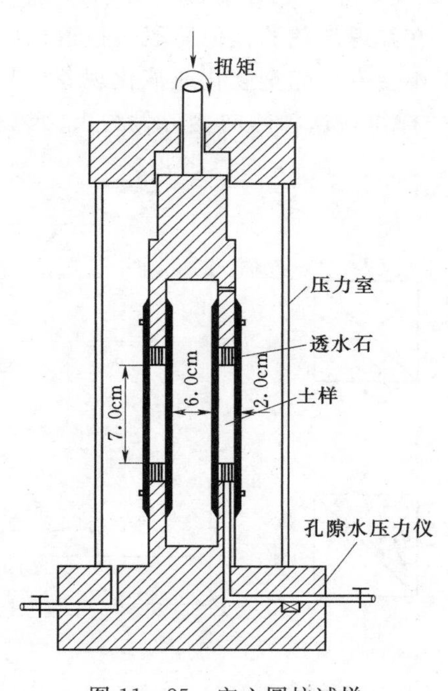

图 11-25　空心圆柱试样扭转试验仪图

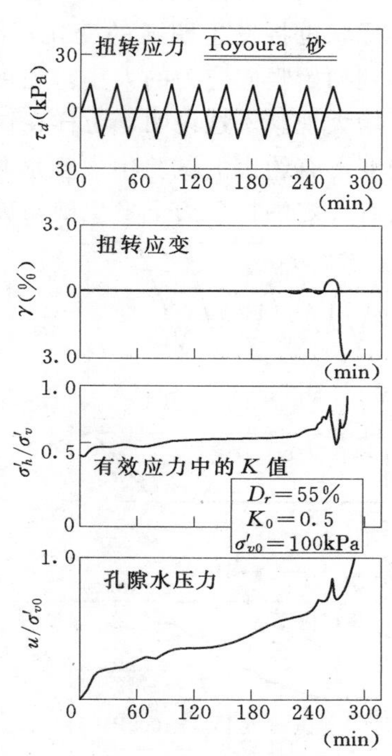

图 11-26　侧面变形受约束的空心圆柱土样扭剪试验中侧向应力和累积孔隙压力的变化

饱和砂土产生液化的机理可以用空心圆柱土样在扭转剪切试验仪上的试验结果来解释，图 11-26 示出了一组往返扭转剪切试验的结果。在该试验中，砂土试样的相对密度 $D_r=55\%$，竖向固结压力 $\sigma'_{v0}=100$kPa，侧向固结压力 $\sigma'_{h0}=50$kPa，受到 10 周均幅扭转往返应力作用，其幅值 $\tau_d=15$kPa，施加 1 周扭转往返应力的时间为 30min。从图可以看到，在往返加载过程中，有效侧向应力持续增长，一直增长到等于初始竖向应力为止，同时，累积孔隙水压力也持续增长，同样也一直增长到等于初始竖向应力为止。在加载的第 10 周，扭转剪应变突然迅速增大，表明砂土发生了软化。这种状态称为砂土液化或循环软化。也即，在施加往返扭转应力过程中，相应于有效应力的 K_0 值逐渐增加，最终达到

$K_0=1$ 的状态（液化触发）。这说明，水平地面下的饱和砂层在地震动作用下可以达到液化状态，同时伴随着侧向应力发生变化，累积孔隙水压力比 u/σ'_{v0} 达到 100%，土的抗剪强度完全丧失，液化触发时土单元没有任何形状的改变。

（二）侧向变形无约束的扭转试验

对土样先施加不变的竖向应力 σ'_{v0} 和侧向应力 σ'_{h0}，再在不排水条件下施加往返扭转应力，土样既可发生竖向变形也可发生侧向变形。这种试验条件用于模拟饱和砂土单元存在一定的初始剪应力的倾斜地面场地如斜坡、堤坝等。

注意：在这样的条件下土单元在水平面方向始终是能自由移动的。

图 11-27 是空心圆柱饱和砂土试样在这种条件下的扭转剪切试验结果。试样的相对密度 $D_r=57\%$，竖向固结压力 $\sigma'_{v0}=100\text{kPa}$，侧向固结压力 $\sigma'_{h0}=50\text{kPa}$，受到 5 周均幅扭转往返应力作用，其幅值 $\tau_d=15\text{kPa}$。从图可以看到，在往返加载中，侧向应变持续增大，试样的形状也将发生明显的变化；同时，累积孔隙水压力增长到一定程度就不再增大，不能达到初始竖向应力的大小。还可以看到，在往返加载的任何阶段，往返扭应变没有发生突然增大现象。这说明，土样在这种条件下不会发生完全软化或液化现象；与饱和砂土在侧向变形有约束的试验中发生液化破坏不一样，在这种侧向变形无约束的试验中，砂土是在具有一定围护压力下发生剪切破坏。

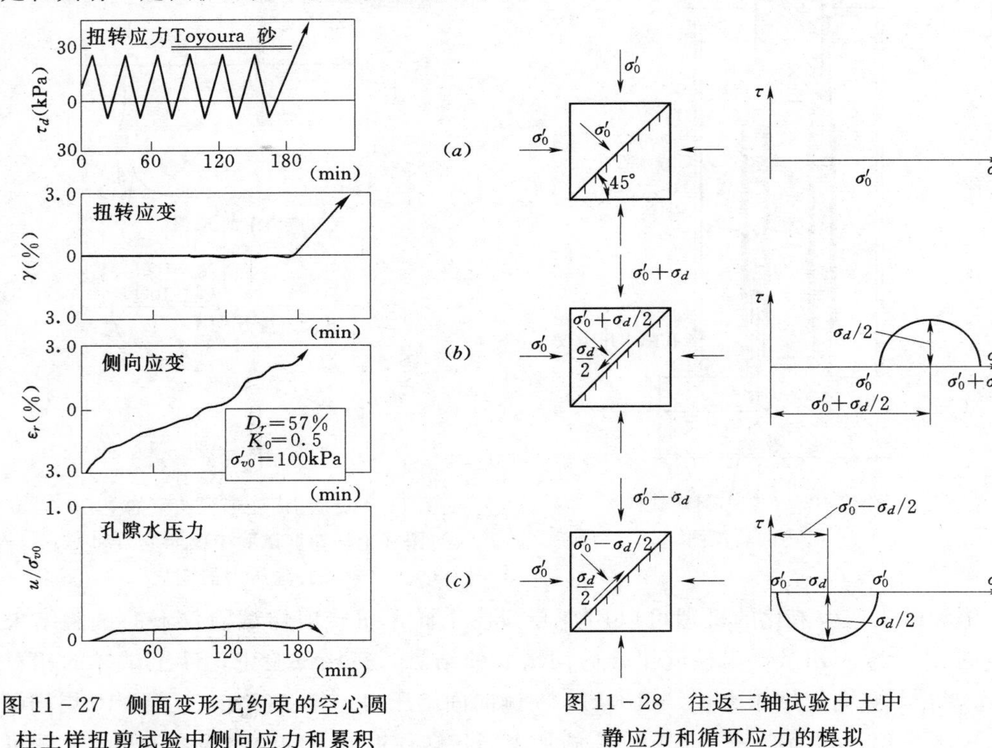

图 11-27 侧面变形无约束的空心圆柱土样扭剪试验中侧向应力和累积孔隙压力的变化

图 11-28 往返三轴试验中土中静应力和循环应力的模拟

饱和砂土在往返荷载作用下的性能，也可以在动三轴仪上进行试验研究。在往返三轴试验中对土样先在不排水条件下各向异性固结，再施加往返轴向应力。这种往返三轴试验可以认为与侧向变形无约束的扭转剪切试验是等价的。虽然这两种试验中往返荷载施加的方式是不一样的，但本质上两种试验具有共同的特征，即在往返加载过程中土样逐渐发生轴向变形，同时施加的初始偏应力保持不变。

（三）循环软化或液化的定义

液化触发的基本机理，起先是在动三轴仪上通过观察往返轴向应力作用下饱和砂土试样的性能来解释的。Seed 和 Lee（1966 年）最早进行了往返三轴试验。饱和砂土试样先在一定围护压力下固结，再在不排水条件下施加常幅往返轴向应力，直到双幅轴向应变达到一定水平为止。这种加载方式在土样 45°平面上产生的应力状态与地震作用下水平地面下土单元水平面上的应力状态是一致的。试验土样与原位土层的这种关系是用往返三轴试验来估计饱和砂土抗液化能力的基础。在往返三轴试验的不同加载阶段土样的应力状态如图 11-28所示。土样先在均等固结压力 σ_0' 作用下固结，再在不排水条件下施加轴向应力 σ_d 时，在土样的 45°平面上产生的剪切应力为 $\sigma_d/2$，同时该平面上还产生正应力 $\sigma_d/2$，该应力为纯压缩应力，基本上传递给孔隙水，不会引起现存的有效围护压力 σ'_0 的任何变化。因此，作用在 45°平面上的正应力可以忽略。

图 11-29 示出了往返三轴试验的一个典型试验结果。可以看到，随着往返轴向应力的施加，孔隙水压力逐渐增长，最终达到初始围护压力的大小，从而产生约 5%的双幅轴向应变。这样的状态称为初始液化。对于饱和松砂，初始液化基本上可以看作软化状态，因为累积孔隙水压力比 u/σ'_{v0} 达到 100%的瞬间或以后，土样会发生强度完全丧失和变形迅速无限地发展的现象。对于中密至密实的饱和砂，随着双幅轴向应变达到约 5%，累积孔隙水压力比 u/σ'_{v0} 达到 100%，饱和砂也发生软化状态；但初始液化触发后，土样不会发生强度完全丧失和变形无限地增大的现象。然而，只要土样达到一定大小的往返轴向应变时就会发生一定程度的软化。因此，习惯上把双幅轴向应变达到约 5%或累积孔隙水压力比 u/σ'_{v0} 达到 100%作为一个较宽密度范围内砂土循环失稳状态的普遍标准。对含有一定含量的粉质砂土或砂质粉土，孔隙水压力不会充分发展，当其达到初始有效围护压力的 90%～95%时就停止了进一步增长。当这类土发生明显的软化现象时，可以观察到有相当大的往返轴向应变。因此，对从洁净砂土到含有较多细粒砂的各类砂性土，在往返三轴试验中通常把土样产生 5%双幅轴向应变作为循环软化或液化的标准。

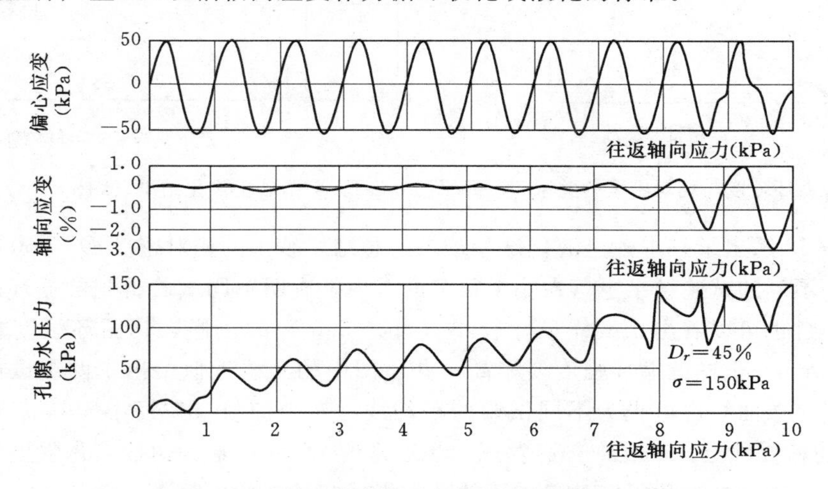

图 11-29　往返三轴试验中轴向应变和累积孔隙水压力的变化

为测定液化触发或产生5%双幅轴向应变，需要指定常幅均匀往返荷载的往返次数。原则上往返次数可以任意给定，但习惯上采用10周或20周，用以代表在地震中记录到的加速度时间历程中具有明显往返特征的典型数次。这样，液化或循环软化的触发条件是根据在20次常幅往返荷载作用下产生5%双幅轴向应变所需要的循环应力比的大小来确定的。这个循环应力比通常称为循环强度或抗液化强度。

（四）砂性土的循环强度或抗液化强度

对饱和砂土的抗液化强度，已有大量试验研究。研究表明，饱和砂土的抗液化强度主要受初始围护压力的大小、循环应力幅值、循环应力往返作用次数和砂土的相对密度或孔隙比的影响。通常，为了考虑初始有效围护压力 σ_0' 和循环应力幅值 σ_d 的影响，用循环应力比 $\sigma_d/(2\sigma_0')$ 作为三轴试验中土的抗液化强度的量度；将往返作用次数为20次时引起双幅轴向应变5%所需要的循环应力比称为抗液化强度，记为 $[\sigma_{dl}/2\sigma_0']_{20}$。图11－30～图11－33示出了典型的试验结果。

由图11－30可见，随着砂土相对密度 D_r 的增加，抗液化强度几乎线性地增加；但当相对密度 D_r 超过70%时，砂土的抗液化强度急剧增加。

图11－31总结了美国 $D_r=60\%$ 的砂土液化试验结果。由图可见，试验结果位于相当窄的带内，表明不同试验得到的循环强度是相当一致的。由图11－31的平均线可以得出，当循环次数为20次时，引起5%双幅轴向应变的循环应力比为0.31。假如这个循环应力比与砂土的相对密度成正比，则相对密度 $D_r=50\%$ 的砂土的循环应力比可通过 $0.31\times50/60=0.26$ 来估算。

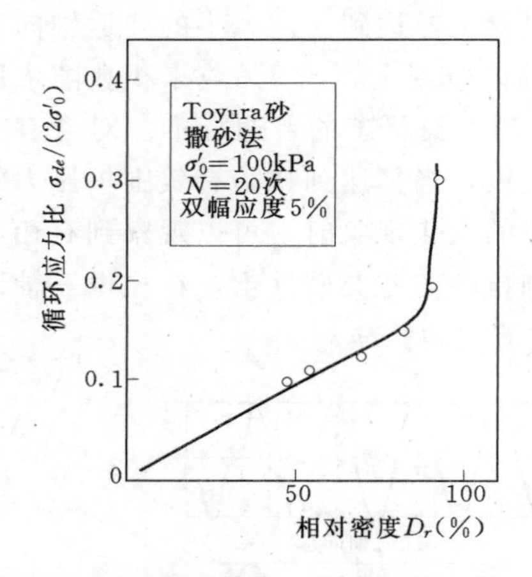

图11－30 循环强度与相对密度的关系

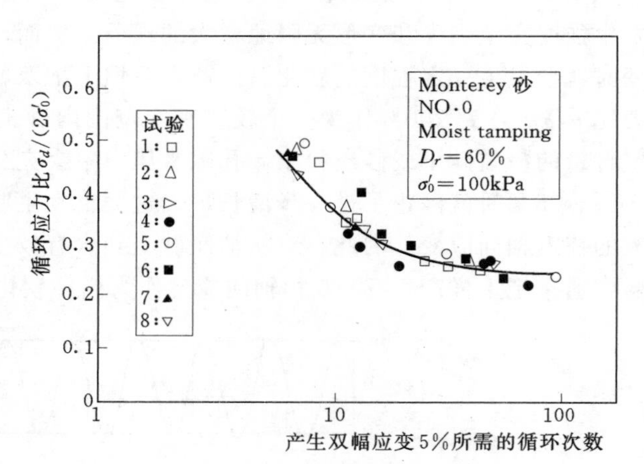

图11－31 美国砂土液化结果（silver等，1976年）

图11－32示出了日本砂土液化试验结果的总结，砂土的相对密度 $D_r=50\%$。由图中可以看出，不同的试验结果也落在一个很窄的带内，表明不同试验得到的循环强度是相当一致的。不过也可以看出，试样尺寸较小（直径5cm）的土样，其循环强度较尺寸较大（直径7～10cm）土样的循环强度要稍高一些。图中的实线近似给出了两组试样试验结果的分界线，这条曲线也可视为不同试验的平均线。对于细粒（粒径小于0.075mm）含量大于50%的粉质砂土，试验中普遍发现，相对密度 D_r 并不是表达抗液化强度的一个适宜的性能指标，影响抗液化强度的最重要的性能指标却是塑性指数 I_p。

图 11－33 的试验结果清楚地证明了这一结论。但也可看出，当塑性指数 $I_p<10$ 时，塑性指数 I_p 对循环强度没有明显的影响。

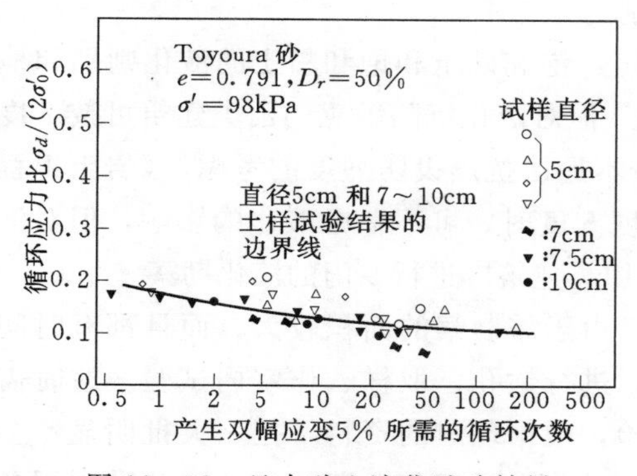

图 11－32　日本砂土液化试验结果

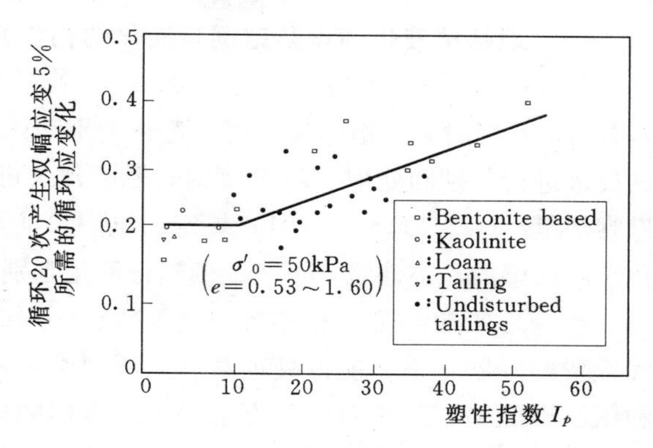

图 11－33　塑性指数对含细粒砂循环强度的影响

图 11－34 给出了扭转剪切试验中固结比对砂土抗液化强度的影响。扭转剪切试验中，循环应力比定义为循环扭转剪应力 τ_d 的幅值与竖向有效固结压力 σ_v' 的比值。图 11－34 给出了引起双幅扭转剪应变 5％或初始液化所需的循环次数与循环应力比的关系曲线。由图可见，固结比 K_0 越大，抗液化强度越高。为了检验 K_0 条件的影响，竖向围护压力 σ_v' 可以通过下式转换为平均有效围护应力 σ_0'：

$$\sigma_0' = \frac{1+2K_0}{3}\sigma_v' \tag{11-7}$$

假如图 11－34 中的循环应力比 τ_d/σ_v' 变换到循环应力比 τ_d/σ_0'，试验数据可以重新整理成图 11－35 所示可以看到，不同 K_0 值的试验数据与循环次数的关系曲线几乎是一致的。

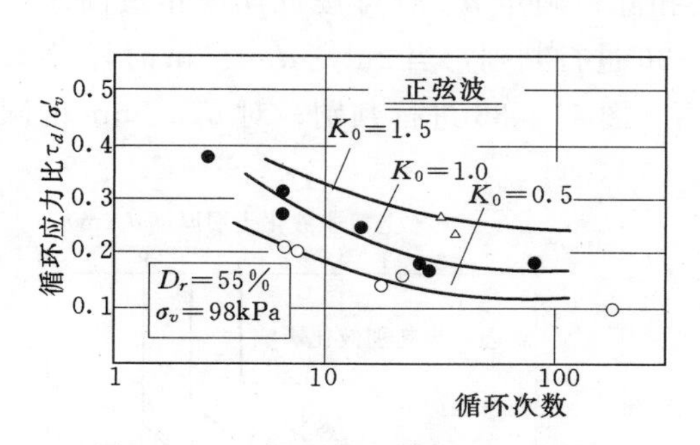

图 11－34　侧向受约束条件下固结比 K_0 对循环强度的影响

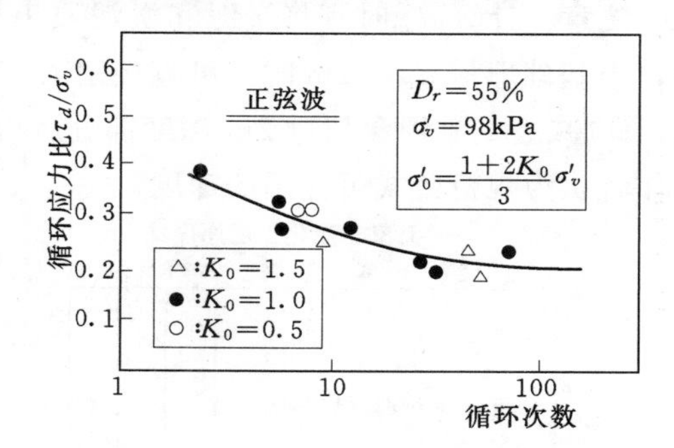

图 11－35　不同 K_0 条件下循环应力比与循环次数的关系

11.5　砂性土地基液化判别

如何利用现场实测结果评价场地土的液化势及其危害性是工程界十分关注的问题。国内外学者对此进行了大量的研究，提出了一系列经验和理论分析方法。陈国兴等（2002年）回顾了我国抗震规范中饱和砂土与粉土液化判别方法的发展历史，对国内外有代表性的液化判别方法进行了评述和比较，提出了若干修改意见。这里主要介绍以现场标准贯入试验和剪切波速测试结果为基础、国内外有广泛影响的经验方法。

一、地基抗液化的设防范围与液化的初步判别

《建筑抗震设计规范》(GB 50011—2001) 规定：饱和砂土和饱和粉土的液化判别和地基处理，6 度时，一般情况下可不进行判别和处理，但对液化沉陷敏感的乙类建筑可按 7 度的要求进行判别和处理，7～9 度时，乙类建筑可按本地区抗震设防烈度的考虑。《岩土工程勘察规范》(GB 50021—2001) 规定：抗震设防烈度 6 度时，可不考虑液化的影响，但对液化沉陷敏感的乙类建筑，可按 7 度进行液化判别。甲类建筑应进行专门的液化勘察。

在场址的初勘阶段和进行地基失效小区划时，由于需勘察的面积较大，而且都有时间和经费的限制，不可能像处理某一工程地基一样，进行钻孔、取样、作室内试验。这时需利用已有经验，采取对比的方法，不作专门的试验，根据现成的资料，把一大批明显不会发生液化的地段勾画出来，从而达到减轻勘察任务、节省时间与经费的目的。这种利用各种界限值勾画不液化地带的方法，被称为液化的初步判别。

《建筑抗震设计规范》(GB 50011—2001) 规定，对饱和的砂土或粉土（不含黄土），当符合下列条件之一时，可初步判别为不液化或可不考虑液化影响：

(1) 地质年代为第四纪晚更新世（Q_3）及其以前时，7 度、8 度时可判为不液化。

(2) 粉土的黏粒（粒径小于 0.005mm 的颗粒）含量百分率，7 度、8 度和 9 度分别不小于 10、13 和 16 时，可判为不液化土。

注意：用于液化判别的黏粒含量系采用六偏磷酸钠作分散剂测定，采用其他方法时应按有关规定换算。

(3) 天然地基的建筑，当上覆非液化土层厚度 d_u(m) 和地下水位深度 d_w(m) 符合图 11－36 规定时（按规范公式绘制），可不考虑液化影响。

注意：计算 d_u 时宜将淤泥和淤泥质土层扣除；确定 d_w 时可按近期内年最高水位采用；当基础埋深 $d_b<2$m 时，可直接用图 11－36 进行判别，当 $2\text{m}\leqslant d_b<5$m 时，对 d_u 和 d_w 值应减去基础埋深超过 2m 深度部分后再用，图 11－36 进行判别；对 $d_b<5$m 的限制是作者认为规范公式可应用的深度。

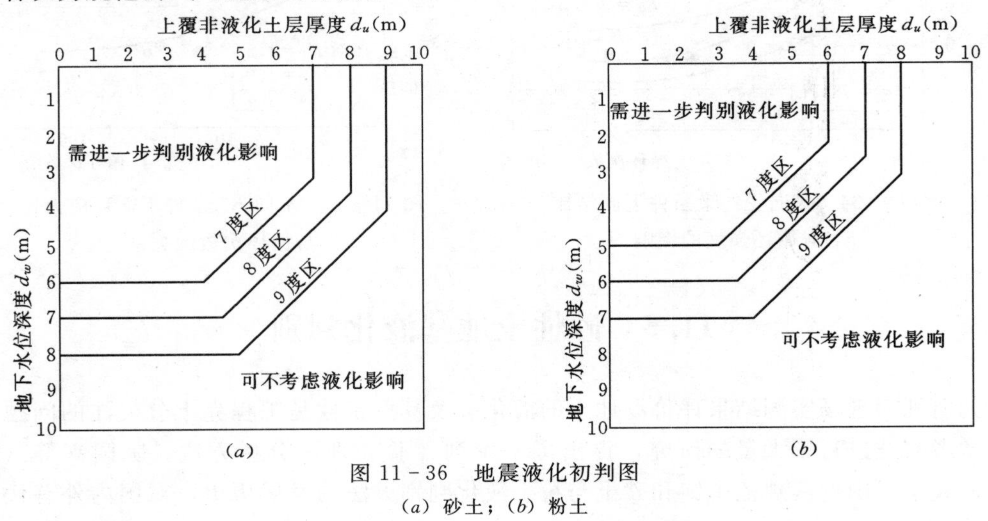

图 11－36 地震液化初判图

(a) 砂土；(b) 粉土

应当指出，上述确定 d_u 和 d_w 的方法，实际上是遵循两个原则：一是以前地震中未发生的现象，以后的地震也不会发生；二是凡是没有发现的现象就认为该现象不存在。这两个原则都有值得讨论的地方，但考虑到界限值取得很保守，它们失误的可能性很小，对于一般建筑是可以接受的；但对于深埋基础和桩基础则必须作进一步分析。

《公路工程抗震设计规范》(TJT 004—89) 规定，当地面以下 20m 范围内有饱和砂土或饱和亚砂土时，可根据下列情况初步判定其是否可能液化：

(1) 地层年代为第四纪晚更新世 (Q_3) 或以前，可判为不液化。

(2) 基本烈度 7 度、8 度和 9 度区，亚砂土的黏粒（粒径小于 0.005mm 的颗粒）含量百分率 ρ_c 分别不小于 10、13 和 16 时，可判为不液化。

《铁路工程抗震设计规范》(GBJ 111—87) 规定，当可能液化的土层符合下列条件之一时，可不考虑液化的影响，并不再进行液化判定：

(1) 地质年代属于上更新统及其以前年代的饱和砂土、黏砂土和塑性指数小于或等于 10 的砂黏土。

(2) 土中采用六偏磷酸钠作分散剂的测定方法测得的黏粒重量百分比，当设计烈度为 7 度时，大于 10%；为 8 度时，大于 13%；为 9 度时，大于 16%。

《水工建筑抗震设计规范》(SDJ 10—78) 给出了可能液化的土类范围如下：地震时常见的发生"液化"的土类为黏粒（粒径小于 0.005mm）含量小于 15%（少数可到 20%）的饱和土，主要包括黏粒含量小于 3%的饱和砂土（以中砂、细砂、极细砂为多）、粉砂、粉土和黏粒含量大于 3%的饱和砂壤土、粉质砂壤土、轻粉质壤土等。其中塑性指数 $I_p<3$ 的可统称无黏性土，$3\leqslant I_p\leqslant 10$ 的可统称少黏性土。

《构筑物抗震设计规范》(GB 50191—93) 规定，地面以下 15m 深度范围内地基有饱和砂土、饱和粉土时，可按下列规定进行液化初判：

(1) 地质年代为第四纪晚更新世及其以前时，可判为不液化。

(2) 6 度时，一般可不计液化的影响。

(3) 粉土中粒径小于 0.005mm 的黏粒含量百分率，7 度、8 度和 9 度分别不小于 10%、13%和 16%时，可不计液化的影响。

由此可见，我国有关抗震规范所用的液化初判指标大致差不多，基本上采用地质年代、黏粒含量百分率、地下水位深度和上覆非液化土层厚度四个指标，但表述方式不完全一致，有的较严谨，有的不太正确。对于液化的初判深度，有的抗震规范做出了明确的规定，有的规定初判深度为 15m，有的规定为 20m，有的还与设防烈度有关；而有的抗震规范未做出明确的规定。

因此，陈国兴等（2002 年）建议，地面以下 20m 范围内有饱和无黏性土层和少黏性土层时，按下列规定进行液化初判：

(1) 6 度时，一般可不计液化的影响，但对液化沉陷敏感的重要工程结构物，可按 7 度考虑。

(2) 地震时需考虑液化的土类为粒径小于 0.005mm 的黏粒含量百分率 ρ_c 不大于 20%、塑性指数 I_p 不大于 10、液限含水量 w_L 不大于 35%的饱和土，主要包括 $\rho_c<3\%$ 的饱和砂土和 $\rho_c=3\%\sim10\%$ 的饱和粉性土，其中 $I_p<3$ 的土可通称为无黏性土，$3\leqslant I_p\leqslant 10$ 的土可通称为少黏性土。

(3) 饱和的无黏性和少黏性土层，当符合下列条件之一时，可不考虑液化的影响：

①7～9度时，地质年代为第四纪晚更新世（Q_3）及其以前时，冲洪积形成的密实饱和土；②7度、8度和9度时，粒径小于0.005mm的黏粒含量百分率分别不小于10%、13%和16%的饱和少黏性土。

对于经初步判别未得到满足，即不能判为不液化时，就必须根据下述判别方法进行液化判别。

二、饱和砂土和粉土地基液化判别的经验方法

（一）美国国家地震工程研究中心（NCEER）建议的简化方法

由于Seed和Idriss（1971年）提出的“简化方法”在不断改进，这里，将Youd和Idriss等（2001年）改进的“简化方法”称为NCEER法。

1. 地震引起的等效循环应力比CSR

地震运动在土层中引起的等效循环应力比（Cyclic Stress Ratio，简记为CSR）按下式计算：

$$CSR=\left(\frac{\tau_{av}}{\sigma'_v}\right)_E=0.65\frac{a_{\max}}{g}\frac{\sigma_v}{\sigma'_v}r_d \tag{11-8}$$

式中 $a_{\max}$——地震引起的水平向地面运动加速度峰值；

g——重力加速度；

σ_v——总的竖向上覆压力；

σ'_v——有效竖向上覆压力；

r_d——应力折减系数，对不同土层深度，r_d值的范围如图11-37所示。

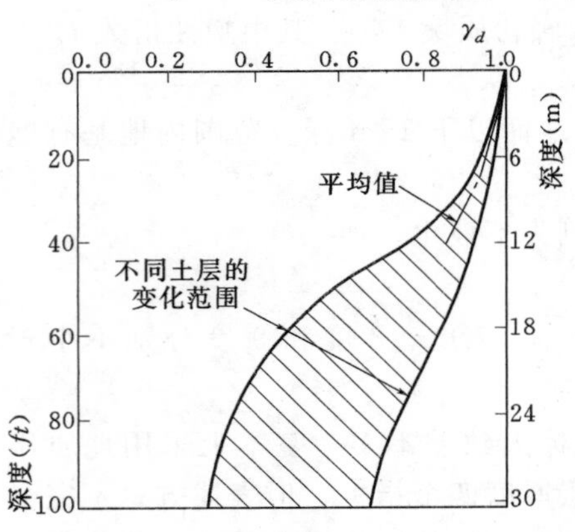

图11-37 应力折减系数r_d与深度的关系

Liao和Whitman（1986年）建议图11-37中的平均线用下列公式表示：

对深度$z\leqslant 9.15$m时

$$r_d=1.0-0.00765z$$

对深度$9.15<z\leqslant 23$m时

$$r_d=1.174-0.0267z$$

陈国兴等（2002年）建议，对深度$23\text{m}<z\leqslant 30$m时

$$r_d=0.757-0.00857z$$

2. 以标准贯入击数表示的饱和砂土抗液化强度CRR

图11-38是以震级$M\approx 7.5$、液化或不液化场地的地震现场考察结果为依据得到的等效循环应力比CSR和$(N_1)_{60}$关系的散点图。区分液化或不液化场地的分界线即为饱和砂土的抗液化强度（Cyclic Resistance Ratio，简记为CRR）曲线。NCEER推荐这条CRR曲线适用于震级$M\approx 7.5$、地震引起的饱和砂土的液化判别。图11-38中细粒（粒径小于0.0075mm的颗粒）含量百分率小于5%的分界线，称为洁净砂基本曲线，CRR可近似地表示为

$$CRR_{7.5}=\frac{1}{34-(N_1)_{60}}+\frac{(N_1)_{60}}{135}+\frac{50}{[10(N_1)_{60}+45]^2}-\frac{1}{200} \tag{11-9}$$

式中 $(N_1)_{60}$——换算为有效上覆压力$\sigma'_v=1.0\text{kgf/cm}^2$的修正标准贯入锤击数。

此外，图中还给出了细粒含量为15%和35%的两条分界线。显然，细粒含量愈高，

饱和砂土的抗液化强度亦愈高。NCEER 建议按式（11－10）考虑细颗粒含量 FC 对抗液化强度 CRR 的影响：

$$(N_1)_{60}=\alpha+\beta(N_1)_{60} \tag{11-10}$$

式中　α、β——细颗粒含量影响系数。

α、β 按下列公式确定：

当 $FC \leqslant 5\%$ 时　　$\alpha=0,\ \beta=1.0$

当 $5 < FC \leqslant 35\%$ 时

$$\alpha=\exp[1.76-(190/FC^2)],\quad \beta=[0.99+(FC^{1.5}/1000)]$$

当 $FC > 35\%$ 时

$$\alpha=5.0,\quad \beta=1.2$$

修正标准贯入锤击数 $(N_1)_{60}$ 和标准贯入锤击数 $N_{63.5}$ 的换算关系如下：

$$(N_1)_{60}=C_N N_{63.5} \tag{11-11}$$

式中　C_N——修正标准贯入锤击数的换算系数。

NCEER 建议，C_N 值可以采用 Liao 和 Whitman（1986 年）提出的式（11－12）进行计算：

$$C_N=\sqrt{P_a/\sigma'_v} \tag{11-12}$$

或者，C_N 值按 Seed 和 Idriss（1982 年）提出的式（11－13）进行计算：

$$C_N=\frac{2.2}{1.2+P_a/\sigma'_v} \tag{11-13}$$

式中　P_a——大气压力。

NCEER 建议，取 C_N 的最大值等于 1.7。此外，NCEER 认为，当有效上覆压力 $\sigma'_v <$ 200kPa 时，式（11－12）和式（11－13）的结果都是合理的；当 $200 < \sigma'_v \leqslant 200$kPa 时，式（11－13）的结果更可靠一些。当 $\sigma'_v > 300$kPa，不同研究者建议的换算系数 C_N 值离散较大，NCEER 未建议计算公式。

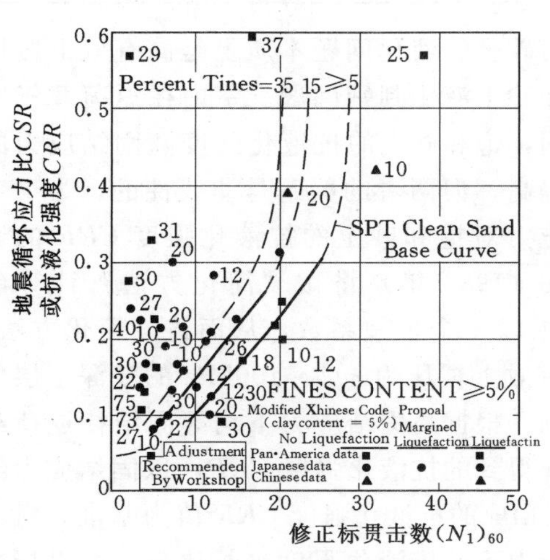

图 11－38　NCEER 建议的砂土液化判别图

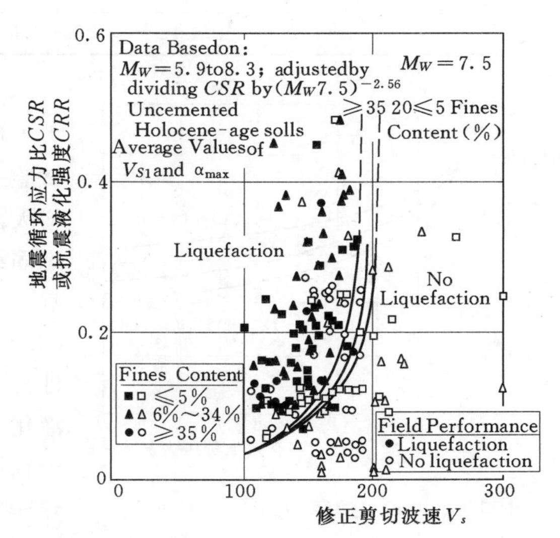

图 11－39　以修正剪切波速为指标的液化判别曲线

3. 以剪切波速表示的饱和砂土抗液化强度 CRR

图 11－39 示出了 Andrus 和 Stokoe（2000 年）根据 26 次地震 70 多个液化或不液化场地的地震现场考察结果为依据得到的等效循环应力比 CSR 和 V_{s1} 关系的散点图。区分液化或不液化场地的分界线即为饱和砂土的抗液化强度 CRR 曲线。NCEER 推荐这条 CRR 曲线适用于震级 $M\approx 7.5$ 的饱和砂土液化判别。图 11－39 中不同细粒含量 FC 的分界线可近似地表示为

$$CRR=0.022\left(\frac{V_{s1}}{100}\right)^2+2.8\left(\frac{1}{V_{s1}^*-V_{s1}}-\frac{1}{V_{s1}^*}\right) \tag{11-14}$$

其中

$$V_{s1}=V_s(P_a/\sigma_v')^{0.25} \tag{11-15}$$

式中 V_{s1}^* ——土层能发生液化的上限值。当 $FC\leqslant 5\%$ 时取 $V_{s1}^*=215\text{m/s}$，当 $FC\geqslant 35\%$ 时取 $V_{s1}^*=200\text{m/s}$，当 $5\%<FC<35\%$ 时 V_{s1}^* 值线性内插；

V_{s1} ——相应于有效上覆压力 $\sigma_v'=100\text{kPa}$ 的修正剪切波速。

4. 饱和砂土抗液化安全系数 FS

饱和砂土的抗液化安全系数 FS 定义为

$$FS=(CRR_{7.5}/CSR)\cdot MSF\cdot K_\sigma\cdot K_\alpha \tag{11-16}$$

式中 MSF ——震级标定系数，NCEER 建议按表 11－2 确定震级标定系数 MSF 值（对于震级小于 7.5 级的情况，NCEER 认为，应允许工程师根据可以接受的风险水平选择合适的 MSF 值；对于震级大于 8 级的情况，考虑到现场地震液化资料较少，NCEER 推荐了比较保守的 MSF 值）；

K_σ——高有效应力修正系数；

K_α——静剪应力修正系数。

表 11－2　震级标定系数 MSF 值

震　级	5.5	6.0	6.5	7.0	7.5	8.0	8.5
MSF	2.20～2.8	1.76～2.1	1.44～1.6	1.19～1.25	1.0	0.84	0.72

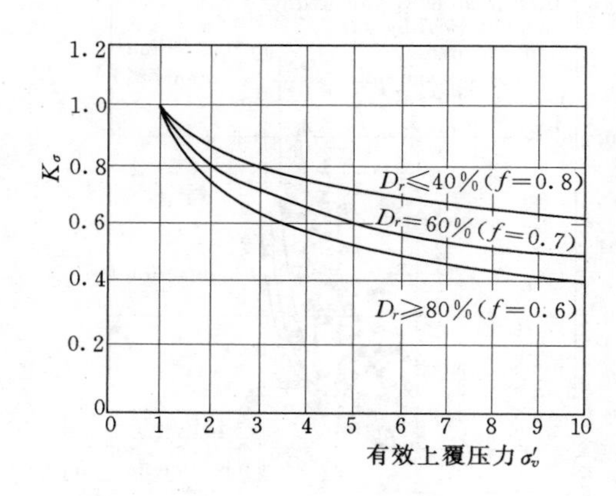

图 11－40　K_σ 与有效上覆压力 σ_v' 曲线

深层砂土的液化问题本质上是高有效上覆压力下饱和砂土液化判别问题。室内往返荷载三轴试验表明，饱和砂土的抗液化强度随固结应力的增大而提高，但两者的关系是非线性的。为了考虑固结应力对饱和砂土的抗液化强度 CRR 的影响，Seed（1983 年）将按“简化方法”计算的 CRR 值乘以一个折减系数，从而将“简化方法”外推到有效上覆压力 $\sigma_v'>100\text{kPa}$ 的较深土层的液化判别。根据高固结应力下均等固结往返荷载三轴试验得到的抗液化强度 CRR，以固结应力约 $\sigma_c'\approx 100\text{kPa}$ 的抗液化强度 CRR 值为基准，对不同固结应力下的抗液化强度进行比较，可得折减系数 K_σ 与固结应力 σ_c'（有效上覆压力 σ_v'）的关系曲线。Hynes 和 Olsen（1999 年）整理和分析了折减系数的关系曲线，并给出的表达式如下：

$$K_\sigma=(\sigma'_w/P_a)^{f-1} \tag{11-17}$$

NCEER 建议，当相对密度等于 40%～60%时，取 $f=0.7\sim0.8$；当相对密度等于 60%～80%时，取 $f=0.6\sim0.7$，如图 11－40 所示。Hynes 和 Olsen 建议将这些关系曲线作为 K_σ 最小的或保守的估计值。

体积剪胀土（低固结应力下中密～密实粗粒土）的抗液化强度随静剪应力的增大而提高；反之，体积剪缩土（松散土和高固结应力下中密土）的抗液化强度随静剪应力的增大而降低。为了解释静剪应力对抗液化强度的影响，Seed（1983 年）定义静剪应力比 α_s 为

$$\alpha_s=\tau_s/\sigma'_v \tag{11-18}$$

式中　τ_s——作用在与 σ'_v 相对应平面上的静剪应力。

Seed（1983 年）提出了静剪应力修正系数 K_α 与 α_s 的关系，如表 11－3 所示。NCEER 认为静剪应力修正系数 K_α 的取值尚需要进一步研究，未推荐供工程实践应用的 K_α 值。

（二）《建筑抗震设计标准》的液化判别方法

《建筑抗震设计标准》（GB 50011—2010）规定：当初步判别认为需进一步进行液化判别时，应采用标准贯入试验判别法判别地面下 20m 深度范围内的液化，但对可不进行天然地基及基础的抗震承载力验算的各类建筑，可只判别地面下 15m 深度范围内的液化。当有成熟经验时，尚可采用其他判别方法。

当饱和砂土或粉土地基满足下式要求时，可判别为液化：

$$N_{63.5}<N_{cr} \tag{11-19a}$$

在地面下 20m 深度范围内：

$$N_{cr}=N_0\beta[\ln(0.6d_s+1.5)-0.1d_w]\sqrt{3/\rho_c} \tag{11-19b}$$

式中　$N_{63.5}$——饱和土标准贯入锤击数实测值（未经杆长修正）；

N_{cr}——液化判别标准贯入锤击数临界值；

N_0——液化判别标准贯入锤击数基准值，应按表 11－4 采用；

d_s——饱和土标准贯入点深度，m；

d_w——地下水位，m；

ρ_c——黏粒含量百分率，当小于 3 或为砂土时，均应采用 3；

β——调整系数，设计地震第一级取 0.8，第二组取 0.95，第三组取 1.05。

表 11－4　标准贯入锤击数基准值 N_0

设计基本地震加速度（g）	0.10	0.15	0.20	0.30	0.40
液化判别标准贯入锤击数基准值	7	10	12	16	19

注　g 为重力加速度。

参考 NCEER 方法，陈国兴等（2002 年）将《建筑抗震设计规范》（GB 5001—2001）的液化判别公式转换得到类似于 NCEER 法的抗液化强度 CRR 曲线公式，拓宽了该规范液化判别方法的应用范围：

设计地震第一组：

$$CRR=(0.0067N_1+0.00025N_1^2)\sqrt{3/\rho_c} \tag{11-20a}$$

设计地震第二、三组：

$$CRR=(0.0036N_1+0.000265N_1^2)\sqrt{3/\rho_c} \tag{11-20b}$$

修订原《建筑抗震设计规范》（GB J11—89）时，谢君斐（1984 年）除了推荐已被该规范采纳的适用于砂土的判别公式（11－19b）外，参考 Seed 和 Idriss（1971 年）的简化

方法，曾提出适用于震级约为7.5级的砂土抗液化强度经验公式：

$$CRR=0.007N_1+0.0002N_1^2 \tag{11-21a}$$

陈国兴等（1991年）将该经验公式推广到粉土：

$$CRR=(0.007N_1+0.0002N_1^2)(3/\rho_c)^{-0.80} \tag{11-21b}$$

式（11-21b）在工程界称为谢君斐-陈国兴判别法。

表11-5　计算参数 m_i、c_i 和 N_{0i} 值

序号 i	mi（g）	ci（g）	N_{oi}
1	0.125	0.054	4.5
2	0.250	0.108	11.5
3	0.500	0.216	18

（三）《核电厂抗震设计标准》的液化判别方法

在《核电厂抗震设计标准》(GBJ 50267—2019）中，液化判别公式也采用式（11-19），但式中的标准贯入锤击数基准值 N_0，采用陈国兴等（1991年）提出的方法，按照模糊数学原理，由地面水平向峰值加速度 α_{max} 值按下式计算：

$$N_0=\sum_{i=1}^{3} b_i N_{0i}/\sum_{i=1}^{3} b_i \tag{11-22a}$$

$$b_i=\exp\left[-\left(\frac{\alpha_{max}-m_i}{c_i}\right)^2\right] \tag{11-22b}$$

式中　i——序号；

g——重力加速度；

m_i、c_i 和 N_{0i}——计算参数，列于表11-5中。

（四）《公路工程抗震规范》的液化判别方法

在《公路工程抗震规范》(JTG B02—2013）中，砂土液化判别公式是以Seed的液化判别图 $\tau/\sigma_v'-N_1$ 曲线族中震级 $M=7.5$ 的分界线为基础换算得到的，对地面以下20m深度范围内的砂土和亚砂土，其液化判别公式如下：

$$N_1=C_N N \tag{11-23}$$

$$N_{1cr}=\left[11.8\left(1+13.06\frac{\sigma_v}{\sigma_v'}K_h C_v\right)^{1/2}-8.09\right]\xi \tag{11-24a}$$

$$\xi=1-0.17\sqrt{\rho_c} \tag{11-24b}$$

式中　C_N——将实测标贯击数 N 换算为竖向有效应力 $\sigma_v'=100$kPa时的修正标贯击数 N_1 的换算系数，按表11-6取值；

C_v——地震剪应力随深度衰减的折减系数，按表11-7取值；

K_h——水平地震系数，对烈度7度、8度、9度，分别取 $K_h=0.1$、0.2和0.4；

其他符号意义同前。

若 $N_1<N_{1cr}$，则判为液化，否则判为不液化。

表11-6　计算修正标贯击数 N_1 的换算系数 C_N

σ_v'(kPa)	0	20	40	60	80	100	120	140	160	180
C_N	2	1.70	1.46	1.29	1.16	1.05	0.97	0.89	0.83	0.78
σ_v'(kPa)	200	220	240	260	280	300	350	400	450	500
C_N	0.72	0.69	0.65	0.60	0.58	0.55	0.49	0.44	0.42	0.40

表 11-7 地震剪应力随深度 d_s 的折减系数 C_v

d_s	1	2	3	4	5	6	7	8	9	10
C_v	0.994	0.991	0.986	0.976	0.965	0.958	0.945	0.935	0.920	0.902
d_s	11	12	13	14	15	16	17	18	19	20
C_v	0.884	0.866	0.844	0.822	0.794	0.741	0.691	0.647	0.631	0.612

(五)《铁路工程抗震设计规范》的液化判别方法

《铁路工程抗震设计规范》(GB 50111—2006,2009 版)规定,设计烈度为 7 度,地面以下 15m 以内,设计烈度为 8 度或 9 度,地面以下 20m 以内,对有可能存在液化土层的地段,按标贯法进行液化判别,其公式如下:

$$N_{cr}=N_0\alpha_1\alpha_2\alpha_3\alpha_4 \tag{11-25}$$

$$\alpha_1=1-0.065(d_w-2) \tag{11-26a}$$

$$\alpha_2=0.52+0.175d_s-0.005d_s^2 \tag{11-26b}$$

$$\alpha_3=1-0.05(d_u-2) \tag{11-26c}$$

$$\alpha_4=1-0.17\sqrt{\rho_c} \tag{11-26d}$$

式中 N_0——$d_s=3.0$m、$d_w=2$m、$d_u=2$m 和 $\alpha_4=1$ 时土层的液化判别临界标贯击数,按表 11-8 取值;

d_u——上覆土层的厚度,m;

其他符号意义同前。

表 11-8 土层的液化判别临界标贯击数

地震动峰值加速度 (g)		0.10	0.15	0.20	0.30	0.40
特征周期分区	一区	6	8	10	13	16
	二区、三区	8	10	12	15	18

注 g 为重力加速度。

若 $N<N_{cr}$,则判为液化,否则判为不液化。

(六)《岩土工程勘察规范》的液化判别方法

《岩土工程勘察规范》(GB 50021—2001,2009 版)规定,地震液化的进一步判别,除按《建筑抗震设计规范》(GB 50011—2010)的规定执行外,尚可采用其他成熟的方法进行综合判别。

《岩土工程勘察规范》在液化判别的条文说明中解释,对地面以下 15m 内饱和砂土和粉土的地震液化,可采用下述公式进行判别:

$$V_{scr}=V_{s0}(d_s-0.0133d_s^2)^{0.5}(1.0-0.185d_w/d_s)\sqrt{3/\rho_c} \tag{11-27}$$

式中 V_{scr}——饱和砂土和粉土液化剪切波速临界值,m/s;

V_{s0}——饱和砂土和粉土液化判别剪切波速基准值,m/s,按表 11-9 取值;

d_s——波速测试点深度,m;

d_w——地下水位深度,m。

表 11-9 液化判别剪切波速基准值 V_{s0}

地震烈度	7	8	9
粉土	45	65	90
砂土	65	95	130

V_s 为场地实测剪切波速,m/s;若 $V_s<V_{scr}$,则判为液化,否则判为不液化。

与标准贯入击数相比,剪切波速是一个

更具明确力学意义的指标。以剪切波速为指标的液化判别方法是一个很有前景的方法，但是，由于以剪切波速为指标的地震现场液化调查资料较少，该方法目前还不太成熟。

（七）以静力触探锥尖阻力 q_c 值为指标的液化判别方法

静力触探（CPT）是岩土工程现场试验中应用很广的一种测试手段。CPT 的特点是操作简便，可重复性高，比较精确和可连续记录贯入阻力。用 CPT 来判别液化的最大缺点是有效资料（在已知液化或未液化的地震现场测得 CPT 锥尖阻力 q_c 值）十分有限和土的分类只能由 CPT 推断（由于未取土样）。利用国内外的有效资料共 5 次大地震（震级 $M=6.6\sim7.7$）、49 个场地、125 个测点，建立了等效地震剪应力比 $(\tau_{av}/\sigma'_v)_E$ 与临界液化修正锥尖阻力 $(q_{c1d})_{cr}$ 的关系，如图 11-41 所示（陈国兴，1995 年），其临界线可用下式表示：

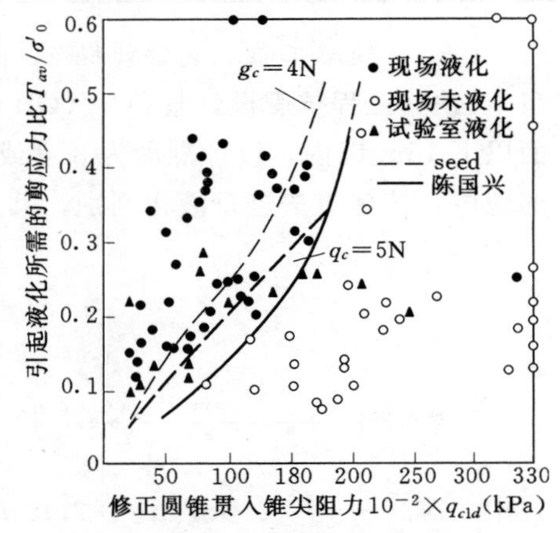

图 11-41 静力触探判别砂土液化图

$$(q_{c1d})_{cr}=\frac{255}{1+0.22/(\tau_{av}/\sigma'_v)_E} \quad (11-28)$$

而现场修正锥尖阻力 q_{c1d} 可表示为

$$q_{c1d}=0.25\,q_{c1}/D_{50} \quad (11-29a)$$

$$q_{c1}=C_N q_c \quad (11-29b)$$

式中 q_c ——现场实测 CPT 锥尖阻力，以 100kPa 为计量单位；

q_{c1} ——将 q_c 调整到竖向有效应力 $\sigma'_v=100\text{kPa}$ 时的修正锥尖阻力；

q_{c1d} ——将 q_c 调整到 $\sigma'_v=100\text{kPa}$、平均粒径 $D_{50}=0.25\text{mm}$ 时的修正锥尖阻力，如实际的 $D_{50}>0.25\text{mm}$，则取 $D_{50}=0.25\text{mm}$；

C_N ——修正系数，由式（11-12）和式（11-13）计算；

$(\tau_{av}/\sigma'_v)_E$ ——等效地震剪应力比，由式（11-8）计算。

当满足式（11-30）的关系时判为液化；否则判为不液化。

$$q_{c1d}<(q_{c1d})_{cr} \quad (11-30)$$

应当指出，该法只适用于水平地面、地面下 15m 深度范围内的砂性土层的液化判别，因为原始资料的深度均不超过 15m。

（八）饱和砂土液化的概率判别法

陈国兴等（2005 年）以国内外 25 次大地震中的 344 组场地液化实测资料为基础，其中液化场地 206 个，非液化场地 138 个，建立了饱和砂土液化的概率判别法地震动在饱和砂土层中引起的等效循环应力比 CSR 按下式计算：

$$CSR=0.65\,\frac{\sigma_v}{\sigma'_v}\,\frac{a_{\max}}{g}r_d MSF^{-1} \quad (11-31)$$

震级标定系数 MSF 按表 11-32 取值

基于径向基函数的神经网络理论，分析了修正标贯击数 $(N_1)_{60}$ 与饱和砂土抗液化强度之间的非线性关系，建立了饱和砂土液化极限状态曲线或抗液化强度临界曲线经验公式（见图 11-42）

$$CRR_{cr}=0.03+0.005N_1+0.0002N_1^2 \quad (11-32)$$

式中　CRR_{cr} ——抗液化强度；

N_1 ——修正标贯击数 $(N_1)_{60}$。

经统计分析，饱和砂土液化和非液化的概率密度函数可表示为

$$f_L(F_s)=\frac{1}{F_s\sqrt{2\pi\sigma_L^2}}\exp\left\{-\frac{[\ln(F_s)-\mu_L]^2}{2\sigma_L^2}\right\} \tag{11-33a}$$

$$f_{NL}(F_s)=\frac{1}{F_s\sqrt{2\pi\sigma_{NL}^2}}\exp\left\{-\frac{[\ln(F_s)-\mu_{NL}]^2}{2\sigma_{NL}^2}\right\} \tag{11-33b}$$

式中　$f_L(F_s)$ 和 $f_{NL}(F_s)$ ——一定安全系数下的液化和非液化概率密度；

F_s ——抗液化安全系数。

根据 344 组的实测数据得到：$\mu_L=-0.4627$，$\sigma_L=0.443$，$\mu_{NL}=0.4507$，$\sigma_{NL}=0.4753$。

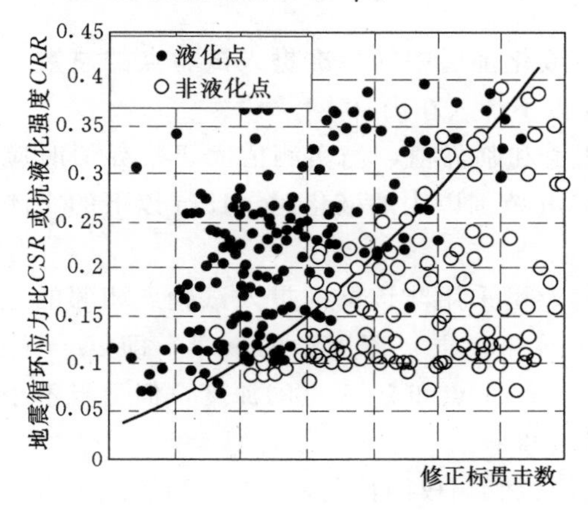

图 11-42　饱和砂土液化极限状态曲线

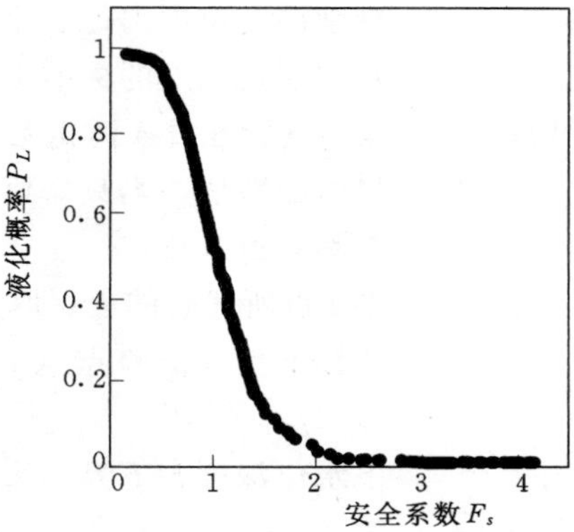

液化概率 P_L

安全系数 F_s

图 11-43　液化概率 P_L 与安全系数 F_s 关系

根据概率论的基本概念，由式（11-33）得到 344 组实测数据的液化概率与抗液化安全系数的关系如图 11-43 所示，其拟合曲线可用下式所示：

$$P_L=1/(1+F_s^{4.297}) \tag{11-34}$$

式中　P_L ——液化概率。

根据式（11-33），可得不同概率下饱和砂土抗液化强度曲线的经验公式：

$$CRR=\left(\frac{P_L}{1-P_L}\right)^{0.233}(0.0002N_1^2+0.005N_1+0.03) \tag{11-35}$$

为了工程实用、方便之目的，陈国兴等（2005 年）建议按液化概率水平将饱和砂土液化势分为 3 个等级，其建议标准如表 11-10 所示。根据工程的重要性，确定一个可接受的液化概率水平，利用式（11-35）给出具有概率意义的砂土液化判别标准。饱和砂土的液化概率估计与液化概率判别是不同的概念。前者是给出场地发生砂土液化的概率，以便根据工程的重要性等因素作出相应的决策；后者是在预先设定的概率水平下判

表 11-10　饱和砂土液化概率判别标准

液化概率水平	抗液化安全系数	液化势评价
$0.0\leqslant P_L<0.30$	$F_s\geqslant 1.2$	不液化
$0.30\leqslant P_L<0.70$	$0.81<F_s<1.2$	可能液化
$0.70\leqslant P_L<1.0$	$F_s\leqslant 0.81$	液化

别场地是否会发生砂土液化。

11.6 砂性土地基液化程度等级划分

对某一工程场地，当按上述各种经验方法判为液化或判别结果有矛盾时，应进一步查明各液化土层的深度和厚度，并计算场地的液化指数 I_{LE}，它是衡量地震液化引起的场地地面破坏程度的一种指标。

当采用《建筑抗震设计标准》(GB 50011—2010) 方法判别场地液化时，按下式计算液化指数 I_{LE}：

$$I_{LE}=\sum_{i=1}^{n}(1-N_i/N_{cri})d_iw_i \tag{11-37}$$

式中 n——判别深度范围内每一个钻孔在液化土层中的标准贯入试验点的总数，也即对非液化土层的标准贯入试验点不计入在内；

N_i 和 N_{cri}——第 i 点标准贯入锤击数的实测值和临界值，当实测值大于临界值时应取临界值的数值，当只需要判别 15m 范围以内的液化时，15m 以下的实测值可按临界值采用；

d_i——第 i 点所代表的土层厚度 (m)，可采用与该标准贯入试验点相邻的上、下两标准贯入试验点 ($i-1$ 点、$i+1$ 点) 深度差的一半，即 $d_i=(z_{i+1}-z_{i-1})/2$，其中 z_{i-1}、z_{i+1}分别为 $i-1$ 点和 $i+1$ 点的深度，但上界不小于地下水位深度，下界不大于液化深度；

w_i——第 i 土层考虑单位土层厚度的层位影响权函数值，m^{-1}，当该层中点深度不大于 5m 时应采用 10，等于 20m 时应采用零值，5～20m 时应按线性内插法取值。

应当指出，《建筑抗震设计标准》规定的液化等级划分标准，是根据我国 31 个液化震害实例，通过计算液化指数 I_{LE} 值和现场震害程度的比较而确定的，如表 11-11 所示。但液化等级划分的方法存在一些缺点：

(1) 液化指数的大小，反映的是地基的液化程度，并不是建筑物的震害程度，虽然两者有一定的对应关系。

(2) 液化指数是一个相对比较的指标值，像烈度 7 度、8 度和 9 度一样，不能直接用于工程的定量设计。

(3) 上部结构的作用未考虑。

(4) 已部分液化和非液化土层的影响未计入。

(5) 反映的是地表基本水平的场地，对地表倾斜或液化层有倾斜面的情况不适用。

(6) 软弱黏性土层的震动附加沉陷的影响未计入。

表 11-11 场地液化等级与液化指数的对应关系

液化等级	轻微	中等	严重
液化指数 I_{LE}	$0<I_{LE}\leqslant 6$	$6<I_{LE}\leqslant 18$	$I_{LE}>18$

由于上述缺点，按这种方法进行地基液化危害性评价时有可能出现反常现象，例如液化指数很大，但建筑物并无明显的破坏；液化指数不大，反而有严重的喷砂冒水和建筑物沉陷。

当采用NCEER法判别水平场地（此时有 $K_{\alpha}=1$）液化时，可按下式计算液化指数 I_{LE}：

$$I_{LE}=\sum_{i=1}^{n}(1-FS_i)d_iw_i \tag{11-38}$$

当采用《核电厂抗震设计标准》和《铁路工程抗震设计规范》的液化判别方法时，可采用《建筑抗震设计标准》的方法计算液化指数 I_{LE}。

当采用《岩土工程勘察规范》中的剪切波速法判别场地液化时，可按下式计算地面下15m范围内场地的液化指数值：

$$I_{LE}=\sum_{i=1}^{n}(1-V_{si}/V_{scri})d_iw_i \tag{11-39}$$

当采用《公路工程抗震规范》的液化判别方法时，可按下式计算地面下20m范围内场地的液化指数值：

$$I_{LE}=\sum_{i=1}^{n}(1-N_{1i}/N_{1cri})d_iw_i \tag{11-40}$$

当采用CPT的 q_c 值判别场地液化时，可采用下式计算地面下15m范围内场地的液化指数 I_{LE} 值：

$$I_{LE}=\sum_{i=1}^{n}[1-(q_{c1d})_i/(q_{c1d})_{cri}]d_iw_i \tag{11-41}$$

式中　n——每一个钻孔地面以下15m深度内液化土层分层总数；

$(q_{c1d})_i$——i 土层的锥尖阻力修正值；

$(q_{c1d})_{cri}$——临界液化锥尖阻力修正值。

上述各式中，d_i、w_i 取值同《建筑抗震设计标准》的规定。

对某一工程场地，如可采用上述几种方法同时判别液化时，若判别结果均为液化或判别结果有矛盾时，从安全方面考虑，可采用各种方法计算的 I_{LE} 的最大值按表11-10划分场地液化等级。

习　题

11-1　何为最优含水量？影响填土压实效果的因素有哪些？

11-2　何为黏性土的动强度？影响黏性土动强度的因素有哪些？黏性土的动变形有何特征？黏性土的动强度与静强度有何关系？

11-3　何为砂性土液化？在试验室的液化试验中如何模拟砂性土的现场应力条件？影响砂性土抗液化强度的主要因素有哪些？有何影响？

11-4　砂性土液化初步判别有何意义？如何判别？砂性土液化经验判别方法有哪些？各有何特点？不同液化经验判别方法的判别结果有矛盾时如何处理？如何划分地基的液化等级？有何意义？

参 考 文 献

[1] Terzaghi K., Peck R. B., Mesri G. Soil mechanics in engineering Practice (Third Edition). John Wiley & Sons, INC, 1995.

[2] Craig R. F. Soil mechanics. Chapman & Hall, 1995

[3] Parry R. H. G. Mohr circles, stress paths and Geotechnics. E & FN SPON, 1995

[4] Ishihara K. Soil Behaviour in Earthquake geotechnics. Clarendon Press, 1996

[5] 弗洛林, B. A. 土力学原理. 北京：中国工业出版社，1965

[6] 钱家欢. 土力学（第二版）. 南京：河海大学出版社，1995

[7] 华南理工大学等四校合编. 地基及基础（新一版）. 北京：中国建筑工业出版社，1991

[8] 赵明华. 土力学与基础工程. 武汉：武汉工业大学出版社，2000

[9] 陆培毅. 土力学. 北京：中国建材工业出版社，2000

[10] 胡天行. 土力学. 成都：成都科技大学出版社，1982

[11] 陈希哲. 土力学. 北京：清华大学出版社，1982

[12] 周汉荣. 土力学（第二版）. 武汉：武汉工业大学出版社，1993

[13] 陈国兴. 高层建筑基础设计. 北京：中国建筑工业出版社，2000

[14] 陈国兴. 对我国六种抗震设计规范中液化判别规定的综述和建议. 南京建筑工程学院学报，1995 (2)：54-61

[15] 陈国兴，张克绪，谢君斐. 液化判别的可靠性研究. 地震工程与工程振动，1991 (2)：85-96

[16] 陈国兴，胡庆兴，刘雪珠. 关于砂土液化判别的若干意见. 地震工程与工程振动，2002 (1)：141-151

[17] Chen Guoxing, Li Fangming. A method of sand liquefaction probabilistic estimation based on RBF neural network model. *International Conference on Geotechnical Engineering for Disaster Mitigation & Rehabilitation*. Chu, Phoon & Yong (eds) © 2005 World Scientific Publishing Company ISBN 981-256-469

[18] 陈国兴，李方明. 基于径向基函数神经网络模型的砂土液化概率判别方法. 岩土工程学报，2006 (3)

[19] 冯国栋. 土力学. 北京：中国水利电力出版社，1984

[20] 龚晓南. 土力学. 北京：中国建筑工业出版社，2002

[21] 钱家欢. 土力学. 南京：河海大学出版社，1988

[22] 陈希哲. 土力学地基基础（第四版）. 北京：清华大学出版社，2004

[23] 陈仲颐，周景星，王洪瑾. 土力学. 北京：清华大学出版社，1994

[24] 陈祖煜. 土质边坡稳定分析：原理方法程序. 北京：中国水利水电出版社，2003

[25] 钱家欢，殷宗泽. 土工原理与计算（第二版）. 北京：中国水利水电出版社，1996

[26] 王成华. 土力学原理. 天津：天津大学出版社，2002

[27] Duncan, J. M. State of the art: Limit equilibrium and finite element analysis of slopes. Journal of Geotechnical Engineering. 122 (7)：577-596，1996

[28] 张天宝. 土坡稳定分析和土工建筑物的边坡设计. 成都：成都科技大学出版社，1987